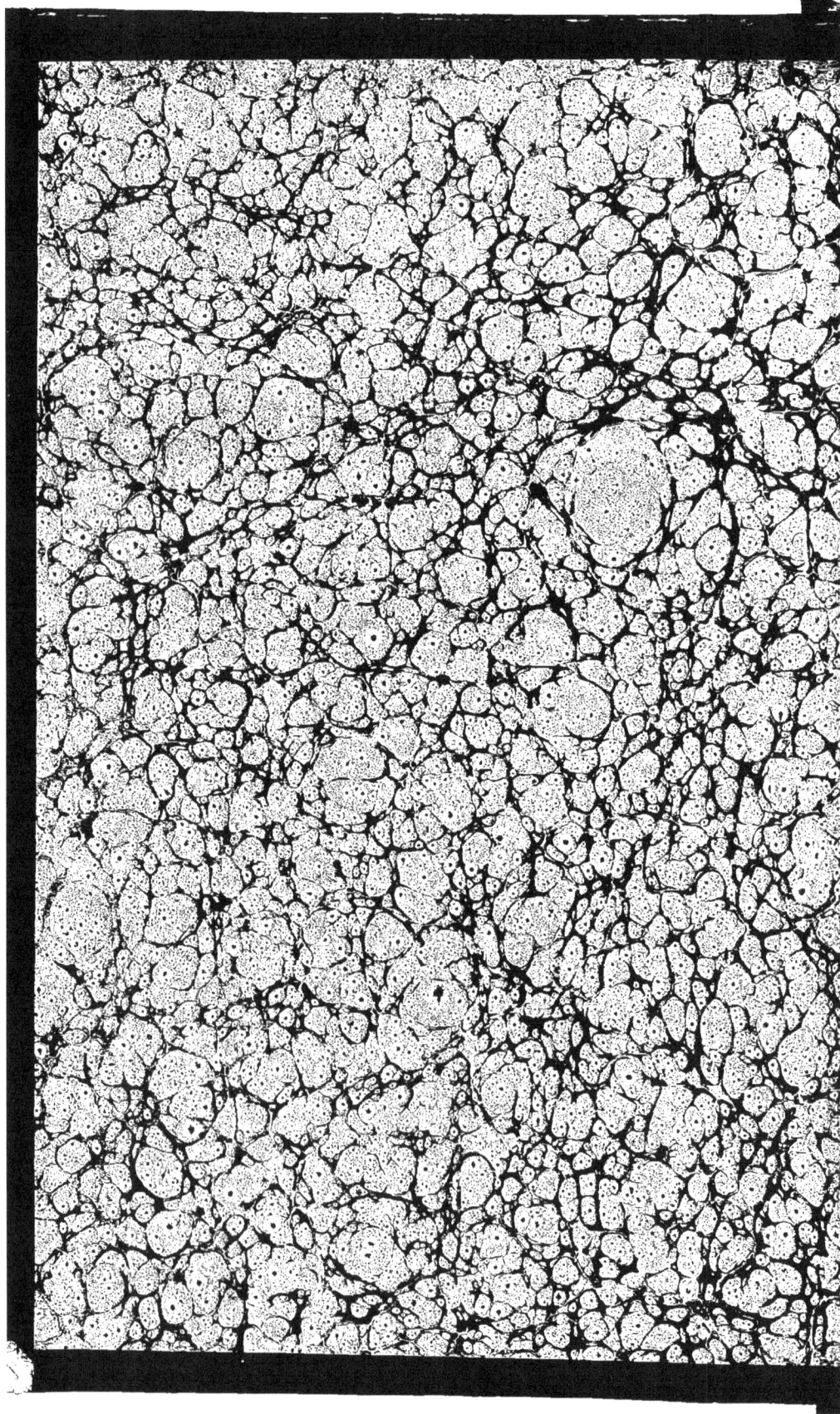

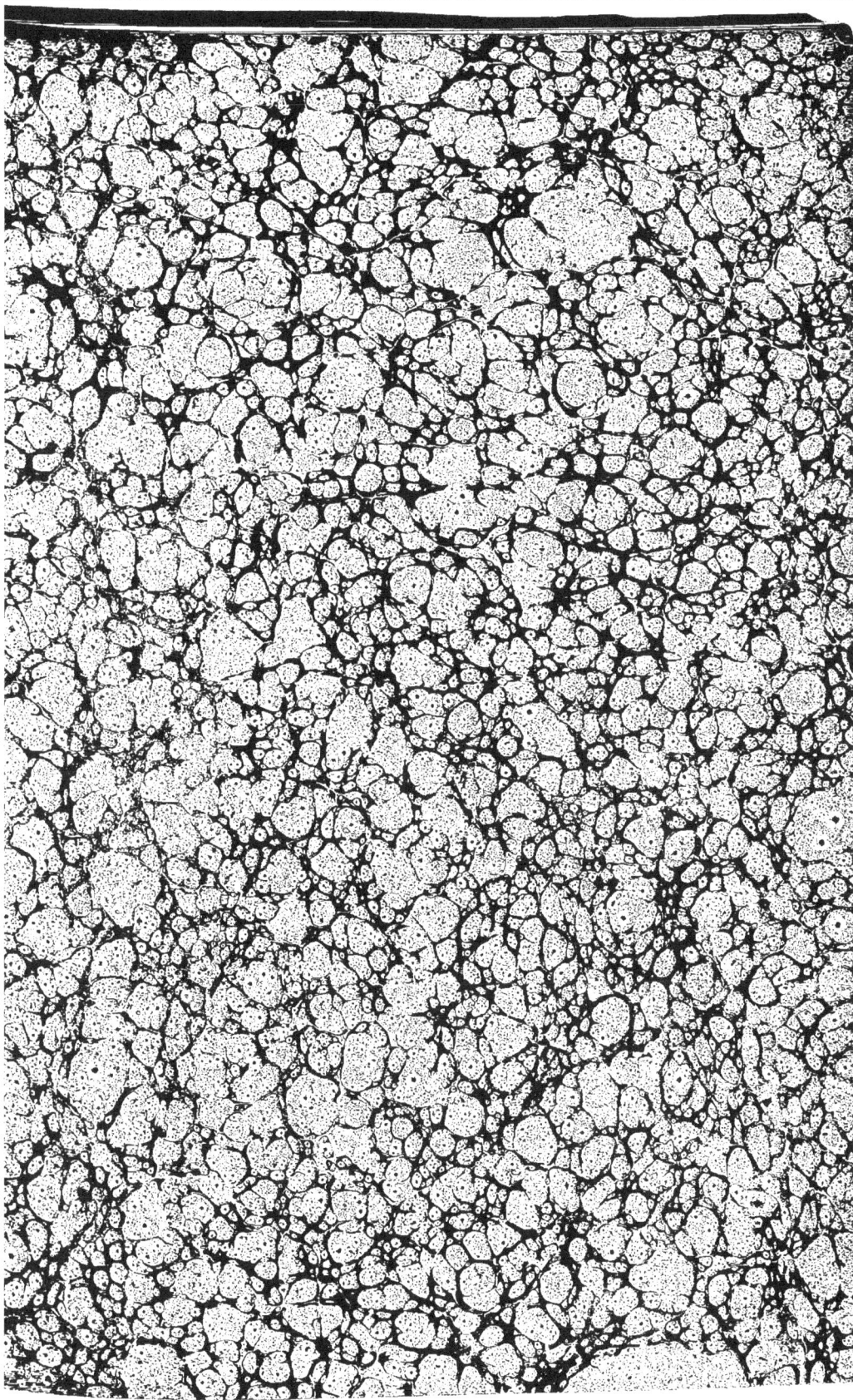

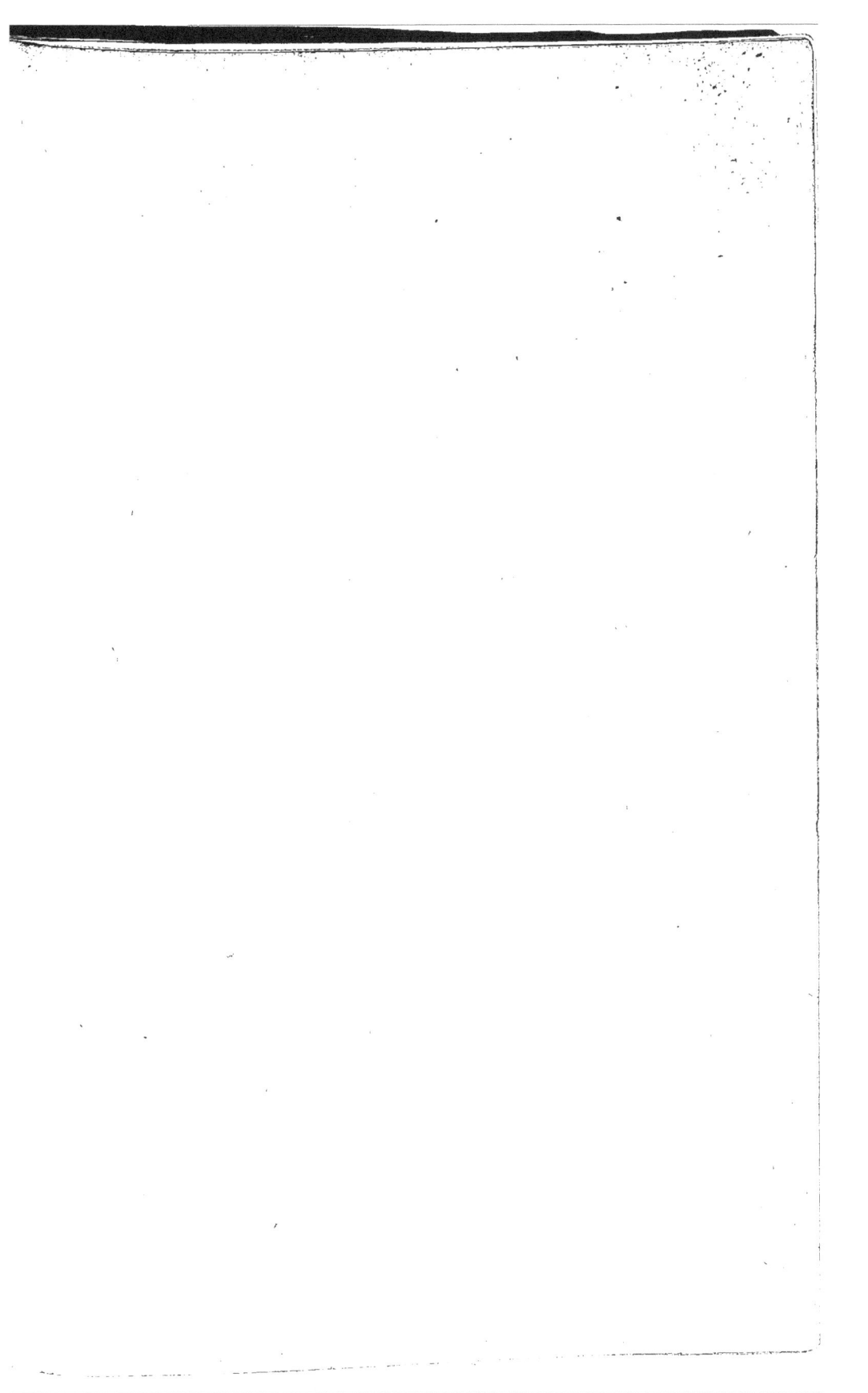

V

49781

TRAITÉ

DE L'EXPLOITATION

DES MINES DE HOUILLE.

2

(C.)

LIÉGE. — IMPRIMERIE DE J. DESOER.

TRAITÉ

DE L'EXPLOITATION

DES

MINES DE HOUILLE

OU EXPOSITION COMPARATIVE

DES

MÉTHODES EMPLOYÉES EN BELGIQUE, EN FRANCE, EN ALLEMAGNE
ET EN ANGLETERRE, POUR L'ARRACHEMENT ET L'EXTRACTION
DES MINÉRAUX COMBUSTIBLES;

PAR

A. T. PONSON,

INGÉNIEUR CIVIL DES MINES.

TOME SECOND.

LIÉGE

E. NOBLET, ÉDITEUR, PLACE DERRIÈRE-Sᵗ-PAUL.

—

1853

CHAPITRE III.

AÉRAGE ; ÉCLAIRAGE ; INCENDIES SOUTERRAINS.

PREMIÈRE SECTION.

GAZ QUI PRENNENT NAISSANCE DANS LES MINES DE HOUILLE.

233. *Air atmosphérique et viciation de l'air dans les mines.*

Une mine de houille est composée d'un grand nombre de galeries communiquant entre elles et avec le jour par deux ou plusieurs puits, rarement par un seul. Ces galeries, percées en différents sens dans les couches de houille et dans les roches encaissantes, ont des inclinaisons très-variées et occupent quelquefois des espaces fort étendus situés dans plusieurs plans superposés. Toutes les excavations fréquentées par les ouvriers doivent être remplies d'air atmosphérique constamment renouvelé pour fournir à la respiration des hommes et des animaux, à la combustion des lumières et surtout pour neutraliser, en les noyant dans de grandes quantités d'air respirable, les miasmes et les gaz délétères qui se dégagent à chaque instant de toutes les parties d'une mine.

L'air atmosphérique, sans lequel la vie des hommes est impossible, est composé de 79 parties d'azote et de 21 d'oxygène en volume. Il contient moins d'un millième de son volume de gaz acide carbonique et une quantité variable de vapeur d'eau, qui, toutefois, ne le sature jamais. Un mètre cube d'air sec à 0° centigrade, sous la pression atmosphérique de 0.76 mètre de mercure, pèse 1.2987 kilogramme.

La densité de l'air étant prise pour unité dans l'expression de la pesanteur spécifique des gaz et des vapeurs,

L'oxygène pèse 1.1036
L'azote, ...   0.9760
L'hydrogène protocarboné,   .   .   .   0.5550
L'acide carbonique,   •   .   .   .   1.5240
L'hydrogène sulfuré, ...   1.1912
La vapeur d'eau, ...   0.6240

Avant d'examiner les moyens employés pour forcer l'air à pénétrer dans les cavités souterraines, il convient d'analyser les causes nombreuses d'altération auxquelles il est constamment soumis. Dans les mines de houille, ces causes physiques ou chimiques sont :

1°. La surélévation de température du courant ; son excessive humidité et la suspension dans l'atmosphère de certains produits de la combustion des lumières.

2°. L'absorption d'une partie de l'oxygène de l'air, d'où résulte, sur la proportion de l'air atmosphérique, un excès d'azote inutile à la respiration.

3°. Les gaz délétères ou irrespirables provenant de la combinaison de l'oxygène avec divers corps

4°. Les gaz formés par la décomposition de certaines substances et ceux qui s'exhalent spontanément des hommes et des chevaux.

5°. Les dégagements de gaz hydrogène protocarboné ou gaz inflammable des houillères, cause de si nombreuses et si épouvantables catastrophes.

234. *Causes physiques de l'altération de l'atmosphère des mines.*

La température trop élevée des courants ventilateurs et la vapeur d'eau dont ils se surchargent alors, doivent être considérés comme une cause de viciation dont on verra ultérieurement les effets désastreux. L'humidité quelquefois extrême des courants résulte de leur contact avec l'eau qui s'échappe sous forme de pluie des parois des puits d'entrée de l'air, ou du toit de certaines galeries percées dans des terrains aquifères et de l'évaporation produite par les sources qui circulent dans les excavations. Elle provient aussi de l'absorption des produits de la transpiration des hommes (1) et de celle des chevaux, celui de tous les animaux qui transpire le plus facilement et avec le plus d'abondance.

La quantité de vapeur d'eau s'accroît à mesure que le courant s'avance dans les travaux, parce que celui-ci, s'échauffant sous l'action des appareils d'éclairage et du rayonnement calorifique des corps humains, acquiert pour l'eau une capacité de plus en plus grande. Il est facile de rendre sensible cet excès d'humidité atmosphérique, si

(1) On évalue à 3.75 kilogrammes la quantité moyenne de liquide qui, en 24 heures, s'échappe à l'état de vapeur de la peau et des poumons d'un homme pris dans un état normal.

l'on recueille l'air d'une mine dans une bouteille préalablement desséchée ; car, après l'avoir hermétiquement bou-
chée, on voit, en la plongeant dans l'eau froide, des gout-
telettes se former, et couler sur ses parois intérieures.
Quelquefois aussi la vapeur d'eau se dénote spontanément
et sous la même forme, par sa condensation sur les surfaces
moins chaudes des roches du faîte et de certaines parois
des galeries.

Les nombreuses expériences auxquelles M. Hanot (1)
s'est livré dans les mines du Couchant de Mons ont amené
cet auteur à conclure comme suit :

1°. L'atmosphère des mines est plus humide que l'air
extérieur. Cette différence s'élève quelquefois jusqu'à
20 degrés de l'hygromètre de de Saussure.

2°. C'est dans le puits d'entrée de l'air que le courant
commence à se charger d'humidité.

3°. La quotité de vapeur d'eau contenue dans l'atmosphère des mines est en raison des obstacles apportés à la
circulation de l'air, de l'étendue des travaux et du nombre
d'êtres animés qui y séjournent.

4°. L'accroissement du nombre de degrés indiqués par
l'hygromètre coïncide toujours avec une surélévation de
température du courant ventilateur, et cet effet devient
d'autant plus sensible que l'on s'avance davantage dans
l'intérieur des travaux.

5°. Enfin, c'est dans les voies de retour de l'air que
la quantité de vapeur d'eau acquiert son maximum.

Pendant les diverses expériences au moyen desquelles
on a établi ces principes, les variations du thermomètre
centigrade placé à l'intérieur ont été comprises entre 18
et 25 degrés ; celles de l'hygromètre entre 60 et 80 degrés.

(1) *De la Mortalité des ouvriers mineurs*, par le docteur G. HANOT.

Les lampes d'éclairage projettent dans l'atmosphère des mines une notable quantité de suie à l'état de particules soyeuses excessivement ténues ; ce sont les produits volatils d'une combustion incomplète qui se répandent dans le courant d'air et dont le caractère morbide a une influence désastreuse sur la santé des ouvriers mineurs. Les poussières de houille existent dans les mines en quantité d'autant plus grande que la ventilation est moins active ; mais leur action sur l'économie animale étant à peu près nulle, elles ne sont que fort incommodes.

235. *Absorption de l'oxygène.*

L'absorption de l'oxygène a lieu par la respiration, la combustion des lumières et la décomposition chimique des substances organiques et inorganiques.

On pense que chaque aspiration de l'homme introduit dans les poumons $1/7^e$ de toute la quantité d'air qu'ils peuvent contenir, c'est-à-dire à peu près 656 centimètres cubes. Comme on peut admettre que le nombre des aspirations est, en moyenne, de 20 par minute, la quantité d'air aspirée pendant cet espace de temps sera de 13,120 litres, 787.2 litres par heure ou environ 19 mètres cubes (18.89 mètres) en 24 heures. Les poumons n'absorbent presque pas d'azote, mais seulement 0.03 d'oxigène ; en sorte que l'air expiré ne contient plus que 79 d'azote et 18 d'oxygène. Les 0.03 d'oxygène sont remplacés par leur équivalent en gaz acide carbonique et en vapeur d'eau (1). Ainsi 150 ouvriers travaillant dans une mine par poste de 8 heures respireront 944.6 mètres cubes d'air atmosphérique ; absorberont, dans l'acte de la respi-

(1) *Annales des Mines*, 1re. série, 1825, t. X.

ration, 28.3 mètres cubes d'oxygène, et restitueront à la masse le même volume d'acide carbonique et à peu près 106.6 mètres cubes d'azote, qui restera en excès sur les proportions de l'air commun.

La combustion des substances propres à l'éclairage se fait également aux dépens de l'air ambiant et en lui soustrayant des quantités d'oxygène variables suivant la nature et le poids du combustible. Les produits sont également de l'acide carbonique et de la vapeur d'eau. Les lampes ordinaires, telles qu'on les emploie dans les mines de houille, exigent, pour leur alimentation pendant une heure, un volume d'air de 250 à 300 litres.

La houille s'altère, perd de ses propriétés lorsque ses surfaces sont mises longtemps en contact avec l'air atmosphérique. Cette action ne pouvant être attribuée qu'à l'oxydation de quelques-uns de ses principes constituants, il en résulte très-probablement de l'acide carbonique formé aux dépens de l'oxygène de l'air.

Enfin, la carie des bois introduits dans les mines; la fermentation qu'ils éprouvent lorsqu'ils sont placés dans de certaines conditions sont des causes d'absorption de l'oxygène, dont la combinaison avec quelques éléments végétaux forme de l'acide carbonique et quelques autres composés gazeux.

Un des résultats de la soustraction de l'oxygène est de laisser libre, au milieu de la masse, du gaz azote qui, s'il n'influe pas d'une manière nuisible sur l'économie animale, appauvrit l'air atmosphérique, le rend irrespirable et impropre à l'entretien des lumières. D'après M. Aloys Wehrle (1), un mélange qui ne contient plus que 15 p. c. d'oxygène détermine l'asphyxie.

(1) *Die Grubenwetter*. Vienne 1833.

236. *Viciation de l'air par l'acide carbonique.*

La soustraction de l'oxygène de l'air atmosphérique et son union avec les corps ci-dessus désignés donnent lieu à différents composés gazeux, entre autres au gaz acide carbonique, qui, dans les mines de houille, présente quelque intérêt relativement à l'aérage. Ce gaz n'est pas seulement impropre à la respiration et à l'entretien des lumières ; mais il agit sur l'économie animale à la manière des poisons. La combustion est déjà difficile dans une atmosphère qui en contient 5 à 8 p. c. ; au-dessus de cette proportion les lumières s'éteignent et l'homme ne peut y respirer sans crainte d'être asphyxié, ce qui a lieu dans un espace de temps très-court. Les anciens travaux où l'air est stagnant en sont fréquemment remplis ; on le trouve également à l'extrémité inférieure des excavations et des galeries descendantes sans communication avec les travaux en activité, si ce n'est par un seul orifice. Les galeries peu fréquentées, dans lesquelles l'air ne se renouvelle pas, ou dont le courant ventilateur est insuffisant, en sont les plus infestées. On doit agir avec prudence lorsqu'on se hasarde dans de semblables cavités, et s'assurer préalablement qu'une lampe ou une chandelle plongée dans ce milieu continue à brûler. On a proposé, pour s'en débarrasser, d'employer les alcalis caustiques, dont une des propriétés est d'absorber rapidement l'acide carbonique et de le retenir avec force. Le procédé consisterait à projeter dans les galeries de la chaux vive en poudre ; mais il exigerait de grandes surfaces souvent renouvelées et serait tout au plus applicable à des bouts de galeries et non au grand développement des excavations constitutives d'une mine. Il est bien préférable d'entraîner le gaz au-dehors à mesure qu'il se forme, en le délayant dans de grandes quantités d'air atmosphérique, avec lequel il s'unit par diffusion.

237. *Altération de l'air des mines par décomposition chimique et par la volatilisation de quelques substances.*

La déflagration de la poudre, dont on fait un assez grand usage dans les mines de houille, produit un mélange d'acide carbonique, d'azote, d'oxyde de carbone, de vapeur d'eau, d'hydrogène carboné et d'un peu d'hydrogène sulfuré en proportions variables. La plupart de ces produits sont irrespirables et délétères ; aussi les ouvriers ne peuvent séjourner dans l'espace où un coup de mine a eu lieu, si l'on ne chasse l'âcre et irritante fumée par le renouvellement de l'air de l'excavation.

L'hydrogène sulfuré, gaz caractérisé par une odeur infecte d'œufs pourris, prend aussi naissance dans les mines de houille ; il provient de la décomposition des pyrites (fer sulfuré), favorisée par l'action de l'eau et par la chaleur. Ce gaz ne se produit heureusement qu'en faible quantité ; mais, si l'inactivité de la ventilation d'une mine lui permet de s'accumuler, ses propriétés délétères se dénotent promptement, et il exerce une influence fort nuisible sur l'économie animale des ouvriers mineurs. C'est ainsi que dans quelques puits d'Anzin, au n°. 4 de la société des Vanneaux, à Wasmes, à Turlupu (Couchant de Mons), furent observées autrefois des anémies très-meurtrières, ou plutôt de véritables empoisonnements engendrés par la respiration de ce produit. Une atmosphère qui en contient un huit-centième de son volume donne la mort à un chien de moyenne taille. Le dégagement d'hydrogène sulfuré est ordinairement lié à la formation d'acide sulfurique provenant également de la réaction de l'eau sur la pyrite. Cet acide liquide, tombant du faîte des excavations, fait lever des ampoules sur les parties du corps avec lesquelles il vient en contact.

Les couches de houille en combustion dégagent également de l'acide carbonique, de l'oxyde de carbone, des gaz hydrogénés et carburés et de faibles quantités d'acide sulfureux, provenant de la décomposition des sulfures de fer ou pyrites que beaucoup de houilles contiennent en quantités plus ou moins grandes.

La décomposition des bois engendre des gaz infects; comme leur nature n'est pas connue, on les a désignés sous le nom générique de *miasmes*.

Enfin, il se dégage des êtres animés des gaz ammoniacaux, un acide gras volatile, du gaz hydrogène sulfuré, etc.

Les résidus des excréments humains sont aussi des foyers d'insalubrité auxquels on fait peu d'attention, bien qu'au contraire ils en méritent une sérieuse. Quel volume d'émanations infectes ne doit-il pas résulter des produits quotidiens de 60 à 250 et même 300 individus concentrés dans des excavations restreintes? Quelle influence délétère ne doivent-ils pas exercer sur le courant d'air, dans lequel elles introduisent de l'hydrogène sulfuré, des gaz ammoniacaux et les autres résultats de la décomposition des matières fécales?

238. Hydrogène protocarboné ou gaz inflammable des houillères.

Un gaz qui se dégage spontanément et en grande abondance dans beaucoup de mines de houille, où il joue un rôle des plus importants, est l'hydrogène protocarboné,

ou carbure tétrahydrique , composé de quatre volumes
d'hydrogène et d'un volume de vapeur de carbone condensés
en deux volumes.

Lorsque ce gaz incolore affecte l'odorat , on peut dire
qu'il cause plutôt une sensation agréable que désagréable.
On peut le respirer sans danger si , mêlé à l'air amosphé-
rique , il ne constitue pas plus d'un tiers du mélange ;
en proportion plus forte il cause l'asphyxie par insuffisance
d'oxygène. Il brûle à une température fort élevée et produit
une flamme d'un bleu pâle dont le pouvoir éclairant est
très-faible.

Dans l'origine , les mines de houille , portées à de petites
profondeurs , étaient peu développées ; le gaz inflammable
causait peu d'accidents et par conséquent n'attirait presque
pas l'attention des mineurs. Mais les travaux étant devenus
plus considérables , quelques explosions faibles et partielles
survinrent et décelèrent la présence d'un nouvel ennemi,
que les mineurs regardèrent comme un génie malveillant,
quoique faible. Leur attention (1) étant attirée sur ce point,
ils découvrirent quelques-uns des caractères extérieurs de ce
gaz et lui donnèrent les noms de *feu grisou* , *brisou* ou
terrou; feu grilleux ou *grieux* (2). Pendant longtemps , les
idées que l'on eut à ce sujet furent erronées , comme on le
voit par un passage de Genneté (5) dans lequel il dit : « C'est

---

(1) Bartholomé Fisen, auteur liégeois qui écrivait vers la fin
du dix-septième siècle , parle des soins que prenaient les exploitants
pour s'opposer à l'inflammation des exhalaisons provenant de la
houille. Il résulte de ce passage , objet d'une traduction ultérieure ,
que ce gaz destructeur est connu à Liége depuis plus de cent-cin-
quante ans.

(2) En allemand , *schlagende wetter* , et en anglais , *fire live or
fire damp.*

(3) *Connaissance des veines de houille ou charbon de terre* , 1774.

» cette eau croupie, avec l'air reclus et des restes de houille,
» qui, s'échappant du lieu de sa stagnation, s'allume par les
» lampes des ouvriers, leur grille le visage, brûle leurs
» cheveux, fond le fer et l'acier et fait le fracas de la poudre
» à canon. Ceci a lieu dans des ouvrages de cinq à six
» cents ans, vidés presque partout..... au lieu que, dans
» les houillères nouvelles où il n'y a encore rien eu d'ex-
» ploité, les accidents dont je viens de parler n'y sont
» point à craindre, puisqu'ils sont impossibles. »

Mais la chimie moderne s'est emparée de ce gaz ; elle
l'a analysé, et, grâce à elle, le mineur connaît maintenant
la nature et les forces de l'ennemi avec lequel il doit lutter.

239. *Action de l'air sur le gaz hydrogène protocarboné.*

La flamme d'une bougie introduite dans un mélange
d'air et d'hydrogène protocarboné détermine une combustion ou une explosion plus ou moins vive suivant la proportion des deux éléments. Les produits sont de la vapeur
d'eau et de l'acide carbonique. Lorsque le gaz constitue
de 1/30e à 1/15e du volume total, la combustion n'a lieu
que dans la partie du mélange mise en contact immédiat
avec la flamme ; celle-ci s'allonge, s'élargit et paraît envi-
ronnée d'une espèce d'auréole d'un bleu pâle, sensible
surtout à la partie supérieure. Elle diminue d'intensité en
raison de la diminution d'hydrogène carboné contenu dans
la masse, et disparaît entièrement lorsque la proportion de
gaz inflammable dépasse la limite inférieure de 1/30e du
volume. Si l'hydrogène carboné entre dans le mélange
pour 1/14e, l'inflammation se propage dans toute la masse.
De 1/14e à 1/9e, l'inflammation devient plus prompte et
les détonations de plus en plus fortes, jusqu'à ce que le
gaz, entrant pour 1/8e dans le volume total, détermine la

plus violente explosion. A partir de ce point, si les proportions de gaz s'accroissent, les détonations diminuent d'intensité, et, lorsqu'il forme un tiers du volume, elles cessent tout-à-fait. Le mélange étant composé de parties égales des deux fluides, il s'enflamme encore ; au-delà de ce terme maximum, le corps en ignition s'éteint par insuffisance d'oxygène. Ainsi la combustion du gaz hydrogène carboné peut avoir lieu avec ou sans détonation, et celle-ci est limitée dans les proportions d'un volume d'hydrogène et de 6 à 14 d'air atmosphérique. Dans les autres circonstances, il y a simple combustion, ou il ne se produit aucun effet.

L'introduction de petites quantités d'azote ou d'acide carbonique dans un mélange détonnant, réduit considérablement l'énergie des explosions ou les prévient entièrement ; l'addition d'un septième en volume du dernier de ces gaz suffit pour anéantir les propriétés de la masse la plus explosive.

240. *Comment le gaz hydrogène protocarboné décèle sa présence.*

Il est facile de s'apercevoir du dégagement de ce gaz en quantité notable de la houille ou des roches encaissantes, car alors il produit, comme disent les ingénieurs anglais, un bruissement semblable à celui d'une théière dont l'eau va entrer en ébullition ; c'est ce que les mineurs appellent *friser* ou *souffler*.

Ce gaz ne se rend pas seulement sensible à l'ouïe, il se manifeste encore à la vue et au toucher. Ainsi, lorsque la figure ou les mains sont en contact avec un courant de grisou sortant d'une fente du rocher, lorsqu'on marche dans une galerie où le gaz inflammable est abondant, on

éprouve, principalement sur les yeux, une sensation analogue à celle que produirait le contact d'une toile d'araignée. Enfin, il rend la respiration pénible et provoque de légers picotements dans les yeux et les narines. Il devient visible sous la forme de filaments blanchâtres; « filaments, dit
» M. Dumas (1), qui n'existent probablement pas; mais
» le gaz comprimé dans la houille se dilate au moment où
» il en sort; il se refroidit et détermine une précipitation
» de vapeur d'eau qui forme un nuage léger et blanchâtre. »

Le même auteur explique aussi cette apparence par une illusion d'optique résultant de la différence du pouvoir réfringent de l'air et du gaz inflammable. Celui-ci se manifeste encore à la vue, lorsqu'il est forcé de traverser une mare d'eau comme il s'en trouve fréquemment sur le sol des galeries des mines de houille; il paraît alors sous forme de bulles qui s'élèvent à la surface, où elles viennent crever, en se succédant avec plus ou moins de vivacité. Ce gaz se décèle enfin par son contact avec la flamme des lumières, autour desquelles il produit, ainsi qu'on l'a déjà vu, une auréole d'autant plus large et d'un bleu plus intense que la quantité de gaz est plus considérable. Cet indice est fort utile, car il en fait connaître la présence longtemps avant qu'il ne forme un mélange explosif avec l'air atmosphérique. Mais comme la lumière de la lampe est plus éclatante que l'auréole, il n'est guère possible de l'apercevoir si l'on n'a le soin, ou d'abaisser la mèche de la lampe pour en rendre la clarté moins vive, ou, mieux, d'interposer la main entre l'œil et la flamme de manière à n'apercevoir que la pointe de cette dernière.

Pour explorer l'état atmosphérique d'une galerie, on commence l'observation en partant du sol et en s'élevant

(1) *Chimie industrielle*, tome 1.

peu à peu vers le faîte ; dès que la lumière se trouve
dans une atmosphère contenant du grisou, on voit paraître
au-dessus de la flamme l'auréole, dont la grandeur et
l'intensité augmentent à mesure qu'on s'avance vers les
lieux qui en sont infestés. Cette opération ne peut être
confiée qu'à des ouvriers prudents et expérimentés.

241. Les gaz, dans les mines de houille, jouissent-ils de la propriété de diffusion ?

La force dérivant de la propriété de diffusion en vertu
de laquelle tous les gaz renfermés dans une même cavité
forment, après un certain laps de temps, un mélange uniforme, se trouve fréquemment en opposition directe
avec la force due à la différence de densité de l'air
atmosphérique, qui sollicite le gaz inflammable à se
porter vers le faîte des excavations. Cette opposition
entre les deux actions, étant plus sensible dans les
mines de houille que dans les laboratoires, pourrait
donner lieu à penser que les lois de la physique subissent
ici quelque exception. Ainsi, lorsqu'on visite une galerie
où le courant d'air est peu actif et le dégagement de gaz
inflammable assez considérable, il arrive souvent que,
vers le sol, se trouve de l'air atmosphérique pur ; à
une hauteur variable on commence à apercevoir quelque
parcelles de grisou ; celui-ci devient de plus en plus
sensible à mesure qu'on s'élève ; on atteint le gaz
détonnant, et qu'enfin, vers le faîte, se trouve un mélange
tel qu'il détermine l'extinction de la flamme des lampes.
Chaque fois, d'ailleurs, qu'il s'agit de s'assurer de la présence du gaz inflammable dans une excavation quelconque,
on le recherche vers les points culminants, où il tend à
se loger en vertu de sa grande légèreté.

De ces faits, d'ailleurs fort connus, on ne peut cependant conclure que la propriété de diffusion n'agisse avec toute son énergie dans les mines de houille comme partout ailleurs. En effet, le gaz, au moment où il se dégage, ne se mélange pas instantanément avec l'air : il obéit d'abord aux lois de la pesanteur et se superpose à l'air atmosphérique ; puis, la diffusion agissant par les surfaces en contact, s'il existe un courant le mélange est entraîné ; de nouvelles surfaces provoquent un nouveau mélange et ainsi de suite, de telle sorte que l'espace serait complètement purgé de grisou si celui-ci, dont le dégagement est continuel, ne venait à chaque instant remplacer celui que le courant ventilateur a entraîné avec lui. Si le volume et la vitesse du courant suffisent pour enlever les gaz à mesure qu'ils se dégagent, si la circulation des ouvriers dans les galeries facilite la diffusion, on n'apercevra de gaz nulle part, si ce n'est dans quelques angles rentrants, ou quelques cavités du faîte placées à l'abri de l'action dissolvante de l'air. Mais si, dans des galeries non fréquentées et où l'air ne circule pas, le dégagement du gaz est continu, celui-ci s'empare peu à peu de l'espace en s'accumulant d'abord vers le faîte, d'où il agit par pression sur l'air atmosphérique placé au-dessous, et il le refoule insensiblement hors de la cavité, après s'être mélangé en partie avec lui.

Telle est l'origine de ces amas dangereux de grisou que contiennent souvent les anciens travaux abandonnés et qu'il est si difficile d'isoler entièrement des travaux en activité.

Cette gradation croissante dans la quantité d'hydrogène carboné que l'on observe en s'élevant du sol au faîte des galeries prouve à l'évidence l'action combinée de la diffusion et de la différence de pesanteur spécifique ; si la première agissait seule et instantanément, le mélange serait uniforme dans toute la masse ; si le gaz n'obéissait qu'à l'action de la pesanteur, il se formerait deux couches distinctes : l'une d'air pur vers le sol, l'autre, de gaz au faîte, et ces deux couches, même sous l'influence du courant ventilateur, ne se mélangeraient qu'imparfaitement et à leur surface de contact.

On sait d'ailleurs que le mélange une fois effectué, le gaz et l'air ne peuvent plus se séparer, quelle que soit la direction des galeries où le courant est appelé à circuler.

242. *Gisement de l'hydrogène protocarboné.*

Ce gaz n'est pas rare dans la nature : tous les marais, toutes les eaux stagnantes ou dont le cours est fort lent, en laissent échapper spontanément des quantités notables. Il suffit, pour provoquer son dégagement, d'agiter la vase des marais dans laquelle il est renfermé, et aussitôt on le voit paraître sous forme de bulles qui viennent crever à la surface de l'eau. En plusieurs localités ce gaz, provenant du sein de la terre et de profondeurs inconnues, vient s'écouler au jour à travers les fissures naturelles de terrain ou les trous de sonde, et forme de véritables sources gazeuses que l'on enflamme quelquefois pour s'en servir à divers usages domestiques ou industriels. Les sondages effectués pour l'exploitation des eaux salifères ont souvent livré passage à des courants d'hydrogène proto-carboné, utilisé par les Chinois à l'évaporation de l'eau salée jaillissant d'un trou de sonde. Enfin, on en rencontre dans quelques mines de sel gemme, dans les lieux où l'on exploite les schistes et les calcaires bitumineux et dans le voisinage des sources de naphte et de pétrole. Mais, quelque considérables que soient tous ces dégagements, ils sont peu de chose relativement aux quantités énormes de grisou renfermées dans les stratifications houillères, et qui sont la cause des plus grands dangers auxquels soient exposés les mineurs.

243. *Dégagement de gaz inflammable dans les terrains houillers.*

Le gaz hydrogène carboné s'exhale des couches de houille en quantités très-variables. Plusieurs personnes pensent que son dégagement est en rapport avec la qualité du combustible ; ainsi, disent-elles, les houilles sèches n'en contiennent que fort peu et quelquefois pas du tout ; les houilles demi-grasses en recèlent une forte quantité, et celles de la première variété, dont les propriétés sont d'être collantes, propres à la forge, sont, pour ainsi dire, saturées de gaz, surtout lorsqu'elles sont peu compactes et faciles à briser. Mais cette règle souffre de si nombreuses exceptions qu'il est impossible de l'admettre comme générale. Ainsi, de même que les houilles demi-grasses et grasses du Flénu, près de Mons, et d'Eschweiler, près d'Aix-la-Chapelle, donnent à peine quelques traces de gaz inflammable ; que celles des mines du Centre (Hainaut), quoique en grande partie propres à la fabrication du coke, en sont totalement exemptes ; de même aussi ce gaz se dégage fréquemment des houilles maigres, comme le prouve suffisamment le charbon dur et surtout le charbon calcaire du Couchant de Mons ; celles de la rive orientale de la Wuhrm, près d'Aix-la-Chapelle ; de Schlehbusch, près de Wetter ; les houilles que l'on extrait dans la principauté de Schaumbourg, où le gaz inflammable se trouve en si grande abondance, et enfin celles de la partie orientale du Bassin de Liége, où, quoique fort secs, ces combustibles n'en ont pas moins donné lieu à de fréquentes explosions.

Une circonstance digne de remarque, c'est que les roches encaissantes des mines du Centre (où le gaz inflammable est inconnu, quoiqu'elles renferment bon nombre de couches des plus grasses) sont recoupées par de nombreuses fissures, qui semblent avoir autrefois établi des communications entre le jour et l'intérieur avant l'époque assez récente où les stratifications du terrain de recouvrement ont été déposées sur le terrain houiller; tandis que les couches de la partie orientale du Bassin de Liége et de celui de la Wuhrm, très-sujettes au grisou, sont encaissées dans des roches compactes, et la plupart du temps exemptes de dislocations et de fissures.

Si l'on pouvait prouver que l'absence de ces dernières concordât, dans toutes les localités, avec la présence du grisou, comme on l'observe dans un assez grand nombre de mines, ne pourrait-on alors supposer, pour expliquer cette remarquable anomalie, qu'un dégagement considérable de gaz a eu lieu à travers les terrains très-fissurés, tandis qu'il a été comparativement faible dans les localités où peu de fentes sillonnaient les roches encaissantes? On comprendrait ainsi pourquoi, dans certains districts, les mêmes couches contiennent des quantités de gaz plus considérables lorsque, repliées sur elles-mêmes, elles forment des zigzags sans communication avec le jour, que stratifiées en plateures dont les affleurements se profilent à la surface du sol. Alors s'expliqueraient encore les causes de l'accroissement du grisou avec l'augmentation de la profondeur de l'exploitation, ainsi qu'on l'a observé en diverses localités, entre autres dans la province de Liége et aux mines de Furth et Ath, près d'Aix-la-Chapelle; puisque généralement les stratifications sont d'autant plus fissurées que l'on se rapproche davantage de la surface du sol. A ces considérations pourrait être jointe une observation essentielle relative à l'absence de grisou dans les mines où les stratifications, fortement inclinées, viennent affleurer à la surface du sol, ou dont l'objet de l'exploitation est uniquement la tête des stratifications.

Quoi qu'il en soit, la production de gaz inflammable n'est pas la même dans les diverses parties d'une même couche; il est, au contraire, fort variable et fort irrégulier. Si la houille, de compacte qu'elle était d'abord, devient friable et se réduit en petits fragments, le gaz sera beaucoup plus abondant; aussi l'exploitation est-elle très-dangereuse à l'approche des failles, renflements, brouillages ou autres dérangements, car la houille, réduite alors en minces fragments, offre des surfaces multipliées. Le mineur observe, en outre, que le moment de l'abattage de la couche est celui où il se dégage le plus de grisou; de même les fronts de taille les plus récents fournissent un gaz plus abondant que les chantiers anciennement exploités et dont les produits aériformes se sont déjà échappés.

C'est ici le lieu de parler de ces cavités, nommées *bags of foulness* (*sacs d'impureté*) , que les mineurs du nord de l'Angleterre rencontrent dans les couches de houille et quelquefois dans les roches avoisinantes. Ces cavités, entièrement fermées, contiennent du gaz inflammable dans un état de compression fort énergique. Au moment où, par suite de l'avancement progressif d'une galerie, leurs parois cessent d'offrir une résistance suffisante à l'expansion du grisou, celui-ci rompt subitement l'enveloppe et se répand en abondance dans la mine, où il donne lieu à de graves accidents. Telles sont les causes auxquelles M. Buddle attribue l'explosion désastreuse survenue à la mine de Jarrow (Newcastle).

244. *Gaz inflammable provenant des roches encaissantes.*

Ce ne sont pas les houilles seules qui laissent dégager le grisou, mais encore les roches entre lesquelles elles se trouvent intercalées. Les *bags of foulness* s'y trouvent quelquefois renfermées ; souvent aussi les fissures des bancs de grès ou de schistes livrent passage à des courants continus d'air inflammable doués d'une vitesse plus ou moins grande ; ces courants, appelés *souffleurs* ou *soufflards* (*Blowers*), laissent échapper d'immenses quantités de gaz. D'autres fois le grisou s'écoule par les plans de délitement des feuillets de schistes, avec un bruissement sinistre, et se répand de là dans les excavations. Quelquefois aussi, lorsque les ouvriers du Northumberland traversent une faille ou un dyke, il s'échappe des roches interposées des quantités énormes de gaz ; celui-ci s'élance dans les galeries avec une rapidité et un bruit extraordinaires, et le jet dure longtemps sans rien perdre de sa force primitive.

Certainement ce gaz n'est pas propre aux grès et aux schistes d'où il se dégage ; mais il provient évidemment des couches de houille avec lesquelles ces roches sont en communication au moyen des fissures et des fentes qui recoupent la formation houillère. Quoi qu'il en soit, en Allemagne et surtout en Angleterre où les souffleurs se présentent assez fréquemment, on a le soin, lorsqu'ils sont assez volumineux, de les concentrer à l'aide d'entonnoirs ou de chapeaux dans des tuyaux qui les conduisent, soit en un point de la mine où ils ne peuvent être nuisibles, et d'où ils se rendent au jour ; soit directement à la surface du sol, où l'on s'en est servi quelquefois pour l'éclairage des ouvriers occupés pendant la nuit à l'orifice du puits. Il n'est pas rare de voir ces jets de gaz inflammable subsister sans interruption pendant plusieurs années, ainsi que cela a eu lieu à la mine de Wilmington, où les produits d'un souffleur, recueillis sous un chapeau en fer, furent conduits au jour à travers un tuyau de 0.07 à 0.08 mètre de diamètre, et servit, dès 1831, à éclairer les travaux de la surface pendant la nuit. En 1835, époque où l'enquête ordonnée par la chambre des communes (1) eut lieu, ce mode d'éclairage était encore en pleine activité.

Le degré de tension du gaz dans les cavités constitutives des soufflards est très-variable : d'une part, M. George Stephenson (2) a observé que certains d'entre eux laissaient écouler de grandes quantités de gaz lorsque la pression atmosphérique diminuait et absorbaient au contraire de l'air lorsque le mercure montait dans le baromètre ; cette circonstance indique évidemment une pression du gaz peu différente de la pression atmosphérique. D'autre part, un grand nombre d'observations prouvent que la tension du gaz inflammable, souvent très-considérable, lui permet de vaincre le poids de plusieurs atmosphères.

245. Le gaz hydrogène protocarboné se dégage sous des pressions supérieures à une atmosphère.

La force d'expansion qu'acquiert le gaz inflammable renfermé dans une fissure ou une cavité quelconque est souvent très-considérable, puisque le dégagement continue à avoir lieu, même lorsqu'il doit vaincre la pression de plusieurs atmosphères. Tel est l'état naturel du gaz dans

(1) et (2) *Reports on accidents in mines.*

les *bags of foulness*, si redoutables aux mineurs du Northumberland. Tel est encore l'état de compression du gaz renfermé dans l'un des puits inondés de la concession de Firmini (département de la Loire); puisque, d'après ce que rapporte M. Combes (1) le dégagement, qui avait lieu à travers une colonne d'eau de 12 mètres de hauteur, dura plusieurs mois sans perdre de sa force et de son abondance; il devait donc vaincre une pression supérieure à deux atmosphères. On pourrait citer encore une multitude d'exemples dans lesquels le gaz inflammable s'est dégagé sous une pression très-considérable; mais, pour terminer, il suffira d'indiquer une circonstance observée lors de l'explosion de 1851 dans la mine de Wilmington. Le gaz, cause du désastre, avait pour origine un souffleur situé au-dessous de la couche en exploitation; pour se répandre dans les travaux en activité, il dut traverser une colonne d'eau de 15 fathoms (25.77 mètres) de hauteur; c'est-à-dire vaincre une pression d'environ 5 1/5 atmosphères.

246. *La pression atmosphérique a-t-elle quelque influence sur le dégagement des gaz inflammables?*

M. John Buddle, entendu comme témoin dans la commission d'enquête de la Chambre des Communes, cite plusieurs observations desquelles il résulterait que le dégagement de gaz serait en rapport avec la hauteur du baromètre; c'est-à-dire que, si la colonne de mercure s'abaisse, le dégagement est considérable; si elle s'élève, il est à peine sensible, et quelquefois nul. Plusieurs auteurs anglais et français ont regardé ce fait comme acquis à la science et l'ont expliqué en considérant les couches de houille comme formées d'une infinité de petites cel-

(1) *Compte-rendu de l'Académie des Sciences*, 1856, t. I, p. 509.

lules remplies de gaz tendant à s'échapper en vertu de
leur force (F) d'élasticité, mais dont le dégagement est
empêché par la résistance (R) que présente le tissu au
mouvement du gaz et principalement par la pression (P)
qu'exerce l'atmosphère sur l'orifice de ces mêmes pores ;
d'où ils concluent ainsi : Le gaz se dégagera lorsque :

$$F > R + P ;$$

ce dégagement sera d'autant plus rapide et facile que
la différence entre

$$F \text{ et } R + P$$

sera plus grande ; si

$$F = R + P,$$

il y aura équilibre et le dégagement sera nul. Enfin, si

$$F < R + P,$$

la houille ne laissera plus écouler de gaz ; mais, au contraire, pourra absorber de l'air atmosphérique.

M. Bischoff (1), professeur de chimie à l'Université
de Bonn, regarde cette opinion comme erronée et la
combat par le raisonnement suivant.

La force génératrice du gaz inflammable est très-
grande et quelquefois supérieure à trois atmosphères ;
lorsqu'il est formé, il doit se dégager dès que sa force
élastique est un peu supérieure à la pression de l'air
ambiant, en sorte qu'un changement dans la densité
de l'atmosphère peut bien retarder ou avancer le moment du dégagement d'une quantité fort minime, mais
jamais l'annihiler ou le favoriser d'une manière efficace.
En effet, si la houille ou une fissure laisse écouler

---

(1) *Des moyens de soustraire l'exploitation des mines de houille
aux chances d'explosion*, page 221 et suivantes.

du gaz sous une pression de 0.75 mètre de mercure, par exemple, les bulles de gaz, une fois formées, se dégageront dès que leur tension sera un peu au-dessus de la pression atmosphérique. Que celle-ci, changeant subitement, soit représentée par une colonne de mercure de 0.765 mètres, l'augmentation de pression de 1/50ᵉ empêchera les bulles de se dégager au premier instant; mais comme la force d'expansion ne peut être limitée par la pression de deux et même trois atmosphères, elle n'aura qu'à augmenter de 1/50ᵉ pour vaincre la pression atmosphérique, en exigeant environ 1/50ᵉ de plus de temps; c'est-à-dire que le gaz, soumis à une pression de 0.765 mètre, se dégagera plus lentement qu'il ne le faisait sous l'influence d'une colonne de 0.75 mètre. D'où l'auteur du Mémoire conclut que cette augmentation ou cette diminution dans le volume du gaz dégagé est trop petite pour être remarquée, même lorsqu'on admet une variation de 15 millimètres dans le baromètre.

Il cherche ensuite à expliquer cette concordance de la hauteur barométrique et du dégagement de gaz par l'enchaînement des propositions suivantes : Tout changement dans la pression atmosphérique est accompagné d'un changement de température ; la circulation de l'air dans les mines est facilitée par la différence entre les températures intérieure et extérieure ; l'aérage est fort actif lorsque l'air extérieur est très-chaud ou très-froid ; et comme, dans ce cas, la hauteur du baromètre est toujours considérable, c'est à la circulation plus ou moins active de l'air dans la mine qu'il faut attribuer l'absence de gaz inflammable, et non à la pression atmosphérique, qui ne peut les empêcher de se dégager.

Sans adopter entièrement cette explication, au moins en ce qui concerne la circulation de l'air en été, car on verra plus loin qu'elle n'a jamais un grand degré d'activité dans nos climats septentrionaux, on peut dire que l'on a trop généralisé le principe fondé sur les expériences de M. Buddle; mais, s'il n'est pas possible d'admettre l'influence de la pression barométrique sur le dégagement du gaz au moment où il sort de la houille et quelquefois des roches encaissantes, on ne peut non plus se dissimuler qu'une pression plus ou moins grande de l'air n'ait pour effet de maintenir en place ou de laisser sortir les gaz accumulés dans les anciennes galeries ou dans les excavations abandonnées, qui, quelque soin que l'on ait pris de les isoler, se trouvent toujours en communication plus ou moins directe avec les travaux habités. Quoique les variations barométriques aient lieu dans des limites fort restreintes, la moindre diminution de pression suffit pour que ces réservoirs de gaz versent une partie de leur contenu dans les galeries en activité et rendent explosif l'air de la mine; il suffit aussi d'une élévation dans la colonne barométrique pour refouler le gaz dans la cavité et quelquefois forcer celle-ci à absorber de l'air atmosphérique. Il en est fréquemment de même pour les souffleurs.

247. Hypothèses sur la formation du gaz inflammable dans les mines de houille.

Les principes constituants du gaz hydrogène protocarboné, composé d'un atome de carbone et de deux atomes d'hydrogène, sont fort abondants dans les mines de houille. Ce combustible, en effet, est presque entièrement formé du premier de ces éléments, et le second se trouve, dans l'eau et dans l'air chargé de vapeurs, en circulation constante dans

les excavations. Dans quelles circonstances et sous quelle
influence ces deux principes s'unissent-ils pour former le
fluide dévastateur des mines de houille ? C'est ce qu'on
ignore jusqu'à présent, car nulle observation n'est assez
concluante pour faire sortir l'esprit humain du champ
des conjectures.

Les opinions des savants sont très-divergentes à ce
sujet : M. Cauchy et d'autres ingénieurs belges pensent
que l'air introduit dans les mines est vicié, entre autres
causes, par « une distillation lente, au moyen de laquelle
» certaines espèces de houille produisent, par une réaction
» chimique entre leurs éléments, et laissent dégager con-
» tinuellement avec un bruissement sinistre et quelquefois
» aussi par torrents, ce gaz hydrogène carboné qui, mêlé
» avec une petite quantité de quelques autres gaz, constitue
» celui que nous obtenons rapidement, dans nos établisse-
» ments pour l'éclairage, en facilitant sa formation par
» une chaleur convenable (1). »

M. Bischoff cherche une autre explication de ce phénomène en se fondant, entre autres considérations, sur
l'identité de nature du gaz des houillères et de celui des
marais. Puisque ce dernier se forme par l'altération sous
l'eau des substances organiques, de même aussi la fibre
végétale de la houille doit dégager du gaz sous l'influence de l'eau. Si, dans les mines, la quantité de gaz
inflammable augmente avec la profondeur, c'est, dit-il,
à la quantité croissante des sources et à la difficulté de les
épuiser qu'il faut attribuer cette circonstance, car le terrain
houiller, étant coupé par de nombreuses fissures, permet

---

(1) Rapport sur le concours spécial concernant les explosions
dans les mines de houille, t. VII, nᵒ. 12 des *Bulletins de l'Académie royale de Bruxelles.*

aux eaux atmosphériques de pénétrer jusqu'aux couches de houille. Telle est la base du raisonnement sur lequel M. Bischoff s'appuie pour attribuer la formation du gaz hydrogène carboné au contact de l'eau et de la houille, en sorte qu'il y a dégagement de gaz lorsque le premier de ces corps pénètre jusqu'au second, et absence de gaz dans le cas contraire.

La troisième opinion, à laquelle se sont ralliés la plupart des ingénieurs anglais et français, consiste à considérer les houilles comme formées d'un tissu spongieux ou d'un nombre infini de petites cellules communiquant entre elles et avec les innombrables fissures de' la couche. Ces cellules renferment, suivant leur forme ou la nature de la houille, des quantités variables d'hydrogène protocarboné, mais dans un état d'élasticité tel qu'il est toujours prêt à s'échapper en brisant les parois qui mettent obstacle à sa dispersion dans l'air.

Il convient de s'arrêter ici, car la discussion de ces diverses opinions serait de peu d'intérêt et sortirait du cadre de cet ouvrage. Il convient d'ailleurs d'attendre, à ce sujet, que des expériences ultérieures fassent jaillir la vérité du milieu de ces conjectures.

248. *Décomposition chimique de l'hydrogène protocarboné.*

Quels sont donc les moyens de débarrasser les mines d'un corps aussi redoutable et dont les effets désastreux plongent si souvent dans le désespoir des populations tout entières? La chimie, si riche en ressources, n'a-t-elle donc aucun moyen de l'absorber, de le décomposer ou de le combiner avec une autre substance qui anéantisse ses dangereuses propriétés? Malheureusement non. Ce gaz, n'étant pas soluble dans l'eau, ne peut être absorbé par les alcalis. On a bien proposé de mettre à profit la grande affinité de l'hydrogène pour le chlore, afin de le décomposer en lui offrant ce dernier gaz ou l'un des chlorures qui le cèdent facilement; mais cette combinaison ne peut avoir lieu que sous l'influence double de l'humidité et de la lumière solaire ; et comme toutes les parties d'une mine ne sont pas humides, qu'elles ne jouissent jamais de la lumière même diffuse, on ne peut profiter de cette propriété pour s'en débarrasser. Si, d'un côté, M. Fincham prétend s'être assuré de l'efficacité du chlorure de chaux projeté dans une galerie de la mine de Bradfort, et de l'absorption de tout le gaz qui s'y dégageait; d'un autre côté, des expériences plus récentes faites dans les mines du district de Bardenberg ont prouvé qu'il n'en pouvait être ainsi. Dans tous les cas, comme le résultat de la décomposition serait du gaz acide chlorydrique, dangereux à respirer, on ne voit pas trop ce que l'on gagnerait à cette substitution.

On a aussi cherché à décomposer ce gaz par l'oxygène de l'air. La propriété du platine réduit en fil ou à l'état spongieux est de déterminer à froid la réaction de l'oxygène sur l'hydrogène; mais comme, après un certain laps de temps, cette combinaison produit un grand dégagement de chaleur et détermine l'incandescence du métal, celui-ci pourrait faire détonner la partie du mélange non encore décomposé. Aussi M. Aloys Wehrle a-t-il proposé de mêler au platine spongieux une substance qui eût la propriété d'absorber une grande partie du calorique dégagé et de l'empêcher de rougir. C'est l'argile, dont deux parties auraient été mélangées avec une de platine pour former des boules qui, prétendait-il, devaient détruire lentement et sans flammes le gaz grisou répandu dans la mine.

Au lieu de rechercher les moyens de diminuer l'intensité de la combustion du gaz, il eût peut-être été préférable de s'assurer si cette combustion était réellement provoquée par la réaction du métal sur l'hydrogène protocarboné. Or, il n'en est pas ainsi. Déjà, en 1824, un chimiste anglais, M. le docteur Henry, avait constaté dans son laboratoire que des boules contenant trois parties d'éponge de platine sur deux d'argile étaient inertes quant au gaz des houillères. Mais des expériences exécutées en grand et dans le lieu même du dégagement pouvaient complètement élucider la question. C'est ce travail que M. Trasenster a entrepris (1) dans l'une des mines de Seraing et au moyen de l'appareil imaginé par M. Payerne. Le mélange d'air et de grisou qui se présentait dans des rapports très-variables, ainsi qu'on put s'en assurer au moyen de la lampe de Davy, traversait un liquide alcalin, de la chaux, puis une couche de plusieurs centimètres de platine spongieux et calciné. En aucune circonstance l'expérimentateur n'a pu obtenir de résultats, quoique le même platine, soumis ultérieurement à un jet d'hydrogène pur, s'enflammât peu après le contact des deux corps. D'où il résulte que l'opinion admise sur la foi du docteur Wehrle est entièrement erronée. Mais quelle qu'eût été, d'ailleurs, l'issue des expériences, le procédé eût présenté des difficultés pratiques fort grandes et peut-être insurmontables.

Autrefois, lorsque les mines de houille étaient peu développées et que, par conséquent, le gaz inflammable était moins abondant, on cherchait à opérer la com-

---

(1) Emploi de l'éponge de platine pour la combustion du grisou. *Annales des Travaux publics de Belgique*, t. VII, p. 179.

bustion du gaz avant qu'il ne devînt explosible. Un ouvrier, appelé *pénitent* sur le continent et *Fireman* en
Angleterre, se couvrait de vêtements de laine ou de toile
mouillée, se garantissait quelquefois la figure avec un
masque, puis s'avançait en rampant et cherchant à
mettre le feu au grisou accumulé dans les cavités du
toit, dans les galeries ascendantes et partout où il pouvait l'atteindre. Il se servait pour cela d'une chandelle
ou d'une torche attachée à l'extrémité d'une longue baguette ; ou bien dépourvu de lumière, il plantait un
crochet au faîte de l'excavation lieu de l'accumulation du
gaz, passait dans le crochet un cordon dont l'une des
extrémités aboutissait à une galerie voisine où l'on jugeait
n'avoir rien à craindre des effets de la combustion,
tandis qu'à l'autre extrémité était attachée une lampe
qui, soulevée par la traction du fil, mettait le feu au
grisou. Ce procédé barbare est actuellement proscrit,
soit parce que l'ouvrier chargé de mettre le feu est infailliblement blessé ou tué si le mélange, au lieu de
brûler tranquillement, donne lieu à une explosion, et
que, dans le cas même où cette dernière circonstance ne
se présente pas, il court également de grands dangers ;
soit parce que ce mode peut entraîner avec lui la plupart des accidents inhérents à un coup de feu, tels que
les éboulements, l'incendie de la mine, la rupture des
bois par le choc, leur altération par la chaleur, etc. ;
soit, enfin, parce que le gaz se reproduisant continuellement, il faut recommencer l'opération plusieurs fois
chaque jour, faire sortir tous les ouvriers des travaux,
et qu'à un gaz inflammable on substitue un gaz délétère, complètement irrespirable et fort dangereux.

249. Délayer le gaz inflammable dans de grandes masses d'air atmosphérique.

Le procédé le plus énergique pour se débarrasser du grisou, le seul admis actuellement, consiste à faire pénétrer dans la mine des quantités considérables d'air atmosphérique, et à les renouveler sans cesse, de manière à déterminer un courant ventilateur qui saisisse dans son passage, délaie dans sa masse tous les gaz à mesure qu'ils se dégagent, et les entraîne avec lui dans l'atmosphère. Les principes sur lesquels ce système est fondé sont la propriété de diffusion des gaz combinée avec celle de non-explosibilité dont jouit tout mélange dans lequel l'hydrogène protocarboné ne constitue pas plus de $1/14^e$ du volume. Il s'agit donc de combiner les choses de telle façon que la masse d'air qui pénètre dans la mine en un temps donné soit au moins 14 fois plus grande que le plus grand dégagement probable de grisou.

D'après ce qu'on a vu plus haut, la force de diffusion ne se fait pas sentir instantanément, le gaz inflammable commence par s'élever vers le faîte des galeries et l'acide carbonique s'établit sur le sol. Les deux gaz, refoulés par le courant, cherchent alors à se réfugier derrière les bois de soutenement, dans les angles rentrants et dans les anfractuosités des parois, où ils échappent à l'action dissolvante de l'air; mais, si le courant est assez énergique, il finit toujours par les en déloger en partie et les entraîne avec lui au milieu de la masse, où ils se dissolvent et se noient pour ne plus présenter qu'un mélange uniforme dont les diverses parties sont désormais mécaniquement inséparables.

SECTION II⁰.

CAUSES DE LA CIRCULATION DE L'AIR DANS LES MINES.

250. *Nécessité d'un courant ventilateur.*

On doit toujours, et en tout état de choses, non-seulement introduire dans les mines des volumes d'air suffisants, mais encore les renouveler incessamment, soit pour fournir à la respiration des ouvriers et à la combustion des lumières, soit pour noyer tous les gaz nuisibles et les expulser au fur et à mesure de leur formation.

Les quantités d'air à introduire sont très-variables ; elles dépendent de l'étendue des travaux et du dégagement plus ou moins intense du gaz inflammable, quant aux mines à grisou. Celles qui ne sont point exposées à cette cause de danger n'exigent pas un courant ventilateur aussi actif ; mais il n'en faut pas moins dépasser de beaucoup la quantité nécessaire à la respiration des ouvriers et à la combustion des lumières, afin que l'atmosphère de la mine reste dans des conditions de complète salubrité. On ne voit que trop souvent des excavations mal aérées engendrer chez les ouvriers des maladies dont la guérison est impossible lorsqu'elles sont parvenues à un certain degré d'intensité.

Déterminer la formation d'un courant ventilateur, le distribuer et le diriger convenablement dans les diverses excavations est ce que l'on appelle *l'aérage* ou *la ventilation* d'une mine ; lui donner un volume suffisant et toujours en rapport avec les besoins de l'exploitation constitue un *bon aérage*.

251. *Les mouvements des fluides liquides et aéri-*
formes ont leur origine dans leurs différences de
densité.

L'ensemble des travaux d'une mine, composée de deux
puits verticaux liés par une série de galeries, forme une seule
conduite sinueuse débouchant dans l'atmosphère par ses deux
extrémités ; cette conduite, remplie d'air atmosphérique,
peut être assimilée à un syphon renversé contenant un
fluide quelconque. Si les deux branches du syphon sont
comprises entre deux plans horizontaux, c'est-à-dire si
elles ont même hauteur verticale ; si le fluide qu'elles contiennent est partout de même densité, il n'y aura pas de
raison pour que ce dernier éprouve le moindre déplacement, et qu'il se produise aucun mouvement dans la masse.
Mais si, au contraire, les deux branches sont inégales,
ou si l'une d'elles contient une colonne de fluide de densité moyenne plus grande que la densité moyenne du
fluide renfermé dans l'autre branche, l'équilibre sera
rompu ; la plus pesante des deux colonnes descendra en
déplaçant la plus légère et en l'expulsant hors du syphon
avec une vitesse d'autant plus grande que la différence
des pesanteurs sera plus considérable. Si, en outre, la
branche du syphon contenant le fluide le plus dense,
constamment alimentée par un réservoir, conserve à chaque
instant la même hauteur, et si le même fluide se raréfie
dans la seconde branche, de telle sorte que le rapport
entre les pesanteurs spécifiques des deux colonnes soit
toujours le même, il ne cessera de sortir par l'orifice
de la branche qui contient la colonne la plus légère avec
une vitesse uniforme, tant que la force agissante (la
différence de densité ou de hauteur des deux colonnes)
sera elle-même invariable.

Toutes ces circonstances du mouvement des fluides se
représentent de la même manière pour la circulation de
l'air dans les mines communiquant avec l'atmosphère par
deux puits. La disposition de la conduite est analogue
à celle d'un syphon renversé sur les orifices duquel presse
l'atmosphère ou réservoir d'une capacité infinie, continuellement prêt à fournir le fluide aériforme nécessaire à la
ventilation. Enfin, il est toujours possible, comme on va
le voir, d'obtenir, par des moyens naturels ou artificiels,
une différence dans la densité des deux colonnes d'air que
renferment les deux puits ; celui qui contiendra le plus
dense servira à l'introduction du courant, et l'autre livrera
passage aux fluides aériformes qui ont circulé dans
les travaux.

252. Des moyens à employer pour modifier la densité de l'air.

Les gaz, de même que tous les autres corps, possèdent
la propriété de se contracter par le refroidissement et de
se dilater par une élévation de température ; en sorte que
leur pesanteur spécifique s'accroît dans le premier cas et
diminue dans le second. M. Gay-Lussac a démontré que
tous les gaz, lorsque la pression à laquelle ils sont soumis
est constante, se dilatent uniformément, et que, pour
chaque degré du thermomètre centigrade, ils augmentent de
0.00375 de leur volume à 0°.

Soient donc (fig. 10, pl. XVIII) deux puits ab, cd de
100 mètres de profondeur et de 6 mètres carrés de section, liés par une galerie bd établissant une disposition
analogue à celle d'un syphon renversé. Tous deux sont
remplis d'air : l'un à la température de 0°, l'autre à celle
de 30°. Le poids du mètre cube d'air sec à 0° étant de

1.2987 kilog., la colonne *a b* renfermée dans le premier pèsera 779 kilog.

Quant à la colonne *c d*, comme la dilatation de l'air de 0° à 30° augmente son volume d'une quantité égale à

$$0.00375 \times 30 = 0.1125,$$

les volumes de l'air à la température de 0° et 30° seront entre eux comme 1 : 1.1125.

Les densités étant en raison inverse des volumes, le poids de la colonne d'air à 30° sera au poids de la colonne à 0° ou 779 K comme 1 : 1.1125; c'est-à-dire 700 kilog. environ. Ainsi la force qui met l'air de la mine en mouvement serait, dans ce cas, la différence entre le poids des deux colonnes ou 79 kilogrammes.

On pourrait aussi augmenter la densité de l'une des colonnes en la contractant par un abaissement de température; mais ce procédé, qui semble devoir être très-compliqué et assez coûteux, doit être regardé comme inapplicable dans l'état actuel de la science.

On provoque aussi une diminution de densité dans la colonne d'air du puits de sortie en soustrayant son orifice à la pression atmosphérique et en produisant, à l'aide d'appareils mécaniques quelconques, une aspiration qui force l'air extérieur à pénétrer dans la mine par l'autre puits, pour remplacer le fluide dispersé par le moteur dans l'atmosphère. Si, par exemple, les données précédentes restant les mêmes, la raréfaction produite à l'orifice d'un puits détermine une perte de 10 pour cent dans la densité de l'air, le poids de la colonne d'entrée sera de 600 $\times$ 1.2987 = 779 kilog., tandis que celui de sortie deviendra plus léger de 0.1 $\times$ 779 = 77.9, différence propre à déterminer la circulation de l'air.

Si la machine, au lieu d'aspirer l'air, le refoule en agissant comme un soufflet et le force à pénétrer dans l'un des puits, l'action résultera autant de la vitesse imprimée par le moteur aux dernières molécules d'air introduites, que de l'augmentation de densité acquise par la colonne d'air comprimé ; car les dernières molécules, chassant devant elles toutes celles qui les précèdent, communiquent le mouvement à toute la masse.

253. *Hauteur génératrice de la vitesse d'écoulement de l'air provoquée par une différence de température.*

Cette cause du mouvement de l'air dans les mines, lorsque les sections des deux puits sont égales, existe encore lorsqu'elles sont inégales, puisqu'un fluide se met toujours en équilibre dans les deux branches verticales, quoique de diamètres inégaux, d'un syphon renversé. Mais comme il est inutile de rechercher les différences de poids absolus des deux colonnes, on écarte, dans la détermination de la force motrice, toute considération relative à la section des puits. Si l'on suppose l'écoulement du fluide aériforme de la mine *a b d c* (fig. 10) provoqué par la dilatation, la température de la colonne contenue dans la branche *a b* étant de 12 degrés et celle de la colonne *c d* de 26 degrés, rien ne sera changé dans leurs poids respectifs, si l'on suppose que la plus dense se dilate de 12° à 26° et que sa hauteur augmente d'une quantité *a e* proportionnelle à la perte de sa pesanteur spécifique. Ainsi le volume de l'air à 0° étant de 1, il deviendra respectivement aux températures de 12° et de 26°.

$$1 + 12 \times 0.00375 = 1.0450$$
$$\text{et} \quad 1 + 26 \times 0.00375 = 1.0975$$

La profondeur des puits étant supposée de 300 mètres **et** la hauteur des deux colonnes étant proportionnelle aux volumes de l'air à 12° et à 26°, on ramènera la colonne la plus pesante à la densité de la plus légère par la proportion

$$1.0450 : 1.0975 = 300 : x, \text{ d'où } x = 315 \text{ mètres.}$$

Ainsi la mine, ou le syphon renversé, peut être considéré comme ayant ses deux branches d'inégale hauteur eb et cd remplies, dans toute leur étendue, d'un fluide de même densité. Or, comme ab et cd, ayant même hauteur et même densité, se font mutuellement équilibre, le mouvement ne provient que de la différence $ae = 15$ mètres, appelée *hauteur génératrice du mouvement* ou, plus brièvement, *hauteur motrice*.

Pour généraliser cette expression, soient

t le degré de température de la colonne la plus dense;

t' celui de la colonne dilatée;

a le coefficient de dilatation des gaz, ou 0.00375;

H la hauteur dc affectée de la température la plus élevée;

h la différence ae entre les deux colonnes de fluide ramenées à la même température ou la hauteur motrice.

Les volumes de l'air à 0° étant 1, ceux de l'air à t et t' seront respectivement $1 + at$ et $1 + at'$, d'où la proportion :

$$1 + at : 1 + at' = H : x$$

$$\text{et} \quad x = H \left(\frac{1 + at'}{1 + at} \right),$$

hauteur de la colonne la plus dense ab ramenée à la température de dc. La différence entre cd et bc détermine la hauteur génératrice $ae = h$, et

$$h = H \left(\frac{1 + at'}{1 + at} \right) - H = H \left(t' - t \right) \frac{a}{1 + at} \quad (A)$$

Les différences de densité ou de tension des fluides aériformes, c'est-à-dire les différences de pression auxquelles ils peuvent résister, se mesurent au moyen des instruments spéciaux suivants.

254. *Mesure des hauteurs motrices résultant d'une différence de température ou d'un appareil mécanique.*

Mariotte a démontré d'une manière expérimentale que, si la température des gaz reste constante, leur densité est proportionnelle aux pressions qu'ils supportent; par exemple, le poids du mètre cube d'air qui, à 0° et sous la pression d'une colonne de mercure de 0.76 mètre de hauteur, est de 1.2987 kilog., devient $1.2987 \times \dfrac{h}{0.76}$ lorsque la pression est h. Puisque les densités dérivent des pressions avec lesquelles elles sont proportionnelles, les secondes peuvent servir de mesure aux premières, et il ne s'agit, pour obtenir la hauteur motrice, que de déterminer par l'expérience la différence des pressions supportées par les deux orifices a et c des deux puits, ou plus simplement la différence de la pression atmosphérique à laquelle est soumis l'air qui enveloppe extérieurement l'appareil ventilateur et de celle qui est exercée sur l'air de la mine au moment où il va sortir du puits.

L'instrument dont on se sert pour mesurer ces différences est le *manomètre*, tube en verre replié deux fois sur lui-même, et dont le coude inférieur contient du mercure, de l'eau distillée ou de l'alcool rectifié.

Les deux orifices du tube étant ouverts, l'un d'eux est inséré dans la paroi horizontale ou verticale destinée à séparer l'atmosphère de la colonne de gaz dont on veut connaitre la tension. Celle-ci s'exerce sur la surface $m\,m'$ (fig. 12) ou $n\,n'$ (fig. 11), l'autre orifice étant en libre communication avec l'atmosphère, qui presse sur la surface $n\ n'$ ou $m\ m'$. La différence $m\ n$ des hauteurs verticales des deux colonnes manométriques, désignée habituellement par la lettre h, est l'expression de la différence entre la pression atmosphérique et la tension de l'air renfermé dans la cavité intérieure, c'est-à-dire la différence de pression que supportent les orifices des deux puits, ou la hauteur motrice qui provoque la circulation de l'air dans la mine.

Lorsque l'air intérieur est plus dilaté que l'air extérieur, la colonne de liquide en correspondance avec l'atmosphère s'abaisse, et l'on dit qu'il y a *dépression* de l'air (fig. 11). Si, au contraire, la même colonne manométrique s'élève, l'air intérieur, plus dense, est mesuré par $m\ n$ (fig. 12), qui, dès lors, est l'expression d'une *compression*.

Quelle que soit la nature du liquide manométrique, si l'on appelle p sa pesanteur spécifique, celle de l'air étant, comme on le sait, de 1.2987, on transformera la colonne du manomètre en une colonne d'air de même poids en multipliant sa hauteur h par le rapport de la pesanteur spécifique des deux fluides $\dfrac{p}{1.2987}$.

Si l'on emploie le mercure, le mètre cube de ce métal pesant 13,598 kilog., la hauteur motrice sera, abstraction faite de tout changement de température, $h \times \dfrac{13598}{1.2987}$. Mais ce liquide, à cause de sa grande pesanteur spécifique, offre l'inconvénient d'être peu sensible et de n'accuser très-souvent que par des mouvements insaisissables, des différences très-notables dans la raréfaction de l'air.

L'eau, qui se trouve avec l'air atmosphérique dans le rapport de $\dfrac{1000}{1.2987} = 769$ ou 770, est le liquide employé habituellement.

L'alcool, à la température de 17° à 20°, dont le rapport est de 792 : 1.2987, est un liquide dont l'usage offre quelques difficultés (1).

Pour observer la différence de tension provoquée dans une mine·par un procédé physique ou mécanique, on installe l'instrument quelque part en c (fig. 10), de telle façon que l'une de ses branches, traversant la cloison de séparation des deux espaces, soit en communication avec l'atmosphère et l'autre avec l'intérieur du puits d'appel. La dépression observée ensuite est également l'expression de la hauteur motrice ; car si, pour fixer les idées, le liquide

(1) Les expériences se faisant ordinairement dans des limites de température peu écartées, on tient rarement compte de la dilatation de la colonne manométrique. Lorsqu'on veut avoir égard à cette circonstance, on agit comme suit :

Le mercure se dilate, pour chaque degré du thermomètre, de 1/5550 de son volume à 0°. Une colonne de mercure à t degrés aura pour volume $1 + \dfrac{t}{5550}$ et son poids, étant inversément proportionnel au volume, sera de $\dfrac{13598}{1 + \dfrac{t}{5550}} = \dfrac{13598 \times 5550}{5550 + t}$.

Sachant que le poids du mètre cube d'eau distillée est :

à 4° kilogramme 1000
10° — 999.89
20° — 998.56
30° — 996.10,

on calcule la pesanteur spécifique d'une colonne d'eau à une température de 15° : par exemple, en prenant la moitié de la différence du poids à 10° et à 20°, soit $\dfrac{1.33}{2}$ k. $= 0.66$, et en l'ajoutant au poids du liquide à 20°, ce qui donne 999.22 k. L'alcool se dilatant de 1/900 de son volume pour chaque degré du thermomètre, un poids d'un mètre cube de ce liquide à t degrés est égal à $\dfrac{1792}{1 + \dfrac{t - 20}{900}} = \dfrac{712800}{880 + t}$ kilogrammes, manométrique étant de l'eau, la différence des deux colonnes est de 0.03 mètre, il suffira, pour en former une colonne d'air, d'opérer la multiplication par 769, rapport de la densité des deux fluides; or, cette colonne $e\,a = 23.07$ mètres, étant, comme ci-dessus, superposée à $a\,b$, sera la hauteur motrice, qu'il ne faut cependant pas confondre avec la dépression, quoique les valeurs de ces deux fonctions soient identiques.

255. *Manomètre multiplicateur de M. de Vaux.* (Fig. 13, pl. XVIII.)

Cet appareil permet d'observer des hauteurs motrices représentées par des fractions de millimètres d'eau; il se compose d'une cloche h plongeant dans un espace annulaire i, i; d'un fléau de balance $k\,k$ librement suspendu sur des supports $l\,l$; d'un contre-poids r; de deux tubes $m\,n\,o\,q$ et $o\,p$ et de deux robinets p et q destinés à ouvrir ou à fermer les communications établies entre l'atmosphère et le dessous de la cloche, ou entre cette dernière cavité et le réservoir dont on veut reconnaître le degré de dilatation de l'air. Un tuyau en gutta-percha traverse la paroi qui sépare l'atmosphère extérieure de l'air raréfié ou comprimé, et, par sa flexibilité, se prête à toutes les inflexions que peut réclamer la disposition des lieux. Le contre-poids r est, en outre, couronné d'une cuvette ou capsule métallique dont on verra l'emploi.

Après avoir fermé le robinet q et ouvert p, on fait pénétrer le tuyau flexible dans le réservoir contenant le fluide élastique objet de la recherche; on remplit d'eau la capacité annulaire; puis, s'il y a lieu, des poids, ajoutés dans la cuvette, placent le fléau dans une position rigoureusement horizontale (1).

Alors on ferme p et l'on ouvre q; la dépression (si l'instrument communique avec un puits d'appel) se fait sentir par l'abaissement de la cloche; on la relève en ajoutant de nouveaux poids dans la capsule jusqu'à ce qu'on ait ramené le fléau dans sa position primitive. Si donc on a mesuré exactement le diamètre intérieur de la cloche et qu'on l'ait trouvé, par exemple, de 0.206 mètre, ce qui correspond à une surface de 333 centimètres carrés, cet élément et le poids nécessaire pour ramener le fléau dans sa situation normale suffiront pour déterminer la différence de pression. En effet, l'affaissement de la cloche peut être considéré comme provoqué par un poids égal à celui qu'a reçu la cuvette, ou comme s'étant effectué sous la pression d'un cylindre d'eau dont la base est la section de la dite cloche et une hauteur h qui est évidemment le quotient du poids (A) par la surface intérieure de la cloche plongeante (S) ou $h = \dfrac{A}{S}.$

Mais on peut opérer plus simplement si l'on observe qu'un cylindre d'eau de 333 centimètres carrés de base, par exemple, et d'un millimètre de hauteur, pèse 33.3 grammes, car alors chaque poids de 33.3 grammes déposé dans la cuvette correspond à une dépression de un millimètre d'eau. Si donc, pour obtenir l'équilibre du fléau, on a déposé 125 grammes, on déduira de cette expérience

(1) La circonstance de l'horizontalité pourrait être déterminée d'une manière plus rigoureuse par l'emploi d'une aiguille verticale placée au point de suspension; mais cet organe manque à la figure 13, comme il fait également défaut au manomètre déposé au Musée de l'École des Mines de Liége, dont ce dessin est la reproduction exacte.

une hauteur motrice de $\dfrac{125}{33.3} = 3.7$ millimètres. Cette valeur (33.3 grammes), une fois trouvée, est un diviseur constant préparé pour toutes les expériences dont les résultats ne dépendent que d'une petite opération arithmétique.

Cet instrument n'offre qu'un inconvénient : il est incompatible avec les recherches dans lesquelles la pression ou la dépression varierait, dans des limites un peu écartées, pendant la durée de l'observation (1).

256. *Détermination de la vitesse théorique du courant d'air sortant d'une mine.*

a e ou *h* (fig. 10), cause de la circulation de l'air, est une force agissant continuellement, puisqu'elle est renou-

---

(1) M. de Vaux, considérant que tout ralentissement dans la vitesse du courant d'air appliqué à la ventilation d'une mine se traduit par une diminution dans la tension de l'air que contiennent les puits d'entrée et de sortie; qu'il existe, pour chaque exploitation, une limite au-dessous de laquelle cette différence devient insuffisante quant à l'assainissement et à la sûreté des travaux, propose de constater cette circonstance par la transformation du manomètre multiplicateur en un appareil indicateur de l'état de la ventilation dans les mines. Cet ingénieur prend donc un manomètre semblable à celui de la figure 13 ; il le place dans une chambre ouverte sur le puits d'entrée de l'air ; fait déboucher dans le puits d'appel un tuyau analogue au tube flexible en correspondance avec l'intérieur de la cloche ; puis il établit, au-dessous du contrepoids, la détente d'un carillon bruyant. Celui-ci, mis en jeu (lorsque la dépression diminue au-delà de certaines limites), par la pression du contre-poids descendant, indique aux mineurs le défaut de la ventilation, quelle qu'en soit l'origine.

L'épaisseur de la cloche du manomètre doit être telle que, par son augmentation de poids pendant l'ascension, l'appareil fonctionne dans des limites assez écartées, afin de ne pas risquer de jeter l'alarme intempestivement parmi les travailleurs.

velée sans cesse par l'air que fournit le grand réservoir atmosphérique. Le mouvement de la colonne *a b*, ne provenant que de la première impulsion, fort minime, donnée par la pesanteur, est très-petit dans le premier instant. Il est, du reste, entièrement absorbé par la résistance de l'air compris dans la conduite *a b d c*. Au second instant la pesanteur donne une nouvelle impulsion à la colonne *a e*, et, comme la masse d'air qu'il s'agit de déplacer a déjà acquis une certaine vitesse pendant le premier instant, la vitesse de la colonne totale *e b* s'est accrue de la même quantité. Il en est de même des instants suivants, et le mouvement s'accélère dans toute la conduite jusqu'au moment où il sort de l'orifice *c* avec une vitesse uniforme, égale à celle que prendrait le fluide compris dans un tube *i m* (considéré comme un vase particulier), s'il s'écoulait librement par l'orifice *m* soustrait à la pression atmosphérique.

Or, si la colonne fluide renfermée dans *i m* pouvait s'écouler librement, l'expérience et le raisonnement prouvent que, abstraction faite de toute résistance passive, elle le ferait avec une vitesse égale à celle qu'acquiert un corps solide qui tombe de même hauteur, c'est-à-dire avec une vitesse représentée par

$$V = \sqrt{2gh} = \sqrt{19.6176.\ h}. \quad (B)$$

V, exprimant la vitesse d'écoulement ;

h, la hauteur de la chute ou la hauteur motrice ;

g, la vitesse acquise par un corps grave après la première seconde de sa chute et dont la valeur est de 9.8088 mètres.

Dans l'exemple numérique du paragraphe 253, la valeur de *h* étant de 15 mètres, on aura la vitesse par l'expression

$$V = 4.429 \sqrt{15.} = 17.15 \text{ m}.$$

Ainsi, dans les conditions données par l'exemple précédent, la différence de température des deux colonnes détermine l'écoulement de l'air par l'orifice *c* avec une vitesse de 17.15 mètres par seconde.

L'expression générale de la vitesse d'écoulement s'obtient en substituant, dans l'équation (*B*), la valeur de *h* donnée par l'expression (*A*) en fonction des températures et de la hauteur des colonnes de fluide, ou,

$$V = 4.429 \sqrt{ H.(t'-t)\cdot\frac{a}{1+at} } \quad (C)$$

Dans le cas où l'on emploie un moteur mécanique, on substitue à *h* de la formule (*B*) sa valeur déduite de l'observation manométrique exprimant une dépression ou une compression suivant la nature de l'appareil.

On a supposé jusqu'à présent que les deux branches du syphon avaient même hauteur verticale ; mais, si elles étaient de hauteur inégale, la vitesse, dans de certaines circonstances, deviendrait beaucoup plus considérable. Cette considération est fort importante en matière de mines ; car très-souvent, dans l'aérage naturel, la force motrice réside principalement dans la différence entre les niveaux des deux orifices des puits d'entrée et de sortie.

257. Des résistances qu'éprouve l'air en circulant dans les excavations des mines.

La formule (*B*) exprime, non la vitesse réelle de l'air parcourant les puits et les galeries, mais sa vitesse théorique, dont une très-grande partie est détruite et absorbée par les coudes, les rétrécissements des galeries et surtout par les frottements de l'air contre les parois, frottements que l'on jugera devoir être fort grands, si l'on compare la petitesse des sections des conduites avec la longueur de leur développement.

Relativement à la force motrice dépensée par les frottements, si l'on désigne par

L, la longueur des galeries ;

A, l'aire de leur section transversale ;

P, le périmètre de la section ;

Q, le volume d'air circulant en une seconde ;

M, un coefficient numérique déterminé par l'expérience, et que M. d'Aubuisson trouve d'environ 0.003 mètre ;

g, la vitesse acquise par un corps grave après la première seconde de sa chute ;

V, la vitesse du courant ,

on démontre analytiquement (en prenant pour bases les données expérimentales de **M.** d'Aubuisson et de quelques autres physiciens) que la force motrice absorbée par les frottements de l'air contre les parois est exprimée par

$$\frac{M}{g} \times \frac{P}{A} \times L \times V^2.$$

C'est-à-dire que *les résistances au mouvement de l'air seront directement proportionnelles à la longueur de la galerie, au périmètre de sa section , au carré de la vitesse du courant et inversément proportionnelles à l'aire de la section.*

Les rétrécissements et les coudes des galeries, en accroissant les vitesses de l'air, détruisent encore une partie de la force exprimée par le carré de la vitesse de l'air multiplié par un coefficient numérique *N* dépendant du nombre et de la section des rétrécissements et des coudes. L'expression de cette résistance sera donc **N** V^2.

La hauteur motrice destinée à forcer la circulation de l'air dans les puits et les galeries est égale à la somme des résistances provenant des frottements de l'air et autres obstacles qu'il rencontre sur sa route :

$$h = \frac{M+N}{g} \cdot \frac{P}{A} \cdot L \cdot V^2.$$

Résolvant l'équation par rapport à V et multipliant dessus et dessous par 2, on a

$$V = \sqrt{2gh \left(\frac{1}{2M} + \frac{1}{2N} \right) \frac{A}{PL}}. \quad (D)$$

Le volume ou la dépense d'air Q étant égale au produit de la vitesse par la section

$$Q = VA = \sqrt{2gh \left(\frac{1}{2M} + \frac{1}{2N} \right) \frac{A}{P} \cdot \frac{A}{L}}$$

$$= 4.429 \sqrt{h \left(\frac{1}{2M} + \frac{1}{2N} \right) \cdot \frac{A}{P} \cdot \frac{A}{L}} \quad (D')$$

équation dans laquelle on substituera à h sa valeur (A), exprimée en fonction de la température, si la hauteur motrice dérive de la dilatation par la chaleur, ou celle de la dépression manométrique dans le cas où la différence des tensions aurait été mesurée par le manomètre.

Cette formule contient, outre le produit de la force motrice par $2g$, la série des termes exprimant les frottements de l'air dans les conduites, termes formés des produits du coefficient numérique $\frac{1}{2M}$ par des expressions variables de la forme $\frac{A}{P} \cdot \frac{A}{L}$ et dont le nombre est égal à celui des galeries énumérées d'après leurs différences de section ; puis une seconde série composée des produits de $\frac{A}{P} \cdot \frac{A}{L}$ par $\frac{1}{2N}$, c'est-à-dire, des dimensions variables des ou-

vertures, rétrécies par le coefficient des résistances provenant des accroissements de vitesse auxquels l'air est
soumis dans les coudes et dans les étranglements.

L'objet de cette formule, pas plus que celui de la formule beaucoup plus complète de M. Combes, n'est de
fournir aux mineurs les moyens pratiques de déterminer
le volume ou la vitesse d'un courant d'air ; car les irrégularités, si fréquentes dans les sections des galeries, ne per-
mettraient, en aucun cas, de recueillir les éléments
numériques propres à cet objet : elle n'a d'autre but que
de faire apprécier, en quelque sorte, les circonstances
relatives au mouvement de l'air dans les mines, la part
d'influence qu'elles peuvent exercer sur la ventilation et
de donner lieu à la déduction de quelques principes généraux d'une grande importance. On verra plus loin la
manière de déterminer directement le volume pratique
d'un courant d'air.

258. *Principes relatifs au mouvement de l'air dans les puits et dans les galeries.*

Les principes suivants, quoique fondés sur une formule
purement théorique, n'en sont pas moins rigoureusement
vrais lorsque, dans leur application, on compare des
puits où les frottements sont identiques.

Le produit de la relation (C) par A, c'est-à-dire,

$$Q = A \, V = 4.429. \, A \sqrt{H \left(t - t' \right) \frac{a}{1 + at}}$$

où l'on fait abstraction de toutes les résistances qui peuvent
retarder la marche du courant dans les mines, fournit les
moyens de comparer entre elles, sous le rapport de la
vitesse de l'air, deux excavations supposées identiques quant
aux frottements. On conclut de cette comparaison que :

1°. Les dépenses d'air, ou les volumes que débite l'orifice d'un puits, sont directement proportionnels aux vitesses du courant ;

2°. Les vitesses de l'air en un temps donné, sous l'influence des mêmes circonstances, sont directement proportionnelles aux racines carrées des différences de température des colonnes d'air ascendantes et descendantes. Si donc les températures de l'air entrant et de l'air sortant d'une mine sont exprimées réciproquement par T et t dans une circonstance, et dans une autre par T' et t', les vitesses seront entre elles comme $\sqrt{T-t} : \sqrt{T'-t'}$;

3°. Les vitesses du courant ou les dépenses d'air sont entre elles comme la racine carrée de la colonne d'air la plus chaude. Si, par exemple, toutes choses égales d'ailleurs, les hauteurs des deux puits de sortie sont entre elles comme $H : H'$, la vitesse du courant dans le premier sera à celle du second comme $\sqrt{H} : \sqrt{H'}$.

De la formule (D')

$$Q = 4.429 \sqrt{h\left(\frac{1}{2\,M} + \frac{1}{2\,N}\right)\frac{A}{P} \cdot \frac{A}{L}},$$

on déduit les conséquences suivantes :

4°. Dans les puits et les galeries de sections égales, les vitesses des courants d'air, soumis aux mêmes conditions, sont inversément proportionnelles aux racines carrées des longueurs des excavations. Ainsi, pour deux galeries dont l'une a une longueur quadruple de l'autre, les vitesses des courants seront réciproquement comme $\sqrt{1} : \sqrt{4}$, ou comme 1 : 2, en sorte que le volume d'air qui passera dans la première ne sera que la moitié de celui qui circule dans la seconde ;

5°. Le volume d'air en circulation dans les excavations, si les sections des galeries sont de figures semblables, sera d'autant plus grand que la section sera plus grande ;

6°. Ce même volume, lorsque les aires des sections seront égales de même que toutes les autres données, sera inversément proportionnel à la longueur du périmètre des sections. Le cercle sera donc la figure qui fournira le plus grand volume d'air;

7°. Deux galeries de même longueur, dont les sections sont de forme semblable et placées d'ailleurs dans les mêmes conditions, débiteront des volumes d'air proportionnels aux aires de leurs sections. En outre, la vitesse des courants sera la même dans les deux cas, puisqu'elle est en raison directe des volumes et en raison inverse des sections. D'où il résulte (fig. 18, pl. XVIII) que si deux puits o, p sont unis par une seule galerie de grande longueur ou par deux galeries $m\,n$ parallèles de même forme et de même section, il s'écoulera, dans le second cas, un volume d'air double à peu près de celui qui circulait dans le premier cas. Chaque galerie sera ventilée par un courant ayant sensiblement une vitesse et un volume égaux à celui qui parcourait la galerie unique, et les deux seront aussi bien ventilées qu'une seule, si toutefois les puits adducteurs de l'air ont une section égale à la somme des sections des galeries, ou plus grande qu'elle, et si leur profondeur n'est qu'une faible fraction du développement total des travaux d'excavation.

Le lecteur appréciera la grande importance de cette observation à l'occasion de la distribution de l'air dans les mines.

259. *Formules relatives à la densité, au volume et à la température des fluides aériformes.*

Comme, plus tard, on aura fréquemment besoin de connaître les densités ou les volumes de l'air et de quelques gaz modifiés par les variations de température et de pression, on a cru devoir réunir ici les diverses formules usitées dans ces circonstances :

1°. Déterminer le poids P d'un mètre cube d'air à une température de t degrés, lorsqu'il est soumis à une pression mesurée par une colonne de mercure de h mètres.

On a d'abord en vertu de la loi de Mariotte, relativement aux pressions, un poids exprimé par $1.2987 \times \dfrac{h}{0.76}$; puis, tenant compte de la dilatation par la loi de M. Gay-Lussac, on a définitivement :

$$P = \frac{1.2987 \times \dfrac{h}{0.76}}{1 + 0.00375\, t} = \frac{1.7088 \times h}{1 + 0.00375\, t} \text{ kilog. } (A)$$

Il suffirait, pour d'autres gaz que l'air, de multiplier l'expression qui précède par la pesanteur spécifique du gaz. Ainsi le poids d'un mètre cube d'hydrogène protocarboné serait exprimé par

$$P^1 = 0.555 \times \frac{1.7088 \times h}{1 + 0.00375\, t} \text{ kilog.}$$

2°. Chercher le volume occupé par un mètre cube d'air se dilatant de t degrés sous une pression exprimée par h.

Le volume étant en raison inverse de la pression, on a $1.2987 \times \dfrac{0.76}{h}$. ; comme il augmente en raison de la température et devient $1 + 0.00375\, t$, si Q exprime ce volume, on obtient :

$$Q = 1.2987 . \frac{0.76}{h}(1 + 0.00375.t) = 0.987\frac{1 + 0.00375}{h} . (B)$$

3°. Comme les gaz, par suite de leur propriété de diffusion, se mélangent entre eux d'une manière uniforme, sans faire éprouver à la masse ni condensation, ni dilatation, le poids spécifique du mélange sera égal à la somme des pesanteurs spécifiques de chaque gaz.

Soit un volume d'air dans lequel il entre 1/15° d'hydrogène carboné, le poids de l'air sera

$$\frac{14}{15} \times \frac{1.7088 \times h}{1 + 0.00375\, t};$$

celui de l'hydrogène

$$\frac{1}{15} \times 0.555 \times \frac{1.7088 \times h}{1 + 0.00375\, t},$$

dont la somme

$$\left(\frac{1}{15} \times 0.555 + \frac{14}{15}\right) \frac{1.7088 \times h}{1 + 0.00375\, t}.\ \text{kilog.} \ (C)$$

est le poids d'un mètre cube d'air mélangé de 1/15° d'hydrogène carboné.

L'opération serait la même pour un plus grand nombre de gaz.

4°. Rechercher à quel degré de température devrait s'élever un volume d'air à 0° pour correspondre, quant au poids, à un même volume d'air renfermant 1/n° d'hydrogène carboné. La température et la pression étant constantes, la formule qui précède devient :

$$P = \left(\frac{1}{n} \times 0.555 + \frac{n-1}{n}\right) 1.2987 = m \times 1.2987.$$

En résolvant la formule (1) par rapport à t, on a :

$$t = \frac{1.2987 - P}{0.00375\, P}\ (D)$$

Si l'on substitue, dans cette dernière équation, la valeur de P trouvée ci-dessus, on obtient, après réduction,

$$t = \frac{1 - m}{0.00375\, m}.\ —$$

Prenant pour exemple les données ci-dessus, c'est-à-dire supposant que le volume contienne 1/15° de gaz inflammable, on aura d'abord pour la valeur de m

puis

$$\left(\frac{1}{15} \times 0.555 + \frac{14}{15} \times 1. \right) = 0.97 ;$$

$$t = \frac{1 - 0.97}{0.00375 \times 0.97} = 8° 2$$

degrés de température d'un mètre cube d'air de même poids qu'un même volume mélangé de gaz dans les proportions ci-dessus.

5°. Déterminer le poids de un mètre cube de gaz saturé de vapeur d'eau.

La quantité de vapeur d'eau nécessaire pour saturer un espace rempli de gaz est d'autant plus grande que la température est plus élevée. L'air atmosphérique, dans les temps les plus secs, en contient toujours au moins les deux dixièmes de la quantité nécessaire pour une saturation complète ; et celui qui circule dans les mines atteint cette limite après une partie ou la totalité de son parcours. La densité de la vapeur d'eau ramenée par le calcul à une température de 0° et à une pression de 0.76 mètre de mercure est de 0.624. Pour déterminer le poids de l'air saturé à différentes températures, on recherche d'abord la tension de la vapeur pour la température donnée dans les tables de M. Pouillet, que renferment presque tous les Traités de physique, ou, à leur défaut, par la formule empirique de Tredgold,

$$\text{Log. } y = 6 \times \text{log. } (t + 75) - 13.57632,$$

dans laquelle y est la pression de la vapeur exprimée en centimètres de mercure, et t, la température. Si l'on considère que la pression du gaz saturé de vapeur, ou h, est égale à la somme de la pression du gaz et de celle de la

vapeur h^{I}, on aura pour la pression du gaz seul $h - h^{\text{I}}$.
Les proportions en volume seront respectivement pour le
gaz et pour la vapeur $\dfrac{h^{\text{I}}}{h}$ et $\dfrac{h - h^{\text{I}}}{h}$, qui, introduites dans
l'expression (C) du mélange des gaz, donnera la formule
générale

$$\left(\frac{h}{h^{\text{I}}} \times 0.624 + \frac{h - h^{\text{I}}}{h} \pi \right) \frac{1.7088 \times h}{1 + 0.00375\,t}, \quad (E)$$

0.624 et π étant respectivement les poids spécifiques de la
vapeur d'eau et du gaz dont il s'agit, comparés au poids
de l'air pris pour unité.

260. *Jaugeage des courants d'air.*

Les deux éléments de la ventilation des mines sont : la
différence de densité ou de pression entre l'air intérieur
et l'air atmosphérique et la vitesse pratique du courant d'air.

La différence de pression, étant la mesure des résistances
au parcours de l'air, devra être d'autant plus grande que
les irrégularités, les coudes, les rétrécissements des excavations et autres obstacles seront plus nombreux. Le volume d'air débité dans un temps donné dépend de la vitesse
pratique du courant dans les travaux et de la section des
conduits souterrains.

On connaît déjà les moyens de mesurer la dépression et
la compression; il ne reste plus, pour compléter les éléments
du calcul de la ventilation des mines, qu'à indiquer les
procédés employés dans la détermination de cette vitesse,
d'où dérive le volume d'air circulant dans une mine en
un temps donné.

Les procédés de jaugeage employés sont au nombre
de quatre :

1°. Le mode usité dans les mines du nord de l'Angleterre, pour apprécier la vitesse du courant, consiste à
choisir une galerie large et régulière dans laquelle on
mesure une longueur de 100 à 150 mètres et à la parcourir
suivant le sens du courant, en tenant à la main une
chandelle, dont la flamme doit rester constamment verticale.
La vitesse de la marche, qui, dès lors, est la même que
celle du courant, est mesurée au moyen d'une montre à
secondes. La moyenne de deux ou trois expériences donne
la vitesse d'une manière assez approximative pour les besoins de la pratique journalière.

2°. Les corps légers, comme le duvet ou la fumée
dégagée par les substances très-combustibles, telles que
la poudre, l'amadou, etc., servent à mesurer la vitesse
de l'air. Mais l'emploi de ces moyens exige des galeries
uniformes sur une notable partie de leur longueur, circonstance assez rare dans les mines, à moins que les
conduites ne soient muraillées; en outre, le jaugeage
devant se faire, autant que possible, dans la voie de
retour de l'air, après que le courant a parcouru les
travaux, ce procédé devient fort dangereux dans les
mines infestées de grisou.

Mais ces difficultés pratiques tendraient seulement à
restreindre l'emploi de ces agents, si le degré d'approxi-
mation qui en résulte n'était insuffisant dans la détermination du volume d'air aspiré. Les chances nombreuses
d'inexactitude dérivent des différences de vitesse que prend
l'air dans les diverses parties de la section des galeries,
vitesse qui atteint son maximum tantôt au faîte ou au
sol, tantôt vers l'une ou l'autre paroi, et le plus souvent
suivant l'axe des conduites. Comme la fumée ou le duvet
sont naturellement entraînés par le filet d'air le plus rapide, si l'on déduit la vitesse du courant par la com-

paraison de l'espace compris entre le point de départ et celui d'arrivée, avec le temps écoulé entre le commencement et la fin de l'opération, le résultat du calcul donnera une valeur trop élevée. D'un autre côté, si, observant les instants où les premiers et les derniers atomes de fumée ou de duvet parviennent à l'observateur, on en prend la moyenne, les nombres obtenus sont alors trop faibles. C'est ce que M. Jochams (1) a prouvé, en comparant les résultats obtenus par ce mode avec ceux de l'anémomètre de M. Combes; le résumé de ces expériences, indiquant la distance franchie en une seconde par ces divers agents, est contenu dans le tableau suivant :

L'anémomètre.	Vitesses du courant d'air observées avec				Le duvet.
	LA FUMÉE DE LA POUDRE.		LA FUMÉE DE L'AMADOU.		
	1re. méthode.	2e. méthode.	1re. méthode.	2e. méthode.	
Mètres 4.84					4.31
» 1.55	1.67	1.25	1.56	1.19	
» 2.34	2.78	2.00	2.50	2.00	

Enfin, quant au duvet spécialement, si la branche la plus rapide du courant s'établit partout ailleurs que suivant l'axe des galeries, il s'attache à leurs parois humides et éprouve un retard dans sa marche.

3°. L'anémomètre décrit par M. Combes (2), quoiqu'il

(1) Ce Mémoire encore inédit, qui a pour titre : *Recherches expérimentales sur les Appareils destinés à l'aérage*, va paraître incessamment dans le XIe. volume des *Annales des Travaux publics de Belgique*.

(2) *Annales des Mines*, 5e. série, tome XIII.

ne soit pas exempt d'inconvénients, est le moyen le plus fréquemment employé. Cet instrument n'exige d'uniformité que dans une fort petite longueur des galeries. Si on le fait fonctionner en divers points de leurs sections, pour prendre la moyenne des résultats, la vitesse obtenue semble devoir être très-rapprochée de la vitesse réelle. Mais, pour éviter de graves erreurs, on doit le vérifier au moyen d'un mécanisme fort simple, consistant en une tige horizontale qui porte l'anémomètre à l'une de ses extrémités, tandis que l'autre est fixée à un arbre vertical. Un contre-poids et une corde communiquent à ce dernier un mouvement de rotation dont la vitesse est réglée par un volant à palettes. Connaissant le nombre de tours que fait l'arbre dans un temps donné, le développement de la circonférence décrite par l'instrument et le nombre de tours des ailettes, on en conclut la vitesse réelle. Dans tous les cas, ces ailettes, formées de clinquant, sont faciles à déformer, et, lorsqu'elles se couvrent d'humidité, l'exactitude des résultats est souvent fort altérée.

M. de Hennaut, constructeur d'instruments de précision à Fontaine-l'Évêque, près de Charleroi, vient d'exécuter un anémomètre de son invention, qu'il a cherché à soustraire aux inconvénients signalés ci-dessus et dont il attend des résultats d'une grande exactitude.

La partie essentielle de cet instrument (fig. 7, 8 et 9, pl. XIX) est une boule métallique creuse A, oscillant entre deux supports g, g à la manière des pendules. La tige b, à laquelle elle est attachée, est suspendue par des couteaux destinés à amoindrir les frottements, et porte, vers son extrémité supérieure, une lentille mobile p formant contre-poids à la boule ; cette lentille, qui peut s'exhausser et s'abaisser à volonté, est fixée à la place qu'elle doit occuper par une vis de pression. La tige est aussi

munie d'un nonius n qui, coulant sur le quart de cercle
dd, marque les déviations angulaires de la boule, indices
de la vitesse du courant d'air, qu'une formule empirique
traduit ensuite en unités linéaires (1).

u est un niveau à bulle d'air destiné à établir la tige
suivant une ligne verticale ; e, r et v sont respectivement
une charnière, un ressort et une vis de pression servant
à placer de niveau la table t. L'instrument se fixe, à l'aide
d'une queue, sur un bois disposé transversalement à la
galerie et encastré par ses deux extrémités dans les parois.

4°. Le procédé proposé par M. Trasenster consisterait à faire passer le courant à travers une section ré-
trécie, et à mesurer sa vitesse par la différence des
pressions de l'air de chaque côté de la section. L'emploi du
manomètre multiplicateur de M. de Vaux, au moyen duquel
on observe des hauteurs motrices représentées par des
fractions de millimètre d'eau, permettrait d'apporter une
précision suffisante dans l'observation.

261. Mesure de l'effet utile des moteurs de la ventilation.

La compression ou la dépression de l'air d'une mine,
quelle que soit son origine, pouvant être assimilée à
une colonne manométrique réduite en une colonne d'air
à la température et à la pression extérieure, constitue
une force motrice supposée agir avec toute l'énergie
due à sa hauteur sur l'orifice du puits d'entrée. Cette force

---

(1) Cette formule est $V = 0.05\,N$, dans laquelle V est la vitesse
que parcourt l'air exprimée en mètres et N le nombre de degrés
indiqués par le nonius.

provoque la circulation de l'air dans la mine et en fait sortir un volume déterminé en un temps donné.

Si l'on prend pour unité de l'expression du travail mécanique le kilogrammètre ou le kilogramme élevé à un mètre de hauteur en une seconde ($K M$);

Si p représente le poids d'un mètre cube d'air sortant des travaux,

A le volume d'air extrait en une seconde, et

H la hauteur motrice exprimée en colonne d'air,

on aura, pour l'effet utile (E) produit en une seconde :

$$E = A\, p \times H \text{ kilogrammètres, ou } \frac{A\, p \times H}{75} \text{ chevaux-}$$

vapeur, c'est-à-dire que l'effet utile est égal au poids du volume d'air par la hauteur motrice exprimée en colonne d'air à la température et sous la pression extérieure au moment de l'opération.

Exemple : Un volume d'air, déduit d'un jaugeage exécuté au fond de la mine et réduit à la température extérieure sous une pression de 0.7495 mètre de mercure, a été trouvé de 8.016 M³; la dépression ou l'excès de la pression de l'air extérieur sur celui que renferment les travaux était mesuré par une colonne d'eau de 0.07675 mètre égale à une colonne d'air de 63.16 mètres de hauteur. Un mètre cube d'air saturé de vapeur pèse 1.213 kilog.

$A\, p\, H = 8.016 \times 1.213 \times 63.16 = 613.90$ kilo-

grammètres, ou $\dfrac{613.90}{75} = 8.18$ chevaux-vapeur.

Il existe un autre procédé de détermination plus simple et, par conséquent, plus en usage dans la pratique. Il repose sur l'assimilation que l'on peut faire de la galerie dans laquelle se réunissent les diverses branches d'un courant ventilateur avant sa sortie de la mine, à un tube de même section dans lequel se meut un piston et où la seule résistance qui s'oppose au mouvement de celui-ci est l'excès de tension de l'air indiquée par la dépression manométrique; résistance qui, proportionnelle à la vitesse du mobile, est la mesure de l'effet utile obtenu.

Si un manomètre à eau donne 0.04 mètre, il est évident que la résistance à vaincre sera égale à celle que présenterait une couche d'eau de même hauteur, recouvrant toute la surface du piston. Celle-ci étant de 3 M², par exemple, le poids à mouvoir sera (300 décimètres carrés par 0.4 mètre) 120 kilog., et si, enfin, la vitesse du courant est de 2 mètres par seconde, l'effort sera exprimé par 240 kilog. élevés à 1 mètre, ou 240 kilogrammètres en une seconde.

Si les éléments du calcul étaient la dépression et le volume d'air extrait, on considérerait la section de la galerie ou celle du tube qui la représente comme ayant un mètre carré de surface, et le volume d'air serait pris comme expression de la vitesse du courant en unités linéaires. Ainsi, sachant que l'on aspire 7 M³ par seconde sous une dépression de 0.05 mètre d'eau, on suppose que le courant se meut dans une galerie de 1 M², (ou 100 décimètres), avec une vitesse de 7 mètres; que, par conséquent, le poids à soulever est 100 × 0.5 ou 50 kilog., et que l'effet utile est de 350 kilogrammètres. C'est-à-dire qu'il faut former le produit du volume par 100 et par la dépression rapportée aux décimètres, ou prendre mille fois le produit des mêmes facteurs exprimés en mètres cubes ou linéaires.

262. Des moteurs d'aérage.

Les modifications apportées à la température de l'une des deux colonnes d'air ont pour but de changer les rapports de leurs densités. Ce sont, par conséquent, des forces destinées à provoquer la formation du courant ventilateur et auxquelles on peut assigner le nom de *moteurs physiques*.

Si, pour obtenir cette action, on utilise la différence de température qui existe presque toujours entre la température variable de l'atmosphère et la température invariable des roches terrestres ; si l'on favorise le mouvement par une différence dans la hauteur des colonnes réchauffées ou refroidies, l'aérage est qualifié de *physique naturel*.

En condensant par un refroidissement artificiel la colonne d'air contenue dans le puits d'entrée, ou en raréfiant celle qui occupe le puits de sortie, on établira le mode d'aérage *physique artificiel*.

Enfin, toutes les fois qu'à l'aide d'un appareil quelconque on aspirera l'air ou qu'on l'injectera dans l'un des deux puits, les machines dont on se servira porteront le nom de *moteurs mécaniques*.

De tous ces procédés employés pour contraindre l'air à pénétrer dans les mines, un seul est inusité : celui qui consiste à refroidir artificiellement la colonne descendante. Cette opération, d'ailleurs compliquée et fort coûteuse, n'a pas encore été tentée. Quant au refoulement de l'air dans les excavations, il n'a été employé jusqu'à présent que dans quelques circonstances assez rares.

SECTION IIIe.

AÉRAGE PHYSIQUE NATUREL.

263. *Différences de température entre l'atmosphère et les parois des excavations.*

La température de l'atmosphère varie avec les saisons, les heures de la journée et les circonstances météorologiques, de quantités quelquefois fort considérables; elle entraine avec elle les mêmes variations dans la croùte terrestre, mais seulement à la partie supérieure de celle-ci. A 25 ou 30 mètres au-dessous du sol, la température des roches reste fixe, invariable et égale à la moyenne des températures atmosphériques d'une année entière augmentée d'environ un degré. A partir de ce point, et à mesure que l'on s'enfonce de 25 à 30 mètres dans l'intérieur de la terre, un thermomètre logé dans les stratifications accuse un degré de plus dans la température, qui, du reste, est invariable pendant tout le cours de l'année. D'après cela, les parois des excavations seront, suivant les saisons, plus chaudes ou plus froides que l'air extérieur; et d'autant plus la latitude de la mine que l'on considère sera élevée, d'autant plus longue sera la période pendant laquelle la température de l'atmosphère sera inférieure à celle de la roche des excavations.

Les différences considérables observées entre la chaleur du jour et celle de la nuit, surtout pendant l'été, les variations résultant des diverses circonstances météorologiques et d'autres encore, apportent des modifications essentielles; mais elles doivent être passées sous silence dans la discussion de la théorie générale de l'aérage naturel.

On divisera donc l'année en deux périodes : celle d'hiver, pendant laquelle l'air extérieur est plus froid que celui de la mine, et la période d'été, pendant laquelle on suppose que le contraire a constamment lieu. Il y aura, en outre, quelques jours de transition pour séparer les périodes d'été et d'hiver pendant lesquels on peut supposer la température intérieure égale à la température extérieure.

264. *Aérage des excavations qui ne communiquent avec l'atmosphère que par une seule ouverture.*

Le renouvellement de l'air dans les galeries et les puits en creusement se produit en vertu de la propriété de diffusion dont jouissent les gaz, et de la différence de température de l'atmosphère et de l'air intérieur, qui, après un certain laps de temps, prend celle des parois avec lesquelles il est en contact.

En été, l'air contenu dans un puits vertical, étant plus froid que l'air atmosphérique, ne pourra se renouveler que très-difficilement; mais il n'en sera pas de même pendant l'hiver; car, réchauffé par les parois de la roche, il tendra à s'élever, en vertu de sa légèreté, pour se répandre dans l'atmosphère, et sera immédiatement remplacé par de l'air plus froid venant du dehors. De là un double courant : l'un, ascendant et chaud, qui s'établit ordinairement au centre du puits; l'autre, froid, qui descend le long des parois. Il en est de même pour une galerie inclinée, dont le creusement s'opère en descendant.

Le renouvellement de l'air dans une galerie montante

sera, au contraire, plus facile si l'air extérieur a une température plus élevée que le rocher, parce que, se refroi-
dissant par son séjour dans l'excavation, il lui est facile
d'en sortir en descendant, pour faire place à un nouveau
volume de fluide attiré du dehors.

Enfin, une galerie horizontale est aérée par deux courants, dirigés en sens inverse l'un de l'autre, qui s'établissent
au faîte et au sol de l'excavation. Pendant l'hiver, l'air
extérieur pénètre en suivant la partie inférieure de la galerie
et sort par le faîte ; en été, l'air venant du dehors entre
par la partie supérieure, tombe sur le sol après s'être
refroidi, et sort de la galerie.

On verra plus loin les circonstances propres à favoriser
l'activité de ce double courant dirigé en sens inverse,
ou à y mettre obstacle, et les dispositions adoptées, pendant
le creusement des puits et des galeries, pour les assimiler
aux excavations à deux issues et déterminer un courant
continu.

265. *Nullité de la circulation de l'air d'une mine malgré sa communication avec l'atmosphère par deux issues différentes.*

Soient deux puits verticaux *a b*, *c d* (fig. 10), liés par
une série de galeries dirigées en différents sens et formant
une seule conduite sinueuse débouchant dans l'atmosphère
par ses deux extrémités. Que les deux orifices soient ou
non sur le même plan de niveau, si l'air atmosphérique
et celui que contient la mine sont à la même température,
les deux colonnes d'air des deux puits et leur prolongement
jusqu'aux dernières limites de l'atmosphère étant de même
hauteur et de même densité, il n'y aura aucune raison

pour que l'une des deux déplace l'autre, et il y aura équilibre absolu. Mais cette circonstance ne se présente jamais si ce n'est pendant un espace de temps tellement court qu'il ne peut avoir aucune influence sur la circulation de l'air.

266. *Direction du courant ventilateur pendant la période d'hiver.*

Pendant la période d'hiver, la température de la roche étant supérieure à celle de l'atmosphère, l'air qui aura séjourné quelque temps dans la conduite se sera mis en harmonie de calorique avec les parois de l'excavation. Si les orifices des deux puits sont situés dans le même plan de niveau, on aura deux colonnes d'air dont les deux parties inférieures, échauffées par la chaleur centrale, ont même hauteur verticale et même température; soumises, en outre, à la même pression atmosphérique, elles auront même poids, et, par conséquent, l'équilibre ne pourra être détruit; une partie de l'air chaud de la mine sera bien remplacée partiellement par l'air atmosphérique plus froid; mais il n'y aura aucun motif pour qu'un courant s'établisse dans un sens plutôt que dans un autre. Si, au contraire, les deux orifices a et b (fig. 9) ne sont pas dans le même plan de niveau, il y aura mouvement. Car, faisant d'abord abstraction des deux colonnes d'air atmosphérique situées au-dessus du plan horizontal bf, dont les hauteurs et les densités sont égales, il restera à considérer bd et fg; or, la température de bd, étant plus élevée que celle de fg, sera aussi plus légère; et bd, d'une pesanteur spécifique moindre que fg, devra céder sous la pression de cette dernière et prendre un mouvement de l'ouverture la moins élevée a vers la plus élevée b, après, toutefois, avoir circulé dans les travaux.

La force motrice qui rompra l'équilibre dans l'origine sera due à la différence de densité des deux colonnes. On peut supposer que ce mouvement a lieu pendant un certain laps de temps divisé en une grande quantité d'intervalles égaux et infiniment petits. Pendant le premier instant, la différence de pesanteur fait pénétrer dans le puits d'entrée un quantité d'air froid $a\,o$, où il remplace, en le refoulant, même volume d'air échauffé par les parois du puits, et la colonne $a\,g$, primitivement de même densité que $b\,d$, devient plus pesante par suite de cette substitution. La force motrice s'accroît; la rapidité du courant augmente dans le même instant, et un volume plus considérable d'air froid $a\,p$ descend dans le puits en repoussant celui qui le précède. Nouvel accroissement de force motrice et de vitesse, suivi de l'augmentation du volume d'air froid qui pénètre à l'intérieur; en sorte que la différence entre la pesanteur des deux colonnes et la vitesse du courant ventilateur augmentent constamment jusqu'à ce que la force motrice due aux différences de température soit complètement absorbée par l'effet produit et les frottements de l'air contre les parois. Alors le mouvement devient uniforme et persiste tant que les circonstances restent les mêmes. Quant à la température de l'air, elle n'est plus, dans les diverses parties de la conduite, la même qu'elle était avant la formation du courant; mais elle est d'autant plus élevée qu'on la prend dans une partie de la mine plus rapprochée de l'orifice de sortie. Ainsi, dans le puits de descente, elle est un peu supérieure à la température atmosphérique; dans les galeries, elle va progressivement en augmentant et en se rapprochant de la température invariable des parois, et enfin, lorsqu'elle s'élance dans le puits de sortie, la température du courant est un peu au-dessous de celle de la roche, quant aux travaux offrant un grand développement.

267. Mouvement de l'air pendant la période d'été.

La température atmosphérique dépassant la moyenne des températures de la roche, si les deux orifices ne sont pas dans le même plan de niveau et si l'air a séjourné dans la conduite un temps suffisant pour se refroidir et se mettre en équilibre avec les parois, la colonne d'air contenue dans le puits bd sera plus dense, en moyenne, que la colonne fg, puisque af appartient à l'atmosphère. Cette différence dans les pesanteurs des deux colonnes engendrera un mouvement de l'orifice le plus élevé b vers l'orifice inférieur a. Dans le premier instant, la colonne d'air renfermée dans le puits bd s'abaissera d'une certaine quantité et sera suivie par l'air atmosphérique plus chaud qui occupera l'espace bs, en remplacement d'un même volume d'air plus froid. La colonne bd devenant plus légère, le mouvement se ralentit, en sorte que l'air atmosphérique bt qui pénètre dans le deuxième instant est plus petit que le volume introduit dans le premier. Nouvelle décroissance dans la vitesse, et ainsi de suite jusqu'au moment où elle devient uniforme, c'est-à-dire jusqu'à ce que, par sa lenteur, le courant laisse aux parois le temps de dépouiller successivement la colonne descendante d'une partie de sa chaleur. Le mouvement régulièrement établi, la température du courant diminue progressivement à partir de b jusqu'en a; en sorte que, en supposant les travaux fort développés, la température finale de l'air sortant par l'orifice a sera sensiblement égale à celle des parois de la conduite. Si les orifices des deux

puits étaient situés dans le même plan de niveau, il y
aurait équilibre; une impulsion donnée par une cause
quelconque à l'une des deux colonnes produirait bien un
courant dans un sens déterminé; mais dès que cette
force motrice viendrait à cesser, comme le puits bd se
remplirait, en vertu du mouvement, d'un air plus chaud
que le puits ag, le mouvement imprimé se ralentirait et
s'arrêterait tout-à-fait, lorsque cette force d'impulsion serait
absorbée par la différence de densité des deux colonnes.

268. *Résumé des effets produits pendant les deux périodes.*

1°. Quand l'air extérieur est plus froid que les parois
des excavations, le courant s'établit en descendant par le
puits dont l'ouverture est la plus basse, s'échauffe en
circulant dans les travaux et sort par l'ouverture la plus
élevée. L'inverse a lieu quand l'air extérieur est plus chaud
que la roche : il entre par l'orifice le plus élevé et sort
par le plus bas;

2°. Si les deux orifices sont situés sur le même plan
de niveau, la moindre impulsion, en hiver, suffit pour
déterminer un courant qui, en vertu de la vitesse acquise,
persévère dans son mouvement lors même que la force
d'impulsion cesse d'agir. En été, et sous l'empire des
mêmes circonstances, la circulation se ralentit peu à peu
et finit par cesser tout-à-fait;

3°. Pendant la période d'hiver, le mouvement de l'air,
nul à l'origine, s'accroît d'instant en instant d'une quantité
fort petite, jusqu'au moment où la vitesse a acquis son
maximum. En été, au contraire, si l'équilibre vient à se
rompre, le maximum de la vitesse est dans le premier
instant du mouvement ; puis cette vitesse décroît successive-

ment jusqu'à ce qu'elle devienne uniforme. Il s'ensuit que la circulation de l'air doit être plus active pendant l'hiver que pendant l'été ; c'est en effet ce qui a lieu, car, pendant cette dernière période, il est ordinairement lent et paresseux.

269. *Action réciproque de la vitesse du courant sur la différence de température des deux colonnes d'air.*

A l'origine du mouvement, la différence de température entre l'air renfermé dans le puits d'entrée et celui que contient le puits de sortie, engendre la circulation dans la mine, et détermine la vitesse du courant. Si celui-ci est très-rapide, l'air, n'étant en contact avec les parois des excavations que pendant un espace de temps fort limité, ne peut céder ou absorber qu'une faible partie de chaleur, s'il est à une température respectivement plus élevée ou plus basse que la roche. Si le courant ne marche qu'avec lenteur, il aura le temps de s'échauffer au contact des parois, s'il est plus froid qu'elles, ou de leur abandonner de sa chaleur dans le cas contraire.

Le courant d'air réagit donc à son tour sur la différence motrice de température et diminue ou augmente son énergie en raison de sa vitesse plus ou moins grande. Ces deux actions réciproques se modifient à chaque instant et déterminent un maximum dans la vitesse et la différence de température, qui restent constantes tant que les circonstances ne changent pas. Dans la période d'hiver, cependant, si les puits d'entrée et de sortie ne sont qu'une petite fraction de la conduite formée par les travaux inté-

rieurs, circonstance normale en cas de grand développement, la force motrice sera d'autant plus considérable que
le courant d'air sera plus rapide, parce que, en vertu de
cette rapidité, conservant dans le puits de descente une
température très-rapprochée de la température atmosphérique, il se réchauffe considérablement dans le long parcours des galeries et acquiert, pour s'élever dans le puits
de sortie, une chaleur à peu près égale à celle de la roche
des excavations.

270. *Influence des puits intérieurs sur la circulation de l'air.*

Autrefois en Belgique, et notamment dans la province
de Liége, on se servait, pour l'extraction des couches inférieures, de puits intérieurs appelés *Bouxtay*. Ils sont
actuellement d'un usage moins fréquent; voici toutefois les modifications qu'ils apportent à l'activité du courant d'air.

Soit $g\,h$ un puits intérieur où doit passer le courant
pour remonter ensuite par $k\,i$. Si $g\,h$ est séparé de la base
du puits d'entrée par une série de galeries $g\,c$, présen-
tant un développement plus ou moins grand, il acquiert,
pendant la période d'hiver, une certaine température plus
propre à l'engager dans une voie ascendante que descendante; il opposera donc, au mouvement de haut en bas, une
résistance d'autant plus grande que la longueur de son
parcours aura été plus considérable et que le puits intérieur sera plus éloigné du point c par lequel l'air pénètre
dans les travaux. Lorsqu'il devra remonter par le puits $k\,i$,
son ascension sera d'autant plus favorisée qu'il aura circulé plus longtemps dans les galeries situées entre h et k.

Au sortir de $k\,i$ le courant s'élèvera d'autant plus facilement dans le puits de sortie $d\,b$ qu'il aura eu moins de conduites à parcourir entre i et d, car elles ne pourront que contribuer à retarder son mouvement.

En résumé, pendant la période d'hiver, les puits intérieurs seront d'autant mieux disposés qu'ils seront séparés par un moindre espace, l'un du puits d'entrée, l'autre du puits de sortie de l'air; que, par conséquent, la disposition la plus favorable à la circulation est celle où l'air parcourt une conduite formée de deux puits verticaux liés par des excavations horizontales. Quant à la période d'été, les conditions sont exactement opposées aux précédentes. Le courant ventilateur descendra d'autant plus facilement dans le puits intérieur $i\,k$ qu'il se sera plus refroidi en parcourant un plus grand développement de galeries entre d et i. Le minimum de résistance qu'il peut éprouver dans sa marche ascensionnelle à travers le puits $h\,g$ se trouvera dans le cas où il ne se refroidira pas de nouveau entre les points h et k; c'est-à-dire lorsque les deux puits seront très-voisins l'un de l'autre et qu'il n'existera aucune excavation un peu importante et, par conséquent, aucun travail d'exploitation entre ces deux points; alors les puits intérieurs deviennent inutiles. Mais comme il se trouve toujours quelque développement de galeries, l'air s'y refroidira, l'ascension par le puits $h\,g$ sera rendue plus difficile, et l'on perdra de ce que l'on avait gagné en facilitant la descente du courant d'air par le puits $i\,k$.

Ainsi les puits intérieurs, qui, comme on le verra plus loin, sont désavantageux sous le rapport de l'exploitation, le sont aussi fréquemment sous celui de la ventilation; car, loin de favoriser l'activité du courant, surtout pendant la période d'hiver, ils ne peuvent y apporter que des obstacles.

271. *Des tours en maçonnerie.*

La circulation naturelle de l'air dans une mine ne peut avoir lieu que dans le cas où les orifices des deux puits sont séparés l'un de l'autre par une certaine hauteur verticale ; mais comme la configuration de la surface du terrain ne se prête pas toujours à une semblable disposition, on a recours à une disposition artificielle consistant à construire une tour en maçonnerie sur l'orifice de l'un des deux puits ; c'est ce que les mineurs liégeois, qui en font généralement usage, appellent *une cheminée d'aérage*. Ces constructions, dont la hauteur dépasse quelquefois 50 mètres, forment le prolongement de l'excavation et établissent une différence dans le niveau des deux orifices. Leur section intérieure doit être égale à celle des puits ou, au moins, à celle des galeries souterraines ; cependant on les étrangle souvent à leur partie supérieure, ce qui force le courant d'air à prendre une grande vitesse, toujours accompagnée d'une résistance considérable.

M. Gonot fait observer que les cheminées d'aérage versant le courant ventilateur sortant des travaux dans des couches atmosphériques assez élevées au-dessus de la surface du sol et, par conséquent, plus froides que ces dernières, il en résulte une augmentation dans la différence de pression à laquelle sont soumises les deux colonnes d'air.

L'inconvénient des cheminées est d'occasionner des dépenses assez considérables et de mettre obstacle à l'emploi du puits d'appel pour l'extraction.

272. *Durée comparative des périodes d'hiver et d'été.*

Dans les climats tempérés, les roches situées à une profondeur de 25 à 30 mètres jouissent d'une température invariable et supérieure de un degré à la moyenne des températures de la surface pendant une année ; d'où il résulte que, abstraction faite de toute autre cause, la période d'hiver sera un peu plus longue que la période d'été, puisque les excavations des mines, étant creusées à des profondeurs beaucoup plus grandes que 30 mètres, réchaufferont le courant d'air intérieur d'une quantité très-supérieure à la moyenne de la température atmosphérique et, en réalité, pendant un temps qui pourra dépasser de beaucoup la moitié de l'année.

En général, la longueur de chaque période dépendra de la latitude du pays dans lequel est située la mine objet de l'examen, et des circonstances d'exposition géographique. Ainsi, dans les pays où, pendant six mois de l'année, la température atmosphérique serait plus basse que celle de la roche et plus élevée pendant les autres six mois, celle-ci présenterait une parfaite égalité dans la durée des deux périodes. Dans les climats chauds, l'air pénétrera par l'orifice le plus élevé pendant un espace de temps plus considérable.

Il peut se trouver certaines heures de la journée ou de la nuit qui, dans la période d'été, appartiennent à celle d'hiver, ou réciproquement ; mais ces exceptions ne peuvent être prises en considération. Ordinairement le courant d'air persévère dans son mouvement en vertu de sa vitesse acquise, et il est rarement renversé, mais seulement ralenti.

273. *Circonstances qui tendent à modifier la température ou directement la densité du courant ventilateur.*

Toute cause qui tend à augmenter ou à diminuer la température de l'air des travaux intérieurs, ou à affecter directement sa pesanteur spécifique sans l'intermédiaire de la chaleur, concourt, suivant les circonstances, à retarder ou à activer le courant ventilateur.

Les circonstances favorables à la circulation de l'air sont les suivantes :

1°. La chaleur produite par la respiration des ouvriers; celle que dégagent leurs corps; la combustion des lampes et des chandelles, sont des causes d'accroissement, dans la température du courant ventilateur, qui ne peuvent être négligées. Ainsi, on peut déduire des recherches faites par M. Despretz sur la chaleur animale, qu'un mineur de taille moyenne dégage en une heure de temps une quantité de chaleur capable d'élever de un degré une masse d'air de 542 mètres cubes, dont la température initiale serait de 12 degrés.

Une lampe ordinaire des mines, brûlant 13 grammes d'huile en une heure, élève de un degré la température d'un volume d'air de 409 mètres cubes, en partant de la chaleur initiale de 12 degrés. Quatre lampes produisent donc autant de chaleur que trois ouvriers. Ainsi, 50 ouvriers munis chacun d'une lampe produiront en une heure une augmentation de température de un degré dans toute l'étendue d'une galerie qui aurait 2 mètres de section et 25,770 mètres de longueur, plus de 4 1/2 lieues de Belgique ou près de 6 lieues de France.

Ces causes, jointes à quelques actions chimiques exercées sur les pyrites, les bois et les houilles, expliquent pourquoi la température de la roche prise à une assez grande profondeur dans la mine est presque toujours inférieure à celle du courant circulant dans les excavations. Par exemple, M. Combes a trouvé, dans l'un des puits du Grand-Hornu (province de Hainaut), la roche à 222 mètres de profondeur verticale, à la température de 16 1/2 degrés centigrades, tandis que celle du courant d'air s'élevait à 19 degrés. A l'Espérance (à Seraing, près de Liége), à une profondeur de 444 mètres, la température du courant ventilateur était de 21 degrés, et le thermomètre, placé dans un trou foré dans la houille, n'accusait que 19 degrés.

2°. L'hydrogène protocarboné, mêlé à l'air atmosphérique, rend plus léger le courant ventilateur; il en augmente donc la vitesse et le maintient dans le même sens, comme le ferait une élévation de température. Ainsi ce gaz, entrant dans l'air d'une mine pour 1/20ᵉ ou 1/15ᵉ de son volume, forme un mélange exempt de danger, et qui cependant diminue la pesanteur spécifique du courant autant que pourrait le faire une augmentation de température de 6,06 et 8.20 degrés; le même gaz, entrant dans le mélange pour 1/10°, agirait à l'égal d'une augmentation de température de 12.4 degrés.

3°. L'air se sature presque toujours d'humidité au contact des roches formant les parois des puits et des galeries; la vapeur d'eau, fort légère en comparaison de l'air atmosphérique, contribue à diminuer la pesanteur spécifique de ce dernier et agit comme le ferait une augmentation de température.

4°. Les infiltrations agissant aux divers étages d'un puits favorisent l'introduction de l'air dans la mine et donnent au courant une nouvelle activité, soit en raison de l'air que les filets d'eau entraînent avec eux, soit à cause de la température qu'ils communiquent promptement à l'air extérieur descendant, température égale à celle des roches avec lesquelles les sources sont restées longtemps en contact. Un puits d'appel, privé, au contraire, de toute infiltration et rendu aussi sec que possible, sera très-favorable à la sortie de l'air. S'il était humide, il détruirait, par un effet inverse, l'action produite par le puits de descente.

5°. L'action du vent, dirigé sur l'orifice du puits de descente et dont on préserve celui de sortie, produit une pression très-propre à seconder l'aérage naturel. Dans la plupart des mines du Centre du Hainaut, les puits d'extraction A (fig. 3, pl. XVIII) communiquent avec l'air atmosphérique par deux conduits S,S en forme d'entonnoirs ; leur axe est dirigé vers les deux points opposés de l'horizon d'où les vents soufflent le plus ordinairement, et chacun de ces canaux est fermé par une porte. Lorsque, par exemple, le vent du Nord règne, on ouvre la porte de la conduite dont l'orifice est tourné de ce côté, et l'on ferme la porte de la galerie opposée, et vice-versâ.

6°. Les tours en maçonnerie, versant, comme on l'a déjà vu, le courant ventilateur dans des couches aériformes plus froides que celles de la surface, contribuent à activer la ventilation.

7°. Dans l'appréciation des causes qui tendent à maintenir le courant d'air dans le même sens, il ne faut pas oublier l'exposition fortuite ou volontaire des puits d'entrée et de sortie de l'air. Si le premier, entouré de bâtiments, est garanti de l'action des foyers et des rayons du soleil, s'il est exposé à l'influence d'un courant d'air froid, déterminé par une ouverture livrant passage au vent du Nord ; si l'orifice de sortie est couronné d'une tour en maçonnerie exposée aux rayons du soleil, ces dispositions, par lesquelles l'air descendant est rafraîchi pendant que l'air ascendant s'échauffe, sont très-influentes sur la circulation.

274. Des mines de houille aérées par un courant ventilateur toujours dirigé dans le même sens.

En considérant l'aérage naturel comme déterminé exclusivement par la différence entre la chaleur atmosphérique et celle de la roche, on a vu que la direction imprimée au courant pendant l'été est directement opposée à celle qu'il reçoit en hiver. Cependant on a observé depuis longtemps, dans quelques mines des environs de Liége, que le courant ventilateur se faisait, en toute saison, dans le même sens, et de l'orifice le plus bas vers l'ouverture la plus élevée. On a cru pouvoir attribuer ce phénomène à une grande différence de niveau entre les deux orifices d'entrée et de sortie de l'air et au mélange de ce dernier avec une assez grande quantité d'hydrogène carboné et de vapeur d'eau. Quoique ces circonstances puissent avoir une grande influence, ce ne sont certainement pas les seules causes agissantes ; car les deux mines de houille de cette localité qui présentent cette anomalie d'une manière à peu près complète, savoir : la mine de la Nouvelle-Haye et l'ancien puits des Six-Boniers, dégagent, il est vrai, du gaz inflammable, mais en quantité moindre que d'autres mines privées de l'avantage d'une ventilation naturelle. La différence de niveau des deux orifices d'entrée et de sortie est peu considérable, puisqu'elle n'est due qu'à la construction de cheminées d'aérage d'environ 40 mètres de hauteur; et comme, en outre, la saturation de l'air par l'humidité n'est pas plus grande que partout ailleurs, comme les infiltrations n'y sont pas plus considérables, il faut que l'exposition des orifices des puits joue, dans ce cas, un fort grand rôle.

En effet, la cheminée d'appel de la Nouvelle-Haye, exposée, en toute saison, aux rayons du soleil, constitue un véritable poêle propre à restituer pendant la nuit, au courant sortant, la chaleur acquise pendant la journée. Il est, en outre, préservé des vents froids, dans une grande partie de sa hauteur, par de nombreux bâtiments destinés à divers usages. Le puits d'entrée de l'air est complètement enveloppé par ces bâtiments, qui ne laissent que deux ouver-

tures tournées l'une vers le Nord , l'autre vers le Sud-
Ouest , et celle-ci est tellement basse qu'aucun rayon solaire
ne peut pénétrer dans cette enceinte , incessamment rafraî-
chie par un courant d'air froid.

Cependant la ventilation est loin de conserver pendant
la période d'été la même vivacité que pendant l'hiver ;
car, pendant quelques heures fort chaudes de la journée,
elle est presque stationnaire , ou plutôt elle subit un balancement, indice de l'indifférence du courant pour adopter
l'une ou l'autre direction (1).

Il en était à peu près de même à la mine des Six-Boniers,
quoique l'exposition un peu moins favorable des orifices
ne produisit pas des effets aussi énergiques et que l'on
fût obligé , pendant les jours de forte chaleur, de solli-
citer par un foyer l'ascension de l'air contenu dans le puits
de sortie.

275. *De la direction du courant ventilateur à la mine de Wandre.*

Dans cette mine, la direction constante de l'aérage doit
être attribuée à la disposition fortuite des puits et des
galeries. am (fig. 6 , pl. XVIII) est la partie supérieure
d'un puits destiné autrefois à l'extraction de la houille et
auquel on a substitué une galerie bf, destinée à conduire
directement les produits au pied de la colline. dn est le
puits de retour de l'aérage , et bc la projection d'une galerie d'écoulement.

En hiver, l'air pénètre dans les travaux par deux exca-

---

(1) Pour obvier à cet inconvénient on a placé récemment , à
l'orifice du puits d'appel , un ventilateur destiné à faire cesser l'influence de ces époques de stagnation.

vations, la partie supérieure du puits am et surtout la galerie fb ; il arrive par le prolongement bm dans les travaux, où il se réchauffe et remonte par le puits nd pour se répandre dans l'atmosphère. Dans la période d'été, pendant laquelle il doit se diriger de l'ouverture la plus élevée vers la plus basse, il descend par le puits am ; circule dans les travaux, où il se refroidit; arrive, par le puits d'appel jusqu'en e; se recourbe dans la galerie d'écoulement ec et sort par l'orifice c.

Cette disposition remarquable, déterminant un courant d'air constamment dirigé dans le même sens, est entièrement due au hasard. La personne qui faisait observer à l'auteur ce fait qu'elle regardait comme inexplicable, n'avait probablement pas réfléchi aux tendances d'une colonne d'air rappelée dans l'atmosphère, où elle peut se rendre par deux orifices, tendance en vertu de laquelle elle choisira de préférence la voie qui offre le moins de résistance à sa sortie. Or, la colonne de même hauteur que ed, superposée à l'orifice c, étant entièrement composée d'air extérieur, est plus légère que ed, colonne dépouillée d'une partie de sa chaleur par les parois de la roche ; d'où il résulte que le courant choisira pour sortir, non la partie supérieure ed du puits d'appel, mais la galerie d'écoulement ec.

Si donc une exploitation comprend une galerie et deux puits; si l'orifice de la première et ceux des puits débouchent à des niveaux séparés par une notable hauteur verticale, il sera presque toujours possible de mettre ces trois objets dans une relation telle, que le courant ventilateur naturel soit, en toute saison, dirigé dans le même sens.

SECTION IVe.

AÉRAGE PHYSIQUE ARTIFICIEL.

276. *Emploi des moyens physiques artificiels pour venir en aide à la ventilation naturelle.*

Le courant ventilateur, déterminé par les variations de température que l'air subit en parcourant les galeries, change, la plupart du temps, le sens de son mouvement suivant les saisons de l'année. Cette circonstance offre un grave inconvénient en ce que, d'une part, si la disposition des excavations est favorable à la circulation de l'air dans un sens, elle sera défavorable dans l'autre sens ; d'autre part, lorsque le courant se renverse, il reste quelquefois assez longtemps stationnaire, entraîné comme il l'est, par deux forces opposées et contraires ; et ceci n'a pas lieu seulement deux fois par année, mais toutes les fois que la température éprouve accidentellement de grandes variations. D'ailleurs, l'aérage naturel, pendant la période d'été, n'est jamais aussi vif que dans la période d'hiver, au moins pour les climats tempérés, et la circulation de l'air est quelquefois si lente, si paresseuse, qu'elle devient insuffisante à l'assainissement des diverses parties d'une mine. Lorsque, par suite des circonstances, le courant se dirige en toute saison dans le même sens, la chaleur de l'air atmosphérique en été est une force de résistance qui agit en sens inverse des causes favorables ; alors , pendant les jours très-chauds , le courant reste stationnaire. Il faut donc l'activer par des moyens artificiels, c'est-à-dire créer une force qui l'entraîne constamment dans le même sens et l'empêche de se retourner. On atteint ce but par l'emploi d'appareils destinés à élever la température de la colonne d'air sortant de la mine, appareils auxquels on a donné le nom de *foyers d'appel*, ou *foyers d'aérage* (1).

Le réchauffement de la colonne d'air ascendante se fait d'une manière partielle et momentanée, en élevant la température de sa partie supérieure et pendant un espace de temps plus ou moins long ; ou, au contraire, en faisant porter cet accroissement sur toute la hauteur de la colonne et pendant tout le cours de l'année , c'est-à-dire d'une manière permanente.

On fait agir les foyers ou tout autre appareil propre à dégager du calorique pendant toute l'année, lorsque les circonstances favorables à l'aérage de la mine font défaut et que le développement des travaux exige la circulation d'un volume d'air considérable. En hiver, les foyers ajoutent leur force motrice à celle de la chaleur relative des parois, de la combustion des lumières , de la saturation de l'air par la vapeur d'eau et du dégagement de l'hydrogène protocarboné. Pendant l'été, les mêmes circonstances favoriseront l'action ventilatrice du foyer ; la seule cause de résistance sera la

---

(1) Le passage suivant, traduit de l'ouvrage de Bartholomé Fisen , auteur liégeois qui écrivait en 1696, prouve l'ancienneté de l'emploi des cheminées et des foyers dans le pays de Liége.

« ....Mais ils s'étudient à prévenir l'inflammation de ces exhalaisons. » A cet effet ils construisent de petites cheminées par lesquelles elles » s'échappent ; ils allument aussi des feux , qui, attirant des retraites » les plus éloignées l'air et les vapeurs, ne leur permettent pas de » s'accumuler. »

Ainsi il y a plus de 150 ans que les mineurs liégeois allumaient des feux au pied des cheminées. (B. FISEN. *Sancta regia , sive historiarum ecclesiæ Leodiensis*, etc.)

température de la roche, qui, du reste, n'offre pas, dans
cette saison, une grande différence avec la température
atmosphérique.

On fait aussi usage des foyers d'appel lorsque le courant
ventilateur marche constamment dans le même sens. Dans ce
cas, ils sont seulement destinés à vaincre le moment de balancement ou l'indécision du courant d'air et à lui imprimer une
certaine vivacité pendant les jours les plus chauds de l'année,
ou en toute autre circonstance où il tendrait à se retourner.

277. *Foyers d'appel propres à réchauffer la colonne ascendante d'une manière partielle et momentanée.*

La figure 4 (pl. XVIII) représente un foyer d'appel
semblable à ceux qu'on emploie fréquemment dans les
mines du Centre du Hainaut. C'est une corbeille formée
de barres de fer et supportée par un trépied. Elle est remplie
de houille en combustion et se place dans une excavation
latérale du puits de sortie de l'air, dans les moments
où l'atmosphère venant à s'échauffer, on s'aperçoit que la
ventilation perd de son activité. La combustion est alimentée
par l'air provenant des travaux. On ne craint, d'ailleurs,
aucune chance d'explosion, puisque, dans les mines où ce
procédé est mis en usage, il ne se dégage pas de grisou
dont la détonnation puisse être provoquée par le foyer.
Une partie de l'air sortant de la mine se réchauffe par son
contact avec la houille incandescente, et le courant chargé
des produits de la combustion se dilate et s'élève avec une
vitesse proportionnelle à la quantité de calorique absorbé.
Comme la force d'impulsion qu'il s'agit de donner au courant
ventilateur est minime et surtout momentanée, ce foyer est
regardé, dans la plupart des cas, comme très-suffisant.

Dans les districts de Liége et de Charleroi, où chaque
puits d'exploitation est accompagné d'un puits exclusive-

ment destiné à la sortie de l'air et surmonté d'une cheminée
d'appel, on emploie un *toc-feu* ou panier de fer suspendu
à différentes hauteurs au-dessous du sol ; une chaine en
accroche l'anse par l'une de ses extrémités, tandis que
l'autre bout s'enroule sur un treuil simple placé au pied
de la tour en maçonnerie. Le toc-feu se charge et s'allume
à la surface du sol ; après l'avoir accroché à la chaine
on l'introduit dans la cheminée par une porte pratiquée
au niveau du terrain, et on le descend en agissant sur les
manivelles dont le treuil est muni. Les profondeurs auxquelles on le place varient de 10 à 50 mètres.

Les toc-feu offrent sur les foyers d'appel le grand désavantage d'exiger un puits exclusivement destiné au retour de l'air.
De même que ceux-ci, ils servent à activer une circulation
ralentie par suite d'une haute température atmosphérique, et
à forcer le courant à se diriger constamment dans le même
sens. Ces appareils, peu puissants, ne peuvent être employés
sans danger dans les mines à grisou. On a proposé à plusieurs
reprises de les envelopper d'une toile métallique à l'imitation
de la lampe de Davy ; mais ces toiles, fortement chauffées,
seraient inefficaces, et la flamme sortirait de l'enveloppe dès
que le courant ventilateur acquerrait une certaine rapidité.

Dans un grand nombre de mines du Couchant de Mons,
l'air, après avoir parcouru les travaux, remonte par une
série de petits puits appelés *tourets*, où se trouvent les
échelles dont les ouvriers se servent pour pénétrer dans
la mine et pour en sortir. Le courant, arrivé un peu au-
dessous de l'orifice de sortie, est arrêté par une trappe
qui le force à dévier dans une galerie au bout de laquelle
il rencontre un foyer installé à 4 ou 5 mètres au-dessous
du sol et surmonté d'une cheminée en maçonnerie. Non-
seulement les puits destinés aux échelles ont une section
beaucoup plus faible que les puits d'extraction servant à

l'entrée de l'air, mais le courant est, en outre, constamment entravé et brisé par les échelles et les paliers; en sorte que, malgré la température, quelquefois fort élevée, communiquée par le foyer à la colonne d'air ascendante, la ventilation est souvent insuffisante pour le développement des travaux.

278. *Calorifère employé à la mine de Seraing.*
(Fig. 7 et 8, pl. XVIII.)

Ce calorifère a été construit dans le but d'empêcher le contact de l'air des travaux chargés de grisou avec la flamme des foyers, et d'éviter ainsi les explosions. C'est un grand poêle de tôle *a,a* revêtu intérieurement et à sa partie inférieure d'une chemise en briques; il est installé dans un petit bâtiment mis en communication avec la cheminée d'aérage par deux ouvertures *c,c'*. L'air vicié, après avoir parcouru les travaux, pénètre par l'orifice inférieur, circule autour du poêle, s'élève et sort par l'orifice supérieur, d'où il se répand dans la cheminée avec une vitesse due à la dilatation résultant de son contact avec le calorifère. La couverture du bâtiment est traversée par un tuyau en tôle *b* destiné à rejeter dans l'atmosphère les produits de la combustion. Le tirage du poêle est régularisé par un registre *d*.

L'expérience a prouvé que l'emploi de cet appareil n'est pas entièrement exempt de danger et qu'il exige une surveillance sévère. Vers l'année 1835 ou 36, l'intensité de la flamme avait troué l'une des tôles; l'air, chargé de gaz hydrogène carboné, s'enflamma et produisit dans la soirée une immense colonne de flamme, visible de fort loin et qui dura plusieurs minutes; heureusement le gaz n'était pas détonnant, et l'inflammation ne se propagea pas en arrière dans les travaux, en sorte que les ouvriers de l'intérieur ignorèrent ce fait jusqu'au moment de leur sortie.

279. *Injection de la vapeur d'eau dans la cheminée d'aérage.*

Le procédé, consistant à réchauffer l'air sortant d'une mine en projetant de la vapeur dans la cheminée d'aérage, a été souvent mis en pratique dans la province de Liége et dans celle du Hainaut. Ordinairement, on utilise celle qui a fonctionné dans le cylindre des machines à haute pression, destinées à l'extraction de la houille, en conduisant le tuyau d'exhaustion du moteur dans la cheminée d'appel, à peu près de la manière employée pour les locomotives. Lorsque la machine cesse de fonctionner, on projette alors de la vapeur prise directement dans les chaudières au moyen d'un tuyau en cuivre de 0.012 à 0.015 mètre de diamètre.

La petite hauteur de la colonne échauffée ne peut produire une grande influence sur la vitesse du courant ventilateur. En effet, M. Combes, dans une expérience qu'il a faite au puits de Mortchamps (mine de l'Espérance, à Seraing), a constaté, au moyen de l'anémomètre, que l'augmentation de vitesse due à la projection de la vapeur était à peine 1/4 de la vitesse primitivement obtenue, lorsque l'aérage n'avait d'autre moteur que la différence des températures naturelles. On verra plus loin l'intensité des effets produits par l'action du fluide élastique.

Ce procédé serait coûteux si l'on était obligé de créer de la vapeur exclusivement pour la projeter dans la cheminée; mais comme on utilise celle qui a fonctionné dans les machines d'extraction ou celle qui, en cas d'arrêt, s'échappe des chaudières; comme cette vapeur se dissiperait d'ailleurs en pure perte, ce moteur de la ventilation devient fort économique et peut être employé si la force d'ascension réclamée par la colonne d'air n'est pas considérable.

280. *Expériences relatives au réchauffement d'une partie de la colonne d'air ascendante, au moyen d'un foyer d'appel ou d'une injection de vapeur d'eau* (1).

Les quatre premières colonnes du tableau suivant sont relatives à des expériences faites à diverses époques sur des foyers d'appel établis à l'orifice des puits aux échelles, ainsi que cela se pratique encore fréquemment dans les mines du Couchant de Mons. Les foyers sont, par conséquent, surmontés d'une cheminée, ou tour en maçonnerie, renfermant la seule partie réchauffée de la colonne d'air. Les quatre dernières colonnes ont pour objet des courants activés par l'injection de la vapeur d'eau dans les cheminées d'aérage. Le tableau ne contient, dans ce cas, ni les dépenses de charbon, ni les valeurs qui en dérivent, parce que la vapeur employée pour la ventilation, étant celle qui a déjà fonctionné dans le cylindre de la machine d'extraction, la dépense de combustible se réduit à la projection directe de la vapeur de la chaudière dans la cheminée, en cas d'interruption un peu prolongée dans la marche du moteur d'extraction (2).

(1) Ces expériences sont dues à M. Glépin, ingénieur des mines du Grand-Hornu, et sont consignées dans le *Bulletin du Musée de l'Industrie*, années 1842 et 1843.

(2) Le lecteur qui voudra apprécier la valeur des résistances que l'air a rencontrées dans son parcours souterrain devra avoir recours au Mémoire ci-dessus. Les détails qu'il contient, quelque intéressants qu'ils soient, n'ayant pu trouver place dans le cadre de cet ouvrage.

DÉSIGNATIONS DES VALEURS DÉDUITES DE L'OBSERVATION ET DU CALCUL.		FOYERS ÉTABLIS AU JOUR.				INJECTION DE VAPEUR.			
		EXPÉRIENCES.							
		1	2	3	4	5	6	7	8
		GRAND-HORNU. PUITS N° 11.		SAU-WARTAN. N° 1.	GRAND-HORNU. PUITS N° 6.		ARDI-NOISES. S¹-BERNARD.	MONTCEAU FONTAINE.	L'AGRAPPᵉ Sᵗᵉ-VICTOIRE.
1 Hauteur des cheminées	Mètres.	41.74	Idem.	25.80	59	Idem.	27	50	55
2 Section des cheminées	Id. carrés.	1.44	Idem.	2.07	1.416	Idem.	4.32	2.72	1.82
3 Pression à laquelle est soumis l'air sortant.	Mètres.	0.7685	0.7564	0.7581	0.7682	Idem.	0.7325	0.7307	0.7374
4 Température extérieure.	Degrés.	5	16.5	14	3.73	Idem.	7	5.5	14
5 Volume d'air sortant par seconde.	Mres. cubes.	1.88	1.60	1.974	1.228	1.924	5.365	1.067	2.900
6 Poids de l'air saturé de vapeur à la température et à la pression extérieures.	Kilog.	1.297	1.208	1.49	1.29	Idem.	1.248	1.23	1.22
7 Colonne manométrique.	Mètres.	0.012	0.51	1.01	0.012	0.015	0.0015	0.005	0.007
8 Transformation de la colonne d'eau en colonne d'air	Idem.	9.25	8.27	8.59	9.50	10.077	4.20	2.40	5.75
9 Travail utile obtenu.	Chevaux.	0.257	0.2	0.26	0.196	0.264	0.0711	0.042	0.24
10 Charbon consommé en 24 heures.	Kilog.	715	671	1084.5	4190	»	»	»	»
11 Effet qu'aurait pu produire ce charbon	Chevaux.	5.65	5.52	8.60	9.44	»	»	»	»
12 Comparaison entre l'effet utile du foyer et celui d'un moteur mécanique de la force ci-dessus	»	0.042	0.057	0.050	0.020	»	»	»	»

Les valeurs inscrites sous les numéros 1, 2, 3, 4, 5, 7 et 10 sont les résultats directs de l'observation ; les autres dérivent de calculs auxquels ont été soumises ces mêmes valeurs. Afin de donner une idée complète de la formation du tableau, voici le développement des calculs effectués dans l'expérience relative au puits n°. 1 de la mine de Sauwartan, objet de la 3ᵉ. colonne.

(6) On recherche le poids de l'air saturé de vapeur à la température de 14° et sous la pression barométrique de 0.7381 en prenant d'abord dans les Tables de physique la tension de la vapeur à cette température; on trouve 12.087 millimètres de mercure.

Faisant dans la cinquième formule du paragraphe 239,

$$h = 0.7381 \; ; \; h' = 0.012087 \; ; \; \text{et } h - h' = 0.726013,$$

on a :

$$\left(\frac{0.012087}{0.7381} \times 0.624 + \frac{0.726013}{0.7381} \right) \frac{1.7088 \times 0.7381}{1 \times 0.00375 \times 14}$$

$$= 1.19 \text{ kilogrammes.}$$

(8) Pour transformer la colonne manométrique en colonne d'air saturé de vapeur à la pression et à la température exprimées ci-dessus, on doit observer que, la hauteur des colonnes d'air et d'eau étant en raison inverse de la densité de ces deux fluides, il suffit de multiplier la colonne d'eau par le rapport $\dfrac{1000}{1.1906} = 839$; d'où résulte 839×001 $= 8.59$ mètres pour la hauteur de la colonne d'air.

(9) Le travail utile du foyer est le produit du volume d'air sortant par son poids et par la hauteur de la colonne motrice, ou $1.974 \times 1.19 \times 8.59 = 19.7$ kilogram- mètres, c'est-à-dire $\dfrac{19.7}{75} = 0.26$ cheval-vapeur.

(11) Si l'on admet que 5.25 kilog. de houille (1) produisent, pour une heure et un cheval de force disponible, la vapeur nécessaire à l'alimentation d'une machine fixe, à haute pression et sans condensation, on trouve que les 1084.5 kilog. de charbon brûlé par le foyer en 24 heures auraient fait fonctionner une machine de la force de

$$\frac{1084.5}{24 \times 5.25} = 8.60 \text{ chevaux-vapeur.}$$

(12) La comparaison de l'effet du foyer avec un moteur mécanique de la force désignée ci-dessus se trouve dans le rapport $\frac{0.26}{8.60} = 0.03$.

Ces expériences ont été faites, pour la plupart, sur les foyers du Couchant de Mons, qui, de tous les appareils de cette espèce, se trouvent dans les circonstances les plus défavorables, puisque la faible section des cheminées retarde la circulation au lieu de l'activer et influe d'une manière pernicieuse sur le volume d'air extrait. Quoi qu'il en soit, l'effet utile des foyers installés à la surface et surmontés d'une cheminée est fort minime relativement à la quantité de combustible brûlé; car, si l'on suppose ce dernier employé à faire fonctionner un appareil mécanique de ventilation d'une médiocre énergie, ne donnât-il que 20 pour cent de la force appliquée, on obtiendrait encore un travail utile 60 fois plus considérable que le résultat obtenu à l'aide du réchauffement partiel de la colonne. Ainsi ce procédé,

---

(1) M. Glépin compte 7 kilogrammes par heure et par force de cheval. Cette quantité semble trop élevée dans l'état actuel de la construction des moteurs. De nombreuses expériences prouvent que 5.25 kilogrammes suffisent aux machines destinées à la ventilation.

considéré comme moyen permanent d'aérage, doit être complètement écarté ; il n'est admissible que quand le courant d'air est produit par les agents naturels, quand on emploie le foyer d'une manière momentanée et seulement pour vaincre le moment d'engourdissement qui, ainsi qu'on l'a vu, se fait sentir à certaines époques de l'année. Mais alors la cheminée doit avoir une section égale à celle du puits de sortie, et l'on pourra, en certaines circonstances accidentelles, porter la température à un degré plus élevé qu'on ne le ferait avec les foyers intérieurs, ainsi que le fait observer M. Gonot. Il en est de même de l'application directe de la vapeur d'eau à la ventilation ; ce procédé, n'utilisant qu'une faible partie de la force motrice dépensée, serait fort coûteux s'il n'avait pour objet l'application de la vapeur qui a déjà fonctionné dans une machine à haute pression, et qui, sans cette circonstance, serait dispersée inutilement dans l'atmosphère.

281. *Les cheminées sont indispensables avec le réchauffement partiel de la colonne d'air.*

Les appareils précédents, recommandables par la facilité et la promptitude des manœuvres exécutées à la surface du sol, sont très-suffisants dans beaucoup de circonstances, mais ne doivent être employés que d'une manière temporaire, lorsque le courant ventilateur existe naturellement et qu'il ne faut y ajouter qu'une force motrice d'ascension peu considérable pour le maintenir constamment dans le même sens. S'il en était autrement ; par exemple, si l'aérage naturel se faisant mal, exigeait une force motrice très-grande et dont l'action fût à peu près permanente, le réchauffement partiel de la colonne d'air sortant de la mine serait loin de produire un effet suffisant. Dans tous les cas, ces procédés de raréfaction de l'air exigent nécessairement une cheminée d'aérage dont la hauteur soit comprise entre 35 et 50 mètres, et par conséquent assez coûteuse; mais elle est indispensable, car le réchauffement de la colonne n'a lieu qu'à partir de la surface du sol ou un peu au-dessous de ce plan. On trouve en effet, si l'on compare les résultats produits par un toe-feu placé à 10 mètres au-dessous de l'orifice d'un puits non surmonté d'une cheminée, avec ceux qu'il donne lorsqu'il est couronné d'une cheminée de 50 mètres de hauteur, que les vitesses respectives du courant d'air ou les masses sortant dans l'unité de temps seront comme $\sqrt{10} : \sqrt{60}$ ou comme 3.16 : 7.75, c'est-à-dire que la cheminée augmentera de 2 1/2 fois la vitesse du courant d'air, puisque, à températures égales, cette vitesse est proportionnelle aux racines des hauteurs des colonnes réchauffées (258).

282. De l'influence due à la hauteur de la colonne d'air échauffée.

Puisque le volume d'air sortant croit à peu près comme la racine carrée de la hauteur de cette colonne ou, en d'autres termes, puisque l'action d'un foyer est proportionnelle à la racine carrée de la hauteur verticale comprise entre ce foyer et l'orifice par lequel l'air s'écoule dans l'atmosphère, il s'ensuit qu'il y a toujours avantage à placer le foyer d'appel au fond du puits de retour, et que la vitesse du courant s'accroîtra avec les profondeurs de cette excavation. Ainsi, pour des profondeurs de

100,   150,   200   et   300 mètres,

on aurait respectivement des vitesses proportionnelles aux nombres suivants :

10,   12.2   14.1   et   17.2.

Quant aux cheminées d'aérage, dont l'importance est très-grande lorsqu'on réchauffe seulement la partie supérieure de la colonne ascendante, elles augmentent peu la masse d'air sortant si le foyer est placé à une profondeur un peu considérable. En supposant les quatre puits ci-dessus désignés surmontés d'une cheminée de 50 mètres, ce qui est considérable, les colonnes d'air ascendantes auront pour hauteur :

150,   200,   250   et   550 mètres ;

la vitesse du courant sera proportionnelle aux nombres :

12.2,   14.1,   15.8   et   18.7 ;

d'où il résulte que la cheminée n'augmentera la dépense d'air que respectivement d'environ

$$\frac{1}{5°} \quad \frac{1}{6°} \quad \frac{1}{8°} \quad \text{et} \quad \frac{1}{11°},$$

c'est-à-dire d'une quantité d'autant plus petite que le foyer sera placé à de plus grandes profondeurs. Il est bien entendu que, dans ce raisonnement, la profondeur des puits est le seul terme variable, tandis que les autres éléments restent constants, et qu'en outre ces puits de sortie sont supposés avoir une section assez grande pour pouvoir négliger les différences de résistances provenant des vitesses variables, relativement aux autres frottements de l'air dans les galeries intérieures.

285. *Maximum du réchauffement de l'air par les foyers sous le rapport économique.*

L'augmentation de température de la colonne d'air ascendante, au-delà de certaines limites, est bien loin de déterminer, dans le courant d'air, une vitesse proportionnelle à la quantité de combustible brûlé sur le foyer d'aérage. En effet, on a vu (258) que si t' et t expriment respectivement les températures des colonnes ascendantes et descendantes, H la hauteur de la colonne réchauffée et a le coefficient de dilatation, le volume d'air sortant sera

$$VA = Q = 4.429 \, A \sqrt{a \, H \times \frac{t' - t}{1 + at}}$$

A, a et H étant des valeurs constantes, le volume d'air qui sortira par l'orifice du puits, en faisant varier la température, sera à peu près proportionnel à l'expression

$$\sqrt{\frac{t' - t}{1 + 0.00375 \, t}}. \ (1)$$

Supposant que la température de l'atmosphère soit de 10°; qu'après avoir parcouru les travaux, le courant arrive sur le foyer avec une température de 20°; que, par l'effet de ce dernier, elle s'accroisse successivement de

| 10°,   20°,   30°,   40°   et   80°, |

les températures de la colonne ascendante seront

| 30°,   40°,   50°,   60°   et   100°, |

et les différences entre l'air entrant et l'air sortant

| 20°,   30°,   40°,   50°   et   90°. |

Les vitesses ou les masses d'air débitées dans un temps donné, seront proportionnelles aux nombres suivants :

| 43,   52,   59,   65   et   82, |

calculés par la formule (1).

Mais comme les quantités de combustible brûlé sont à peu près en raison composée de la masse totale du courant d'air et de l'accroissement de température, on devra, pour connaître les nombres proportionnels au charbon dépensé, multiplier chacun des termes de la quatrième série ci-dessus par le terme correspondant de la première, et l'on aura :

| 43,   104,   177,   260   et   656. |

D'où l'on voit que les termes exprimant les masses proportionnelles de l'air sortant, compris dans la quatrième série, croissent très-lentement ; tandis que les termes de la cinquième, relatifs à la quantité de combustible brûlé, s'élèvent d'autant plus rapidement que la température est plus élevée. Ainsi, en portant la température de 30° à 100°, on double à peu près le volume d'air sortant ; mais on dépense plus de quinze fois autant de houille.

Le réchauffement de la colonne ascendante au-delà de 40° à 50° centigrades est fort désavantageux sous le rapport économique; on ne doit avoir recours à ces moyens extrêmes qu'en cas d'absolue nécessité et d'une manière momentanée. Ce maximum est d'ailleurs suffisant lorsque les travaux intérieurs ne sont pas développés outre mesure et qu'on se borne à donner au courant d'air une vitesse de 0.60 à 1.50 mètre par seconde. C'est, en effet, le degré de température que les foyers d'Anzin communiquent ordinairement à la colonne d'air ascendante ; ceux de Newcastle produisent une chaleur plus grande.

284. Réchauffement de la totalité ou d'une grande partie de la colonne d'air.

Le foyer s'établit à la plus grande profondeur possible ; c'est-à-dire dans la galerie où l'air qui a circulé dans les travaux se réunit pour se rendre dans le puits d'appel. Ce foyer consiste en une simple grille chargée de combustible ; la partie antérieure en est horizontale et la partie postérieure un peu relevée, afin d'empêcher la houille de tomber sur le sol. Si l'excavation destinée à le contenir a été pratiquée au milieu de stratifications peu solides, on la revêt d'un muraillement en forme de voûte; on agit de même si elle est percée dans la couche, afin d'éviter un embrasement qui, sans cela, serait immanquable.

Une partie du courant ventilateur se met en contact avec la flamme ou fournit à la combustion; le reste est plus ou moins affecté par la chaleur développée, en sorte que la totalité de la colonne, acquérant une température supérieure à celle qu'elle possédait avant de traverser le foyer, se dilate et s'élève avec une vitesse proportionnée à cette température. Le point de la galerie où s'installe le foyer, plus quelques mètres en avant et en arrière, doit être plus large que partout ailleurs, afin que cette construction ne soit pas une cause de rétrécissement et par conséquent d'altération dans la vitesse du courant, circonstance nuisible sous le double rapport de la température et des frottements.

On ne peut employer ces appareils, fort simples, que dans les localités où il se trouve un puits exclusivement destiné au retour de l'air ; car l'excavation, obstruée à sa base, ne pourrait servir qu'à l'extraction des étages supérieurs, et la crainte de refroidir la colonne d'air chaud ne permettrait pas d'y installer des pompes. Il est inutile de dire que de semblables dispositions doivent être proscrites dans les mines à grisou.

285. *Foyers d'Anzin.*

Dans les mines du nord de la France, le désir d'obtenir une garantie contre les effets désastreux du grisou engage les exploitants à ne jamais alimenter les foyers avec l'air qui a circulé dans les travaux, mais avec un courant emprunté directement à l'atmosphère.

La disposition indiquée par les figures 1 et 2 (pl. XVIII) se rapporte au foyer d'aérage du puits Ernest d'Anzin. Ce foyer, placé dans une excavation latérale *A*, est en communication, d'un côté avec une galerie *G* où arrive le filet d'air pur; de l'autre, avec le puits de sortie, par une cheminée inclinée *B C* débouchant à une hauteur de 15 à 20 mètres au-dessus du foyer; cette hauteur est regardée comme très-suffisante pour que ni la flamme de la houille, ni les étincelles dégagées par la combustion ne puissent arriver dans le courant d'air vicié. Celui-ci, provenant des travaux, afflue de la galerie *K* dans la chambre d'accrochage *D* pour remonter à la surface.

Le filet d'air pur arrive sur le foyer *a* (fig. 5) en traversant une série de petits puits *c, c, c*, (*beurtias*), liés les uns aux autres par de courtes galeries à travers bancs. Ces puits sont indépendants de la fosse principale, près de laquelle ils sont creusés, excepté sur la hauteur du terrain crétacé, où on les remplace par un compartiment *g g* (*goyau* ou *royon*) pris dans le puits de descente; ce compartiment est isolé par une paroi imperméable formée de forts madriers jointifs. L'air pur descendant par le goyau et les beurtias arrive sur le foyer d'appel *a*, s'y réchauffe en fournissant l'aliment nécessaire à la combustion, puis s'échappe par la cheminée dans le puits de sortie, où il se mélange avec l'air vicié. La totalité de la colonne acquiert ainsi une température à peu près égale à celle qu'elle aurait pris, si elle eût passé tout entière sur le foyer.

Les petits puits *c, c, c* servent, en outre, à recevoir les échelles dont les ouvriers font usage pour pénétrer dans les travaux ou en sortir; en sorte que l'on est obligé d'établir une communication entre les échelles et le puits d'appel (également destiné à l'extraction); mais elle ne consiste ordinairement qu'en un boyau assez étroit et hermétiquement fermé par des portes très-solides, afin que le courant provenant des travaux ne puisse jamais refluer vers le foyer.

S'il n'est pas nécessaire de construire des beurtias pour les échelles, ou si l'on veut éviter cette dépense, assez considérable du reste, on extrait du puits de descente une petite branche d'air pur que l'on amène sur le foyer à travers une galerie dans laquelle il n'existe aucun dégagement de gaz inflammable ; puis on règle son volume au moyen de portes à guichet dont le registre, plus ou moins ouvert, ne livre passage qu'à la quantité d'air nécessaire à l'alimentation du foyer d'appel.

286. *Effets utiles des foyers établis à une certaine profondeur au-dessous de la surface.*

DÉSIGNATIONS DES VALEURS DE L'OBSERVATION ET DU CALCUL.		EXPÉRIENCES.							
		GRAND-BUISSON.		GRAND-HORNU.			PICQUERY.	ANZIN.	
		1	2	3	4	5	6	7	8
		Nᵒ. 5.	Nᵒ. 2.	Nᵒ. 5.	Nᵒ. 5.	Nᵒ. 10.	Nᵒ. 2.	Vedette.	Ernest.
1. Profondeur des foyers au-dessous du sol.	Mètres.	484	105	210	»	173	88	120	160
2. Température de l'air extérieur	Degrés.	2	2	0.5	15	13	17	»	20.25
3. Idem avant son arrivée sur le foyer	Idem.	45.5	15.25	18	49	16.25	14.5	15.75	16.3
4. Température de l'air sortant par l'orifice du puits	Idem.	30	55	27	23.75	27	22.5	24	54.5
5. Élévation de température due à l'action du foyer.	Idem.	14.5	19.75	9	6.75	10.75	8	8.25	18
6. Pression atmosphérique vers l'orifice du puits.	Mètres.	0.7685	0.7685	0.7674	0.7572	0.7384	0.7385	0.7347	0.7673
7. Volume d'air sortant par seconde.	Mres. cubes.	6.484	5.520	2.705	5.694	2.557	0.872	5.81	8.1969
8. Poids de l'air sortant à la température et à la pression ci-dessus	Kilog.	7.651	6.219	5.216	4.558	2.748	1.04	4.588	9.975
9. Quantité de houille brûlée en 24 heures	Idem.	700	560	468	587.75	698	410	500	697
10. Chaleur développée par le combustible.	Degrés.	28.5	28	43	2	67.8	119	55	22
11. Déperdition de chaleur.	—	0.50	0.29	0.80	0.75	0.84	0.07	0.76	0.19

Les articles 8, 10 et 11 du tableau (1) contiennent des termes déduits par calcul des données expérimentales. Ainsi, par exemple, prenant la première colonne relative au foyer du Grand-Hornu, puits n°. 5, on détermine le poids d'un mètre cube d'air sortant à la température de 30°, et sous la pression de 0.7685, au moyen de la formule (259)

$$\frac{1.7088 \times 0.7685}{1 + 0.00375 \times 30} = 1.18 \text{ kilog.}$$

Le poids de l'air sortant par seconde sera :

$$6.484 \times 1.18 = 7.651 \text{ kilog.}$$

ou $\qquad 60 \times 60 \times 24 \times 7.651 = 661046.$ kilog. par 24 heures.

Si l'on admet que la chaleur spécifique de l'air soit de 0.26, celle de l'eau étant prise pour unité, et que chaque kilog de houille dégage par sa combustion 7000 calories (2), on trouve qu'il faut $661046 \times 0.26 = 171.872$ calories pour élever de 1° la température de la masse d'air sortante ; comme, d'autre part, les 700 kilog. de houille brûlée sur le foyer en 24 heures ont produit $700 \times 7000 = 4900000$ calories,

$$\frac{4900000}{171872} = 28.5$$

est l'expression de la température à laquelle aurait dû être amenée la masse sortante d'air, s'il n'eût existé aucune déperdition de chaleur. Celle-ci est donc

$$\frac{28.5 - 14.5}{28.5} = 0.50 ,$$

(1) Les six premières expériences du tableau appartiennent à M. Gléplin et les deux dernières à M. Combes.

(2) On appelle calorie la quantité de chaleur nécessaire pour élever de 1° centigrade un kilogramme d'eau.

c'est-à-dire que la perte de chaleur est équivalente à la moitié de la chaleur produite par l'action du foyer.

OBSERVATIONS. Le travail du foyer placé au puits n°. 3 du Grand-Buisson ne représente que la moitié de la chaleur totale développée, quoique les parois du puits soient constamment très-sèches. M. Glépin pense qu'une quantité notable de houille non encore brûlée s'échappe par la grille du foyer ; le rapport de l'effet utile au combustible brûlé devrait donc être plus considérable que ne l'indique le tableau. La perte de chaleur du foyer du puits n°. 2 de la même mine n'est que 0.29 de la chaleur totale développée ; le même ingénieur la croit réellement beaucoup plus faible et la regarde comme ne dépassant pas $1/5^\circ$ de cette quantité. L'observation a eu lieu à la fin de la journée, dans un moment où la combustion du foyer n'était pas très-vive et où les parois du puits étaient rendues humides par l'affluence des eaux du mort terrain, qui, lorsque la machine d'extraction est en activité, est complètement asséché par la pompe à eau froide, au moins dans le voisinage de l'excavation. M. Glépin ayant trouvé pendant le jour la température de l'air sortant de la mine de 38°, si l'on suppose qu'à cette époque le volume d'air extrait fût le même que celui de l'expérience précédente, l'action du foyer aurait été de 24°75 et la perte seulement de 0.12 de la chaleur totale développée. Ce foyer est disposé comme ceux dont on se sert à Anzin : il est placé à 117 mètres de profondeur et sa cheminée débouche dans le puits à 103 mètres au-dessous du sol.

Les foyers du Grand-Hornu sont sujets à des pertes considérables de chaleur, qui ne peuvent être attribuées qu'à l'humidité des parois des puits ; humidité provenant d'ailleurs des fuites des cuvelages établis à la partie supérieure de ces excavations.

Le puits n°. 2 de Picquery se trouve dans des conditions fort défavorables ; en outre, le jaugeage du courant s'est effectué à la fin de la journée, lorsque le foyer est peu actif ; aussi l'influence de ce dernier sur le volume d'air et l'élévation de la température est-elle très-faible eu égard au combustible brûlé.

Le puits Vedette, d'Anzin, servait, lors des observations de M. Combes, à l'extraction de l'eau au moyen de tonnes ; en sorte que la perte si considérable de chaleur tenait sans doute à l'humidité des parois, constamment entretenue par l'eau qui s'échappait des vases d'épuisement.

On peut dire, en général, que les foyers sont convenables lorsqu'on peut les établir dans les puits profonds, à large section et fort secs, ce qui malheureusement est fort rare dans les mines de houille ; tandis que, si on les place dans des puits humides, il en résultera des déperditions de chaleur fort considérables, puisqu'elles peuvent s'élever aux 0.8 de la chaleur totale développée ; le volume d'air produit sera faible et la ventilation la plupart du temps insuffisante.

Si l'on réduit les poids de combustible brûlé en chevaux-vapeur disponibles, c'est-à-dire immédiatement applicables aux besoins du moteur, on trouvera une dépense de 3 à 5.5 de chevaux pour des volumes d'air variant de 1 à 9.3 mètres cubes. Il n'est aucun appareil mécanique appliqué à la ventilation qui, par l'emploi de cette force, ne produise des volumes au moins égaux accompagnés d'une dépression supérieure à celle que l'on obtient des foyers d'appel.

287. *Foyers d'appel des mines de houille du nord de l'Angleterre.*

Les Anglais font peu de cas de la ventilation naturelle; ils lui substituent presque toujours l'action d'un ou de plusieurs foyers installés à la base d'un seul puits, ou dispersés sur divers points des travaux. Tel est le moteur d'aérage exclusivement employé dans les districts du nord de l'Angleterre.

Les figures 1, 2 et 3 de la planche **XIX** sont la représentation, en élévation, en coupe et en plan, d'un double foyer *G*, *G* construit à la mine dite *South-Hetton*, près de Newcastle. Là, comme partout ailleurs, la chambre dans laquelle il est établi est creusée latéralement au puits d'appel *H*, *H*, (*up cast shaft*), et à une certaine distance de sa base. Ces deux excavations sont mises en communication par une galerie inclinée *s s* (*Furnace drift*). Les grilles, dont la surface varie suivant les exigences de la localité, sont surmontées d'une voûte cylindrique. Lorsque la houille forme les parois de la chambre et que l'on peut en craindre l'embrasement, malgré le revêtement, on enveloppe le foyer d'une petite galerie *e*, *e* (*travelling way*), dans laquelle circule une partie du courant non encore réchauffé.

Ces foyers sont surveillés par des hommes spéciaux (*firemen*), qui les entretiennent dans un état d'activité remarquable; ils sont guidés, dans leur appréciation, par le bruit des ailes d'un moulinet, indication approximative de la suffisance ou de l'insuffisance du tirage, ou par un corps léger, tel qu'une plume ou un ruban, attaché à l'extrémité d'un fil, et dont la position plus ou moins horizontale est un indice de la vitesse de l'air.

La disposition des foyers ventilateurs est très-variable, quoiqu'il doive sans doute exister des dimensions et des formes en rapport avec le maximum d'effet utile. La plupart du temps, ils sont simples, quelquefois doubles et même triples; les grilles coïncident avec la direction du courant d'air, suivant leurs longs ou leurs courts côtés; enfin, la voûte construite au-dessus est basse ou élevée. En général, la cheminée ou conduite destinée à unir les foyers et les puits d'appel est inclinée; sa section équivaut, ou à peu près, à celle du puits; sa longueur dépend des circonstances. Les foyers, ainsi qu'on l'a déjà vu, sont ordinairement enveloppés d'une galerie; fréquemment aussi, on loge dans la maçonnerie de petits tuyaux dont les axes sont parallèles au courant; ils modèrent la température de celui-ci, et livrent passage à d'assez grands volumes d'air, qui s'échappent par cette voie.

Les puits d'appel, quelquefois entièrement libres, forment une espèce de cheminée exclusivement consacrée au retour de l'air dans l'atmosphère : c'est la disposition la plus convenable. Ils servent aussi à l'extraction de la houille ou à l'épuisement des eaux; quelquefois aussi l'air retourne dans l'atmosphère en traversant un des compartiments du puits, disposé pour cet objet spécial. La section offerte au dégagement de l'air varie de 4.90 à 24.6 mètres carrés. Nulle part la vitesse du courant n'excède 9 mètres par seconde. La température de l'air dans la conduite inclinée n'est pas très-bien connue, excepté dans un petit nombre de cas, où elle semble atteindre, un maximum de 400 degrés de Fahrenheit.

L'action d'un courant d'air chargé d'acide sulfureux, de gaz acide carbonique, de vapeurs ammoniacales, etc., sur les pompes, les cordes, les glissières et les autres objets renfermés dans le puits, est tellement destructive, que, dans les districts de Newcastle, on discute encore la question de savoir s'il ne serait pas plus économique, en tout état de choses, de creuser un puits spécial d'aérage. La destruction très-rapide des cuvelages en fer, dont la substance se convertit en une espèce de plombagine, est aussi une conséquence très-fréquente du contact des produits de la combustion. On a cherché dans la peinture un préservatif contre ces effets destructeurs ; mais il semble que le moyen le plus convenable soit plutôt un revêtement intérieur en briques réfractaires. L'emploi d'un puits divisé en compartiments, pour conduire le courant ventilateur au-dehors de la mine, est accompagné de graves inconvénients. La proximité de l'air entrant, la difficulté de prévenir les communications qui s'établissent entre les deux cavités ; l'échange de température, conséquence naturelle de cette disposition ; le danger résultant de la combustibilité des parois en bois, et la probabilité de destruction de celles-ci en cas d'explosion, circonstance qui interromprait la ventilation, sont autant d'objections de la plus haute gravité contre ce mode.

Il se dégage, dans les mines des environs de Newcastle, de trop grandes quantités de gaz inflammable pour qu'il ne soit pas imprudent d'alimenter le foyer par le courant sortant, qui peut être explosible. Comme l'usage est de diviser le champ d'exploitation en un certain nombre de quartiers ou de compartiments que parcourent autant de branches d'air indépendantes les unes des autres ; comme il y a lieu d'espérer que l'un de ces compartiments (celui où se font les travaux préparatoires, par exemple), sera moins infesté de grisou que les autres, on choisit la branche qui en sort pour l'alimentation du foyer.

Lorsque le courant, après avoir parcouru certaines parties de la mine, s'est chargé de gaz dans des proportions dangereuses, on empêche son contact avec le foyer en faisant déboucher le courant vicié dans le puits de sortie à un niveau tel que la flamme ne puisse l'atteindre. La figure 17 de la planche XVIII indique cette disposition. La cheminée *r r'* sert au dégagement des produits de la combustion; *c d* est la conduite inclinée que le courant chargé d'hydrogène carboné doit traverser et à laquelle on donne le nom de *fourneau froid ou muet* (*cold or dumb furnace*) (1). Enfin, lorsque les diverses branches du courant d'air sont trop viciées pour qu'on puisse se hasarder à diriger l'une d'elles sur la houille en combustion, on emprunte un filet d'air pur au courant descendant, et on lui fait traverser les deux portes destinées à isoler le foyer du reste de la mine; ces portes, alors, ne ferment pas hermétiquement, mais on y ménage, au contraire, de petites fentes, ou, mieux, des espèces de guichets, au moyen desquels on règle la quantité d'air pur indispensable à l'activité de la combustion.

288. *Tableau des effets utiles obtenus en Angleterre par le réchauffement de la colonne d'air.*

Le poids de houille consommée et le volume d'air extrait forment une relation composée, puisqu'elle dérive de l'action exercée par l'air sur le combustible, et réciproquement. Si, d'un côté, le courant s'élève dans le puits d'appel, sollicité par la température que lui communique le foyer; de l'autre, la force motrice du courant, provoquée par le

---

(1) *Narrative of the Explosion which occurred at Wall'send Colliery*, by John Buddle. *Transactions of the Natural history Society of Northumberland*, vol. II, part II, 350.

réchauffement de la colonne, active la combustion. Quand ces deux actions réciproques ont atteint leur maximum dans un puits donné, on ne peut ni brûler une plus grande quantité de houille, ni aspirer un plus grand volume d'air; et la puissance ventilatrice ne peut s'accroître si l'on n'introduit de notables modifications dans le foyer, dans les conduites de l'air, ou s'il ne survient des changements accidentels dans l'état atmosphérique.

Les éléments contenus dans le tableau ci-joint, empruntés à un Rapport au Parlement sur la ventilation des mines (1), mettront le lecteur à même de comparer le volume d'air aspiré relativement au poids de combustible dépensé.

DÉSIGNATION DES MINES Du Northumberland.	VOLUME D'AIR aspiré PAR DESCENTE.	HOUILLE consommée EN 24 HEURES. Tonnes.	EFFET MÉCANIQUE de CETTE HOUILLE. Chevaux-Vap.
Black-Boy (mine de).	16.04	2,031	17.00
Castle-Eden . . .	19.97	2,286	19.00
Felling.	23.50	3,657	30.50
Coxlodge	9.44	1,329	11.75
Percy-Main . . .	23.81	3,505	29.20
Thornley. . . .	37.42	4,876	40.60
Wall'send. . . .	57.27	4,522	59.50
Walker	21.14	1,510	12.60
Willington . . .	31.38	3,556	29.60
Wingate-Grange .	20.76	2,845	23.70

Les machines motrices installées à l'intérieur des travaux servent aussi, par la vapeur et le calorique qu'elles laissent dégager, à l'activité de l'aérage.

(1) *Report of the Ventilation of mines and Collieries*, by John Phillips, Esq. 1850, page 23.

Mines dans lesquelles les machines intérieures viennent en aide
aux foyers d'appel.

Haswell (mine de) . .	47.62	4,064	33.90
Hetton	89.66	9,144	76.20
Murton et South-Hetton.	49.90	8,383	69.80
Moyenne des treize expériences	34.76	3,977	33.33

Dans ces trois derniers exemples, le charbon indiqué
est en sus de celui que consomment les moteurs intérieurs.

Le plus grand volume d'air extrait dans les districts du
nord de l'Angleterre a été provoqué par les foyers d'appel
de Hetton. Le courant d'air le plus vif se trouve à Haswell,
où, dans un puits de 2.75 mètres de diamètre, dont la
section est réduite à 5.39 mètres carrés par le revêtement, la vitesse s'élève à 8.84 mètres. Le maximum de
vitesse observé dans les conduites intérieures existe dans
une des galeries principales de la mine de Wall'send,
où une branche dérivée du courant principal offre un
volume de 35.40 mètres cubes et une vitesse de 6.40
mètres par seconde. La plus grande section de puits se
trouve à Murton; le diamètre en est de 5.65 mètres.
Enfin, la température des courants mesurés à Haswell et
à Hetton a été respectivement de 165 et de 145 degrés
du thermomètre de Fahrenheit; rarement elle excède
170 degrés.

En supposant que les volumes contenus dans le tableau
ne soient pas entachés de quelque exagération; que la
poudre, agent employé pour déterminer la vitesse du

courant, n'ait pas donné des valeurs trop grandes, ainsi que cela arrive ordinairement, on peut expliquer ces effets prodigieux par les circonstances favorables à la production d'un courant d'air considérable et par les moyens énergiques employés pour en provoquer la circulation dans les mines de cette partie de l'Angleterre. Celles-ci, en effet, diffèrent entièrement, par leur aménagement et par leurs dispositions, de celles qu'on voit sur le continent et surtout en Belgique ; elles ne comprennent que des galeries à grande section dans lesquelles l'air se meut avec facilité ; jamais les conduites de retour ne sont plus étroites que celles d'entrée, jamais le courant n'y est étranglé, même dans les puits d'appel, dont les diamètres varient de 2.50 à 5.65 mètres, circonstances qui toutes concourent à favoriser l'aspiration de grands volumes sous une faible dépression. Souvent des puits de grande section, placés dans des conditions d'assèchement favorables, sont exclusivement consacrés au retour de l'air. Quelle est donc l'énergie ascendante d'une colonne dont la température peut s'élever à 170 degrés, dont la base est une section de 16 à 20 mètres carrés et la hauteur 3 à 400 mètres? En outre, quelques-unes de ces mines, telles que Wall'send, ont deux puits appropriés à la sortie du courant. Enfin, si l'on considère les effets dérivant de l'énorme quantité de houille consommée sur des foyers auxquels viennent s'adjoindre les produits de la combustion des fours à coke et des moteurs intérieurs, on ne sera plus si fort surpris des résultats obtenus par les mineurs anglais (1).

---

(1) Malgré les circonstances favorables à la production du courant, on verra ultérieurement que la ventilation des mines laisse quelquefois beaucoup à désirer.

Les volumes d'air extrait n'ont pas toujours été ce qu'ils sont actuellement. L'accroissement de la surface des grilles et du nombre des foyers, le redoublement d'activité imprimée à la combustion de la houille et l'approfondissement successif des puits, ont eu, dans ces dernières années, les résultats signalés ci-dessus ; ainsi, à Hetton, ce volume s'est accru du simple au double dans l'espace de 15 ans ; car, en 1835, il n'était que de 45.44 mètres cubes, et on l'a trouvé, en 1850, de 89.66.

289. *Discussion sur les foyers, relativement au gaz hydrogène protocarboné.*

Les foyers sont, en général, fort avantageux dans les mines de houille ; leur établissement est facile et peu coûteux, et leur entretien se borne à une dépense de combustible que le mineur trouve en abondance sous sa main ; mais, lorsque les travaux dégagent du gaz inflammable, ils peuvent occasionner de violentes explosions s'ils ne sont pas établis avec tous les soins indiqués par l'expérience. Ainsi les appareils décrits dans les paragraphes 277 et 284, étant en contact avec le courant ventilateur de la mine, déterminent tôt ou tard une explosion, si on les emploie dans les exploitations où se dégage du gaz inflammable, même en quantité peu considérable.

Les foyers usités dans les environs de Newcastle préviendront l'inflammation directe du courant d'air, puisqu'ils seront alimentés par une branche d'air provenant d'un quartier salubre de la mine. Mais que ce quartier soit tout-à-coup infesté de grisou provenant de la rencontre imprévue d'un brouillage, d'un soufflard, d'anciens travaux, d'un éboulement ou de tout autre accident si fréquent dans les mines de houille, toute sécurité disparaîtra et une explosion ne manquera pas d'avoir lieu.

Les foyers analogues à ceux d'Anzin, étant alimentés par de l'air pur venant du dehors, n'offrent pas cette chance de danger; aussi, de tous les appareils de ce genre, sont-ils ceux qui présentent le plus de sécurité. Voici, toutefois, les reproches dont ils sont l'objet.

Le premier est relatif à l'établissement du goyau séparé du compartiment principal par une cloison en madriers sur toute la hauteur du cuvelage. Si, par suite d'un coup de feu ou de toute autre circonstance, cette cloison est renversée, même partiellement, le courant d'air explosif pourra pénétrer jusqu'au foyer à travers le goyau et les beurtias et déterminer un second coup de feu. Mais cette circonstance est fort rare, et ce danger, tout-à-fait local, cesse d'exister dans les mines où le fonçage des puits ne doit pas s'effectuer à travers des terrains aquifères; il disparaît également si le foyer reçoit d'une galerie spéciale un filet d'air émanant directement du puits d'entrée, disposition d'ailleurs beaucoup moins coûteuse que l'enfoncement d'un puits particulier destiné à conduire sur l'appareil un filet d'air pur.

La seconde objection, commune aux foyers de Newcastle et à ceux d'Anzin, est celle-ci : on ne peut se dispenser d'établir une communication entre le foyer et l'intérieur de la mine, afin, dans les premiers, d'amener sur les grilles la branche d'air provenant d'un quartier salubre, et, dans tous les deux, pour conduire le combustible nécessaire à l'alimentation et livrer passage aux ouvriers chargés de la conduite du feu. S'il survient une explosion, les portes placées dans cette galerie de communication sont renversées, l'air impur de la mine est appelé sur la flamme et une seconde détonnation peut avoir lieu.

M. Combes, répondant à cette objection quant à ce qui concerne les foyers analogues à ceux d'Anzin, dit : « S'ils sont bien isolés, s'ils ne communiquent avec les » galeries principales que par un boyau long et étroit, » dont les portes, bien établies, ne s'ouvrent que rarement, » et uniquement pour porter le combustible et entretenir » le feu; si l'ouvrier chargé de ce soin est un homme de » confiance, seul dépositaire de la clef, « je regarde le » danger de l'arrivée du courant sur le foyer comme bien » moindre, s'il n'est même tout-à-fait écarté (1). »

Enfin, le dernier reproche est celui-ci. Si, ce qui arrive quelquefois après un coup de feu, le courant d'air est renversé, le foyer pourra être la cause d'une seconde explosion, et celui-ci, inondé par la masse des gaz incombustibles, s'éteindra et cessera d'agir au moment même où son secours serait de la plus absolue nécessité.

Cette circonstance peut se présenter, mais seulement dans le cas où la colonne d'air soumise au mouvement rétrograde contient encore du gaz inflammable échappé à la combustion ; or, il ne s'en pourra trouver qu'une faible quantité, et celle-ci, délayée dans la masse de l'air atmosphérique affluent, cessera d'être nuisible. En outre, il est difficile d'admettre que le courant pénètre jusqu'au foyer en descendant par la cheminée de communication avec le puits de sortie, car il suivra toujours la voie la plus large et la plus facile parmi celles qui lui seront offertes, et ne choisira certes pas la cheminée, dont le repousse, du reste, le courant ascendant; il pourra seulement y arriver en traversant la galerie qui met le foyer en relation avec la mine, si toutefois les portes

(1) *Annales des Mines*, 3e. série, tome XV.

sont renversées, c'est-à-dire si on ne leur a pas donné toute la résistance nécessaire.

Cependant, quelque invraisemble que soient ces causes d'accident, si l'une d'elles est possible, on devra, non proscrire totalement ces appareils, mais accumuler dans leur usage les soins et les précautions prescrites par la science et la pratique.

Une disposition analogue à celle d'Anzin, dans laquelle on supprimerait toute communication entre le foyer et les travaux intérieurs, à l'exception de la cheminée de dégagement, présenterait probablement une entière sécurité.

290. *Accélération de la vitesse du courant d'air ascendante par injection de vapeur.*

M. Buddle, dans les diverses tentatives auxquelles il s'est livré de 1807 à 1810 pour remplacer les foyers d'appel, essaya de projeter au fond des puits de sortie de la vapeur d'eau qu'il conduisait au moyen d'un coffre formé de planches de sapin.

M. l'inspecteur-général de Vaux, dans une notice publiée en 1836, proposa d'emprunter à un tuyau de vapeur placé dans le puits de retour de l'air la chaleur nécessaire pour déterminer l'ascension de la colonne d'air (1).

Enfin, en 1841, on fit, sur la proposition de M. l'ingénieur en chef Gonot (2), la tentative d'introduire, dans le puits n°. 2 de la mine de l'Agrappe et Grisœuil, un jet de vapeur à une profondeur de 120 mètres. Le tuyau

---

(1) *Notice sur un nouveau moyen d'appliquer la Vapeur à l'épuisement des eaux et à l'aérage des Travaux dans les mines.* Liége 1836.

(2) *Des Moyens de soustraire l'exploitation des Mines de houille aux chances d'explosion*, page 195.

adducteur, en fonte, de 0.12 mètre de diamètre, était placé dans l'un des angles du puits de retour de l'air ; il était recourbé à son extrémité inférieure, afin de faciliter la direction ascendante du jet ; il aboutissait, par son autre extrémité, à une chaudière installée à la surface du sol. La vapeur avait une tension de trois atmosphères, et la dépense en était suffisante pour faire fonctionner une machine à haute pression de la force de 30 chevaux.

Les expériences faites à ce sujet ont prouvé que ce moyen peut rendre la ventilation fort active, mais qu'il est sujet à deux inconvénients. Le premier, qui disparaîtrait si l'on employait un puits spécialement consacré au retour de l'air, a pour cause l'arrivée, à l'orifice du puits d'extraction, de la vapeur imparfaitement condensée, où elle forme un brouillard assez épais pour empêcher la manœuvre et ne pas permettre aux machinistes de voir les vases d'extraction sortant du puits. Le second, beaucoup plus grave, provient de l'énorme quantité de combustible consommé, quantité hors de toute proportion avec le volume d'air extrait. Il est facile de se convaincre qu'il en doit être ainsi par l'analyse des diverses pertes de chaleur inhérentes à ce procédé : Calorique absorbé par l'air passant sur la grille des foyers des chaudières, et qui, de même que les produits de la combustion, se dissipe dans l'atmosphère sans produire d'effet, tout en s'élevant au tiers et quelquefois à la moitié de la chaleur totale ; chaleur dispersée dans la roche contre laquelle s'appuie le tuyau de conduite de la vapeur, et se perd par transmission ; absorption de calorique par la vaporisation de l'eau jaillissant des parois du puits et qui n'est restitué que très-imparfaitement ; perte provenant de la vapeur arrivant au jour sans être condensée et, par conséquent, sans avoir livré son calorique latent ; enfin, le tuyau adducteur, laissant échapper de la chaleur dans tout

son parcours, M. Combes le compare à un foyer qui occu-
perait toute la hauteur du puits et dont la partie supérieure contribuerait peu à l'activité de la ventilation ; tandis
que la vapeur jaillissant à la base du puits agirait plutôt
par succion et par entraînement que par le réchauffement
de la masse d'air.

Cependant il importe de faire entrer en ligne de compte
la garantie complète que donne le procédé contre les chances
de l'inflammation du grisou par le moteur d'aérage. Si donc
on pouvait utiliser pour cet objet la vapeur sortant du
cylindre des machines à haute pression, si cette quantité
était suffisante pour la production d'une notable partie du
courant ventilateur, l'économie serait considérable, puisque
la dépense ne proviendrait que de la vapeur empruntée
directement aux chaudières en cas d'arrêt de la machine
d'extraction.

Peu après ces essais, vers 1843, M. Mehu, ancien élève
de l'École des mineurs de St.-Étienne, crut pouvoir déterminer la ventilation des travaux souterrains en utilisant la
force de succion d'un certain nombre de jets de vapeur à
haute pression. Il avait été naturellement amené à cette
idée par les effets assez énergiques du tirage obtenu de cette
manière dans les cheminées des locomotives. Six buses de
cuivre, communiquant avec le générateur de la vapeur et
débouchant dans autant de tuyaux verticaux en tôle, consti-
tuaient l'appareil, fort simple, qui fut installé à l'orifice du
puits nᵒ. 11 de la mine du Grand-Hornu. Les expériences
faites à ce sujet par M. Glépin ont eu lieu avec de la
vapeur dont la tension absolue était de cinq atmosphères ;
il a obtenu, en moyenne, un volume d'air de 1,438 mètres
cubes par seconde sous une dépression de 0.014, et a
trouvé que cet appareil peut être assimilé à un ventilateur
produisant le même effet utile et ne réalisant que 0.038 de

la force motrice dépensée pour le faire fonctionner. Ce
procédé, pouvant donc être considéré comme n'ayant eu
aucun succès, fut abandonné.

Dans ces derniers temps, quelques ingénieurs anglais ont
fait des essais sur le réchauffement de la colonne d'air par
injection de vapeur à haute pression. Il ne s'agit pas pour
eux d'agir à l'orifice des puits et par succion, comme le
voulait M. Mehu, mais de s'adresser autant à la puissance
propulsatrice qu'ils supposent exister dans une grande
quantité de petits jets établis au fond des puits, qu'au
réchauffement de la colonne d'air. L'efficacité de ce moyen
est fortement contestée par la majorité des ingénieurs du
Northumberland.

On n'a pas encore employé jusqu'à présent de jets de
vapeur sans associer leur puissance ventilatrice à celle des
foyers ou des générateurs appliqués aux moteurs souterrains. Voici toutefois quelques expériences qui feront
connaître l'influence de ce procédé sur la ventilation (1) :

		VOLUME D'AIR EXTRAIT.
Seaton-Delaval (mine de). Jets de vapeur et ré- chauffement de l'air par les moteurs souterrains.		37.68
Moorsley. Le foyer seul		11.80
Les jets de vapeur		10.58
Simultanément les deux agents. . .		14.63
Norwood. Le foyer agissant isolément. . . .		7.45
Les jets de vapeur étant placés à la base d'un puits intérieur		14.86
Idem à l'orifice du même puits . .		7.43

(1) *Report on the ventilation of Mines, and Collieries*, page 25.

		VOLUME D'AIR EXTRAIT.
Belmont.	Le foyer seul	20.76
	27 jets sans le foyer	28.29
	La machine à vapeur seule	22.55
	27 jets avec le foyer.	53.93
	La machine et le foyer	29.56
	Le moteur laissant échapper sa vapeur par un orifice de 0.15 mètre de diamètre.	26.56
Castle-Eden.	Effets de l'aérage naturel	14.30
	Des jets de vapeur seuls	16.81
	Du foyer seul	20.15
	Celui-ci étant secondé par 42 jets placés à 116.75 mètres au-dessous de la margelle du puits	22.04

SECTION V^e.

MOTEURS MÉCANIQUES DE L'AÉRAGE.

291. *Machines aspirantes ou foulantes.*

Les moteurs mécaniques employés à provoquer la circulation de l'air dans les mines se divisent en deux catégories : les machines *aspirantes* et les machines *soufflantes* ou *foulantes*.

La fonction des premiers consiste à dilater l'air à l'orifice du puits de sortie, afin d'appeler et d'aspirer celui de la mine, en le forçant à vaincre les résistances qu'il éprouve dans son parcours, et à le rejeter dans l'atmosphère malgré l'excès de pression de cette dernière. Pour obtenir ces deux effets, il faut que l'air contenu dans l'appareil soit alternativement plus dilaté que l'air intérieur et plus dense que l'air atmosphérique ambiant, ou bien que la partie de la capacité la plus rapprochée du puits de sortie contienne de l'air plus raréfié que celui des travaux, tandis qu'il est plus dense que l'atmosphère dans la partie de l'appareil en contact immédiat avec ce dernier. Ces moteurs, auxquels on a donné le nom générique de *ventilateurs*, reçoivent les uns un *mouvement alternatif*, les autres un *mouvement circulaire*.

Les premiers comprennent toutes les machines à pistons ou à cloches, à la tête desquelles se placent, par rang d'ancienneté, les ventilateurs du Hartz et les machines pneumatiques de la Grande-Veine-sur-Wasmes, et de Sainte-Victoire, près de Mons,

Les ventilateurs rotatifs se subdivisent en trois catégories, suivant le mode d'action qu'ils exercent sur la masse d'air à déplacer.

1°. Les appareils *à force centrifuge*, comme ceux de MM. Combes et Letoret, impriment à l'air contenu dans les canaux dont ils sont formés un mouvement centrifuge, dirigé du centre à la circonférence, qui produit un vide relatif destiné à faire appel à l'air de la mine ;

2°. Les ventilateurs *à mouvement de translation disséquant* coupent l'air par tranches continues, le font glisser sur les cloisons sans qu'il s'écarte de l'axe et le rejettent dans l'atmosphère : tels sont les vis de M. Motte, les appareils de MM. Lesoinne et Pasquet ;

5°. Enfin, les ventilateurs *à mouvement de translation proprement dit*, dont il existe deux exemples : les roues pneumatiques de M. Fabry et l'appareil de M. Lemielle.

Les machines foulantes ont pour mission de comprimer l'air à l'orifice des puits d'entrée, afin de le forcer à circuler dans les travaux et à sortir par le puits d'appel.

Les conditions principales auxquelles doivent satisfaire les moteurs de la ventilation sont de déplacer de grands volumes d'air en provoquant des dépressions en rapport avec les résistances qui peuvent influer sur le courant pendant son parcours.

292. *Observations préliminaires sur les méthodes employées dans le calcul de l'effet utile des machines d'aérage.*

Les procédés employés généralement pour calculer l'effet utile des appareils mécaniques de la ventilation consistent à observer le volume d'air extrait de la mine en un temps donné, et la différence de pression entre l'air atmosphérique et l'air intérieur ou la hauteur motrice, à en former un produit conformément aux formules du paragraphe 261, et à comparer les résultats obtenus avec la force théorique de la machine. Cette force est déduite, d'ailleurs, de la course du piston, de sa surface et de la tension de la vapeur dans les chaudières, affectées d'un coefficient de réduction choisi arbitrairement.

Ainsi, les expériences faites par M. Combes, sur la machine à pistons de l'Espérance, ayant fourni les données suivantes :

Température extérieure, 15°.

Pression barométrique, 0.7495.

Volume d'air extrait en une seconde, déduit d'un jaugeage effectué au fond de la mine au moyen de l'anémomètre et réduit à la température et à la pression ci-dessus . . . . 8.016 M³

Dépression ou excès de pression de l'air extérieur sur l'air intérieur mesurée par une colonne d'eau de 0.07675

Sachant d'ailleurs que le mètre cube d'air saturé de vapeurs à 15° et 0.7495 de pression pèse . . . . . 1.215 k.

Que la colonne d'eau manométrique réduite en air de même pression et température équivaut à . . . . . 63.24 M³

on déduit l'effet utile en formant le produit

$$E = 8.016 \text{ M.} \times 1.215 \text{ kil.} \times 63.16 = 614.69 \text{ k. m. (1)}.$$

$$\text{ou } E = \frac{614.69}{75} = 8.19 \text{ chevaux-vapeur.}$$

(1) k. m. abréviation du mot kilogrammètre, unité de force représentée par un kilogramme élevé à un mètre.

Comme, d'autre part , la force nominale de la machine motrice est de 25 chevaux-vapeur ,. comme la pression de la vapeur dans la chaudière, la surface et la vitesse du piston et la quantité de combustible brûlé correspondent à ces données , on en conclut que l'appareil ventilateur n'utilise pas un tiers de la force du moteur.

« Mais, dit M. Trasenster (1), cette méthode qui
» rend l'appareil solidaire de l'habileté du mécanicien,
» n'est susceptible d'aucune précision et ne peut conduire
» à des résultats comparatifs dignes de confiance. Pour
» bien juger d'un appareil de ventilation, il faut déter-
» miner la force qui lui est directement appliquée, in-
» dépendamment du système de la machine; ensuite voir
» quelle portion de cette force se trouve utilisée, en
» recherchant la nature des diverses résistances auxquelles
» donne inévitablement lieu le mouvement de l'air dans
» l'appareil employé. Des considérations mécaniques peuvent
» alors permettre de comparer les avantages et les in-
» convénients des divers moyens qui servent à transmettre
» l'action du moteur. »

Si les ingénieurs qui ont expérimenté sur les ventila-
teurs avaient mesuré directement la force disponible du moteur au moyen du frein dynamométrique de M. de Prony, le degré d'exactitude serait suffisant ; mais ce mode ayant été rarement mis en usage, on a cru devoir donner ci-après le travail des appareils d'aérage comparé à celui des moteurs établis par coefficient, et, conjointement, les nouveaux procédés dont M. Trasenster s'est servi pour apprécier l'effet utile des ventilateurs à mouvement alter-

_____

(1) *Recherches théoriques et expérimentales sur les Appareils destinés à l'aérage*, par M. L. TRASENSTER, sous-ingénieur des mines (*Annales des Travaux publics de Belgique*, tome III, p. 361).

natif, les formules qu'il a appliquées aux appareils à force centrifuge, et, enfin, d'autres calculs tendant à déterminer isolément les diverses pertes de force des ventilateurs à mouvement de translation.

293. *Ventilateur du Hartz* (fig. 14 et 15, pl. XVIII).

Ces appareils sont simples ou doubles.

Le ventilateur simple est formé d'une cuve fixe *v* dans le fond de laquelle pénètre un tuyau *b* de grande section ; l'extrémité inférieure de ce tuyau est mise en communication avec l'excavation contenant l'air vicié, tandis que l'orifice supérieur porte un ou deux clapets *c* s'ouvrant du dedans au dehors. Dans cette cuve remplie d'eau plonge une autre cuve renversée *a a* ouverte par le bas et portant à son fond supérieur un clapet *c'* qui s'ouvre du dedans au dehors. Cette cuve mobile reçoit un mouvement alternatif d'une machine quelconque par l'intermédiaire d'une tige *t* et d'une potence en fer *p*. Lorsque la cuve *a* s'élève, la soupape du tuyau s'ouvre et livre passage à l'air de l'excavation ; lorsqu'au contraire elle descend, la soupape se ferme, l'air comprimé soulève celle de la cuve mobile et s'échappe dans l'atmosphère.

Le ventilateur double se compose de quatre cuves, dont deux fixes et deux mobiles ; ces dernières sont suspendues par des chaînes aux extrémités d'un balancier auquel une machine imprime un mouvement alternatif.

Ces appareils, remarquables par la simplicité de leur construction et le peu d'entretien qu'ils exigent, ne peuvent cependant être employés que pour la ventilation des puits en creusement, de bouts de galerie ou de toute autre excavation peu étendue.

294. *Anciennes machines à pistons.*

Les plus anciennes machines à pistons de la Belgique ont été établies, en 1828 et 1830, sur les mines de Grisoeuil et de Sainte-Victoire ; elles consistaient (fig. 16) en deux caisses prismatiques en bois A , A avec des pistons carrés c , c. Les fonds des caisses et les pistons étaient percés de quatre ouvertures recouvertes de clapets b , b. Pour faciliter le soulèvement de ces clapets et afin que ceux-ci pussent s'ouvrir facilement sans comprimer ou raréfier l'air outre mesure, on les avait équilibrés à l'aide de contre-poids p , p placés à l'extrémité d'une petite tige en fer formant levier et rattachés à la soupape par leur autre extrémité. On voit que déjà, lors de l'établissement de ces premiers appareils , on avait senti l'importance de diminuer les grandes pertes de force résultant de la résistance des clapets , et l'on ne peut comprendre comment les constructeurs qui ont établi ultérieurement des machines, d'ailleurs plus perfectionnées, ont eu la malheureuse idée de supprimer les contre-poids , circonstance qui , comme on le verra plus loin, contribue tellement à diminuer l'effet utile du moteur. Le mouvement était communiqué aux deux pistons par l'intermédiaire d'un balancier BB , d'un levier CC et d'un tiran CD.

Les principales dimensions de la machine fonctionnant autrefois sur l'un des puits de la mine de Sainte-Victoire étaient les suivantes : les pistons, dont la section est carrée , avaient 2.40 mètres de côté ; leur course était de 1.60 mètre ; ils faisaient 19 2/3 excursions par minute et extrayaient 2.02 mètres cubes par seconde ; la machine à vapeur motrice avait une force nominale de 12 chevaux et consommait 1700 kilog. de houille en 24 heures.

295. *Description de la machine à pistons de l'Espérance, à Seraing (près de Liége).*

Les figures 4, 5 et 6 de la planche XIX sont la représentation de l'une des plus grandes machines de cette espèce qui aient été construites jusqu'à présent : celle du puits d'Hinchamp, mine de l'Espérance.

Dans deux grandes cuves cylindriques $O\,O'$, dont le fond est percé de 20 grandes ouvertures recouvertes d'autant de clapets c,c, se meuvent des pistons en fonte $P\,P$ pourvus d'ouvertures de même section et munis de clapets c', c' de même espèce. Ces pistons, par l'intermédiaire de tiges T,T attachées aux extrémités d'un balancier, reçoivent le mouvement d'une machine à haute pression installée au premier étage de l'édifice et dans la verticale de l'une des cuves. Celles-ci, dont le diamètre intérieur est de 3.54 mètres, sont composées de fortes douves maintenues extérieurement par des cercles en fer. Une couronne en fonte, traversée par la tige T, et des disques de même métal renforcés par dix nervures g,g dirigées suivant les rayons, forment les pistons, dont la circonférence est munie d'un bourrelet en cuir bourré de crin. Une saillie du piston maintient le bourrelet par dessous, tandis qu'au-dessus il est recouvert d'un cercle en fer $v\,v$, sur lequel des mentonnets x,x sont serrés par des boulons à écrous ; le but de cet ajustement est de déterminer une pression qui écrase le boyau, le force à s'appliquer contre les parois de la cuve et prévienne toute fuite de l'intérieur à l'extérieur, et réciproquement. Les pistons ont un diamètre de 3.54 mètres et, par conséquent, une surface de 9.84 mètres carrés. Leur course varie de 1.90 à 1.60 mètre, suivant la vitesse de la machine (1).

---

(1) M. Combes, dans son *Traité de l'Aérage,* indique une course de 2.05, quoiqu'elle ne soit, au maximum, que de 1.90 mètre.

Les orifices percés sur les pistons et sur le fond des cuves sont au nombre de 20, savoir : 10 grands et 10 plus petits, tous de forme trapézoïdale. Les clapets de même forme qui les recouvrent sont formés de deux tôles comprenant entre elles une pièce de cuir assez épaisse reposant sur le bord des orifices ; les trois objets sont liés par un certain nombre de rivets. La grande base du trapèze est fixée sur la surface du piston au moyen de quelques boulons et d'une traverse en fer, et le cuir, en vertu de sa flexibilité, joue le rôle de charnière. Enfin, dans le but de prévenir toute oscillation du piston, et pour le maintenir dans une position normale à la tige, on lie le premier à la seconde au moyen de barres de fer inclinées t, t. Le jeu de cet appareil est fort simple : comme les pistons, en montant, raréfient de plus en plus l'air contenu dans la partie inférieure de la cuve, la pression intérieure diminue successivement jusqu'à ce que l'air de la mine parvienne à vaincre la résistance des clapets, les soulève et se répande dans l'espace libre qui se trouve au-dessous du piston. Dès que ce dernier commence à descendre, les clapets placés au fond de la cuve se ferment, l'air est comprimé, la différence entre la pression intérieure et celle de l'atmosphère s'accroit et devient assez grande pour forcer les clapets des pistons à s'ouvrir et à lui laisser libre passage pour se répandre dans l'atmosphère.

Voici la désignation des principaux organes de la machine motrice figurée dans le dessin :

F, cylindre.

$G G$, boîte de distribution de la vapeur.

Le mouvement provenant du balancier est communiqué aux tiroirs par l'intermédiaire d'une poutrelle $H H$, de deux taquets $a a$ et d'un levier b.

H, poutrelle attachée au parallélogramme et qui, glissant

dans des cylindres, ne peut s'écarter de la verticale ; elle sert à mettre en mouvement les tiroirs de distribution de la vapeur.

J, fourchette embrassant la moise d'écartement de l'extrémité du balancier ; elle s'attache, d'un côté, à la tige du piston moteur e, de l'autre au parallélogramme dd'.

k,k, traverses destinées à limiter la course des pistons et à prévenir leur choc contre le fond des cuves.

L, tuyau adducteur de la vapeur.

f, pompes d'alimentation.

h, levier destiné à la manœuvre de la soupape d'admission.

Des conduites mettent en communication le dessous de chaque cuve et le puits d'appel, dont l'orifice est bouché par des tampons, ou mieux par deux clapets en fer, dont le mouvement de charnière se fait suivant l'un des diamètres du puits. On garnit le pourtour de ces clapets avec de l'argile, afin de prévenir les fuites d'air ; cette disposition a pour but d'empêcher la destruction de l'appareil, si une explosion se propageait au dehors. Car les soupapes, soulevées par la différence de pression existant entre l'air intérieur et l'atmosphère, livreraient passage au courant destructeur, tandis que la machine, placée latéralement, serait à l'abri de toute dégradation. Immédiatement après l'explosion, on fermerait les clapets, et la circulation de l'air serait de nouveau provoquée par le moteur d'aérage.

296. Détermination de l'effet utile de la machine pneumatique de l'Espérance.

C'est dans le but d'appliquer son nouveau système si rationnel que M. Trasenster a entrepris, sur l'appareil ventilateur de l'Espérance, des essais dont voici le résumé :

Les manomètres placés sur les tampons obturateurs
des puits d'aérage indiquent la différence de densité entre
l'air atmosphérique et l'air intérieur, c'est-à-dire la dépression produite par l'appareil dans les galeries d'appel, ou
la hauteur motrice, considérée ici comme étant l'expression
de l'effet utile. Les manomètres appliqués aux cuves indiquent successivement les divers degrés de dilatation et
de contraction de l'air qu'elles contiennent. La somme de
la dépression, résultat de l'ascension du piston et de la compression, résultat de la descente, est l'expression, indépendamment des frottements, de la totalité des forces appliquées
à l'appareil, forces exprimées par une colonne d'eau.

Les compressions et les dépressions variant pendant la
marche du piston dans des limites assez écartées, l'appréciation des moyennes arithmétiques des diverses hauteurs de
la colonne d'eau manométrique est un objet fort délicat et
qui exige beaucoup de discernement. Ce sont ces moyennes
que renferme le tableau suivant :

EXPÉRIENCES.	NOMBRE DE COUPS DE PISTON PAR MINUTE.	EFFET UTILE OU DÉPRESSION indiquée par les ma-nomètres des tampons.	MANOMÈTRES DES CUVES.		FORCE APPLIQUÉE. EFFORT.
			DÉPRESSION.	COMPRESSION.	TOTAL.
1ʳᵉ.	12.75	0.05	»	»	»
2ᵉ.	14.50	0.0757	0.14	0.062	0.2020
3ᵉ.	13.40	0.0460	0.1064	0.0455	0.1519
4ᵉ.	9.40	0.01	0.077	0.042	0.1190

D'où il résulte que le rapport de l'effet utile à l'effort total nécessaire pour déterminer le mouvement de l'air, indépendamment de toute résistance passive, sera :

Pour la 2ᵉ. expérience , $\dfrac{737}{2020} = 0.365$

»   3ᵉ.   » $\dfrac{460}{1519} = 0.300$

»   4ᵉ.   » $\dfrac{100}{1190} = 0.084.$

Ainsi : 1°. le rapport est d'autant plus petit que le nombre des coups de piston par minute est moins considérable, c'est-à-dire que la vitesse de la machine motrice diminue.

2°. Dans la seconde expérience, le rapport de l'effet utile à la force appliquée, correspondant à 14 1/2 coups de piston, n'est que un peu plus de 1/3 ; dans la troisième, moins de 1/3 pour 13.4 de coups, et dans la dernière, beaucoup moins encore, vu la plus grande diminution de vitesse de la machine.

Avant de rechercher les causes du déchet considérable signalé par les rapports précédents, on doit observer que ceux-ci doivent encore être multipliés par un coefficient de réduction relatif aux pertes résultant du jeu de l'appareil, telles que les fuites d'air par les tampons, par les portes qui ferment la communication entre le puits d'entrée et celui de sortie de l'air, et surtout par les joints des clapets. Pour déterminer l'influence de toutes ces causes réunies, M. Trasenster, prenant le volume d'air mesuré par M. Combes au fond de la mine de l'Espérance, 8.016 mètres cubes par seconde, le compare au volume engendré par l'excursion des pistons, ou 8.725 mètres cubes (1) dans le même espace de temps, et conclut une perte de

_____

(1) M. Combes donne pour volume théorique 9.024 ; mais on sait qu'il a pris 2.05, au lieu de 1.90 mètre, pour expression de la course.

$$\frac{8.725 - 8.016}{8.725} = 0.081$$ de l'effet utile ; ce terme comprend, outre les pertes dues à l'espace nuisible (1), l'augmentation de volume de l'air par l'élévation de la température et par l'adjonction des gaz dont le dégagement a eu lieu au-delà du point de jaugeage. On peut donc, sans crainte de faire une supposition trop favorable, fixer le résultat du déchet dû à ces diverses causes à 0.08 de l'effet utile ; ce qui fera pour ce dernier $1.00 - 0.08$, ou 92 pour cent de son rapport à la force appliquée que donne l'expérience.

Les différences observées entre la force appliquée et l'effet utile, sans déduction de perte d'air, ainsi que le comporte le tableau précédent, sont évidemment dues à la résistance des clapets et à la contraction de l'air dans son passage à travers les orifices. La force nécessaire pour soulever les clapets des pistons est mesurée par la colonne d'eau manométrique indiquant la compression de l'air dans l'appareil. La dénivellation qui accompagne l'ascension représente la force nécessaire pour produire la dépression de l'air avant son entrée dans l'appareil, plus, l'effort employé pour vaincre la résistance des clapets du fond de la cuve ; or, si l'on fait fonctionner la machine avec les portes de communication et les tampons ouverts, et si, par conséquent, l'air extérieur a un libre accès sous les cuves, le manomètre donnera l'expression de cette dernière résistance, et l'on aura :

---

(1) M. Gonot a prouvé, dans son Rapport sur les appareils d'aérage (*Annales des Travaux publics*, t. 1, p. 217), que les pertes dues à l'espace nuisible sont peu de chose et se réduisent à 0.004 ; celles qui proviennent des joints des clapets s'élèvent, au maximum, à 0.05.

EXPÉ-RIENCES.	NOMBRE DE COUPS DE PISTON.	INDICATIONS DU MANOMÈTRE PLACÉ SUR LE PISTON.		FORCE APPLIQUÉE.
		DÉPRESSION.	COMPRESSION.	
1ʳᵉ.	13	0.1084	0.0433	0.1517
2ᵉ.	11	0.063	0.041	0.104

Dans ce tableau, la première expérience a été faite pendant que la machine aspirait l'air de la mine, et la seconde en donnant à l'air extérieur un libre accès sous les cuves. Il en résulte que la dépression mesurée par une colonne d'eau de 0.1084 est l'expression de la force employée pour produire la dépression dans les galeries d'appel et pour vaincre la résistance des clapets du fond de la cuve; si l'on en retranche 0.063, ou l'expression de l'effort nécessaire pour faire passer l'air à travers les mêmes clapets, la différence 0.0454 sera la dépression utile. Ce terme, modifié par le coefficient des pertes d'air, se réduit à

$$0.0454 \times 0.92 = 0.041768,$$

et la perte d'air elle-même devient :

$$0.0454 \times 0.08 = 0.003632.$$

La pression nécessaire au soulèvement des clapets des pistons est, par expérience, de 0.0433 ; celle qui doit être appliquée aux clapets du fond étant 0.063, leur somme, 0.1063, exprime la force absorbée par la résistance qu'éprouve l'air au passage des soupapes, c'est-à-dire plus du double de l'effet utile.

Quant aux frottements des pistons contre les cuves,

l'expérience a prouvé que, si l'on ouvre tous les clapets afin d'anéantir les résistances de l'air au mouvement de la machine, celle-ci donne neuf coups sous une pression de 0.58 mètre de mercure et s'arrête lorsqu'elle descend à 0.52; donc une pression de 0.58 de mercure agissant sur le piston du moteur, ou une hauteur d'eau de 0.0909 mètre recouvrant la surface de l'un des pistons des cuves, suffit pour vaincre les frottements des divers organes de l'appareil. Comme, d'autre part, on sait que la machine seule réclame pour son mouvement 0.5 d'atmosphère, ou les deux tiers de 0.58 mètre de mercure, il reste 0.0303 pour la colonne d'eau, expression du frottement des pistons dans les cuves.

Si l'on récapitule les résultats trouvés ci-dessus en se rappelant que la surface des pistons est de 9.84 mètres carrés, et en admettant une vitesse comprise entre 0.886 et 0.8875, on trouve que la force appliquée à l'appareil pneumatique de l'Espérance est de 21.177 chevaux, répartis comme suit :

		(H) Colonne d'eau.	Chevaux.
(E)	Effet utile (23 %) 0.0454 × 0.92 =	0.041768	4.858
(F^t)	Pertes d'air . . 0.0454 × 0.08 =	0.003632	0.422
(F^u)	Résistance des clapets . . . =	0.1063	12.370
(F^m)	Frottement des pistons . . =	0.0303	2.527
(F)		0.1820	21.177 (1)

(1) Les résistances exprimées en chevaux-vapeur dérivent des colonnes d'eau ; elles se calculent au moyen de la formule $S.\,H.\,v.\,\dfrac{1000}{75}$ dans laquelle $S = 9.84$ mètres carrés est la surface de l'un des pistons, H la colonne d'eau correspondante prise dans l'avant-dernière colonne, v la vitesse par seconde, et 1000 le poids de l'eau.

L'appareil ventilateur étant mû par une machine de la force théorique de 33.66 (1), celle-ci transmet par conséquent 63 p. c., ou les 5/8 de sa puissance totale.

S'il devenait utile de déterminer la vitesse de l'air passant à travers les ouvertures des deux systèmes de clapets, on se servirait de la formule $v = \sqrt{2gh}$, dans laquelle h est la somme des colonnes motrices observées, l'une pendant que la machine fonctionnait en aspirant l'air extérieur, l'autre, pendant qu'elle extrayait l'air des travaux.

Dans cette circonstance, on a

$$v = 4{,}429 \sqrt{(0.063 + 0.0433)\,769} = 40.05 \text{ mètres.}$$

297. Modifications proposées pour diminuer la dépense de force de la machine pneumatique de l'Espérance.

M. Trasenster, attribuant avec raison à la mauvaise disposition des clapets la force énorme qu'ils absorbent en livrant passage à l'air, recherche les conditions dans lesquelles ils devraient se trouver pour que leur résistance fût réduite au minimum.

Après avoir prouvé que la vitesse de l'air, au passage des ouvertures, n'absorbe qu'une hauteur motrice peu considérable; que l'écartement des clapets, pendant l'écoulement du fluide, est la principale cause de résistance, il fait voir que l'air trouvera une issue suffisante pour son dégagement et ne prendra pas une trop grande vitesse absolue, si cet écartement des clapets, c'est-à-dire si

---

(1) Le diamètre du piston étant de 0.58 mètre, sa vitesse de 0.886, et la pression de la vapeur de 2 1/2 atmosphères, correspondant à une consommation de 120 kilog. de houille par heure, la force théorique du moteur est de 33.66 chevaux.

l'espace compris entre leur contour extérieur et la surface du piston, offre une section égale à celle de l'orifice de sortie; mais comme cette condition ne peut se réaliser en pratique, l'auteur du Mémoire propose d'attacher les clapets par leur petite base, modification fort simple au moyen de laquelle on obtiendra tous les bénéfices d'un grand écartement sans en avoir les inconvénients. Les clapets étant, en outre, convenablement équilibrés, l'auteur du Mémoire estime qu'au moyen de ces corrections on pourrait obtenir les résultats suivants :

COLONNE D'EAU. CHEVAUX.

Effet utile (65 %). . =	0.041768	4.858
Pertes d'air . . . . =	0.003632	0.422
Résistance des clapets . =	0.0054	0.63
Frottement des pistons. =	0.0150	1.763
	0.0658	7.673

La hauteur motrice correspondant à la résistance des clapets serait réduite à la moitié de ce qu'elle est actuellement, et comme l'effet des frottements des pistons est proportionnel à la différence maximum de la force élastique de l'air sur les deux faces de ces derniers, la hauteur indiquant l'effort serait aussi réduite de plus de la moitié.

La force théorique de la machine motrice ne serait plus que de $7.67 \times 8/5 = 12.27$ chevaux, ou seulement $1/3$ de la force qu'absorbe l'appareil actuel.

298. *Entretien des machines à pistons.*

L'entretien de ces appareils consiste à renouveler les cuirs des clapets, opération assez rare et qui, pour les pistons, se fait sans interrompre la marche de la machine; à rétablir les bourrelets, opération plus fréquente, mais très-prompte. Enfin, le conducteur de l'appareil adoucit les frottements des pistons en passant de temps à autre une brosse enduite de savon sur les parois intérieures des cuves; puis projette quelques seaux d'eau qui en opèrent la dissolution.

Les frais d'entretien pour le savon et le renouvellement du bourrage sont assez considérables. D'après les registres de la mine, ils s'élèvent annuellement à une somme de fr. 916-15, répartie comme suit :

6 dos de cuir pour bourrelets, à fr. 26 » fr. 156 »
56 kilog. de crins. . . . . » 3 » » 108 »
56 kilog. de tresses . . . . » 1 40 » 50 40
85 tonneaux de savon noir . . » 7 25 » 601 75

                                                   fr. 916 15

299. *Machine pneumatique à cloches plongeantes*
(Fig. 1, 2, 3 et 4 pl. XX.)

Ce ventilateur a été établi à la mine de Marihaye, à Seraing, près de Liége, d'après les indications données, dans son *Cours d'exploitation*, par M. l'inspecteur-général de Vaux. Cet appareil consiste en deux cloches cylindriques en tôle *A, A* de 3.66 mètres de diamètre intérieur (1) et 2.60 mètres de hauteur, se mouvant librement dans une masse d'eau que contiennent des espaces annulaires ou cuves formées par deux cylindres concentriques *B B'* de 3.51 mètres et de 3.81 mètres de diamètre. Les

---

(1) La surface de la section intérieure de l'une des cloches étant de 10.525 M², la course du piston d'environ 1.90 mètre, le cylindre engendré sera de 40 m³. Si l'on suppose douze pulsations par minute, on aura une capacité théorique de $\frac{12}{60} \times 40 = 8$ M³ par seconde.

cloches et les cylindres intérieurs des cuves sont recouverts, à leur surface supérieure, de diaphragmes en tôle,
percés de seize ouvertures, dont huit grandes et huit de
moindres dimensions. Les premières sont des trapèzes dont
la grande base est un arc de cercle ; les seconds affectent des
figures semblables, mais entièrement rectilignes. Les clapets c' c' et c'' c'' sont également des trapèzes en tôle
(fig. 3 et 4) attachés par leurs petites bases et équilibrés
par des contrepoids p, p. Les cloches, pendant leur mouvement alternatif, sont guidées verticalement par quatre
planches coulant sur quatre autres planches fixes et en-
duites de savon.

Ainsi, dans cet appareil, on a cherché à réunir les
avantages du ventilateur du Hartz à ceux qu'il était permis
d'attendre de clapets équilibrés par des contrepoids, clapets
en usage autrefois pour la machine pneumatique de Grisoeuil.

Une galerie réunit les deux cuves et les met en communication avec le puits de sortie de l'air. L'orifice de ce
dernier est fermé au moyen de l'*obturateur hydraulique*
de M. de Vaux. Ce petit appareil, destiné à remplacer
les cloisons fixes établies ordinairement dans les cheminées
d'appel, consiste (fig. 5, pl. XX) en une cloche métallique e dont les parois peu élevées plongent dans un vase
annulaire f rempli d'eau. Il intercepte tout passage entre
l'atmosphère et l'air intérieur, et n'offre cependant qu'une
faible résistance aux chocs résultant d'une explosion. M. de
Vaux espère, dans ce cas, que la cloche, immédiatement
déplacée, livrera passage aux gaz et soustraira ainsi l'appareil ventilateur aux chances de destruction (1).

_____

(1) Cet ingénieur croit aussi pouvoir prévenir, par ce moyen, les
inconvénients résultant d'une interruption dans la marche du ventilateur. Pour cela, il attache à l'obturateur une chaîne d d terminée

Quant au moteur, la manière dont il produit le mouvement alternatif (1) est une imitation de la machine à pistons de la mine dite Grande-Veine du Bois de St.-Ghislain (Couchant de Mons).

Voici l'indication des divers organes de ce moteur :

C, cylindre à vapeur.

b, boîte d'admission de la vapeur; le tiroir régulateur qu'elle renferme se meut à la main à l'aide du levier m.

c, boîte de distribution de la vapeur. Elle contient également un tiroir auquel la machine imprime elle-même un mouvement de va-et-vient horizontal, au moyen des taquets t,t qui, à chaque extrémité de la course du piston, viennent heurter le prolongement du levier m^1. C'est en manœuvrant ce dernier que le machiniste ouvre et referme le tiroir à la main.

a, tuyau adducteur de la vapeur.

T, tuyau destiné à conduire dans le réservoir R la vapeur qui a fonctionné; elle réchauffe l'eau d'alimentation et s'échappe par la cheminée T^1.

B, petit levier aux extrémités duquel sont attachées la pompe à eau froide p et celle d'alimentation p^1; celle-ci a pour fonction de refouler l'eau du réservoir dans les chaudières par le tuyau w; la première verse son eau au moyen du tuyau g.

par un contrepoids p destiné à faire équilibre au poids de la cloche à l'air libre; celle-ci, est soulevée, en cas d'arrêt de la machine, par le choc du courant d'air, qui dès lors, trouvant une issue, se dissipe dans l'atmosphère. Dès que le ventilateur recommence à fonctionner, le courant d'air reprend sa direction anormale et l'obturateur, n'étant plus sollicité à se soulever, reprend sa place dans le liquide du vase annulaire.

(1) Cette disposition est due à M. Deschamps, anciennement ingénieur-mécanicien des ateliers de construction du Grand-Hornu, près de Mons.

Le mouvement est communiqué au levier par l'intermédiaire d'une pièce triangulaire u et d'un levier mobile h,
que porte l'un des guides du piston.

D, chaînes à la Vaucanson, destinées à lier les cuves
et la tige du piston.

S, poulies pour changer le mouvement.

Q (fig. 3), manomètre indiquant à chaque instant la
pression intérieure.

Les expériences de M. Glépin sur cet appareil ont donné
les résultats suivants :

Volume d'air aspiré par seconde. . . 5.428 m. cub.
Hauteur génératrice de l'écoulement de
  l'air mesurée par une colonne moyenne
  d'eau de . . . . 0.054125 mèt.
Poids du mètre cube d'air saturé de vapeur à la température extérieure (5°.5)
  et sous une pression barométrique de
  0.7654 mètre . . . . 1.277 kilog.
Hauteur motrice exprimée en colonne d'air 26.72 mètres.

Le travail utile de la machine était donc, le jour de
l'observation, de 5.428 × 1.277 × 26.72 = 185.21 KM.
= 2.47 chevaux. ·

La force théorique du moteur étant de 9.3 chevaux,
dont les deux tiers, à ce que pense M. Glépin, peuvent
être considérés comme transmis à l'appareil, il résulte
de ces données que la machine pneumatique de Marihaye
réalise un effet utile de 0.396.

Il est très-probable que l'expérimentateur n'a pu obtenir
le volume total d'air aspiré par l'appareil, parce qu'il
n'existe pas de lieu où l'air sortant soit entièrement réuni,
et qui, par conséquent, soit propre à en opérer le jaugeage.

300. *Autre mode d'expérimentation appliqué à l'appareil à cuves.*

Les principales expériences destinées à déterminer l'effet utile de cette machine ont donné pour résultats :

COUPS DOUBLES PAR MINUTE.	MANOMÈTRE DU TAMPON. DÉPRESSION MOYENNE.	MANOMÈTRE DES CLOCHES.	
		ASPIRATION.	COMPRESSION.
10	0.0356	»	»
9.5	0.0345	»	»
4.75	0.0066	0.011	0.004

Ces expériences servent à constater un effet utile d'autant plus petit que la vitesse de la machine est moins considérable. Les deux suivantes, dont l'une a eu lieu pendant que l'appareil extrayait l'air de la mine, et la seconde en donnant à l'air extérieur un libre accès sous les cuves, serviront à déterminer l'effet utile et la hauteur motrice absorbée par la résistance des clapets.

COUPS DOUBLES PAR MINUTE.	MANOMÈTRE DU TAMPON. DÉPRESSION MOYENNE.	MANOMÈTRE DES CLOCHES.	
		ASPIRATION.	COMPRESSION.
11	0.0443	0.0675	0.01015
10.25	»	0.023	0.0094

On doit observer, comme vérification, que si, au terme 0.0443 indiqué par les manomètres des tampons, qui exprime l'effet utile ou l'effort nécessaire pour faire circuler l'air dans la mine, on ajoute 0.023, ou la hauteur perdue, en soulevant les clapets des cuves, on trouve 0.0673, valeur fort rapprochée de 0.0675, résultat de l'expérience directe. On obtient donc de ces expériences :

Effet utile 0.0443

Hauteur correspondante au soulèvement
des clapets des cuves 0.023

Idem des cloches 0.01015
                                 ─────────
Résistance totale des clapets 0.03315

La disposition des localités n'ayant pas permis à l'expérimentateur de trouver un lieu convenable pour jauger le courant d'air après le point de réunion des diverses branches qui ont circulé dans les travaux, il n'a pu déterminer directement les pertes d'air ; mais comme elles doivent être moindres que celles de la machine de l'Espérance, on ne se placera pas dans des conditions trop favorables si on les suppose, comme précédemment, de 0.08 du volume théorique.

Le calcul du frottement des chaines et des poulies de renvoi dérive des éléments suivants :

Distance de l'axe de la poulie à celui
de la chaine . . . . 0.63 **M**

Rayon des tourillons des poulies . 0.038

Poids d'une cloche   1665 kilog. ⎫
 — d'une poulie   250   »   ⎬ 2075 kilog.
 — d'une chaine   160   »   ⎭

Dépression observée sous l'une des
cloches 0.0675

Compression sous l'autre cloche . . 0.01015

Vitesse du piston 0.65

Coefficient de frottement du fer sur le cuivre. 0.07

Si l'on combine ces données à l'aide des formules connues de la mécanique, on trouve :

Pour la somme du travail absorbé par les frottements du tourillon de la cloche ascendante . 10.26 k. m.

Par ceux de la cloche descendante 7.03 »

Quant au frottement des chaînes, le rayon du trou des maillons étant de 0.015, et le coefficient du fer sur le fer mouillé de 4/5°, on trouve, pour le travail perdu, d'un côté, . . 15.33 »

et de l'autre . . . . . 10.15 »

Total . 42.77 »

ou 0.57 cheval-vapeur, équivalant à la pression d'une colonne d'eau de 0.006 mètre sur l'une des cloches.

Enfin, l'expérimentateur, appréciant l'intensité de la résistance qu'éprouvent les cloches de la part du liquide dans lequel elles plongent, trouve cette résistance équivalente à la pression d'une colonne d'eau de 0.004 mètre, agissant sur la surface de l'une d'elles, et le travail absorbé d'environ 1/12° de cheval. Réunissant les diverses expressions du travail dépensé pour le mouvement de l'appareil, on obtient :

	COLONNES D'EAU.	CHEVAUX.
(E), effet utile (48 °/₀) .	0.040756	5.711
(F'), pertes d'air (0.08) .	0.003544	0.323
(F''), résistance des clapets .	0.003515	3.037
(F'''), frottement des tourillons.	0.006	0.570
(F^{iv}), résistance de l'eau . .	0.001	0.083
(F)	0.08445	7.724

La force en chevaux a été calculée en prenant pour surface de la section horizontale des cuves 10.525 mètres carrés et 0.65 mètre pour leur vitesse moyenne.

Le piston de la machine motrice ayant une surface de
506 centimètres carrés et une vitesse de 0.65 mètre, la
pression effective de la vapeur étant de 2.5 atmosphères,
la force théorique du moteur est de 11.5 chevaux-vapeur;
dont 68 pour cent sont, par conséquent, appliqués à
l'appareil pneumatique.

301. *Détails défectueux signalés dans la machine de Marihaye.*

Quoique l'effet des contre-poids des clapets soit évidemment de diminuer d'une manière notable la vitesse perdue
telle qu'on l'a observée dans la machine de l'Espérance,
la hauteur motrice n'en est pas moins encore de 0.01015
pour les clapets des cloches et de 0.023 pour ceux des
cuves. Cette résistance, encore très-considérable, doit être en
grande partie attribuée à ce que l'action des contre-poids
n'est pas constante, mais qu'elle va en augmentant jusqu'à
ce que le levier devienne horizontal, pour diminuer ensuite rapidement; en sorte que les clapets s'ouvrent d'abord
vivement, en se portant à toute la hauteur que les contre-
poids leur permettent d'atteindre, puis retombent et oscillent
autour de la position horizontale du levier jusqu'à la fin du
mouvement. Dans cette position, ils exercent une influence
nuisible due à leur faible écartement, puisqu'alors celui-ci
n'est que de 0.055 pour les grands clapets et de 0.06 pour
les petits; tandis qu'il devrait être respectivement de 0.22
et de 0.15, si l'air devait s'échapper avec le minimum de
hauteur perdue. On observe, en outre, qu'une autre partie
de la force est absorbée par les frottements des leviers
sur leurs supports, qui eux-mêmes, n'étant pas assez
élevés, permettent aux contre-poids des clapets intérieurs
de venir heurter les clapets placés vers la circonférence.

Dans le but de remédier à ces vices de construction,
M. Trasenster propose de fixer les supports sur les charnières des clapets, de disposer les leviers de manière à
rendre à peu près constante l'action des contre-poids et,
enfin, de diminuer les frottements de l'axe de suspension
par l'adoption d'une forme plus convenable. Ces modifications, qui se rapportent aux clapets des cloches, seraient
insuffisantes pour ceux des cuves placés hors de la vue du
machiniste, et qui sont d'ailleurs trop exposés à se charger
de crasse et d'humidité. Dans ce cas, comme les pertes
que produit l'espace nuisible sont insignifiantes, l'auteur
propose d'augmenter la hauteur des cuves, afin d'appliquer les clapets *aux parois verticales d'un prisme régulier à bases concentriques au cylindre intérieur*, ou
plutôt aux arêtes d'un tronc en pyramide placé de la
même manière. Dans le premier cas, les charnières
seraient verticales et les clapets devraient être ramenés
par de légers contre-poids; dans le second, le poids des
clapets tendrait à les tenir fermés.

Il pense qu'un appareil modifié de la sorte n'exigerait,
outre le frottement des parties solides, qu'un travail
de 4.5 chevaux.

	COLONNE D'EAU.	CHEVAUX.
Effet utile (82 p. c.) .	0.040756	5.711
Pertes d'air . . .	0.003544	0.325
Résistance des clapets .	0.005	0.455
	0.0495	4.489

ce qui supposerait une force théorique de 7.2 chevaux.

300. *Autre modification applicable aux cuves plongeantes.*

Dans les machines à mouvement alternatif, la fin de

chaque excursion descendante est suivie d'un temps d'arrêt bien prononcé, dérivant de ce que les cloches ne peuvent se remplir d'air, sans que préalablement les clapets de sortie ne se soient fermés et que la dilatation de l'air ait provoqué l'ouverture de ceux d'entrée. Pendant cette discontinuité d'aspiration, l'air du puits, continuant son mouvement, heurte le dessous des cylindres et éprouve un refoulement qui occasionne des pertes de force vive, et contraint à remplacer l'obturateur par une cloison fixe. M. de Vaux, pour remédier à cet inconvénient, propose (fig. 5, pl. XX) de ne plus composer l'appareil de deux cloches, mais de trois au moins ; de les installer sur la galerie d'aérage $b\,b'$, communiquant avec le puits d'appel A ; de les disposer de telle façon qu'elles arrivent successivement à la fin de leur course, et que l'une d'elles, au moins, soit en pleine fonction pendant que les clapets des deux autres s'ouvrent et se ferment. On peut leur imprimer ce mouvement de va-et-vient au moyen de manivelles coudées formant un polygone v dont l'arbre moteur occupe le centre (1).

303. Théorie des appareils à force centrifuge.

Si l'on suppose un vase cylindrique (fig. 10, pl. XXI), mû circulairement autour de son axe vertical $A\,B$, le liquide qu'il contient, entraîné par les frottements, se relèvera vers les bords en offrant pour surface un paraboloïde de révolution.

Si w exprime la vitesse des points situés à l'unité de distance de l'axe, ou la vitesse angulaire, r le rayon intérieur

(1) *Annales des Travaux publics de Belgique*, t. VIII, p. 375.

du vase et h la hauteur CD à laquelle le liquide s'élève au-
dessus du plan MN passant par A, point de contact du
plan et du paraboloïde, on aura pour la hauteur génératrice :

$$h = \frac{w^2 \, r^2}{2 \, g} \; ; \text{ et } 2 \, gh = w^2 \, r^2 \; (\, 1 \,).$$

Tous les points de la circonférence MN seront donc
pressés par une hauteur de liquide $h = ND$, et, s'il s'y
trouve une ouverture, le liquide s'échappera avec une
vitesse relative $(\, 2\,)$ $u = \sqrt{2 \, gh} = w\,r$.

Il faut supposer, dans ce cas, que le vase tourne dans
le vide et que, par conséquent, le liquide, en s'écoulant, n'ait à vaincre aucune résistance extérieure. Mais
s'il plonge dans un fluide de même densité que celui du
vase, d'une quantité telle qu'il se trouve au-dessus de
l'orifice de sortie une hauteur $KN = H$, la vitesse
d'écoulement sera diminuée et deviendra

$$u = \sqrt{2 \, g \, (h - H)} = \sqrt{w^2 \, r^2 - 2 \, g \, H}.$$

Le liquide peut encore ne pas s'échapper librement par
l'orifice, mais devoir traverser des canaux dans lesquels
il éprouvera des résistances, des chocs, des contractions
et autres perturbations. En appelant h' la somme de ces
résistances, et, par conséquent, la pression nécessaire pour
les vaincre, l'expression de la vitesse ci-dessus devra encore
être diminuée de $2 \, g \, h'$; elle sera :

$$u = \sqrt{2 \, g \, (h - H - h')}$$
$$\text{ou } u^2 = w^2 \, r^2 - 2 \, g \, H - 2 \, g \, h'.$$

$(\, 1\,)$ On a déjà vu (256) que $w = \sqrt{2 \, gh}$, d'où $h = \frac{w^2}{2 \, g}$.

$(\, 2\,)$ La vitesse *relative* est celle que prend un fluide dans les
canaux de conduite ; la vitesse *absolue, d'écoulement, de sortie*, ou
la vitesse *perdue*, est la résultante de la vitesse du fluide dans les
canaux et de celle de la circonférence extérieure des appareils.

On verra tout-à-l'heure que les trois premiers termes étant toujours donnés par l'expérience, il est permis de déterminer la valeur de h' par la relation :

$$h' = \frac{w^2 \, r^2 - u^2}{2 \, g} - H. \ (a)$$

Lorsque le liquide sort du vase, il a acquis, aux dépens de la force motrice, une vitesse dont on doit également tenir compte. Soit v cette vitesse absolue; elle aura, suivant la position des canaux de sortie, l'une des trois valeurs suivantes :

Si le canal de sortie est dans la direction du rayon, le liquide, qui se meut avec une vitesse u, et qui, en outre, participe au mouvement w de la circonférence de l'appareil, sortira avec une vitesse absolue exprimée par la résultante des deux vitesses :

$$v = \sqrt{w^2 \, r^2 + u^2},$$

dont la hauteur motrice est :

$$h'' = \frac{w^2 \, r^2 + u^2}{2 \, g} \cdot (b)$$

Si les conduits d'émission sont dirigés suivant une tangente à la circonférence du vase et en sens inverse du mouvement de rotation, la vitesse de l'écoulement deviendra :

$$v = wr - u$$

$$\text{et } h'' = \frac{(wr - u)^2}{2 \, g} \ ; \ (b)$$

Enfin, désignant par a l'angle que forme l'axe des canaux d'écoulement avec la tangente à la circonférence du côté opposé au mouvement de rotation, on aura :

$$v = \sqrt{w^2 \, r^2 + u' - 2 \, u \, w \, r. \cos a}$$

$$h'' = \frac{w^2 \, r^2 + u^2 - 2 \, u \, w \, r. \cos a}{2 \, g} \cdot (b'')$$

304. *Application du principe précédent aux ventilateurs à force centrifuge.*

Les ventilateurs de cette espèce sont composés d'ailes planes ou courbes, formant des canaux mobiles auxquels on imprime un mouvement circulaire. Les particules d'air comprises dans ces canaux acquièrent une vitesse d'autant plus grande qu'ils se trouvent dans une position plus rapprochée de la circonférence. Si, en commençant, on suppose que la vitesse de rotation soit faible, l'excès de pression atmosphérique empêchera l'air de sortir de l'appareil ; alors on peut considérer les orifices de sortie comme fermés, et l'air, en vertu de la force centrifuge qui lui est imprimée, est soumis à une pression tendant à s'accroître du centre à la circonférence. Mais la vitesse du mouvement augmente et devient assez grande pour que la pression de l'air à la circonférence soit un peu supérieure à la pression atmosphérique ; si l'on suppose que les orifices de sortie s'ouvrent en ce moment, l'air sortira de l'appareil avec une vitesse mesurée par la différence des deux pressions, et, si le mouvement circulaire persévère, il en résultera un courant continu.

Dans ces circonstances, l'air, à l'orifice des canaux, est plus raréfié qu'au centre de l'appareil, où la densité est la même qu'à la partie supérieure du puits de sortie ; il se forme donc, dans les conduites, une espèce de vide relatif, immédiatement rempli par l'air de la mine, et la pression s'accroit en allant du centre à la circonférence, où elle est à son maximum ; c'est-à-dire, qu'elle dépasse la pression atmosphérique ambiante de la quantité strictement nécessaire pour rejeter dans cette dernière l'air puisé dans la mine.

On voit de suite l'analogie qui existe entre les circonstances relatives aux ventilateurs à force centrifuge, et celles du principe trouvé par M. Trasenster. En effet, la dépression du liquide que contient le vase est l'expression de la dilatation de l'air à l'origine des canaux mobiles ; le liquide s'élève à une hauteur h, résultat de la rotation du vase sur son axe, de même que l'air, en vertu de la vitesse de la circonférence, se comprime peu à peu en marchant du centre à la circonférence. Le liquide que l'on suppose se renouveler constamment sort par un orifice, mais il rencontre deux résistances : l'une H, due au liquide dans lequel plonge le vase, représentant l'excès de pression de l'air atmosphérique sur l'air de la mine ; l'autre h', occasionnée par les frottements et les chocs des deux fluides dans les conduits des appareils. Enfin, lorsque l'air de la mine s'échappe avec une certaine vitesse perdue, il ne peut le faire qu'à la manière des liquides et suivant l'un des trois modes $(b)(b')(b'')$ indiqués ci-dessus. La seule différence consiste en ce que l'on assimile l'air aux fluides incompressibles ; mais on ne s'écarte guère de la vérité en raison des minimes différences de pression que produisent les machines ventilantes.

Pour appliquer cette théorie, on observera que les trois termes u, w et H sont toujours donnés par l'expérience. u, ou la vitesse avec laquelle l'air se meut dans les canaux de conduite, est le quotient de la division du volume d'air aspiré dans un temps donné par la section des orifices de sortie. w est la vitesse de l'appareil prise à l'extrémité des ailes, et H, exprimé en colonne d'air, représente la hauteur KN, c'est-à-dire la dépression produite par le ventilateur et mesurée par le manomètre. Ces trois valeurs étant connues, on calculera facilement par la formule (a) la valeur de h', représentant les résistances éprouvées par l'air en mouvement dans l'intérieur de l'appareil. Quant à h'', expression de la hauteur correspondant à la vitesse perdue, on choisira l'une des trois formules (b), (b') et (b''), d'après la position des canaux de sortie relativement au rayon. L'effet utile du ventilateur étant proportionnel à H, et la force totale employée à produire le mouvement (non compris le frottement de l'air sur les disques tournants et celui des pièces mécaniques) à $H + h' + h''$, le rapport de ces deux quantités sera :

$$E = \frac{H}{H + h' + h''}; \; (c).$$

305. *Ventilateur à ailes courbes de M. Combes.*

L'appareil à force centrifuge proposé par M. Combes, dans son *Traité d'Aérage*, a été essayé sur le puits n°. 5 du Grand-Hornu ; il a subi depuis 1841, époque de sa construction primitive, plusieurs modifications qui l'ont rendu tel qu'il est représenté par les figures 1 et 2 de la planche **XXI**. Ce ventilateur est composé de trois ailes a,a, ou cloisons verticales courbées cylindriquement, en tôle mince, comprises entre un disque horizontal bb et une couronne annulaire cc évidée à l'intérieur. Le disque placé à la partie supérieure est formé de six rayons en fer forgé, recouverts en dessus et en dessous de plaques en tôle. Les ailes forment un angle de 6°.59 avec les tangentes à la circonférence intérieure, et sont elles-mêmes tangentes à cette circonférence. Les rayons Cd, Ce sont respectivement de 0.68 mètre et de 0.85 mètre. La section des canaux mobiles, c'est-à-dire l'intervalle compris entre deux ailes consécutives, dans lesquels l'air se meut, est de 0.0565 mètre carré; leur hauteur, à l'entrée, est de 0.34 mètre et, à la sortie, de 0.555 mètre.

Au-dessous de la couronne placée à la partie inférieure se trouve ajusté un cylindre vertical gg, qui tourne avec l'appareil en plongeant dans l'eau que contient une gouttière circulaire $E\,E$ en fonte de fer. On donne à cette dernière une profondeur assez grande pour empêcher l'eau, soumise à une pression moindre à l'intérieur qu'à l'extérieur, de se déverser dans le puits par-dessus les bords de la gouttière. L'arbre vertical C, implanté au centre de l'appareil et sur lequel se fait le mouvement de rotation est supporté, à son extrémité inférieure, par un sommier en fer $H\,H'$, tandis que l'extrémité supérieure est maintenue par un coussinet en cuivre placé au centre d'une pièce $J\,J'$ disposée en forme de croix ; celle-ci est supportée par quatre colonnes K, K, invariablement fixées par des boulons. Une poulie à gorge L reçoit une courroie qui, embrassant une roue d'un plus grand diamètre, détermine un mouvement rapide dont l'origine est une machine à vapeur à haute pression. L'appareil et la plate-forme en charpente sur laquelle il repose ont été installés à l'orifice d'un puits circulaire dont on a rétréci progressivement la section.

Il est facile de se rendre compte des effets produits par ce ventilateur, si l'on considère que son mouvement rotatif ayant lieu en sens inverse de la direction des canaux mobiles, l'air cède à la pression des cloisons, glisse sur leur surface convexe et se dirige vers l'orifice de sortie. Ce déplacement de l'air produit, en le raréfiant, un vide relatif immédiatement rempli par l'air du puits d'appel sollicité à affluer à travers l'ouverture ménagée au milieu de la couronne inférieure ; celui-ci, à son tour entraîné dans les canaux, s'échappe au dehors. Tous ces actes, se succédant avec rapidité, déterminent un courant continu.

M. Glépin s'étant aperçu que l'eau contenue dans la gouttière, agitée constamment par le cylindre $g\,g$, était entraînée dans le ventilateur, d'où elle s'écoulait à l'extérieur en traversant les canaux mobiles ; observant, en outre, que cette circonstance troublait la marche du courant d'air et forçait à alimenter constamment de liquide le vase annulaire, a cherché les moyens de soustraire l'appareil à ce grave inconvénient. Il a imaginé, dans ce but, de le disposer de la même manière que le ventilateur à ailes planes de M. Letoret, dont il sera fait mention plus loin, en plaçant à égale distance du mur d'enceinte et sur un arbre horizontal un disque auquel il adosse deux ventilateurs partiels semblables au ventilateur objet de la figure. Mais il paraît que cette disposition, convenable pour éviter les injections d'eau dans l'appareil, n'en a pas augmenté sensiblement l'effet utile, ainsi que le dit l'auteur lui-même à l'occasion du ventilateur de ce genre établi sur le puits n°. 2 de la mine de Sauwartan (1).

306. *Application des formules qui précèdent au ventilateur de M. Combes.*

Données expérimentales (2).

Nos. DES EXPÉRIENCES.	1re.	2e.	3e.	4e.	5e.
1. Températre. extérieure.	16°	21°.5	21°.5	15°	15°
2. Pression atmosphériq. extérieure	0.7543	0.7561	0.7561	0.7572	0.7606
3. Poids de l'air à la température et à la pression qui précèdent .	1.208	1.185	1.185	1.217	1.230
4. Volume aspiré par seconde	2.413	2.552	2.851	3.694	4.567
5. Hautr. utile H ; en eau.	0.031	0.03	0.0.37875	0.013	0.02085
Idem en air .	25.64	25.27	31.9	10.669	17.035
6. Nombre de révolutions par minute. . . .	467	491	542	413	511

(1) *Bulletin du Musée de l'Industrie*, année 1843, p. 306.
(2) Ces valeurs sont les résultats d'expériences faites par M. Glépin,

M. Glépin, en calculant par la méthode ordinaire,
trouve que le ventilateur utilise, dans les trois premières
expériences, de 36 à 39 °/₀ du travail moteur transmis
à son axe, mesuré au moyen du frein dynamométrique
de M. Prony. Dans la cinquième, 0.27, et, dans deux
autres observations, seulement 0.25 et 0.28 ; mais il est
très-probable, ainsi que le fait observer M. Trasenster,
que l'expérimentateur s'est trompé sur l'évaluation du travail moteur.

**Applications aux données expérimentales des formules contenues
dans les deux derniers paragraphes.**

Nᵒˢ. DES EXPÉRIENCES.	1ʳᵉ.	2ᵉ.	5ᵉ.	4ᵉ.	5ᵉ.
1. Vitesse de l'extrémité des ailes (wr). . .	41.565	43.69	48.235	36.74	43.475
2. Vitesse relative (u). .	11.236	14.94	16.82	21.8	26.9
3. Vitesse absolue ($wr-u$).	27.329	28.75	31.415	14.94	18.575
4. Hauteur utile H en eau.	0.031	0.03	0.038	0.013	0.021
Idem en air .	25.64	25.27	31.9	10.669	17.035
5. Hauteur perdue h' en eau	0.043	0.0355	0.061	0.028	0.042
Idem en air.	52.25	65.79	72.50	33.95	51.48
6. Hauteur perdue h'' en eau	0.046	0.059	0059	0.014	0.021
Idem en air.	58.0	42.12	50.27	11.55	17.4
7. $H + h' + h''$ . . .	115.87	133.18	154.47	55.95	85.92
8. Effet utile en kil. . .	74.803	75.960	108.052	48.022	95.22
9. Effet en chevaux-vapʳ.	1.00	1.01	1.44	0.64	1.27
10. Rapport de l'effet utile (E)	0.221	0.197	0 206	0.19	0.20

et rapportées dans le *Bulletin du Musée de l'Industrie*, année 1845,
p. 86, 87, 297 et 298.

La valeur réelle de u est le résultat de la division du volume d'air aspiré par la somme des sections des trois canaux, ou par 0.1695 M^3. $wr - u$ est la formule qui s'applique à la vitesse absolue, la section de l'orifice d'écoulement étant dirigée suivant la tangente et en sens inverse du mouvement de rotation.

L'effet utile exprimé en chevaux s'obtient en prenant le produit du poids de l'air aspiré en une seconde, par la hauteur motrice H et en le divisant par 75 kilogrammètres. Par exemple, la première colonne donne :

$$\frac{2.413 \times 1.208 \times 25.64}{75} = 0.996 \text{ chevaux.}$$

OBSERVATIONS. M. Combes se proposait, par la courbure des ailes, de réduire la vitesse de sortie au minimum. Malheureusement ce but n'a pas été atteint, car, pour des dépressions mesurées entre 0.031 et 0.038 mètre d'eau, on observe des vitesses ($wr - u$) de 27 à 31 mètres, correspondantes à des hauteurs perdues de 38 à 50.27 mètres; d'où l'on peut conclure que la vitesse de l'air sortant absorbe un travail moteur supérieur à 1.5 de fois le travail utile.

Lorsque, comme dans les deux dernières expériences, la dépression décroit, la hauteur perdue correspondante à la vitesse de l'air sortant n'est plus qu'un peu supérieure au travail utile, d'où l'on peut supposer que, pour des dépressions et des volumes considérables, cette perte serait énorme.

Si l'on compare, dans les divers résultats ci-dessus, les valeurs de H et de h', on verra que les résistances provenant des frottements et des chocs de l'air dans les canaux absorbent une partie du travail moteur deux ou trois fois aussi considérable que l'effet utile, suivant la hauteur plus ou

moins grande des colonnes manométriques. Cette difficulté
de la circulation de l'air à l'intérieur doit être attribuée à la
contraction du courant, obligé de traverser des canaux
d'une très-faible section (0.169 mètre), et à l'infériorité,
si sensible, de la vitesse de l'air dans les canaux, relativement à la vitesse de rotation ; en sorte que la différence
de celles-ci annule l'avantage résultant de leur opposition
naturelle. Peut-être une plus grande hauteur des ailes pla-
cerait-elle ce ventilateur dans des conditions un peu plus
avantageuses.

Enfin, on peut déduire des trois dernières lignes du
tableau relatives à l'effet utile des cinq expériences, et où
tous les résultats sont concordants, que celui-ci n'est que
0.20 de la force motrice appliquée au mouvement de l'air,
abstraction faite des résistances passives. Si, pour se mettre
dans les suppositions les plus favorables, on accorde seulement 5 p. c. pour les frottements des parties solides de
l'appareil, les frottements de l'air extérieur sur les disques,
la raideur des courroies, etc., etc., l'effet utile se trouvera
réduit, au maximum, à 15 p. c. de la force transmise par
la machine motrice.

307. *Ventilateur à ailes planes de M. Letoret.*

Les ventilateurs de ce système sont connus depuits fort
longtemps en Allemagne et en Belgique, où on les emploie pour l'aérage de tailles et de bouts de galeries dans
lesquelles le courant d'air se refuse à pénétrer. Ils sont
alors rarement appelés à agir par aspiration, mais bien
plutôt par compression, ainsi qu'on le verra dans l'une
des sections suivantes. M. Letoret est le premier qui a
eu l'idée de les appliquer à la ventilation générale d'une

mine de quelque importance ; c'est à lui que l'on doit la nouvelle disposition indiquée dans les figures 5 et 6 de la planche **XXI**.

Le ventilateur de Sainte-Victoire, pris ici comme exemple, est composé de quatre ailes *k, k*, ou palettes rectangulaires en tôle de 0.002 mètre d'épaisseur, rivées sur des montants *n, n* en fer forgé ; ceux-ci se réunissent, par articulation *o, o*, à des bras *m, m* fixés à angle droit sur un arbre horizontal *P P'* ; les articulations servent à faire varier l'inclinaison des ailes sur la direction du mouvement de rotation. Lorsque, par tàtonnement, on a trouvé la position correspondante au maximum d'effet utile (si toutefois cette inclinaison exerce quelque influence), on la rend invariable à l'aide de demi-cercles fixés aux bras de l'appareil par l'une de leurs extrémités, tandis que l'autre, percée de trous, traverse les montants et la palette ; on assujettit le demi-cercle au moyen de goupilles introduites dans les trous.

Le ventilateur est placé entre deux maçonneries creuses *S, S'* dont l'intérieur est en communication avec le puits de retour de l'air. Le courant, en sortant de ce dernier, se bifurque, vient traverser les ouies *T, T'* percées autour de l'axe de rotation et dont le diamètre est moindre que celui de l'appareil. Les parois intérieures des maçonneries offrent des surfaces planes et bien dressées, afin que les palettes puissent se mouvoir sans frottement. L'espace libre laissé entre les parois et les tranches des ailes varie entre 0.02 et 0.05 mètre. Sur l'arbre est fixée une poulie à gorge *U* recevant, par l'intermédiaire d'une courroie, le mouvement de rotation que lui communique le volant, d'un grand diamètre, fixé sur l'arbre de couche du moteur. Enfin, on place quelquefois au centre de l'appareil un diaphragme formé de deux cônes en tôle très-évasés et opposés par leurs bases, afin d'empêcher le choc des deux courants dirigés en sens opposés; mais l'auteur lui-même est encore fort indécis sur l'utilité de cet organe.—Parmi les nombreux ventilateurs de ce genre qui ont été construits en Belgique, les uns ont un diaphragme et d'autres en sont privés, sans qu'on ait pu constater jusqu'à présent la supériorité des premiers sur les seconds.

Les éléments suivants, recueillis par M. Jochams, ingénieur du 2°. district des mines belges, serviront à faire apprécier l'effet utile de ce genre d'appareil; ils ont pour objet le ventilateur établi au puits Sainte-Suzanne de la mine de Bayemont, près de Charleroi, et celui de la Grande-Veine-du-Bois-d'Epinois, à Élouges (Couchant de Mons).

DÉSIGNATION DES MINES.	EXPÉRIENCES.	ACTION DU VENTILATEUR.					EFFORT DU MOTEUR.			
		NOMBRE DE RÉVOLUTIONS de L'APPAREIL.	DÉPRESSIONS MANOMÉTRIQUES.	VOLUME D'AIR EXTRAIT.	EFFET UTILE en kilogr.	EFFET UTILE en chevaux.	NOMBRE DE RÉVOLUTIONS du VOLANT.	TENSION DE LA VAPEUR par CENTIMÈTRE CARRÉ.	FORCE APPLIQUÉE (1) CHEVAUX-VAPEUR.	RAPPORT DE L'EFFET UTILE à la FORCE DÉPENSÉE.
Bayemont	1	266	0.052	5.316	286.83	3.82	71	3.100	16.16	0.236
	(2)	229	0.054	12.585	421.09	5.61	61	2.686	10.76	0.521
	(3)	266	0.058	0.981	56.90	0.76	71	3.574	19.56	0.039
Sainte-Suzanne.	4	262	0.050	5.092	234.60	3.59	70	3.099	15.43	0.219
	5	262	0.050	6.922	346.10	4.61	70	3.357	17.55	0.263
Grande-Veine du Bois-d'Epinois.	(6)	120	0.014	4.428	61.95	0.83	50	2.066	5.10	0.267
	7	240	0.040	6.767	270.68	3.61	60	3.537	14.79	0.244
	(8)	228	0.051	3.615	184.36	2.46	57	3.357	14.05	0.175

(1) La force motrice dépensée a été calculée au moyen de la formule de M. Morin (*Aide-Mémoire*, page 207),

$$K \times n \times 2.222\, pv \left(1 + 2.303\, log. \frac{p}{p_1} - \frac{1.053}{p_1} \right),$$

dans laquelle n est le nombre de courses simples du piston; p, la

Les numéros d'ordre placés entre parenthèse désignent les expériences qui ont eu lieu sous l'influence de dispositions exceptionnelles. Ainsi, dans la seconde, la partie supérieure du puits d'appel ayant été mise en communication directe avec l'atmosphère, le ventilateur n'a plus éprouvé d'obstacle de la part des frottements de l'air dans les galeries. L'expérimentateur avait pour but d'observer comment l'appareil se comporterait dans la circonstance exceptionnelle d'un courant libre de ses mouvements et jusqu'où pourrait s'élever la dépression.

Dans la troisième, on a recherché la valeur de l'effet utile sous l'influence d'une forte dépression, déterminée par l'obturation presque entière de l'orifice du puits d'appel.

Pendant les quatre premières expériences, les travaux renfermaient une galerie sans issue et divisée en deux compartiments ; l'air montait d'abord dans l'un de ces compartiments, puis redescendait par l'autre, sur une longueur de 60 mètres. Plus tard, la régularisation des

---

tension de la vapeur ; p^t, la tension après la détente ; v le volume engendré par le piston pendant l'admission de la vapeur, et K un coefficient de réduction égal à 0.60.

Le coefficient adopté par M. Jochams (0.52) est une moyenne de celui que donne M. Claudel (0.58) et de celui de MM. Grouvelle et Jaunez (0.46), c'est-à-dire la combinaison d'une valeur assez récente avec une autre valeur déduite d'expériences faites à une époque où les ajustements et les dispositions des machines à vapeur laissaient beaucoup à désirer ; d'où résulte un coefficient peu en harmonie avec les moteurs que l'on construit actuellement en Belgique, ainsi que le prouvent plusieurs expériences, entre autres celles de M. Trasenster sur les machines de l'Espérance et de Marihaye. Cet ingénieur trouve 0.63, tandis que les calculs suivants ne donnent que 0.60, circonstance facilement explicable par la différence de puissance des appareils mis en parallèle.

travaux ayant eu pour résultat de supprimer le parcours descendant du courant, cette circonstance eut une influence fort avantageuse sur la ventilation, car, dans la cinquième expérience, le nombre des révolutions de l'appareil ayant été le même que dans la quatrième, la dépression fut également la même, et le volume d'air débité (6.922 M^3 au lieu de 5.092 M^3) augmenta de 1.83 mètre cube.

Le nombre de révolutions effectuées pendant la sixième expérience est trop petit pour permettre de le comparer aux autres.

Dans la huitième expérience, une cloison en bois obstruait la galerie qui réunit le ventilateur et le puits d'appel, en sorte que le courant ne pouvait se rendre dans l'appareil qu'en traversant les interstices existants entre la cloison et les parois de la galerie. Cette disposition a forcé la dépression à s'élever de 0.011 mètre, mais aux dépens du volume d'air, qui a été réduit de 55 pour cent.

Les moteurs sont des machines à vapeur à haute pression et sans condensation, de la force nominale de 12 chevaux; le cylindre de la machine de Bayemont a 0.30 mètre de diamètre; son piston une course de 0.60 mètre, pendant le quart de laquelle la vapeur agit par expansion. Le piston de la machine de la Grande-Veine a un diamètre de 0.31 mètre, sa course est de 0.61 mètre; la détente agit pendant les deux cinquièmes de cette dernière.

Si l'on supprime les expériences n°s. 2, 5, 6 et 8, qui, comme on le sait, ont eu lieu dans des conditions anormales, il semble que les ventilateurs à ailes planes puissent réaliser, en moyenne, 24 pour cent du travail du moteur.

308. *Application du calcul aux ventilateurs à ailes planes.*

On peut comparer les résultats précédents avec ceux que donne la méthode générale du calcul des ventilateurs à force centrifuge, dont voici les éléments :

Dimensions des ventilateurs.

	BAYEMONT.	GRANDE-VEINE.
Rayon du cercle décrit par l'extrémité des ailes . . . . M.	1.30	1.40
Largeur des palettes.	1.15	1.20
Hauteur	0.80	1.00
Inclinaison des ailes sur les bras.		
Section moyenne des canaux de circulation de l'air . . . . . . M²	1.15	1.296
Somme des sections des quatre orifices	4.60	5.184
Rapport du diamètre du volant à celui de la poulie	3.75 : 1	4 : 1

TABLEAU DE LA VALEUR NUMÉRIQUE DES FORCES DÉPENSÉES PAR LE VENTILATEUR DANS LES EXPÉRIENCES PRÉCÉDENTES.

EXPÉRIENCES.	VITESSES				HAUTEUR UTILE EN AIR.	RÉSISTANCES DE L'AIR		EFFORT TOTAL.	RAPPORT DE L'EFFET UTILE A L'EFFORT TOTAL.
	ANGULAIRES.	RELATIVES.	A LA CIRCONFÉRENCE.	ABSOLUES.		A L'INTÉRIEUR.	A LA SORTIE.		
	(w)	(u)	(wr)	$(wr-u)$	(H)	(h')	(h'')	$(H+h'+h'')$	(E)
1	27.83	0.60	56.203	55.60	59.99	26.82	66.83	153.66	0.39
(2)	25.98	1.54	51.174	29.83	26.13	25.51	49.64	99.10	0.26
(3)	27.83	0.10	56.203	56.10	44.60	22.23	66.83	153.66	0.33
4	27.43	0.55	55.639	53.11	58.43	26.58	64.87	129.70	0.39
5	27.45	0.73	55.639	54.91	58.43	26.57	64.89	129.71	0.39
(6)	12.56	0.42	17.584	17.16	10.76	4.99	15.77	31.53	0.34
7	25.12	0.63	53.168	54.52	50.76	32.30	63.10	126.17	0.24
(8)	23.87	0.33	55.418	55.07	59.22	17.74	56.96	113.92	0.34

Si l'on tient compte des résistances inhérentes au mouvement du ventilateur, telles que la vibration de ses divers organes, le frottement de l'axe sur les crapaudines, le choc des palettes contre l'air extérieur, la tension des courroies, etc., résistances fort grandes dans les appareils de ce genre, et que l'expérience et le calcul indiquent comme devant s'élever à un cinquième de la force théorique absorbée, on obtient une moyenne de 0.22 à 0.23 pour l'effet utile pratique du ventilateur, abstraction faite des expériences qui ont eu lieu dans des conditions anormales.

Le lecteur trouvera, dans le tableau suivant, les données expérimentales recueillies en diverses mines du Couchant de Mons par M. Cabany, ingénieur de l'Agrappe et de Grisoeuil. Ces éléments sont également suivis des résultats de l'application des mêmes calculs (1).

---

(1) Pour abréger, on n'a pas analysé les diverses causes de perte de force motrice, mais on a calculé directement et en bloc cette valeur, au moyen de la combinaison des deux relations :

$$h' = \frac{w^2 r^2 - u^2}{2g} - H; \; h'' = \frac{w^2 r^2 + u^2}{2g},$$

qui, par addition, donnent :

$$H + h' + h'' = 2\frac{w^2 r^2}{2g} = 2 \times 0.051. \, w^2 r^2 = 0.102. \, w^2 r^2.$$

| DÉSIGNATION DES MINES. | NOIRCHAIN. | ESCOUFFIAUX | | | S^{te}.-CARO-LINE. |
		PUITS N°. 1.	IDEM N°. 5.	IDEM N°. 7.	N°. 5.
Rayons des ventilateurs.	M^{tre}. 1.58	0.70	1.43	1.43	0.955
Nombre de révolutions.	200	400	164	184	280
Vitesse angulaire (w) .	20.93	41.86	17.16	19.26	29.30
Volume d'air aspiré . .	10.00 (1)	4.00	6.00	6.50	9.00
Hauteur utile en eau. .	0.03	0.04	0.035	0.035	0.028
Idem en air (H). . .	23.07	30.76	26.91	26.91	21.53
$H + h' + h''$. . . .	85.07	87.56	61.42	77.56	78.28
Frottements et autres résistances . . .	21.27	21.89	15.35	19.34	19.57
Effet utile (E) . . .	0.21	0.27	0.55	0.27	0.22

La moyenne du rapport de l'effet utile à la force dépensée étant ici d'environ 26 pour cent, il est permis de conclure, de l'ensemble des expériences, que les ventilateurs à ailes planes peuvent réaliser de 0.23 à 0.26 du travail développé par le moteur.

OBSERVATIONS. La valeur de u étant fort petite, et presque toujours inférieure à 1 mètre, la vitesse absolue $wr - u$ est à peu près la même que celle de l'extrémité des ailes. Ainsi, l'inclinaison donnée à ces dernières pour diminuer cette vitesse est une circonstance indifférente par elle-même, si toutefois elle n'est pas nuisible. L'expérience vient en cela confirmer le raisonnement, car on

_____

(1) La poudre étant l'agent dont on s'est ordinairement servi pour la mesure des vitesses, on peut craindre quelque exagération dans les volumes.

n'observe pas que la position plus ou moins inclinée des palettes ait aucune influence sur l'effet utile.

Les vitesses de sortie, un peu plus considérables que dans le ventilateur de M. Combes, absorbent des hauteurs motrices égales à une fois et demie et même deux fois le travail utile.

Les dépressions plus élevées influent nécessairement sur l'intensité des forces employées à vaincre les résistances de l'air dans les canaux, forces qui dès lors sont beaucoup moindres et ne s'élèvent, en moyenne, qu'à 75 pour cent du travail obtenu.

En somme, on peut employer ces moteurs de l'aérage, mais il faut le faire avec discernement, sans jamais mettre les travaux en désharmonie avec leur mode d'action ; car si la mine offre des obstacles trop grands, s'il faut donner à la colonne manométrique une hauteur exceptionnelle, afin de forcer le courant d'air à traverser des passages trop difficiles, le volume d'air s'amoindrissant suivant des progressions très-rapides, l'insuffisance de la ventilation peut se dénoter d'une manière fâcheuse.

On doit, dans ces appareils, proportionner la section des orifices latéraux, par lesquels l'air passe de la mine dans le ventilateur, à l'étendue des ailes. Lorsqu'elle est trop grande, il s'établit deux courants fort nuisibles : l'un près de l'axe formé de l'air provenant des travaux, l'autre à la circonférence et en sens inverse du premier. Les ventilateurs de l'Agrappe et de Sainte-Victoire présentaient cet inconvénient, auquel on a remédié en réduisant le diamètre des ouies de 1.60 mètre à 1.30 mètre. D'un autre côté, on ne doit pas les rétrécir outre mesure, car alors le courant, acquérant une grande vitesse, entraîne des pertes de force. C'est à cette circonstance qu'était dû le faible effet utile (12 pour cent de l'effort total) du ventilateur établi à la mine de Marcinelle, près de Charleroi, dans lequel l'air se mouvait à travers les ouvertures latérales avec une vitesse de 8 à 9 mètres.

M. Guibal, professeur d'exploitation à l'école des mines de Mons, a proposé d'envelopper les ventilateurs à palettes d'une paroi cylindrique percée d'un ou au plus de deux orifices destinés à l'écoulement du courant dans l'atmosphère. Quelques expériences ont été faites à ce sujet; mais les résultats n'en sont pas bien connus. Toutefois on ne peut se dissimuler l'influence de l'enveloppe sur l'effet utile, puisqu'elle tend à éviter les pertes dues aux rentrées d'air et aux résistances de l'atmosphère ambiante.

309. *Théorie des ventilateurs à mouvement de translation disséquant.*

Ces appareils coupent l'air par tranches continues et le font glisser sur les parois de leurs canaux avant de le projeter dans l'atmosphère; ils sont assimilés par M. Combes à un tuyau droit $A\,B\,C\,D$ (fig. 11, pl. XXI) ouvert à ses deux extrémités et auquel on imprime un mouvement de translation suivant une direction $x\,y$ au milieu d'un fluide aériforme quelconque. L'analogie sera complète si l'on suppose, en outre, que l'axe du tuyau forme, avec le plan de translation $x\,y$, un angle a; que les plans des orifices $A\,B$ et $C\,D$ soient plus ou moins obliques à cet axe et perpendiculaires à la direction du mouvement, en sorte que, si A indique l'aire de l'un de ces orifices, la section $o\,p$ normale à l'axe du tuyau sera exprimée par $A.\ cosinus\ a$; enfin, il faudra concevoir que l'air est constamment plus dense vers l'ouverture postérieure $C\,D$ qu'à l'orifice antérieur $A\,B$. Dans cette supposition, le tuyau, s'avançant de x en y, exerce, par sa paroi *B C*, une compression sur les molécules fluides qu'il rencontre sur son passage; cette compression s'accroît à mesure que l'on s'avance de *B* en *C*, en sorte que, dans l'état de mouvement, la densité de l'air est telle qu'en *C D* elle excède celle de l'espace *M*, qui n'est autre que l'atmosphère, tandis qu'en *A B* elle est moindre que la densité du fluide contenu dans la cavité *N*, correspondant avec le puits de retour.

Dans ces circonstances, il s'agit non-seulement de maintenir cette différence de pression entre les deux extrémités du tuyau, mais encore de forcer ce dernier à puiser, dans la cavité *N*, le fluide qu'il fait glisser le long de ses parois pour le répandre ensuite dans l'atmosphère. La vitesse que, dans ce but, on imprime à l'appareil formé d'une série de tuyaux tournant autour d'un axe, est une force motrice (*F*) destinée à vaincre trois espèces de résistances:

1°. Celle qu'engendre la différence de pression sur les orifices de sortie (*F'*).

2°. La résistance due à l'expulsion de l'air hors de l'appareil (*F''*).

3°. Celle qui provient du frottement des parties solides (*F'''*).

Si l'on exprime par

 R, le rayon du cercle décrit par le centre de gravité des orifices de sortie;

 R', le rayon du ventilateur;

 N, le nombre de révolutions de l'appareil par seconde;

 w, sa vitesse angulaire;

 S, la somme des sections des orifices de sortie;

 A, le volume d'air débité par seconde,

Et *H*, la dépression exprimée en mètres d'eau, on aura, pour l'expression de la première résistance :

$$F' = (S H \times w R)\, 1000 \, , \, (a)$$

c'est-à-dire la pression exercée sur les orifices, ou le produit de leur section, de la dépression et de la vitesse imprimée à leur centre de gravité; produit qui, exprimant des mètres cubes d'eau, doit être multiplié par 1000 afin de le convertir en kilogrammes.

Pour obtenir la valeur de F'', on doit chercher d'abord la vitesse des molécules d'air sortant de l'appareil, en tenant compte non-seulement du volume d'air (A) réellement aspiré, mais encore du fluide rentrant par le jeu laissé entre la partie mobile du ventilateur et les parois de la cavité circulaire dans laquelle il tourne; puis déduire, de cette vitesse et d'après les principes connus de mécanique, la hauteur motrice correspondante.

Si donc s exprime en mètres la surface de la fissure circulaire; a le volume d'air rentrant; f, le coefficient de contraction de la veine fluide traversant des orifices rétrécis, et 769 le rapport de la densité de l'air et de l'eau, la vitesse de l'air rentrant sera :

$$\frac{a}{s} = f \cdot \sqrt{2.g. \times 769\,H} \;;$$

d'où $a = s f. \sqrt{2g \times 769\,H}$.

Si H' désigne la hauteur correspondante à la vitesse $\dfrac{A + a}{S}$, on a $\dfrac{A + a}{S} = f' \sqrt{2g \times 769\,H'}$

et $H' = \dfrac{(A + a)^2}{f'^2. S^2 (2g \times 769)} \;;$ (1)

f' étant le coefficient de contraction de l'air dans les canaux de sortie qui souvent se réduit à l'unité.

(1) En effectuant les calculs possibles, on aurait
$$\left(\frac{A + a}{S}\right)^2 \times 0.0013 \times 0.051 = \left(\frac{A + a}{S}\right)^2 \times 0.0000662.$$

Cette hauteur H', agissant sur la section des ouvertures de sortie, opère une pression analogue à la précédente, d'où il résulte une résistance :

$$F'' = (S H' \times w R) 1000 ;$$

ou

$$S w R \left(\frac{(A + a)^2}{f'^2 S^2 (2 g \times 769)} \right) 1000. \quad (b)$$

Quant à F''', frottement de l'arbre du ventilateur sur les tourillons, il dérive :

1°. Du poids de la partie mobile du ventilateur, ou p ;

2°. De la pression exercée par la hauteur motrice utile sur toute la surface de l'appareil, ou $100 \, \pi \, R'^2 \times 10 \, H = 1000 \, \pi \, R'^2 \, H = p'$;

3°. De l'action de la puissance et de la résistance ramenées du centre de gravité des orifices sur l'axe de rotation, ou $\dfrac{2 \, F}{R \, w} = p''$.

Toutes ces pressions doivent être rapportées à la circonférence de l'arbre ; si donc le rayon de ce dernier est r, et que les coefficients de frottement soient φ, on aura :

$$F''' = \varphi \, w \, r \, (p + p' + p'')$$
$$= \varphi \, r \, w \left(p + 1000 \, R'^2 \, H + \frac{2 \, F}{R \, w} \right). \quad (c)$$

Réunissant alors par addition les trois relations $(a) \, (b) \, (c)$ trouvées ci-dessus, on a, pour l'expression de la totalité du travail moteur absorbé :

$$F = 1000 \, S \, w \, R \left(H + \frac{(A + a)^2}{f'^2 S^2 . 2 \, g \times 796} \right)$$
$$+ \varphi \, r \, w \left(p + 1000 \, \pi \, R'^2 \, H + \frac{2 \, F}{R \, w} \right)$$
$$= \frac{R}{R - 2 \, \varphi \, r} \left\{ S \, w \, R \left[H + \frac{(A + a)^2}{f'^2 S^2 . (2 \, g \times 769)} \right] \right.$$
$$\left. + \varphi \, r \, w \, (p + 1000 \, \pi \, R'^2 \, H) \right\}$$

Reste la tension des courroies ou le frottement des dents des engrenages, suivant la nature de la communication de mouvement employée, dont les valeurs peu importantes peuvent être négligées sans trop grande inexactitude.

Deux résistances sont donc inhérentes à ce genre d'appareil. L'une (F'), due à l'excès de la pression atmosphérique sur les orifices de sortie, absorbe la force créée par un certain nombre de révolutions pour maintenir l'équilibre entre les deux parties du fluide dont la densité est différente et empêcher l'air du dehors de se jeter dans le puits d'appel. L'autre, (F'') qui s'oppose à l'expulsion de l'air hors de l'appareil et doit être vaincue par un surcroît de révolutions.

Ces résistances sont dans une relation telle que la première s'accroît lorsque la seconde diminue d'intensité, et réciproquement. En effet, plus les orifices de sortie seront spacieux, plus la vitesse absolue de l'air sera réduite, mais plus aussi la résistance due à la dépression agira avec énergie, puisque cette valeur ($S H \times w R$) est un produit dans lequel la somme des aires entre comme facteur. Or, pour des orifices de sortie réduits de moitié, la vitesse absolue de l'air sera double, mais la résistance engendrée par la dépression n'étant alors que de la moitié, un plus grand nombre de révolutions devient disponible et peut être employé à produire une plus forte dépression. Ainsi, des modifications dans les aires des orifices de sortie peuvent accroître ou diminuer dans de certaines limites la hauteur des colonnes manométriques.

310. *Application de la vis d'Archimède à la ventilation des mines.*

Les figures 3 et 4 de la planche XXI représentent le premier ventilateur de ce genre établi par M. Motte, ingénieur-mécanicien à Marchiennes-au-Pont , près de Charleroi , pour le service du puits n°. 7 de la mine de Monceau-Fontaine.

Dans une maçonnerie est encastré un cylindre horizontal a a' b b' en fonte de fer, établissant une communication entre l'air extérieur M et l'orifice du puits de sortie N. Cette enveloppe contient une double cloison héliçoïdale qui , tantôt comme à Monceau-Fontaine , est formée d'une spire entière dont la hauteur égale le diamètre, tantôt, comme à la mine de Sauwartan, près de Mons (fig. 9), est construite sur un demi-pas d'hélice, dont la longueur est alors égale au rayon de la vis. Les spires sont formées de plusieurs tôles minces, liées les unes aux autres par des rivets ; elles sont attachées sur un axe ou noyau en fer forgé représenté en coupe par la figure 9 ᵇⁱˢ ; près de l'axe elles forment, avec le plan du mouvement , un angle presque droit qui va en diminuant à mesure que l'on se rapproche de la circonférence extérieure. L'arbre de rotation repose sur deux croisillons à quatre branches c, d, c', d' dont les extrémités sont boulonnées sur les deux bases de l'enveloppe. Une courroie r, r passe sur le volant de la machine motrice et communique le mouvement à une poulie à gorge S fixée sur l'arbre du ventilateur.

Les principaux organes du moteur sont :

V, le volant ;

e, la manivelle ;

f, la bielle ;

y, g, tiges conductrices ;

h, cylindre ;

m, boîte de distribution de la vapeur ;

l, pompe d'alimentation.

Le mouvement rectiligne des tuyaux qui a servi de base

à la théorie des appareils de ce genre est remplacé par un mouvement circulaire, et le tuyau lui-même par des canaux héliçoïdaux dont l'inclinaison sur la direction du mouvement n'est pas uniforme, mais varie avec la distance au noyau. Rien n'est changé, d'ailleurs, quant aux principes, et les fluides traversent l'appareil en ligne droite comme si la cloison n'existait pas. L'effet du ventilateur étant d'opérer la dépression de l'air dans le puits de sortie, la résistance due à la différence des pressions à l'intérieur et à l'extérieur ne pourra être vaincue que par la vitesse imprimée à l'air dont on sollicite la sortie. Cette vitesse, différente dans les divers filets rectilignes qui traversent l'hélice, sera d'autant moindre qu'ils seront pris à une distance plus rapprochée de l'axe de rotation. Si l'espace cylindrique, voisin du noyau, est occupé par des filets fluides animés d'une vitesse semblable à celle qu'ils prendraient sous l'impulsion d'une force égale à la différence entre la pression extérieure et la pression intérieure, évidemment ces filets, soumis à ces deux forces opposées, n'acquerront aucun mouvement, mais seront simplement entrainés par le contact des trajectoires voisines. Les filets plus rapprochés du noyau de la vis, étant animés d'une vitesse de sortie d'autant plus petite qu'ils se meuvent plus près de l'axe, devront, dominés par la différence entre les deux pressions, prendre un mouvement en sens inverse de celui des trajectoires fluides voisines de l'enveloppe de l'hélice. Ainsi, il pourra s'établir deux courants en sens inverse l'un de l'autre tendant à occasionner une grande perte de force et dont l'annulation ne sera possible qu'en augmentant le diamètre du noyau. La partie du canal qui laisse passer l'air du dedans au dehors est appelée la *section utile*, par opposition à la *section nuisible*, que le fluide traverse en sens contraire. Le *rayon de partage* est celui du cylindre engendré par les filets immobiles.

La valeur de la section nuisible se déduit naturellement de la vitesse de l'air dans les canaux héliçoïdes ; mais l'application du calcul à quelques expériences a prouvé à M. Trasenster qu'elle n'est pas aussi grande que l'indique la théorie, et qu'il doit se passer quelque phénomène capable de faire participer une partie des molécules fluides de cette section au mouvement du courant d'air sortant, circonstance qui semblerait résulter de l'action d'entraînement exercée par ce dernier, et favorisée par les effets de la force centrifuge, à laquelle l'air est en partie soumis dans l'appareil. Quelle que soit, d'ailleurs, l'importance de ce contre-courant, il n'en place pas moins la vis de M. Motte dans des conditions telles, qu'elle se soustrait aux diverses méthodes de calcul ; on doit donc, à son égard, se contenter des résultats qu'il est possible d'obtenir par la comparaison de son effet utile pratique et du travail théorique développé par le moteur, affecté d'un coefficient de réduction.

On a constamment observé que les courroies employées comme transmission de mouvement présentent de graves inconvénients, lorsqu'on veut imprimer de grandes vitesses au ventilateur, car elles glissent sur les poulies et le nombre des révolutions de l'appareil n'est pas en rapport avec celui des excursions du piston de la machine motrice. En outre, la dépense, assez considérable, qu'occasionnent les courroies, doit être prise en considération. Dans certaines localités, ou leur a déjà substitué des bouts de câbles plats, qui ont peu de valeur et se rencontrent en abondance dans les mines de houille.

Le tableau suivant présente le résumé de cinq expériences faites dans les mines du Couchant de Mons et de Charleroi ;

la quatrième, par M. l'ingénieur en chef Gonot, les trois premières et la dernière, par M. Glépin (1).

NOMS DES MINES.	SAUWARTAN-SUR-DOUR.		MONCEAU-FON-TAINE.		TRICU-KAISIN.
EXPÉRIENCES.	**1.**	**2.**	**3.**	**4.**	**5.**
Diamètre de la vis. . . .	1.40	id.	0.80	id.	3
Nombre de révolutions . .	450	506	750	600	189
Volume débité.	3.908	4.228	2.152	1.790	6.458
Dépression en eau . . .	0.0216	0.023	0.0063	0.0065	0.021
Effet utile, kilogm. . . .	84.388	105.68	13.558	11.635	155.43
Id. en chevaux. . . .	1.12	1.40	0.18	0.16	1.80
Travail du moteur . . .	3.37	4.50	0.736	0.55	7.70
Rapport du travail du moteur à l'effet utile . . .	0.33	0.31	0.24	0.29	0.23

Ces expériences étaient déjà publiées lorsque M. Glépin a eu l'occasion d'appliquer un frein dynamométrique à la machine motrice de Sauwartan ; celui-ci lui a fait apercevoir que le travail utilisé du moteur n'était pas de 3.37 et 4.50 chevaux-vapeur, mais bien de 4.30 et 5.80. Ainsi le coefficient indiqué par M. Morin (0.40) est, dans ces circonstances, trop faible de 27 à 29 pour cent ; et, par conséquent, le rapport de l'effet utile au travail absorbé ne s'élevait pas au-delà de 0.26 et de 0.24 (2). D'autres expériences faites sur le même ventilateur n'ont donné que 0.20 et 0.21.

Si l'on applique le coefficient pratique trouvé à Sauwartan à la machine à vapeur de Monceau-Fontaine, aussi bien construite que la précédente, on obtient, pour la troisième expérience, un effort de 1.07 chevaux-vapeur, et

(1) *Annales des Travaux publics de Belgique*, t. 1, pages 226 et 272. — *Bulletin du Musée de l'Industrie*, 1842, page 279, et 1843, p. 281 et 303.

(2) *Bulletin du Musée de l'Industrie*, année 1843, p. 304 et 305.

la réalisation d'un effet utile de 0.17. Le coefficient choisi par M. Gonot étant encore plus petit (0.35), l'effet utile est beaucoup trop grand, car, calculé de la même manière, il ne serait plus que de 0.20, et la force dépensée de 0.80.

311. *Ventilateur à hélices par M. Pasquet, de Gilly.*

Les figures 6, 7 et 8 de la planche **XXI** représentent le ventilateur construit à la mine de houille des Ardinoises, près de Charleroi. La première de ces figures est une vue prise au-dessus de l'appareil; la seconde, une vue de face, et la troisième, une coupe suivant un plan horizontal.

Au-dessus d'un cercle annulaire en fer forgé o, o' lié par trois bras à l'arbre de rotation B se trouve un noyau cylindrique $s\,t$ autour duquel sont établies 3 ou 6 rampes hélicoïdales C, C, C, dont chacune est le tiers ou le sixième d'un pas de vis complet. Comme la base ou l'origine de chaque rampe est séparée de l'extrémité supérieure de la rampe voisine par toute la hauteur du noyau, il s'ensuit que, sur le pourtour de l'appareil, se trouvent les ouvertures rectangulaires $r\,q$, $r\,q$, par lesquelles l'air de la mine est rejeté dans l'atmosphère. Excepté ces orifices, toute communication est interceptée par des parties de surfaces cylindriques telles que $r\,r'$, $r\,r'$, liées, d'un côté, avec les rampes hélicoïdales, de l'autre, avec le cercle $s\,t$, partie plane du noyau. Celui-ci est recouvert de trois bras v, v, v prolongés jusqu'à la circonférence de l'appareil; ils passent par-dessus les ouvertures de sortie de l'air, aux parois desquelles ils donnent de la solidité.

Ce ventilateur est formé de tôles minces, fixées par des rivets sur des bandes de fer pliées en équerre et placées dans tous les angles. Il est appliqué contre un orifice percé à travers la paroi $D\,D$, destinée à séparer l'air extérieur de la cavité intérieure ; la tranche de la couronne circulaire est encastrée dans la charpente de l'orifice ; et, afin que le jeu de l'appareil ne permette pas à une trop grande quantité d'air atmosphérique de rentrer dans le puits d'appel, on ferme autant que possible le joint par un cercle de recouvrement en contact avec la bordure extérieure. Le ventilateur est disposé, d'ailleurs, de manière que son arbre soit horizontal. Une poulie à gorge E, placée en avant, reçoit le mouvement du moteur par l'intermédiaire d'une courroie. Les flèches $x x$, indiquent le sens du mouvement ; les autres les points de sortie du courant.

Dans la figure donnée pour exemple, les canaux mobiles sont plus larges à leur origine qu'à leur extrémité antérieure ; on avait cru obtenir par ce moyen des résultats plus avantageux, mais comme on a acquis la conviction qu'il n'en était rien, on a renoncé ultérieurement à cette disposition, et on leur a donné une largeur uniforme dans tout leur développement. Lorsqu'il s'agit d'augmenter la dépression, on diminue la section des orifices de sortie ; s'il faut extraire de grands volumes d'air, on augmente au contraire cette section. Enfin, l'auteur, cherchant à éviter les pertes résultant du glissement de la courroie, a construit, pour la mine de la Réunion, un appareil de ce genre, dans lequel il a remplacé la poulie et la courroie par une roue d'engrenage.

On voit, d'après ce qui précède, que ce ventilateur a la plus grande analogie avec la vis de M. Motte, sur laquelle, toutefois, il mérite la préférence ; car, le noyau étant plus grand, il n'existe pas d'espace nuisible ; les frottements de l'air contre l'enveloppe sont supprimés, et enfin l'inclinaison des hélices sur le plan de rotation étant moindre, l'écoulement du fluide s'opère sans obstacles sensibles.

DÉSIGNATION DES MINES.	EXPÉRIENCES.	ACTION DU VENTILATEUR.			EFFET UTILE (E')		TRAVAIL DU MOTEUR.			
		NOMBRE DE RÉVOLUTIONS DU VENTILATEUR PAR MINUTE.	DÉPRESSION MANOMÉTRIQUE (H).	VOLUME D'AIR ASPIRÉ (V).	EN KILO-GRAMÈTR.	EN CHEVAUX.	NOMBRE DE RÉVOLUTIONS DU VOLANT.	TENSION DE LA VAPEUR PAR CENTIMÈTRE CARRÉ.	FORCE APPLIQUÉE A L'APPAREIL. CHEVAUX-VAPEUR.	RAPPORT DE L'EFFET UTILE A LA FORCE DÉPENSÉE.
La Réunion, à Mont-sur-Marchiennes. Puits Saint-Joseph	1	551	0.050	8.873	266.19	3.55	46	3.925	12.90	0.275
	(2)	524	0.040	6.440	257.60	3.43	43	4.028	12.70	0.270
Vivier du Couchant.	5	500	0.050	5.575	161.25	2.15	41	5.960	7.80	0.275
Puits Sainte-Marie.	(4)	500	0.051	5.658	112.78	1.50	41	5.960	7.80	0.192
La Réunion, à Gilly.	3	550	0.028	10.569	200.53	3.87	50	2.892	10.90	0.355
	(6)	198	0.008	6.575	51.00	0.68	50	1.601	1.95	0.352
Puits du Moulin-à-Vent.	(7)	550	0.045	6.000	270.00	3.60	50	5.160	12.54	0.286

Observations. La seconde expérience a eu lieu, sous l'influence de l'étranglement du courant, par la fermeture partielle de l'orifice de la galerie qui unit le ventilateur au puits d'appel et en réduisant sa section des 0.4 de sa surface normale.

Pendant la quatrième, une porte, placée à l'étage supérieur des travaux, ayant été fermée, l'air, qui, dans l'état ordinaire des choses, se divisait en trois branches, n'en formait plus que deux, dont une presque sans importance.

Dans la sixième expérience, une vitesse trop faible imprimée à l'appareil n'a produit qu'une dépression fort minime.

Dans la septième, l'orifice du puits d'entrée de l'air avait été en partie bouché, afin de produire une forte dépression.

Enfin, en interceptant toute communication entre le ventilateur et les travaux, on a obtenu au puits de la Réunion, à Mont-sur-Marchiennes, une dépression maximum de 0.060 à 0.062 au moyen de 305.6 révolutions par minute.

La communication de mouvement a lieu, pour les deux premiers appareils à l'aide de cordes plates qui enveloppent simultanément le volant et une poulie calée sur l'arbre du ventilateur, et, dans le troisième, au moyen d'un pignon que conduisent les dents ménagées à la circonférence d'une grande roue substituée au volant.

Les machines à vapeur de Mont-sur-Marchiennes et du Vivier, près de Charleroi, sont à haute pression, sans détente ni condensation ; leur force nominale est de 8 chevaux. Le diamètre du cylindre et la course du piston sont respectivement, dans la première, de 0.25 mètre et de 0.80 mètre, et, dans la seconde, de 0.24 mètre et 0.60 mètre. Celle de la Réunion, à Gilly, près de Charleroi,

a une force nominale de 12 chevaux; sa détente est de
1/6ᵉ (1) de la course ; celle-ci et le diamètre du cylindre
sont de 0.31 et 0.60 mètre.

Les coefficients employés pour déterminer la force disponible des moteurs ont été de 0.54 pour les quatre premières expériences et de 0.60 pour les trois dernières.

On voit que, par la méthode d'appréciation ordinaire et
en écartant les expériences faites sous l'influence de circonstances exceptionnelles, la moyenne du rapport de l'effet
utile à la force dépensée serait de 0.286, c'est-à-dire de
0.275 pour les ventilateurs de la Réunion, à Mont-sur-
Marchiennes, et du Vivier du Couchant, et de 0.332 pour
celui de la Réunion, à Gilly.

312. *Application de la méthode précédente au calcul des résistances.*

La méthode exposée ci-dessus exige la connaissance des
éléments suivants :

---

(1) Le chiffre 1/6ᵉ est donné par M. Jochams. Celui qui écrit
ces lignes ayant fait mesurer l'étendue de l'expansion à l'époque
où se faisaient les expériences, n'a trouvé que 1/11ᵉ.

MINES DE	MONT-SUR-MARCHIENNES.	DU VIVIER.	DE LA RÉUNION? A GILLY.
(R') Rayon du cercle extérieur . . . . M.	1.50	1.15	1.25
(R) Rayon du cercle décrit par le centre de gravité des orifices de sortie . .	0.98	0.90	1.05
Dimension de chacun des orifices. . . . . . . $\big\{$	0.42 ×0.20	0.495 ×0.285	0.40 ×0.20 (1)
(S) Surface de la somme des sections de sortie . . . . . M³	0.304	0.425	0.480
(s) Surface offerte à la rentrée de l'air. . . . . M²	0.04	0.045	0.058
La capacité théorique de ces ventilateurs est le produit de la somme des sections des orifices de sortie par la circonférence du cercle que décrit le centre de gravité de ces mêmes orifices, ou $S \times R$ . . . . . M²	5.10	2.59	5.16
(r) Rayon de l'arbre. . . . . M.	0.04	id.	id.
(p) Poids de l'appareil: environ 440 kilogrammes.			
Coefficient de frottement du fer sur cuivre			0.08
f Coefficient de contraction de l'air rentrant.			0.65

Et $f/ = 1$, la section des orifices étant assez grande pour que la veine fluide n'éprouve pas de contraction.

Les volumes d'air aspiré (A) et les dépressions (H) se trouvent dans le premier tableau.

(1) Le ventilateur du Vivier a trois orifices de sortie; les deux autres en ont six.

Application du calcul exposé dans le paragraphe 307.

EXPÉRIENCES.	VITESSES ET VOLUMES. Capacité théorique engendrée en une seconde.	Rapport des capacités pratiques et théoriques.	Volume d'air rentrant (a).	Vitesses absolues. Mètres.	Hauteur de sortie en air (H').	VALEURS DES RÉSISTANCES. Pression sur les orifices (F').	Expulsion de l'air (F'').	Frottemens des axes du ventilateur (F''').	Somme des résistances (F).	Rapport de l'effet utile (E).
1	17.05	0.520	0.55	18.69	17.814	513.90	393.99	70.69	978.58	0.27
(2)	16.74	0.584	0.64	14.05	10.067	670.40	217.88	74.81	963.09	0.27
3	11.95	0.507	0.55	15.63	12.439	405.00	216.00	60.10	681.10	0.27
(4)	11.95	0.504	0.56	9.92	5.018	369.83	67.54	59.60	496.97	0.22
5	17.58	0.596	0.55	22.70	26.179	483.84	587.52	69.50	1140.86	0.25
(6)	10.45	0.611	0.28	13.86	9.796	82.88	131.57	33.00	247.45	0.20
(7)	17.58	0.545	0.68	13.91	9.867	777.60	221.18	78.59	1077.17	0.23

Ainsi le ventilateur de M. Pasquet peut réaliser de 25 à 27 p. c. de la force dépensée, si l'on ne tient compte ni de la résistance provenant de la tension des courroies, ni des expériences faites dans un état anormal de ventilation.

Comment concilier les écarts observés dans les valeurs résultant de l'emploi des deux méthodes, pour le rapport de l'effet utile à la force dépensée, écarts qui portent principalement sur les trois dernières expériences? Ne peut-on supposer qu'une erreur se sera glissée (1) dans la mesure du piston ou de la détente, ainsi que semble l'indiquer, d'ailleurs, la comparaison des poids de charbon consommé pour faire fonctionner les deux systèmes de ventilateurs? En effet, celui de M. Letoret n'exige, en moyenne, que 5.85 kilog. de houille (2) par heure et par cheval de force dépensée, tandis qu'on voit la consommation des moteurs de l'appareil Pasquet s'élever à 7.25 kilog., quantité que ne justifient ni la différence de qualités des combustibles employés, ni les dimensions comparées des organes moteurs, et qui ferait supposer l'emploi de machines mal construites ou en mauvais état d'entretien, ce qui n'est certes pas ici le cas.

On voit, à l'inspection du tableau, que le ventilateur à hélices, dans sa marche normale et pour des vitesses absolues comprises entre 15.63 et 22.70 mètres, absorbe une force motrice moyenne de 1.6 de fois plus grande que le travail utile, ou les 0.42 de la totalité de la force dépensée. L'excès de pression atmosphérique sur

---

(1) Quelle que soit l'origine de l'erreur, elle doit se rapporter à la mesure d'un organe inaccessible, tel que le diamètre d'un piston, pour lequel l'expérimentateur a dû s'en référer à des assertions étrangères. Car, pour ce qui concerne le mouvement et le volume des courants objets des opérations directes de M. Jochams et de ses collaborateurs, MM. les officiers placés sous ses ordres, on sait les soins et les précautions minutieuses qui ont été prises pour mener à bien cet utile travail.

(2) *Recherches expérimentales sur les Appareils destinés à l'aérage,* p. 151, 175, 176 et 177.

les orifices produit une résistance telle, que la moitié de cette même force est appliquée à empêcher l'air de rentrer dans le ventilateur.

Quant à l'influence de la colonne manométrique sur les volumes d'air aspirés elle est, ainsi qu'on peut s'en assurer par la comparaison des tableaux, beaucoup moindre que dans les ventilateurs Letoret, puisqu'il est possible d'obtenir 6 M^5 sous une dépression de 0.045 mètre.

Enfin, si l'on compare les volumes d'air aspiré et les capacités théoriques correspondantes (3e. colonne du 2° tableau), on reconnaîtra que le rapport entre ces deux valeurs diminue à mesure que la dépression s'accroît; ainsi, cette dernière étant de 0.008 mètre, le rapport est de 0.60, et, lorsque la dépression s'élève à 0.045 mètre, ce même rapport n'est plus que de 0.34; enfin, la moyenne des expériences faites dans des conditions favorables à la marche des appareils est de 55 p. c.

313. *Ventilateurs à ailes de moulin à vent.*

Ces appareils, dont l'idée appartient à M. Lesoinne, professeur de métallurgie à l'Université de Liége, ont beaucoup d'analogie avec les petits ventilateurs employés pour renouveler l'air des salles où se réunissent un grand nombre de fumeurs.

Celui de la mine du Grand-Bac (fig. 4 et 5, pl. XXI ^{bis}) est composé de six ailes A, A, A en tôle de 1.5 à 2 milli-mètres, qui se recouvrent vers le noyau et se découvrent à la circonférence, en laissant entre elles des ouvertures triangulaires destinées au passage du courant d'air. Ces ailes sont rivées sur des rayons en fer demi rond qui se rattachent, d'un côté, au noyau v et, de l'autre, à la cou-ronne $c\,c\,c$. L'axe B porte un plateau en fonte $w\,w$ duquel partent des branches d,d qui, se reliant à la couronne de l'appareil, préviennent les mouvements d'oscillation en dehors du plan de rotation. e est une poulie sur laquelle s'enroule un cable plat sans fin f; celui-ci passe sur un tambour que met en mouvement une machine motrice semblable à celle des figures 1 et 2 de la même planche. Cet appareil, installé dans une position verticale, tourne dans une ouverture circulaire pratiquée sur la paroi de séparation de l'atmosphère et du puits d'appel.

L'auteur, pénétré de l'idée que la forme du meilleur récepteur de la force du vent devait être aussi la plus convenable à l'épuisement de l'air renfermé dans une cavité, a dû adopter l'inclinaison indiquée par Smeaton pour les ailes de moulin à vent, c'est-à-dire 18 à 19 degrés au noyau, 6 à 7 degrés près de la circonférence, et, par conséquent, 12 à 14 au milieu de l'aile.

Le mouvement de rotation imprimé force les ailes à couper l'air par tranches, qui glissent sur leurs parois pour se répandre dans l'atmosphère; le vide relatif produit par l'enlèvement d'une tranche est immédiatement rempli par l'air affluent de la mine, qui, divisé à son tour par tranches, est expulsé de la même manière.

Le mouvement de transmission se fait, ainsi qu'on l'a vu, au moyen d'une courroie; mais celle-ci glisse lorsque la vitesse dépasse une certaine limite, en sorte que l'appareil ne peut, dans un temps donné, exécuter le nombre de révolutions qu'il devrait accomplir d'après la vitesse du moteur et le rapport des rayons des tambours. C'est ainsi que M. l'ingénieur en chef Wellekens a constaté qu'il ne faisait que 110 révolutions par minute, tandis que, d'après le nombre des excursions du piston, il en aurait dû faire 175, ou près de la moitié en sus.

Le ventilateur du Val-Benoît (Liége), dans lequel on a

cherché à porter remède à cet inconvénient, est composé (fig. 1 , 2 et 3 , pl. XXI bis) de dix ailes *A* , *A* , *A* en recouvrement du noyau à la circonférence. *w w* est un disque en fonte et *d* , *d* des bras de consolidation. *C* , *C* , une enveloppe circulaire en fonte destinée à protéger la maçonnerie contre les dégradations et à recevoir des supports ou jambes de force *D* , *D* , *D*, qui, boulonnées sur une pièce de fer *E* , contribuent à maintenir l'arbre dans une position invariable.

Les figures 9 , 10 et 11 offrent quelques dispositions de détail.

La première représente la manière dont les tringles *g G* s'emboîtent, par une de leurs extrémités, dans des mortaises pratiquées par moitié sur chacun des deux disques en fonte du noyau *v* , tandis que leur autre extrémité traverse la couronne circulaire *c c*, à laquelle ils sont attachés à l'aide de vis et d'écrous.

La figure 10 est le détail de l'ajustement destiné à régler et à maintenir la distance qui sépare deux ailes consécutives ou la section des orifices de sortie. C'est un boulon *m* fixé, d'une part, à la couronne *c*, de l'autre, à l'extrémité de l'aile *A*.

Dans la figure 11 on voit l'ajustement des tringles de consolidation *d*, sur la couronne *c*.

Cet appareil est installé, dans une position horizontale, à la partie supérieure d'une chambre mise en communication avec le puits d'appel. Une flèche indique la direction suivie par le courant.

Le mouvement de communication se compose d'une grande roue *G* , de son pignon *H* , d'une roue d'angle *K*, portée par le même arbre *I* , et enfin d'une seconde roue d'angle *K¹* , calée sur l'arbre du ventilateur , destinée à changer la direction du plan de rotation. La force motrice absorbée par les frottements de ces divers engrenages doit représenter au moins la perte occasionnée par le glissement des courroies dans le premier système. Cependant on peut les diminuer notablement par la seule suppression des roues d'angle, c'est-à-dire en installant l'appareil verticalement.

Les principaux organes des moteurs sont :

L, cylindre à vapeur;

l, boîte de distribution de la vapeur;

h, bielle; i, manivelle; V, volant; n, pompe alimentaire;

p, modérateur auquel le mouvement est communiqué par des engrenages r, r'.

Dimensions principales des deux ventilateurs.

	GRAND-BAC.	VAL-BENOIT.
Diamètre extérieur de l'appareil . . . M.	2.66	2.70
Idem du noyau . . .	0.28	0.30
Somme des sections des canaux de sortie M³	0.81	0.722
Rayon du cercle décrit par le centre de gravité des orifices de sortie . . .	0.80	0.95
Section de rentrée de l'air.	$8.35 \times 0.005 = 0.0417$ M²	$8.48 \times 0.005 = 0.0434$ M²
Capacité théorique . M³	4.07	4.309
Diamètre de l'arbre .	0.066	0.075

Les expériences dont les résultats sont consignés ci-dessous sont dues, la première et la dernière, à MM. Trasenster et Rossius, et la seconde à M. Cabany.

Données expérimentales.

DÉSIGNATION DES MINES.	GRAND-BAC.		VAL-BENOIT
EXPÉRIENCES.	1ʳᵉ.	2ᵉ.	3ᵉ.
Nombre de révolutions par minute.	162.	175.	201.5
Volume d'air aspiré par seconde.	7.500	8.500	9.120
Dépression manométrique . . .	0.003	0.005	0.013
Effet utile en kilogrammètres . .	37.50	42.50	118.560
Id. en chevaux	0.50	0.56	1.58

Les expérimentateurs n'ayant pas tenu compte de la tension de la vapeur pendant les opérations, il est impossible d'apprécier les effets de cet appareil par la méthode ordinaire ; on se contentera de l'application du calcul aux données expérimentales. Faisant donc :

$$f = 0.65$$
$$f' = 1.00$$
$$\varphi = 0.08 \ (1)$$

et p (le poids de l'appareil) $= 350$ kilog., on aura :

Résultats du calcul.

EXPÉRIENCES.	1ʳᵉ.	2ᵉ.	3ᵉ.
Capacité théorique engendrée en une seconde	10.99	11.86	14.45
Rapport des capacités	0.682	0.717	0.632
Vitesse angulaire (w)	16.95	18.31	21.10
Air rentrant (a)	0.254	0.254	0.392
Vitesse absolue	10.71	12.09	11.74
Hauteur due à la sortie (en air) H'.	5.849	7.434	7.029
$F' = S\,w\,R \times H$	54.90	59.50	188.14
$F'' = S\,w\,R \times H'$	63.90	90.17	167.50
$F''' = \varphi\,w\,r\,(p + p' + p'')$. .	19.58	19.24	95.91
$F = (F' + F'' + F''')$ . . .	141.18	169.71	451.57
Rapport de l'effet utile à la force dépensée	0.26	0.25	0.26

(1) Le ventilateur du Val-Benoît ayant son arbre vertical, le coefficient devient $\frac{2}{3}\varphi = 0.0533$ . . . .

L'effet utile est de 25 à 26 pour cent, et le rapport du volume d'air débité à la capacité du ventilateur pour le nombre de révolutions donné est assez régulièrement de 0.7, circonstance due aux faibles colonnes manométriques sous lesquelles l'air a été aspiré.

Le rapport des sections moyennes des orifices de sortie étant ici et dans le ventilateur à hélice comme 76 est à 46, il est naturel de trouver les vitesses absolues réduites de près de moitié; ce qui n'empêche pas l'appareil de M. Lesoinne d'absorber, pour cette fonction, une force presque double du travail utile, cette résistance comptant parmi ses facteurs l'expression de la même surface. Quant à la force nécessaire pour vaincre la dépression, elle excède de moitié le travail utile; mais elle est naturellement moindre que dans les hélices, en raison de la faible hauteur des colonnes manométriques. Enfin, le ventilateur à ailes de moulin à vent fonctionnant comme le précédent, les deux appareils sont très-comparables.

On ne possède pas d'expériences dans lesquelles les ailes de moulin à vent aient eu à déterminer une hauteur motrice un peu notable, et l'on ne sait pas, par conséquent, comment elles se comporteraient dans cette circonstance; cependant on peut prévoir que les volumes d'air aspiré décroîtraient plus rapidement que dans les hélices de M. Pasquet, car la dépression, s'exerçant sur des orifices de sortie d'une surface plus étendue, augmenterait infailliblement la différence entre la capacité théorique et le volume pratique.

On doit observer que la plupart des appareils de ce genre construits dans la province de Liége ne fonctionnent qu'en été et chòment pendant l'hiver, ce qui tend à faire penser que leur travail se borne à seconder l'aérage naturel.

Des ventilateurs de ce genre, auxquels on ne donne que 0.60 mètre de diamètre, sont employés, dans quelques mines, pour aérer des bouts de galeries.

314. *Roues pneumatiques de M. Fabry* (1).

Ce ventilateur, à mouvement de translation proprement dit, se compose de deux roues *A* et *B* (fig. 1 et 2, pl. XXII) munies chacune de trois dents $aa'a''$ et $bb'b''$ de grandes dimensions, s'engrenant entre elles sans se toucher et tournant dans une enveloppe formée de deux surfaces cylindriques et de deux surfaces planes. La largeur des roues, ou la distance DE comprise entre les deux parois latérales de la caisse-enveloppe mesurée dans œuvre, est de 2 mètres, de même que la distance AB qui sépare les axes de rotation. Les dents, dont l'arête extrême est située à 1.73 mètre de l'axe, ont une partie de leur contour extérieur pq et $p'q$ formée d'une surface épicycloïdale; on aurait pu prolonger cette courbure jusqu'en e ou e', mais on a cru plus convenable d'en creuser la partie extrême suivant un arc de cercle ple ou $p'm'e'$, afin de faciliter le mouvement de l'air lorsqu'il passe d'un espace dans le suivant, et d'éviter les chocs et les contractions trop brusques et trop intenses.

Les faces latérales des roues sont formées de plateaux en fonte de fer renforcées par des nervures; on a le soin d'y ménager des ouvertures circulaires rr' qui permettent aux ouvriers de s'introduire à l'intérieur pour y réparer les dégradations accidentelles; ces trous d'homme, fermés d'une plaque en tôle vissée sur les nervures, contribuent également à réduire le poids de l'organe sans diminuer la résistance de la paroi. Les tranches des dents consistent

(1) L'idée première de cette disposition se trouve dans la machine à vapeur rotative de M. Murdock, de Cornwall, breveté en 1799. — Voir l'ouvrage intitulé : *History and progress of the Steace engine*, by Elijah Galloway, page 127.

en tôles de 1 1/2 millimètre d'épaisseur boulonnées sur des madriers w, w, attachés eux-mêmes aux contours extérieurs des parois latérales $u\,v$ (fig. 3). La partie épicycloïdale $p\,q$, $p'\,q$ est entièrement construite en bois, afin de dresser plus facilement la surface, dont toutes les lignes doivent être rigoureusement tangentielles.

La caisse-enveloppe est formée de deux parois verticales C, C, mi-partie en fonte de fer et en tôle et maintenues dans un écartement convenable par des tringles en fer $M\,N$, et de deux parties courbes F, F, appelées *coursiers*, exclusivement composées de plaques de tôle de 2 1/2 millimètres d'épaisseur. Cette caisse a pour base un cadre en charpente $G\,G$ sur lequel elle est solidement boulonnée. Des espaces vides, ménagés l'un au-dessus, l'autre en dessous de l'appareil, permettent à l'air du puits de pénétrer dans le ventilateur et de se dissiper dans l'atmosphère. La communication de mouvement s'établit au moyen d'un pignon H fixé sur l'axe J du volant K d'une machine à vapeur horizontale et de deux roues d'engrenage L, L calées sur les arbres de couche. La roue du milieu est garnie de dents en bois qui adoucissent les frottements et préviennent les chocs.

Pour donner aux joints de contact des arètes et des surfaces épicycloïdales un degré d'imperméabilité suffisamment efficace, les premières sont munies de lanières en cuir i (fig. 5, pl. XXII) clouées sur la tranche de l'un des madriers w, contre lesquelles on recourbe l'extrémité de la tôle-enveloppe $s\,t$. Les arètes latérales du ventilateur en contact avec les parois verticales de la caisse-enveloppe sont garnies de la même manière au moyen de cuirs i disposés ainsi que l'indiquent les figures 3 ou 3 bis ; $s\,t$ sont les tôles, $v\,u$ les parois en fonte et w les madriers. Ceux que porte la ligne extrême des dents sont pincés entre les bords des deux tôles st, st (fig. 4). La saillie de ces cuirs varie de 5 à 10 millimètres; elle doit être telle qu'ils ne frottent pas contre les surfaces opposées, mais les rasent d'assez près pour s'opposer au passage de l'air d'une cavité dans la suivante.

La partie mobile de ces appareils pèse 3,000 kilog.

315. *Mode d'action, capacité théorique, espace perdu.*

Pour se rendre compte du mode d'action de ce ventilateur, il suffit de suivre le mouvement de deux dents correspondantes dans chaque roue et de les examiner dans les positions relatives qu'elles occupent successivement. Si, par exemple, l'une de ces dents est en A (fig. 1, pl. XXIII), tandis que la dent correspondante est en B, l'arête qui se profile par le point a s'applique sur cd, et glisse de c en d. Lorsque a et d coïncident, les dents occupent les positions désignées respectivement par A_1 et B_1; c'est alors l'arête d qui se met en contact avec la surface épicycloïdale ab, qu'elle parcourt de a en b, jusqu'à ce que les deux organes venant se placer en A_2 et en B_2, l'arête et la surface se séparent. Mais, un peu avant ce moment, est survenue la dent suivante de la roue M qui, jouant avec A_2 le même rôle que A jouait avec B, place son arête sur l'autre surface épicycloïdale, et s'oppose au passage de l'air du dehors en dedans (1).

Vers le milieu de ce mouvement, la dent A (fig. 2) s'était trouvée, pendant un instant, dans une position

_____

(1) Le lecteur peut observer ces diverses phases en traçant les deux roues sur du papier qu'il découpe suivant leurs contours, et en leur imprimant un mouvement autour de deux épingles implantées sur une table.

telle que sa pointe correspondait au fond de l'espace *b c f*; toute communication était interceptée entre ce dernier, l'atmosphère extérieure et celle du puits d'appel; enfin l'espace libre compris entre les deux dents *B* et *B'*, réduit au minimum, n'était plus représenté que par la section *b c f a b*. Comme, pendant une révolution, chacune des six dents prend successivement une semblable position, il en résulte que six volumes semblables d'air sont ramenés vers le puits d'appel, ce qui constitue l'espace perdu. Mais le mouvement a continué; la dent *A* s'est déboîtée, pendant que les suivantes interceptaient par leur contact le passage de l'air du dehors au dedans; *B* a pris la place de *B'*; *B'* est arrivé en *D*, et le vide relatif qui s'est formé dans l'espace représenté par *d b c f d' i d*, compris entre les dents et le coursier, fait appel à l'air de la mine. Celui-ci s'y précipite; la roue, dans son mouvement de rotation, le saisit entre elle et les parois de l'enveloppe, le transporte à la partie supérieure de l'appareil, où la dent qui vient d'accomplir sa révolution plonge de nouveau dans la cavité pour dissiper le fluide dans l'atmosphère. Cette action se répétant trois fois pour chaque roue et à chaque révolution, il en résulte le déplacement de six volumes d'air, dont il est facile d'apprécier l'importance en déterminant le volume théorique de l'appareil.

L'espace utile compris entre les dents est un prisme dont la hauteur est égale à la largeur de celles-ci et qui a pour base l'excès de *d b c f d' i d* sur la section *a b c f a*, c'est-à-dire la surface *d b a f d' i d*. Si l'on retranche de cette dernière la quantité *b a f o b*, extrémité de la dent *A*, que, d'un autre côté, on y ajoute les deux demi-dents *B'* et *D* (*d s b d* et *d' s' f d'*), on obtiendra une surface équivalente, savoir : *d s b k o k' f s' d' i d*, ou 1/3 de la section annulaire déterminée par les deux cercles qui ont Cd et Cs pour rayons, moins $kbofk'ok$, petite surface comprise entre deux arcs de cercle et deux épicycloïdes ; et, pour une révolution, deux sections annulaires moins six fois cette petite surface $kbofk'ok$.

Pour trouver cette dernière, on peut supposer que kb, ou la largeur utile de l'épicycloïde (1) est une ligne droite ; $kbfk'$ est alors un parallélogramme et $kbofk'ok$ est une surface égale à $kbfk'$, moins deux fois le segment $bofb$; mais $bofb$ est égal au sixième de la surface du cercle qui a Cs pour rayon, moins le triangle bCf ; soit alors :

Q, le volume théorique du ventilateur,

R, la longueur (Cd) des ailes,

r, le rayon (Cs) des engrenages et la longueur de l'appareil,

Et k, la longueur utile de l'épicycloïde.

Le solide engendré par les deux roues a pour élément deux fois la section annulaire, ou $2\pi(R^2 - r^2)$.

L'aire du secteur $Cbof$ (égale à un sixième de la surface du cercle dont le rayon est r) est $\dfrac{1}{6}\pi r^2$.

Le triangle équilatéral Cbf a pour hauteur :

$$Cr = \sqrt{r^2 - \frac{r^2}{4}} \text{ et pour surface} \frac{1}{4}r^2 \sqrt{5}.$$

Donc l'expression de la surface de deux segments pareils à $bofb$ sera

$$2\left(\frac{1}{6}\pi r^2 - \frac{1}{4}r^2\sqrt{3}\right) = \left(\frac{1}{3}\pi - \frac{1}{2}\sqrt{3}\right)r^2.$$

(1) Cette largeur utile est la partie de la surface épicycloïdale sur laquelle s'appuie l'arête de la dent correspondante ; mais la courbe se prolonge de quelques centimètres au-delà de la limite du frottement, afin que le contact des deux objets soit constamment assuré.

L'aire du parallélogramme étant $r\,k$, on aura pour la surface $b\,o\,f\,k'\,o\,k\,b$

$$r\,k - \left(\frac{1}{3}\,\pi - \frac{1}{2}\sqrt{\ 3\ }\right)r^2 = r\,k - \frac{1}{3}\,\pi\,r^2 + \frac{1}{2}\,r^2\sqrt{\ 3\ }.$$

Cette valeur étant multipliée par 6, puis déduite de $2\,\pi\,(R^2 - r^2)$, puis multipliée par L, donne après réduction :

$$Q = 2\,L\left[\pi\,R^2 - \left(k + \frac{1}{2}\,r\sqrt{\ 3\ }\right)3\,r\right]$$

ou, en effectuant les calculs possibles,

$$Q = 2\,L\,[\,3.1416\,R^2 - (k + 0.866\,r)\,3\,r\,]$$

Les ventilateurs de cette espèce exécutés jusqu'à présent ne varient que par la longueur de leurs rayons, auxquels on a attribué 1.73 et 1.70 mètre. La largeur des roues, c'est-à-dire la distance comprise entre les deux faces latérales de la caisse mesurée dans œuvre, est de 2 mètres, et la largeur utile de l'épicycloïde k de 0.27 mètre. Si on leur applique la formule précédente, on trouve 24 et 22.70 mètres cubes pour l'expression de leurs capacités théoriques, par opposition au cube pratique ou volume d'air réellement extrait des travaux, en une révolution. Ces deux cubes diffèrent essentiellement entre eux, en raison des joints, qui, malgré les soins les plus minutieux, laissent toujours passer de l'air du dehors au dedans ou d'une cavité dans les cavités voisines.

L'espace perdu $b\,c\,b'\,a\,b$, que, dans d'autres appareils, on désigne sous le nom de *nuisible*, ne peut ici être qualifié de cette manière, parce que, d'un côté, il est indispensable pour faciliter les mouvements du fluide dans le ventilateur ; de l'autre, il influe peu sur le volume d'air extrait de la mine. Pour apprécier l'excès de ce volume produit par l'expansion de l'air passant de l'extérieur à l'intérieur, on choisira, parmi les expériences du paragraphe suivant, la dépression la plus considérable, 0.086; puis, supposant que la pression de l'air extérieur soit mesurée par une colonne barométrique de 0.75 mètre, correspondante à une colonne d'eau de 10.198 mètres, on aura, pour l'expression d'un mètre cube d'air, passant de la pression extérieure à la pression intérieure :

$$1 \times \frac{10.198}{10.112} = 1.0085,$$

et la différence entre les deux volumes 0.0085 M³. Or, la section transversale de l'espace perdu est de 0.3768 M², qui, multipliée par 6, nombre des cavités, et 2, largeur des roues, donne 4.49 M³, soit 4.50 M³.

Le nombre de tours par minute étant de 40, l'excès produit par l'expansion du gaz en une seconde sera de :

$$\frac{40}{60} \times 0.0085 \times 4.5 = 0.0255 \text{ M}^3.,$$

c'est-à-dire 25 1/2 litres, ou 1/627ᵉ de la capacité théorique, quantité évidemment trop petite pour avoir une influence sensible sur le volume d'air extrait.

316. *Nouvelles dispositions des roues pneumatiques.*

M. Fabry, dans le but de réduire le prix de l'appareil et la somme des résistances, a adopté ultérieurement un autre genre de construction, dans lequel il remplace toutes les tôles par du bois et supprime un assez grand nombre de pièces de fer. Ainsi, ce ne sont plus les six dents des roues qui fonctionnent, mais six palettes comprises entre douze bras en fonte de fer; ceux-ci sont munis de croisures de même métal sur lesquelles on ajuste des obturateurs, également en planches, qui se terminent par des surfaces en bois, dont la section est une épicycloïde. C'est par le contact des arêtes sur les surfaces courbes, mais sans interposition de cuirs, qu'on ferme la communication entre l'intérieur et l'extérieur de l'appareil. Le rayon du cercle décrit par l'extrémité des palettes est de 1.70 mètre.

La figure 3 de la planche XXIII indique cette nouvelle disposition, qui a pour but de réduire considérablement le prix de l'appareil.

aa', aa', bras en fonte liés trois par trois et calés sur les arbres xx.

bb', bb', parois *en planches* divisant le cylindre de révolution en trois parties égales. Elles sont formées de madriers boulonnés sur les saillies i, i ménagées aux rayons.

cc', cc', obturateurs ajustés sur un croisillon en fer coulé avec les bras.

dd' surfaces épicycloïdales entaillées à la partie extérieure de forts madriers.

Les coursiers $C, C' C''$ sont construits en maçonnerie. Celle-ci est revêtue d'une couche de ciment appliquée après le montage, afin qu'en faisant tourner les palettes on établisse une coïncidence assez parfaite entre la surface-enveloppe et le solide engendré par le mouvement de rotation, et que, malgré la suppression des cuirs, les joints ne se laissent traverser que par de faibles filets d'air. Quant aux rentrées latérales, on se contente de rétrécir les joints, par le rapprochement de l'enveloppe, de la partie mobile du ventilateur.

Quelquefois les maçonneries s'arrêtent au niveau de la base des crapaudines sur lesquelles reposent les axes de rotation; la partie supérieure de la cage est formée de madriers maintenus par des cadres en bois et des supports en fonte. C'est ce qui existe dans le ventilateur représenté par la figure 5 de la planche **XXIII**. Mais il vaut mieux, comme on l'a fait dans ces derniers temps, substituer à l'enveloppe en bois des maçonneries latérales, et prolonger à une certaine hauteur celles qui forment le coursier.

Le poids de la partie mobile des nouvelles roues pneumatiques est de 2,245 k., distribués comme suit :

$$
\begin{array}{lll}
\text{4 croisillons} & \text{Kilog.} & 500 \\
\text{2 arbres} & » & 700 \\
\text{2 roues d'engrenage.} & » & 732 \\
\text{planches et madriers} & » & 525 \\
\hline
& \text{Kilog.} & 2,245
\end{array}
$$

Dans ce moment les appareils en construction reçoivent une nouvelle modification exprimée par les figures 5 et 5 bis (la seconde est une coupe transversale suivant CD de la première).

gg', gg', gg', sont des supports ou bras en fonte dans lesquels sont ménagées de larges coulisses destinées à loger les rayons en bois h,h,h; ces divers organes sont liés entre eux à l'aide d'un double système de boulons i, i, k, k disposés en équerre les uns relativement aux autres.

ll, croisillons également en bois.

mm, madriers offrant à l'extérieur une surface épicycloïdale ; ils sont consolidés au moyen d'équerres en fer nn.

o, o, o; o', o', o', parois et obturateurs en planches.

M. Fabry obtient, par ces nouvelles dispositions, une plus grande simplicité de construction, autant de solidité et moins de poids. Il espère, en outre, en augmentant la largeur des rayons gg' et en la portant à 0.36 mètre, entraver et amoindrir les rentrées latérales de l'air, si nuisibles à l'effet utile. La capacité de ces ventilateurs de nouvelle espèce se calcule comme ci-dessus, les conditions du mouvement étant identiques dans les deux cas. A dimensions égales, le volume théorique est également le même ; seulement l'espace perdu étant un peu plus grand que dans les premiers appareils, la dilatation de l'air qui passe de l'atmosphère dans le puits d'appel est un peu plus sensible; mais, encore ici, cet objet est trop minime pour devoir attirer l'attention.

On construit en ce moment des ventilateurs de ce système, dont la largeur est de 5 mètres ; les autres dimensions restant les mêmes, leur volume théorique sera de $5/2(22.70) \text{ M}^5 = 34.05 \text{ M}^3$.

517. *Expériences dont ce ventilateur a été l'objet.*

L'effet utile des roues ventilatrices de M. Fabry ressort des expériences (1) que contient le tableau suivant :

(1) Ces expériences sont dues à M. l'ingénieur Jochams.

		1	2	3	(4)	5	(6)	7	8	(9)	10	11	12
EFFORT DU MOTEUR	RAPPORT DE L'EFFET UTILE A LA FORCE DÉPENSÉE.	0.455	0.452	0.570	0.556	0.511	0.495	0.455	0.499	0.540	0.557	0.466	0.377
	FORCE APPLIQUÉE A L'APPAREIL EN CHEVAUX-VAPEUR.	6.20	11.96	10.42	13.04	13.59	9.77	15.47	15.80	12.95	13.83	17.25	10.55
	TENSION DE LA VAPEUR PAR CENTIMÈTRE CARRÉ.	2.585	5.561	5.615	5.915	5.925	4.185	3.965	4.559	4.559	4.297	4.139	5.615
	NOMBRE DE RÉVOLUTIONS DU VOLANT.	57.5	44	57.5	42	50	28.7	49	44	56	43	48.75	58
ACTION DU VENTILATEUR	EFFET UTILE — EN CHEVAUX.	2.81	5.41	5.94	7.23	6.96	4.82	7.04	7.69	6.97	8.51	8.05	5.97
	EFFET UTILE — EN KILOGRAMMÈTRES.	210.98	405.44	445.68	545.86	517.91	561.54	528.56	576.90	522.90	658.22	603.72	447.66
	VOLUME D'AIR ASPIRÉ.	9.390	10.156	8.409	7.998	12.652	4.204	11.486	9.613	6.972	12.042	11.180	7.461
	DÉPRESSIONS MANOMÉTRIQUES.	0.022	0.040	0.055	0.068	0.041	0.086	0.046	0.060	0.075	0.053	0.084	0.060
	NOMBRE DE RÉVOLUTIONS DU VENTILATEUR.	50	55.2	50	55.6	40	25	59.2	55.2	29	56	59	50.4
EXPÉRIENCES.		1	2	3	(4)	5	(6)	7	8	(9)	10	11	12
DÉSIGNATION DES MINES.		Le Gouffre, puits n° 5.				Le Gouffre, puits n° 5.				Puits de l'Épine, à Bonne-Espérance.		Mambourg.	Marcinelle-Nord.

OBSERVATIONS. Les travaux du puits n°. 5 de Châtelineau étant divisés en quatre quartiers, la mine est ventilée par quatre courants distincts, et, dans l'état ordinaire des choses, l'appareil se trouve dans des conditions favorables. Dans les 2ᵉ., 3ᵉ. et 4ᵉ. expériences, on a d'abord obstrué l'une des conduites, puis successivement deux et trois, en sorte que la somme des sections traversées par le courant ont subi des réductions successives, circonstances qui, simulant les effets d'éboulements partiels, sont de plus en plus défavorables à la ventilation.

La 6e. expérience a été faite dans le but de voir jusqu'à quel point peut s'élever la dépression manométrique; cet effet a été obtenu en bouchant l'orifice du puits d'entrée de l'air.

La 9e. a eu lieu sous l'influence de l'obturation de l'orifice du même puits, de manière à obtenir une dilatation de 75 pour cent dans l'atmosphère du puits d'appel.

Les 11e. et 12e. ont eu pour objet des ventilateurs de la nouvelle espèce.

On s'explique le minime volume d'air extrait par le ventilateur de Marcinelle-Nord, lorsqu'on sait que les différentes fractions du puits de sortie de l'air sont reliées par des galeries dont la moyenne section est d'un mètre carré, et que celle du puits lui-même est deux fois et demie aussi grande, disposition qui a pour résultat des étranglements successifs et une perte notable d'effet utile. Enfin, il importe d'observer que, pendant ces expériences comparatives, les conduites de l'Épine, de Mambourg et de Marcinelle étaient quelquefois plus développées et généralement plus rétrécies que celles des travaux du Gouffre, d'où résultent des volumes d'air moindres, accompagnés de dépressions généralement plus fortes.

Les machines motrices établies sur les puits n°. 3 et n°. 5 de Châtelineau sont à haute pression et sans condensation; la détente fonctionne pendant un quart de la course. Le moteur du puits n°. 2 de Mambourg n'a pas de détente; mais elle est de trois dixièmes pour celui de Marcinelle-Nord. La course des pistons des quatre appareils est de 0.60 mètre et les diamètres des cylindres de 0.30 mètre. Leur force nominale est de 12 chevaux. Le coefficient de réduction appliqué à ces appareils a été, comme ci-devant, de 60 pour cent.

Le rapport du travail utile à l'effort du moteur est de 0.51 pour la moyenne des douze expériences.

Enfin, la marche la plus convenable à adopter pour ces appareils semble être comprise entre 36 et 40 révolutions par minute ; ils débitent alors des volumes d'air de 12 à 12.6 M^3, sous des dépressions respectives de 55 à 41 millimètres : colonnes manométriques et volumes suffisants pour toutes les mines, sauf celles des districts du nord de l'Angleterre.

318. *Application du calcul aux roues ventilatrices.*

L'appareil de M. Fabry donne lieu à trois espèces de résistances :

1°. Celle que la dépression oppose au mouvement des roues (F') ;

2°. La force absorbée pour aspirer l'air de la mine et le rejeter dans l'atmosphère (F'') ;

3°. La résistance provenant du frottement des arbres sur les coussinets.

Si l'on exprime par

R, le rayon du cercle décrit par les extrémités des roues ventilatrices (1.73 mètre pour les dix premières expériences, et 1.70 mètre pour les deux dernières) ;

R', le rayon des engrenages conducteurs (1 mètre) ;

H, la hauteur utile, ou dépression exprimée en eau ;

w, la vitesse angulaire ;

A, le volume théorique de l'appareil (24, ou 22.70 M^3, suivant la grandeur du rayon) ;

S, la section moyenne d'entrée et de sortie de l'air (5 M^2) (1),

n le nombre de révolutions du ventilateur par seconde ;

Et l, la largeur des dents (2 mètres),

on aura pour expression de la première résistance :

$$F' = 2 (R - R_1) l H \times \frac{R + R_1}{2} w \times 1000 = \left[(R^2 - R_1^2) l H w \right] 1000 ;$$

c'est-à-dire deux fois le produit de la dépression par la vitesse du point R (fig. 3, pl. XXIII), extrémité du rayon moyen $o R$, et par la surface qui se profile en $n w$, seule partie du ventilateur qui soit exposée à ce genre de résistance, puisque les dents, lorsqu'elles fonctionnent entre les deux axes, se font mutuellement équilibre.

Pour représenter F'' en fonction de quantités connues, on doit préalablement chercher la hauteur motrice nécessaire à l'appel de l'air dans l'appareil et à son expulsion dans l'atmosphère. Or, la vitesse correspondante à cette hauteur, ou le quotient du volume théorique de l'air que contient l'appareil par la section d'entrée ou de sortie, peut aussi s'exprimer, d'après les principes de mécanique, en fonction de cette même hauteur inconnue, ce qui donne lieu à la relation suivante :

$$n. \frac{A}{S} = \sqrt{2g. 769 H'} ;$$

d'où l'on tire pour valeur de la hauteur motrice H' :

$$H' = n^2 \left\{ \frac{\left(\frac{A}{S}\right)^2 \times 0.0013}{2g} \right\}$$

(1) La surface de sortie de l'air est une moyenne entre 6 et 0 M^2 ; c'est-à-dire entre les espaces correspondants au moment où la dent va pénétrer dans la cavité et celui où elle y est entièrement engagée.

Cette équation, multipliée successivement par la section du canal intérieur de l'air $2\,(R-R_1)\,l$, par la vitesse du centre de gravité $\dfrac{R+R_1}{2}\,w$, par 1000, pour que le résultat exprime des kilogrammètres, et par 2 pour tenir compte de l'entrée et de la sortie du courant, donne :

$$F'' = 1000 \times 2\,H' \times (R^2-R_1^2)\,l\,w$$
$$= 1000\,[\,(R^2-R^{21})\,l\,w\,H'\,]\,2.$$

$$= (R^2-R_1^2)\,l\,w\,n^2 \left\{ \dfrac{\left(\dfrac{A}{S}\right)^2 \times 0.0015}{2\,g.} \right\} 2000.$$

La 3ᶜ. résistance F''' se décomposant en trois parties :

1°. Le poids de la partie mobile du ventilateur (p), ou 3000 kilog. ;

2°. La pression exercée par la dépression sur toute la surface de l'appareil, $p' = 2\,(R+R_1)\,100\,l\,H$;

3°. La pression rapportée aux axes de la puissance (F) et de la résistance égale à la puissance, ou $p'' = \dfrac{2\,F}{\dfrac{R+R_1}{2}\,w.}$,

on a l'équation :

$$F''' = f\,r\,w\,(p+p'+p'')$$
$$= f\,r\,w\left[\,p + 2\,(R+R_1)\,100\,l\,H + \dfrac{4\,F}{(R+R_1)\,w.}\,\right],$$

dans laquelle r est le rayon des arbres (0.05 mètre) et f le coefficient (0.08) de frottement du fer sur le bronze. Réunissant ces trois valeurs F', F'', F''' pour former F, on obtient :

$$F = (R^2 - R^2_1)\, 1000\, l H w +$$

$$(R^2 - R_1^2)\, l w n^2 \left\{ \frac{\left(\frac{A}{S}\right)^2 \times 0.0013}{2g} \right\} 2000 +$$

$$f r w \left[p + 2(R + R_1)\, 100\, l H + \frac{4F}{(R + R_1) w.} \right];$$

$$F = \frac{(R + R_1)}{(R + R_1) - 4 f r} \times \left\{ (R^2 - R_1^2)\, 1000\, l H w + \right.$$

$$(R^2 - R_1^2)\, l w n^2 \left[\frac{\left(\frac{A}{S}\right)^2 \times 0.0013}{2g} \right] 2000 +$$

$$\left. f r w \left[p + 2(R + R_1)\, 100\, l H. \right] \right\}$$

Enfin, on doit avoir égard à une quatrième résistance (F^{IV}), due aux frottements de l'arbre du pignon sur ses crapaudines et des dents des engrenages, résistance qu'on peut évaluer à 0.1 de la force totale absorbée.

Les résultats de l'application de ce mode de calcul aux expériences précédentes sont contenus dans le tableau suivant, qui donne, en les isolant les uns des autres, les diverses causes de perte du travail moteur. La colonne F renferme les nombres relatifs à l'effort total exprimé en kilogrammètres, et la colonne E le rapport de l'effet utile à la force dépensée.

| | CAPACITÉS, VITESSES, ETC. | | | | VALEURS DES RÉSISTANCES. | | | | | |
| | | | | | FORCES ABSORBÉES PAR | | | | | |
EXPÉRIENCES.	CAPACITÉ THÉORIQUE ENGENDRÉE EN UNE SECONDE. MÈTRES CUBES.	RAPPORT DES CAPACITÉS PRATIQUES ET THÉORIQUES.	VITESSE ABSOLUE. MÈTRES.	HAUTEUR DE SORTIE EN AIR. (H)	LA RÉSISTANCE DE LA DÉPRESSION. (F')	L'ASPIRATION ET L'EXPULSION DE L'AIR. (F'')	LES FROTTEMENTS DES ARBRES. (F''')	LE PIGNON ET LES ENGRENAGES. (F'^v)	FORCE TOTALE. (F)	RAPPORT DE L'EFFET UTILE A LA FORCE TOTALE. (E)
1	12.	0.799	4.00	0.816	274.94	26.49	42.74	58.26	582.45	0.55
2	14.06	0.720	4.49	1.028	587.45	42.54	54.75	76.08	760.82	0.55
3	12.	0.700	4.00	0.816	662.54	26.49	49.55	82.02	820.19	0.54
(4)	15.44	0.595	4.48	1.023	962.65	56.24	58.90	116.42	1164.21	0.46
5	15.98	0.790	3.55	1.448	685.72	62.57	62.57	89.88	898.84	0.57
(6)	9.19	0.457	5.06	0.477	824.89	11.88	43.18	97.77	977.71	0.57
7	15.67	0.752	5.22	1.589	780.65	59.14	62.71	96.94	969.42	0.54
8	14.06	0.684	4.69	1.122	881.17	42.84	59.74	109.27	1092.72	0.52
(9)	11.39	0.600	5.86	0.759	907.44	25.92	52.23	109.29	1092.87	0.47
10	14.40	0.856	4.80	1.175	795.24	45.90	59.54	100.50	1000.98	0.63
11	15.60	0.718	5.20	1.579	855.65	49.40	59.59	51.41	975.85	0.62
12	12.14	0.614	4.04	0.906	721.90	24.06	47.04	26.40	819.40	0.54

L'effet utile moyen des dix premières expériences (1), objet des ventilateurs de la construction primitive, est donc d'environ 52 p. c., et celui des appareils de la seconde catégorie (11e. et 12e. expériences) de 0.58. Les nouveaux appareils, dans lesquels la suppression du pignon anéantit en partie la résistance F^{IV}, offrent donc un perfectionnement notable sous le rapport des effets mécaniques.

On se rend facilement compte de ces résultats remarquables, si l'on considère combien est faible la vitesse de l'air à sa sortie du ventilateur, puisque la colonne d'air motrice n'atteint jamais 1.50 mètre et que des volumes de 12.6 M⁵ ne déterminent qu'une vitesse absolue de 5.50 mètres correspondante à une hauteur d'air motrice de 1.58 mètre; vitesses très-minimes, puisqu'elles n'absorbent en moyenne que 1/8e du travail utile, ou 4 à 5 p. c. de l'effort total. Ces appareils sont aussi fort remarquables par les grandes dépressions qu'ils produisent sans que le courant diminue suivant une progression trop rapide, et, par conséquent, en extrayant des volumes d'air suffisants à l'aérage des mines. C'est ainsi que la quatrième expérience donne l'exemple d'une aspiration de 8 M³, accompagnée d'une colonne manométrique de 68 millimètres. Aussi, s'il survient un éboulement dans l'une des principales galeries, la ventilation peut encore avoir lieu, pour peu que les déblais se laissent traverser par le courant d'air.

La résistance engendrée par l'excès de la pression atmo-

---

(1) L'un des principaux avantages de ces appareils étant de faire circuler le courant d'air malgré l'intensité des frottements souterrains, on doit, dans l'appréciation de l'effet utile, admettre les expériences analogues à ces conditions de résistance. Si, comme pour les autres ventilateurs, on les supprimait, on atteindrait au chiffre de 5G p. c.

sphérique sur la partie des ailes non équilibrée est la
seule dont l'action soit énergique; elle constitue environ
les 0.9 de l'effort absorbé; mais elle concourt activement
à l'effet utile et ne peut être assimilée à la force motrice
des vitesses perdues.

Le rapport de la capacité pratique (ou des volumes
d'air trouvés par l'expérience) à la capacité théorique
est de 7 à 10 , lorsque le ventilateur est placé dans des
conditions normales; il s'élève quelquefois au-dessus de
0.8, mais il s'abaisse aussi à 4.5 ou 5, lorsque l'appareil
doit agir sous l'influence de fortes dépressions ; cette perte
n'est pas provoquée, comme dans les autres appareils, par
les résistances qui s'opposent à la sortie de l'air: elle n'est
due qu'à la rentrée de ce fluide à travers les joints de
contact des parties mobiles, et se trouve renfermée dans
de certaines limites.

319. *Nouvel appareil de ventilation.*

M. Lemielle, de Jemeppe, près de Liége, a proposé,
dans ces derniers temps, un ventilateur de son invention
dont deux modèles d'essai ont été exécutés simultanément, l'un dans les ateliers de Sclessin, l'autre dans ceux
de Seraing. C'est ce dernier qui est représenté dans la
planche XXIII. La figure 6 en est une vue de face, la
figure 7 une section suivant $C\,D$ de la figure 8, et celle-ci
une coupe suivant $E\,F$ de la figure 7.

Sur la surface extérieure d'un tambour formé de deux
roues en fonte A, A et d'une enveloppe en tôle $a\,a\,a$,
sont articulées six palettes courbes, telles que b, c, d, se
mouvant librement sur leurs charnières et se rattachant,
par des tringles en fer t, t, t, au coude $g\,g$ que forme
l'axe sur lequel tourne le cylindre. Ces tringles , terminées par des manchons qui embrassent l'arbre fixe,

traversent des rainures pratiquées sur le tambour. L'appareil est disposé dans un canal en tôle $C\,C^t$ dont deux parois sont courbées de telle façon que les ailes, malgré la variation de leur écartement, les rasent d'assez près et s'opposent ainsi à la rentrée de l'air extérieur.

Pour comprendre le mode d'action de ce ventilateur et la manière dont l'air est rejeté dans l'atmosphère, il suffit de suivre les effets de l'excentricité de l'arbre sur les palettes, qui s'ouvrent et se ferment entièrement une fois à chaque révolution. Ainsi en b elles commencent à s'écarter de l'enveloppe; en c elles forment une cavité qui s'agrandit jusqu'en d, où elle atteint son maximum; puis, à partir de ce point, elles sont de plus en plus rappelées vers le cylindre, contre lequel elles finissent par s'appliquer entièrement. Il est évident qu'à chaque révolution de l'appareil il se forme, entre les palettes, un espace tel que N, où vient se loger l'air de la mine qui, peu après, est refoulé dans l'atmosphère par l'application des ailes sur l'enveloppe. La capacité théorique A de ce ventilateur est donc égale à la différence entre le cube du cylindre engendré par les extrémités des ailes prises au point s un peu avant le moment où elles sont entièrement ouvertes, et le volume de celui que forment l'enveloppe et les palettes fermées, c'est-à-dire de deux cylindres de même hauteur L, et dont les rayons des bases sont respectivement $h\,s = R$ et $h\,u = r$, ce qui donne

$$A = L\,\pi\;(R^2 - r^2,).$$

L'espace nuisible est l'espace compris entre l'enveloppe intérieure et la surface intérieure des palettes fermées.

Il résulte d'expériences faites dans les ateliers de Seraing qu'en imprimant à l'appareil une vitesse de 40 à 80 révolutions par minute, on obtient une pression manométrique de 0.10 mètre (1). La disposition des lieux n'ayant pas permis de rechercher le volume d'air pratique, on peut ici calculer sa capacité théorique et lui affecter le coefficient trouvé pour le ventilateur Fabry. Ainsi les deux rayons et la longueur étant réciproquement de 0.34, 0.60 et 0.90 mètre, on trouve A égal à 0.404 M^3, dont les 0.7 donnent 0.28 mètre cube par seconde. Si l'on double les dimensions du ventilateur en lui conservant une vitesse de 60 révolutions à la minute; si on les triple en réduisant la vitesse de moitié, en affectant les résultats du coefficient ci-dessus indiqué, on peut espérer extraire de la mine 2.68 et 7.08 M^3 par seconde. Mais alors l'appareil devra subir des modifications dans sa construction, les tiges motrices devront être doublées et triplées, et les 18 articulations que renferme le modèle seront au nombre de 24 et de 30.

M. Lemielle a été évidemment inspiré, dans ses dispositions, par l'ingénieux mécanisme adopté, en Belgique, aux ailes des bateaux à vapeur, lorsque, pour diminuer la somme des résistances nuisibles, on les fait entrer en plongeant normalement à la surface de l'eau et qu'on les en fait sortir de même. Cet appareil sera peu efficace si les dimensions en sont trop faibles; il sera sujet à se détraquer si elles sont trop grandes; on pourra craindre, d'ailleurs, les rentrées d'air à travers les rainures pratiquées sur le tambour. Enfin, les nombreuses articulations qu'il renferme pourront être une cause de dislocation et de prompte usure. Dans tous les cas, il convient, avant de se prononcer, d'attendre les expériences qui, sans doute, seront faites ultérieurement.

---

(1) Ces chiffres ont été donnés à l'auteur par M. Brialmont, ingénieur des ateliers de construction de Seraing.

320. *Des machines soufflantes destinées à refouler l'air dans les travaux.*

M. Combes, dans son second Mémoire sur le mouvement de l'air (1), démontre que les ventilateurs refoulants offrent une légère économie de force motrice sur les appareils d'aérage aspirants. En outre, si l'on considère la fonction des ventilateurs relativement aux gaz inflammables contenus dans les anciennes excavations, et qui, lorsque la pression atmosphérique décroît, peuvent refluer dans les galeries en activité, on verra qu'en les faisant souffler ils offriront certains avantages qui ne sont pas à dédaigner. Ainsi l'air projeté dans la mine, devant nécessairement être soumis à une pression supérieure à la pression atmosphérique, maintiendra les gaz inflammables dans les espaces qu'ils occupent avec d'autant plus d'énergie que la vitesse du courant sera plus considérable; au contraire, l'aspiration diminuant la pression, les gaz nuisibles sortiront des cavités qui les recèlent avec d'autant plus de facilité que le courant sera plus rapide. Il en résulte que les ventilateurs de la première catégorie tendraient à combattre cet envahissement, dont les ingénieurs anglais ont observé la simultanéité avec la dépression manométrique. Mais ces irruptions, fréquentes dans les mines du nord de l'Angleterre en raison du système d'exploitation employé, sont beaucoup plus rares dans celles où le mineur ne laisse que peu ou point d'espaces excavés dont l'air ne soit pas renouvelé. Dans ce cas, l'expansion du courant produit par les machines aspirantes est un avantage, en ce qu'elle facilite l'écoulement hors de la mine de tous les gaz légers.

(1) *Annales des Mines*, 3°. série, t. XII, p. 13.

Les machines soufflantes, comme les appareils aspirants, obstruent nécessairement l'orifice des puits d'entrée de l'air, et ne laissent à la disposition de l'extraction que les puits de sortie; or ceux-ci, donnant passage au courant vicié par son parcours dans les travaux, sont peu favorables à la conservation des câbles; l'air chargé de gaz méphitiques est impropre à la respiration des ouvriers qui montent ou descendent sur les vases d'extraction; les lampes des chambres d'accrochage, alimentées par un courant chargé de gaz inflammable, deviennent un grand danger; enfin, l'installation des appareils foulants offre, en pratique, quelques difficultés qu'on ne rencontre pas avec les machines aspirantes, et qui en restreignent l'usage aux localités dans lesquelles la disposition des travaux se prête à ce genre de ventilation.

Quoique tous les ventilateurs puissent, par un simple changement dans leur mouvement de rotation, se transformer en machines foulantes, il n'existe jusqu'à présent, à la connaissance de celui qui écrit ces lignes, que deux appareils agissant par compression et refoulement de l'air dans les travaux. Ce sont *les trompes* et les roues ventilatrices de M. Fabry.

Les trompes employées comme moteurs d'aérage sont formées d'une cascade dont l'eau dès l'origine de sa chute, s'empare, d'une certaine quantité d'air atmosphérique, l'entraîne avec elle, et s'en sépare à la fin de sa course. Cet air, rendu libre, est soumis à une pression assez forte pour déplacer celui des excavations et le renouveler.

Les figures 7 et 8 de la planche XXI sont la représentation d'une trompe composée de deux arbres creux *A A'* implantés sur le fond supérieur d'un réservoir *B B'*. L'eau motrice, amenée par un canal *C* aux orifices supérieurs, s'y précipite, traverse *l'étranguillon d*, rétrécissement en forme d'entonnoir auquel on donne un diamètre tel que le courant puisse y passer en totalité, en prenant une vitesse de 3 à 4 mètres par seconde. Immédiatement au-dessous de l'étranguillon sont percés quatre trous *e*, *e*, qui livrent passage à l'air atmosphérique entraîné par la chute. Enfin, l'extrémité inférieure des tuyaux repose sur une caisse, ou réservoir, plongé en partie dans l'eau. Le courant fluide, arrivé au bas de sa chute, vient se briser sur un tablier *f*, où il se dépouille de l'air qu'il a entraîné; celui-ci se loge dans le vide supérieur de la caisse, sort par le *porte-vent G*, et se rend dans le puits ou dans la galerie qu'il s'agit de ventiler.

Cet appareil, dont l'effet utile s'élève tout au plus à 15 p. c. de la force motrice, semble convenable à l'aérage de travaux dont l'importance n'est pas en rapport avec la dépense d'un appareil plus compliqué, comme un puits ou une galerie isolée; mais il serait inefficace, s'il s'agissait d'une mine quelque peu développée; dans ce cas, il est préférable d'employer la chute d'eau dont on dispose à faire marcher une roue hydraulique destinée à mettre en mouvement une machine à pistons ou tout autre ventilateur bien construit.

C'est dans les exploitations du Buisson (Couchant de Mons), et de Fresnes, près de Condé, que, dans ces derniers temps, on a appliqué les roues pneumatiques de M. Fabry à la ventilation par compression et refoulement de l'air dans les travaux, les exigences des mines de cette localité se prêtant à cette disposition. Ces ventilateurs, dont il suffit de renverser le sens du mouvement, sont installés au-dessus des puits aux échelles, en sorte que, dans leur trajet, les ouvriers sont constamment enveloppés d'une atmosphère d'air pur; le courant, après avoir parcouru les excavations, sort par les puits destinés à l'extraction.

321. *Observations sur les ventilateurs mécaniques.*

Les plus anciennes machines d'aérage sont les trompes, l'appareil à cuves du Hartz et les ventilateurs à force centrifuge et à palettes plates. M. Buddle, qui, de 1807 à 1810, fit un grand nombre d'expériences dans le but de substituer quelque autre appareil aux foyers d'aérage, installa une machine à pistons à l'orifice de l'un des puits de la mine de Heaton, près de Newcastle. La surface de ce piston était de 2.32 M² (25 pieds); sa course de 2.44 mètres (8 pieds), et il faisait 20 excursions par minute. On voit, d'après ces dimensions, que l'appareil devait être insuffisant; aussi fut-il abandonné sans qu'on pensât à pousser l'expérience plus loin.

En 1829, une machine à pistons fut établie auprès du puits Saint-Louis de la mine dite Grande-Veine-sur-Wasmes, dans les circonstances suivantes. On cherchait à percer à l'intérieur une galerie ascendante divisée en deux compartiments, l'un, pour l'entrée, et l'autre pour le retour du courant; mais celui-ci, parvenu à la partie supérieure de l'excavation, se chargeait de gaz inflammable qui, en vertu de sa légèreté, ne descendait que très-difficilement pour se rendre au puits de sortie. Lorsque le ventilateur fut installé, quoique ses dimensions fussent très-faibles, il entraîna les gaz et rendit la mine à la salubrité.

Telle fut l'origine de la machine à pistons de l'Espérance, à Scraing, et de beaucoup d'autres qui furent établies sur le même modèle, auxquelles on donna de plus grandes dimensions, et dont, sous plusieurs rapports, on perfectionna la construction, mais dans lesquelles on négligea d'équilibrer les clapets, ainsi qu'on avait eu le soin de le

faire à la mine de la Grande-Veine. Les expériences de
M. Combes sur l'appareil de Seraing datent de 1838.
Le jugement trop sévère qu'il porta sur cette espèce de
ventilateurs, qu'il déclara « radicalement vicieux pour le
» genre d'effets qu'ils doivent produire, » s'il était en partie
immérité, n'en rendit pas moins un grand service, par
suite du retentissement qu'il eut parmi les mineurs belges ;
ceux-ci s'évertuèrent dès lors à trouver un appareil
exempt des inconvénients reprochés aux machines à pistons, et leurs recherches furent, à plusieurs reprises,
couronnées de succès. Enfin, M. Fabry dota les mines
de ses roues pneumatiques, dont on a pu apprécier l'efficacité ventilatrice. Cette impulsion fut, du reste, puis-
samment favorisée par la publication du savant *Traité
d'Aérage* de l'habile ingénieur, auquel l'auteur de ces
lignes a fait de si nombreux et de si fréquents emprunts.

La description des principaux ventilateurs ayant dû
avoir lieu par catégorie, il y aura peut-être quelque
intérêt à connaître leur succession par rang de date :

1°. Machine à pistons de l'Espérance, à Seraing.
— 1836.

2°. Vis pneumatique de Monceau-Fontaine. — 1839.

3°. Ventilateur à ailes planes de la mine de Sainte-
Victoire. — 1839.

4°. Ventilateur de M. Combes établi au puits n°. 5
du Grand-Hornu, proposé en 1839 et exécuté en 1840.

5°. Cloches plongeantes établies d'après les indications
de M. de Vaux. — 1842.

6°. Ventilateur de M. Pasquet, tel qu'il existe actuellement. — 1844.

7°. Appareil de M. Lesoinne. On en a construit dès
1837, mais les ventilateurs de grandes dimensions datent
de 1845.

8°. Ventilateur de M. Fabry, construit pour le puits dit Facteresse de la mine de Mambourg (Charleroi). — 1845.

522. *Comparaison entre les diverses espèces de ventilateurs mécaniques.*

Les tableaux suivants contiennent la moyenne des valeurs trouvées dans les paragraphes précédents, plus quelques données vénales, essentielles pour l'appréciation des appareils d'aérage. La réunion de ces éléments en un seul groupe permettra au lecteur de saisir d'un coup d'œil les circonstances les plus influentes sur la marche des ventilateurs.

Ier. Tableau. — **Données expérimentales.**

DÉSIGNATION DES VENTILATEURS.	MOYENNES DES			MAXIMUM DES		RAPPORT DES CAPACITÉS THÉORIQUES ET PRATIQUES
	VOLUMES ASPIRÉS.	DÉPRESSIONS.	EFFETS UTILES (E) CHEVAUX.	VOLUMES ASPIRÉS.	DÉPRESSIONS.	
Pistons.	8.016	0.0417	4.858	8.016	0.0417	0.92
Cloches.	»	0.0407	5.711	»	0.0407	0.92
Ailes courbes.	5.211	0.0265	1.071	4.567	0.058	»
Ailes planes.	6.629	0.0400	3.361	6.922	0.058	»
Vis.	5.707	0.0160	0.95	6.438	0.025	»
Hélices.	8.455	0.0290	5.28	10.569	0.045	0.55
Ailes de moulin à vent.	8.570	0.0076	0.88	9.120	0.013	0.67
Roues.	10.285	0.0550	6.48	12.632	0.086	0.70

2ᵉ. Tableau. — Résultats du calcul.

DÉSIGNATION DES VENTILATEURS.	VITESSE DE SORTIE DE L'AIR.	RAPPORT DE LA FORCE DÉPENSÉE AUX RÉSISTANCES DUES			FORCE DÉPENSÉE (F) EN CHEVAUX.	RAPPORT DE (E) A (F)
		AUX FROTTEMENTS DANS LES CANAUX.	A LA DÉPRESSION.	A LA VITESSE DE SORTIE.		
Pistons.	40.03	»	»	»	21.18	0.23
Cloches.	22.37	»	»	»	7.71	0.48
Ailes courbes.	24.20	0.380	»	0.220	7.07	0.15
Ailes planes.	35.04	0.172	»	0.597	15.52	0.245
Vis.	»	»	»	»	4.98(1)	0.18
Hélices.	19.00	»	0.500	0.428	12.45	0.26
Ailes de moulin à vent.	11.51	»	0.404	0.432	5.52	0.26
Roues.	3.41	»	0.788	0.048	11.63	0.55

3ᵉ. Tableau. — Valeurs vénales.

DÉSIGNATION DES VENTILATEURS.	FRAIS DE PREMIER ÉTABLISSEMENT		PRIX DU VENTILATEUR		FRAIS DE SERVICE	
	DU VENTILATEUR ET DU MOTEUR.	PAR CHEVAL UTILE.	SEUL.	PAR CHEVAL UTILE.	ANNUELS.	PAR CHEVAL ET PAR AN.
Pistons.	25500 fr.	5244	3500	720	6584	1555
Cloches.	12868	5467	4868	1512	4852	1000(2)
Ailes courbes.	4925	4594	1116	1041	5400	5171
Ailes planes.	6300	1658	600	155	5079	1515
Vis.	4161	4474	1071	1151	5204	3445
Hélices.	4875	1485	1094	555	5575	1089
Ailes de moulin à vent.	4796	5450	1250	1420	5540	4022
Roues. {	10991 (3)	1696	5500	845	5246	500
	8891	1572	4400	679		

(1) Données expérimentales résultant de l'application du frein dynamométrique.

(2) Ces deux sommes ont pour objet les deux espèces de roues pneumatiques.

(3) Les frais de premier établissement et de service donnés ci-des-

Volume d'air aspiré. — Le volume maximum appartient aux roues pneumatiques dont le débit peut s'élever à 12.6 M⁵, sous une dépression de 41 millimètres. Les hélices et les ailes de moulin à vent les suivent de près, puis viennent les appareils à pistons et probablement à cuves plongeantes. Les ventilateurs centrifuges à ailes planes aspirent au maximum (1) 6.9 M⁵, car on ne peut avoir égard aux 12 M⁵ extraits dans la deuxième expérience, lorsque le ventilateur était soustrait aux résistances des travaux intérieurs. Dans les circonstances normales, l'appareil de M. Pasquet prend immédiatement place après celui de M. Fabry.

Dépressions. — La supériorité à ce sujet est encore acquise aux roues pneumatiques, dont la colonne manométrique maximum, de 86 millimètres, correspond encore à un volume de 4.2 M⁵. Cet effet ne peut être produit par aucun autre appareil. Suivent les dépressions dues aux ailes planes (58 millimètres) et aux hélices (43 millimètres); la première se rapporte à un volume d'air insignifiant (0.98 M⁵); la seconde, à 6 M⁵.

Hauteurs perdues. — La vitesse absolue est grande dans les machines à pistons; les appareils à force centrifuge laissent échapper l'air avec une vitesse plus grande encore, mais elle diminue successivement pour les hélices et les ailes de moulin à vent, et devient à peu près nulle pour les roues de M. Fabry. Les résistances de cette nature réduisent considérablement l'expression du travail utile.

Résistances provenant de la dépression. — Elles croissent

sus se rapportent à un appareil de ce genre qui serait établi actuellement dans de bonnes conditions.

(1) On ne tient compte ici que des expériences de M. Jochams, dans lesquelles la vitesse du courant a été mesurée avec l'anémomètre.

avec cette dernière, ainsi qu'on peut le voir en comparant la 4°. colonne du 2°. tableau avec la seconde du premier. Elles croissent aussi avec l'aire des surfaces soumises à l'excès de pression atmosphérique, en sorte que les appareils les plus puissants pour provoquer le courant d'air d'une mine sont également ceux qui absorbent, pour cet objet, les hauteurs motrices les plus grandes.

Effet utile. — Les machines d'aérage, considérées relativement à leur travail utile, peuvent être classées dans l'ordre suivant :

1°. Roues pneumatiques, effet utile . 0.53
2°. Cloches plongeantes 0.48
3°. Ventilateur à hélices (Pasquet). . 0.26
4°.   Id. à ailes de moulin (Lesoinne) 0.25 à 0.26
5°.   Id. à ailes planes (Letoret) . 0.24
6°. Machines à pistons 0.23
7°. Vis pneumatique (Motte) . . . 0.17 à 0.20
8°. Ventilateur à ailes courbes . . . 0.15

Valeur vénale. — On commettrait une grave erreur si, pour se décider dans le choix d'un appareil d'aérage, on considérait les prix d'une manière absolue, au lieu de les mettre en rapport avec le travail obtenu, c'est-à-dire en déterminant ce que coûte chaque cheval d'effet utile et en tenant compte des frais d'entretien relativement à la même unité. En marchant dans cette voie on peut conclure comme suit : les machines à cloches plongeantes et surtout celles à pistons, prises dans l'état où elles se trouvent actuellement, doivent être écartées. Les vis et les ailes de moulin sont, quant à l'achat et aux frais de service, d'un prix fort élevé, et, enfin, la discussion ne peut s'établir qu'entre les appareils à ailes planes, les hélices et les roues pneumatiques. Or, la seconde espèce de roues, la seule que l'on construise actuellement, coûte

1,372 fr. par force de cheval utile et les deux autres respectivement 1,638 et 1,483 fr. Les frais de service et d'entretien ne sont, dans le premier de ces appareils, que de 500 fr., tandis qu'ils s'élèvent, dans les deux autres, à 1,315 et 1,089 ; ainsi, sous ce rapport, la supériorité est encore acquise au ventilateur de M. Fabry. Cependant, si une mine se trouvait dans des conditions telles que l'un des appareils de MM. Pasquet ou Letoret pût suffire en tout temps au bon aérage des travaux, comme leur prix, considéré d'une manière absolue, est réellement inférieur à celui des roues pneumatiques, l'exploitant trouverait quelque avantage à les employer.

En résumé, les machines à pistons, ou plutôt les cloches plongeantes auxquelles on ferait subir les modifications proposées par MM. Trasenster et de Vaux, deviendraient comparables aux meilleurs appareils d'aérage. Les dépressions produites, quoique pour ainsi dire illimitées, n'ont ici qu'une très-faible influence sur le volume d'air débité, volume d'ailleurs suffisant pour la plupart des mines du continent.

Les ventilateurs à force centrifuge ne jouissent pas de cette précieuse propriété. Les volumes d'air aspiré diminuent dans une progression énorme sous l'influence de hauteurs manométriques légèrement croissantes. Malgré ce vice capital, ils fonctionnent encore avantageusement sur les puits des mines où l'on n'a pas à craindre des rétrécissements trop multipliés, des contours trop brusques, des galeries dans lesquelles le courant doive circuler en descendant, après s'être mis en équilibre avec la température intérieure, en un mot, pour des travaux à peu près libres d'obstacles. Car, s'il en était autrement, les résistances opposées au courant d'air pourraient s'accroître de telle façon que le volume d'air cessât d'être en rapport avec les besoins de l'exploitation et qu'il en résultât de fâcheux inconvénients.

La vis de M. Motte se soustrait, par sa construction, à toutes les méthodes de calcul ; on n'en peut donc rien dire sous le rapport de la distribution des forces absorbées. Mais les faibles dépressions engendrées et les minimes volumes d'air aspiré la mettent nécessairement hors de concours, et la classent parmi les appareils applicables seulement aux mines peu développées.

Les appareils à ailes de moulin à vent déterminent la circulation de notables courants d'air, accompagnés de fort petites dépressions. Ils sont très-bien appliqués aux mines pour lesquelles ils fonctionnent, c'est-à-dire pour celles dont l'aérage, en partie naturel, est d'ailleurs favorisé par des excavations régulières, et dont le courant d'air constamment ascensionnel peut circuler sous l'impulsion d'une faible colonne manométrique ; car ici, comme pour les appareils à force centrifuge, les ailes de moulin porteraient préjudice au volume d'air débité.

Les ventilateurs à hélices offrent les mêmes inconvénients, mais à un degré moindre, puisque le volume d'air reste encore de 6 M^3 pour des dépressions de 45 millimètres. Aussi peut-il être avantageusement appliqué aux mines d'un développement moyen, sans craindre de trop graves inconvénients.

Enfin, les roues pneumatiques, dont les effets sont bien supérieurs à ceux des autres appareils, semblent convenables pour toutes les circonstances. Cependant leur marche n'est pas compatible avec des dépressions trop basses, et comme celles-ci constituent l'un des éléments de l'effet utile, (diviseur des frais de premier établissement, pour obtenir le coût d'un cheval-vapeur), il s'ensuit que, dans le cas où l'exploitant a la certitude de ne pas rencontrer d'obstacles trop graves à la circulation de l'air, des raisons d'économie lui feront préférer d'autres moteurs moins énergiques sous le rapport de l'extraction ou plutôt de l'arrachement de l'air de la mine.

323. *Foyers d'appel et appareils mécaniques d'aérage.*

1°. Les puits sur lesquels on place un appareil mécanique doivent être exclusivement consacrés au retour de l'air, si le ventilateur est aspirant, ou à son introduction, s'il est soufflant; il faut donc renoncer à les utiliser pour l'extraction des produits de la mine. Mais les foyers détériorent promptement les câbles et restreignent leur durée; en outre, on ne peut établir avantageusement de machine d'exhaure dans les puits munis de foyers, si les circontances l'exigent.

2°. On peut craindre la destruction des ventilateurs par les effets d'une explosion qui se propagerait au dehors de la mine; mais on a toujours le soin de les installer à une petite distance des puits d'appel, avec lesquels ils sont liés par une galerie souterraine : si les orifices des puits d'aérage sont bouchés par un léger plancher, par de grands clapets en ailes de papillon, ou mieux par l'obturateur de M. de Vaux décrit à l'occasion de l'appareil à cloches plongeantes de Marihaye, le choc produit par l'explosion, se portant sur ces légers obstacles, les soulèvera facilement; ceux-ci donneront passage aux gaz, et la machine d'aérage échappera à cette cause de destruction.

3°. Quelques auteurs pensent qu'il serait difficile de trouver, pour les mines si étendues du nord de l'Angleterre, un moteur mécanique capable de faire circuler un courant d'air égal à celui que produisent les foyers d'appel;

et que, dans ce cas, on serait conduit à multiplier le nombre des appareils ou à en exagérer les dimensions (1).

Ce reproche semble motivé, si l'on considère les volumes d'air, pour ainsi dire fabuleux, débités actuellement par quelques mines du nord de l'Angleterre. Mais l'aérage de toutes les exploitations de ces districts est loin de pouvoir être comparé avec l'activité ventilatrice objet des exemples donnés dans le paragraphe 288. Pour la majeure partie d'entre elles, un volume de 4 à 10 M³ suffisant, l'un des appareils ci-dessus décrits peut y subvenir facilement, et un courant d'un volume double pourra être provoqué par l'emploi de deux ventilateurs. Quelle difficulté y aurait-il, si les exigences de l'aérage le réclamaient, d'appliquer aux mines anglaises les dernières roues pneumatiques de 3 mètres de largeur à l'aide desquelles on débitera de 18 à 20 M³, et d'en installer deux à l'orifice d'un même puits? Quelle circonstance s'opposerait, d'ailleurs, à l'augmentation du rayon des roues; car de faibles accroissements dans cette dimension déterminent des volumes de plus en plus considérables? Resteront alors quatre ou cinq exploitations qui exigent la production exceptionnelle d'un courant de 45 à 90 M³ par seconde, et pour lesquelles on conserverait les foyers, à moins que, comme à Wells'end, deux puits ne soient affectés au service de l'aérage, ou qu'on ne juge possible d'établir trois ou quatre appareils à l'orifice d'une seule excavation.

---

(1) Les Anglais ont de tout temps formulé des objections contre les moteurs mécaniques. Ils en élevaient déjà à l'époque où MM. Wood et Buddle considéraient comme suffisante, pour les mines du nord de l'Angleterre, l'introduction d'un volume d'air de 56 à 85 M³ (2 à 3,000 pieds) par minute, ou, en moyenne, un mètre cube par seconde. Les auteurs français ont admis, pour la plupart, ces assertions inexactes.

4°. Les appareils mécaniques jouissent d'une propriété précieuse pour les exploitants qui veulent, en tout temps, juger d'un coup d'œil, et sans abandonner la surface du sol, si la circulation générale de l'air se fait régulièrement; si les travaux sont libres d'obstacles; et si quelque galerie descendante ne force pas intempestivement l'appareil à provoquer l'accroissement de la hauteur motrice. Il ne faut qu'un peu d'esprit d'observation pour comparer la marche normale du ventilateur, avec ses allures lorsque la colonne motrice s'élève, et pour reconnaitre immédiatement une perturbation quelconque survenue dans les galeries que parcourt le courant d'air. Cette observation sera plus facile encore si l'on a eu le soin de placer un manomètre indicateur de l'excès de pression atmosphérique sur l'air du puits d'appel. Le manomètre appliqué aux foyers pourrait aussi constater ces résultats; mais la disposition des lieux se prête rarement à son emploi.

5°. La consommation des foyers destinés à provoquer la circulation d'un courant de médiocre importance excède de beaucoup, à égalité de volume aspiré, celle des appareils mécaniques. C'est ce dont on peut se convaincre en jetant un coup d'œil sur les dernières lignes du tableau contenu dans le paragraphe 286. Les grands foyers anglais et les ventilateurs semblent se trouver, sous ce rapport, dans des conditions de parfaite égalité. En effet, les expériences (288) faites sur les plus énergiques de ces foyers indiquent une moyenne de 5,977 kilog. de charbon consommé pour l'aspiration de 54.76 M^5 d'air ou de 114.4 kilog. par mètre cube. D'un autre côté, douze chevaux de force, appliqués au ventilateur de M. Fabry, consomment 1,440 kilog. en vingt-quatre heures et produisent 12.6 M^5 d'air, ou, encore, 114 kilog. par mètre cube d'air aspiré.

Mais, dans les deux circonstances, les qualités des combustibles sont bien différentes, les agents de première espèce exigeant la plupart du temps l'emploi de la houille en gros morceaux, dont le prix vénal est bien plus élevé que celui du menu ou charbon fin appliqué exclusivement aux machines d'aérage, et dont souvent, en Angleterre, on est fort embarrassé. Si, d'un côté, ces dernières donnent lieu à quelques dépenses d'huile, de chanvre, d'étoupes, etc., pour leur entretien, ils n'exigent que deux ouvriers par 24 heures, lorsque toutefois cette surveillance n'est pas exercée par le personnel des machines d'extraction ou d'épuisement, tandis que les foyers réclament au moins trois ouvriers dans le même laps de temps; en sorte que tout l'avantage de l'économie reste décidement aux appareils mécaniques. Quoique ces derniers exigent un capital de premier établissement assez élevé, et quelques-uns d'entre eux de grands frais d'entretien et de service, ils sont, en réalité, plus économiques sous le rapport de la qualité et quelquefois de la quantité de combustible brûlé.

6°. Quoiqu'il ne soit pas impossible, ainsi qu'on l'a vu, de disposer les foyers intérieurs de manière à supprimer à peu près toute crainte relative à l'inflammation du grisou; comme ces dispositions, très-délicates, d'ailleurs, ne sont pas toujours compatibles avec le système d'excavations existantes, l'exploitant désireux de se soustraire à toute chance de danger aura recours aux machines qui, sous ce rapport, offrent une garantie complète.

7°. Il suffit, pour obtenir un volume d'air donné, d'attribuer à certains ventilateurs des dimensions convenables, et quelquefois d'en multiplier le nombre; mais on ne peut augmenter le maximum de puissance d'un foyer établi dans une mine donnée sans modifier, et sa construction, et les rapports des conduites entre elles, entreprise plus longue et plus coûteuse que le changement d'une machine installée au jour.

8°. Enfin, les effets utiles des machines ventilatrices, étant indépendants de l'état hygrométrique des parois du puits d'appel, présentent un avantage notable sur les foyers, dont les résultats sont fort amoindris par l'humidité et les infiltrations, constituant l'état normal de la plupart des puits de mine.

Il est évident, d'après ce qui précède, que les moteurs mécaniques de l'aérage ont une supériorité marquée sur les foyers d'appel.

SECTION VIe.

CONDUITE ET DISTRIBUTION DE L'AIR DANS LES
EXCAVATIONS SOUTERRAINES.

524. *Assimilation des puits et des galeries à une mine qui débouche dans l'atmosphère par deux orifices.*

Si, pendant les creusements des puits et des galeries, la circulation de l'air n'était provoquée que par la propriété de diffusion dont jouissent les gaz, et par la différence de température entre l'air atmosphérique et l'air de l'excavation; si le courant d'air entrant n'était pas séparé de celui qui sort de l'excavation, évidemment cette circulation ne pourrait être que temporaire et deviendrait inefficace dès qu'on atteindrait une profondeur variable et souvent très-minime. Dans ce cas, on doit avoir recours à des dispositions particulières, tendant à assimiler les galeries et les puits isolés à des conduites allongées, communiquant avec le jour par deux ouvertures, dont l'une sert à l'introduction de l'air extérieur dans la mine; l'autre, à la sortie du courant qui a circulé dans les travaux.

Le procédé le plus simple pour atteindre ce but consiste à diviser l'excavation en deux parties par une cloison en planches, dont tous les interstices sont bouchés hermétiquement avec de l'étoupe, de la terre glaise ou des planchettes clouées sur les joints. Si le creusement a pour objet un puits vertical, l'air, se raréfiant d'un côté plus que de l'autre, descend par l'un des compartiments et remonte par le compartiment opposé. Si cet effet ne se produit pas, il est toujours possible de le provoquer en faisant communiquer l'un de ces compartiments avec une cheminée qui établit une différence dans le niveau des deux orifices d'où résulte la circulation naturelle de l'air. On peut encore ajouter un foyer d'appel destiné à activer la marche du courant.

Quant aux galeries, la paroi qui, sous le rapport de l'aérage, les divise en deux compartiments, sera parallèle à l'axe et disposée dans un plan horizontal ou vertical, suivant les besoins de la localité. Lorsqu'elle est établie verticalement (fig. 9, pl. XXIII), l'un des deux compartiments r sert de voie de roulage; l'autre s, mis en communication avec la cheminée d'appel t, est exclusivement destiné au retour de l'air, et son orifice est complètement obstrué. Alors le courant entre ou sort par la cheminée, suivant la saison, à moins qu'on n'y ait placé un foyer d'appel capable de déterminer la circulation de l'air toujours dans le même sens. La paroi de division est ordinairement formée d'une demi brique d'épaisseur consolidée par des pièces de bois verticales, encastrées de mètre en mètre dans des entailles pratiquées au faîte et au sol.

Lorsque la cloison est établie suivant un plan horizontal, elle peut se trouver au-dessous des pieds du mineur ou au-dessus de sa tête. Dans la première de ces dispositions indiquées par la figure 10, cette cloison n'est autre qu'un plancher u u servant de voie de roulage et auquel, par conséquent, on donne une assez grande solidité, par l'encastrement des solives dans les parois latérales, et en clouant au-dessus des planches ou des madriers. L'orifice du compartiment principal, destiné au passage des ouvriers et à l'évacuation des produits du creusement, est fermé par une ou deux portes

pp', qui forcent le courant d'air à sortir par la cheminée. Si la cloison est établie près du faîte de la galerie, le compartiment inférieur sert au passage des ouvriers et des voitures; l'orifice du compartiment supérieur est complètement obstrué, et les portes d'aérage sont supprimées. Toutes ces dispositions sont généralement usitées pour faciliter la circulation de l'air, non-seulement dans les excavations dont l'orifice débouche à la surface du sol, mais encore dans le creusement des puits et galeries intérieurs, en mettant un de leurs compartiments en communication avec le puits d'entrée de l'air, et l'autre, avec le puits de sortie ou avec l'une des galeries qui y aboutissent.

325. *Emploi des coffres d'aérage.*

Il existe un autre procédé fort répandu pour conduire l'air au fond des excavations en creusement; il consiste à disposer, dans toute la longueur de celles-ci, une série de coffres en bois insérés les uns dans les autres, de manière à ne former qu'une conduite unique. Ces coffres, appelés *carnets* dans le Hainaut, sont formés de quatre planches de deux à trois mètres de longueur, dont la section offre un carré ou un rectangle; on les ajuste bout-à-bout par l'un des deux procédés suivants : tantôt (fig. 12), leurs extrémités, coupées en sifflet, leur permettent de s'emboîter les uns dans les autres, à la manière des tuyaux de poêle; tantôt (fig. 11 et 11 bis), chacun d'eux porte, à l'une de ses extrémités, quatre planchettes clouées sur la surface extérieure; celles-ci, débordant le bout de la caisse de quelques décimètres, forment un espace dans lequel vient s'ajuster l'extrémité de la caisse suivante, qui reçoit à son tour la troisième, et ainsi de suite. Dans les deux cas, les joints sont garnis d'étoupes ou de terre glaise,

afin de prévenir toute communication entre l'intérieur
et l'extérieur. Cette conduite, placée dans l'un des angles
d'un puits ou d'une galerie, est suspendue par des
crochets, déposée sur le sol ou maintenue contre le faîte
au moyen d'étançons. L'une de ses extrémités débouche
dans une cheminée, s'il s'agit de travaux commencés à
la surface du sol, ou dans le puits de retour de l'air,
si le percement a pour origine l'intérieur de la mine.

Les coffres, dont l'emploi est très-facile, cessent de fournir
un volume d'air assez considérable lorsqu'on les porte à
une longue distance, vu la grande absorption de force
motrice par les frottements de l'air.

Dans les mines de houille du Centre (Hainaut), on
pourvoit à l'aérage en ménageant latéralement une excavation triangulaire (173) maintenue ouverte par une
conduite en planches de même forme et séparée du puits
par l'épaisseur du revêtement. C'est par ce petit canal que
se fait le retour de l'air dans l'atmosphère. La ventilation du fond du puits s'effectue, pendant le foncement
des reprises, à l'aide de coffres mobiles mis en communication avec le canal triangulaire et prolongés au fur et
à mesure du creusement.

326. Époque où l'on doit proscrire les moyens ci-dessus indiqués.

Lorsqu'à l'aide d'un coffre d'aérage ou de deux compartiments, l'excavation isolée a atteint le point extrême
où il s'agissait de la faire parvenir, on doit remplacer
ces procédés de ventilation, purement temporaires, par
d'autres moins imparfaits, et surtout bien se garder de s'en
servir pour exécuter des travaux d'exploitation, car un

semblable moyen d'aérage devient toujours insuffisant dès que les travaux prennent quelque développement ; l'air, imparfaitement renouvelé, compromet la santé des ouvriers. En outre, si la mine contient du gaz inflammable et que l'on se serve d'un foyer pour activer le courant, les explosions qui peuvent survenir ne manquent pas de renverser la faible paroi de séparation des voies d'entrée et de sortie ; la ventilation est interrompue ; les gaz méphitiques, se répandant immédiatement dans la mine, détruisent toute possibilité de porter secours aux travailleurs, et les désastres les plus affreux peuvent résulter de cette fâcheuse disposition.

Aussi, dès que le puits en creusement a atteint les couches à exploiter, doit-on le mettre en communication immédiate avec un autre puits voisin, afin de déterminer une circulation d'air régulière et efficace. Cette communication s'établit, d'ailleurs, en préparant, pour le passage du courant d'air, deux voies formant une conduite unique avec les deux compartiments du puits, en sorte que l'air est forcé de s'avancer jusqu'au point où travaillent les ouvriers occupés au percement. On emploie pour cela soit une seule galerie divisée par une cloison ; soit une excavation de grande largeur (fig. 1, pl. XXIV), dans laquelle on forme, par l'interposition de remblais m, deux voies a et b prenant leur origine chacune dans un compartiment différent ; soit enfin (fig. 2), en chassant deux galeries parallèles c et d séparées par un massif de houille k, recoupé de distance en distance par des voies transversales. Celles-ci sont successivement remblayées, en ne laissant ouverte que la plus rapprochée des points d'arrachement.

Lorsque la communication est établie, on fait disparaître la cloison qui divise le puits en deux compartiments. Mais, si dans le but de faciliter la circulation des vases

d'extraction, on veut la conserver, on substitue une cloison
à claire voie à la cloison pleine employée jusqu'alors.
Cette opération, qui se borne à enlever les planches join-
tives et à les remplacer par des filières ou coulants, a
pour but de ménager entre ces derniers des espaces
suffisants pour que les colonnes d'air contenues dans les
compartiments soient toujours en contact et jouissent
constamment de la même température, en sorte qu'il ne
puisse s'établir dans tout le puits qu'un seul courant d'air
et non deux courants dirigés en sens contraire l'un de
l'autre, ce qui apporterait obstacle au renouvellement de
l'air dans les travaux.

327. *Travaux ne formant qu'une seule conduite.*

Une mine qui, sur une petite surface, possède plusieurs
orifices de communication avec l'atmosphère, dans laquelle
les galeries ont une grande section et une longueur médiocre, exige peu de dispositions particulières pour provoquer la circulation de l'air. Ainsi, dans les mines du
département de la Loire, la ventilation est singulièrement
facilitée par la multiplicité des puits et par les galeries à
grande section qu'engendre naturellement la puissance des
couches. En Silésie et à Saarbrucken, l'aérage est rendu
très-facile par la réunion des mêmes circonstances ; cependant le dégagement assez abondant d'hydrogène carboné
force parfois les mineurs à diriger le courant d'air avec
beaucoup de prudence et à le distribuer d'une manière
convenable.

Lorsque le nombre des puits est peu considérable et
que les galeries intérieures sont très-nombreuses, on doit
prendre beaucoup de soins dans la conduite du courant
d'air. Autrefois on réunissait toutes les galeries pour n'en

former qu'une seule conduite sinueuse, dont chaque extrémité aboutissait à l'un des puits ; l'air descendait par l'un
de ceux-ci, pénétrait dans cette conduite, qu'il parcourait
dans toute son étendue, et sortait par le puits d'appel.
Des remblais étaient entassés et des portes établies en
certains points de la mine, afin de diriger la marche
du courant. L'exemple contenu dans la figure 5 a
quelque analogie avec le mode d'exploitation autrefois en
usage dans les mines du Couchant de Mons. *A C* est une
galerie à travers bancs qui a recoupé deux couches *M N*
et *O P*; elle est divisée en deux compartiments par une
cloison ; l'une de ses extrémités est en communication avec
le puits d'entrée *A*; l'autre avec le puits de sortie *B*. Des
portes obturantes *p* et *p'*, placées dans les deux compartiments de la galerie à travers bancs, forcent la totalité
de l'air descendu en *A* à faire le tour des travaux, dans
le sens indiqué par les flèches, avant de sortir par *B*.

Ce mode de distribution de l'air était, il n'y a pas longtemps, presque exclusivement employé en Belgique et dans
le nord de l'Angleterre ; actuellement, sauf quelques exceptions, il est proscrit dans ces deux contrées. Les inconvénients de ce système proviennent du long circuit
imposé au courant, circuit d'autant plus grand que les travaux sont plus développés, et qui contribue à augmenter
considérablement les frottements contre les parois. Comme
l'air, en plusieurs parties de son parcours, doit descendre, il en résulte, en cas de dégagement de gaz inflammable, une force d'inertie tendant à diminuer l'activité de
la ventilation. Enfin, en quelque point de la mine que
se dégagent des gaz nuisibles, ils seront rencontrés par le
courant ventilateur, qui les entraînera, et il est impossible
qu'ils ne passent pas auprès des ouvriers, dont ils détrui-
ront la santé, s'ils sont méphitiques, et sur les lumières

desquelles ils détermineront une explosion , si , dans son grand parcours , le courant a réuni du gaz inflammable en quantité suffisante pour produire cet effet. On verra , dans les paragraphes suivants , les moyens de se soustraire à ces inconvénients.

328. *Des moyens de forcer le courant d'air à passer dans les excavations les plus reculées.*

La tendance d'un courant d'air est naturellement de choisir , pour passer d'un point à un autre , le chemin le plus court , celui qui présente la plus grande section ; en un mot , le plus facile. S'il pouvait circuler librement en suivant ses tendances , il arriverait , par suite de la disposition des nombreuses galeries constitutives des mines , que le renouvellement de l'air ne se ferait pas dans la plupart des excavations où il est absolument nécessaire.

Ainsi , dans la figure 4 de la planche XXIV, représentant une disposition encore quelquefois usitée dans la province de Liége, où *A* est le puits d'entrée et *B* le puits de sortie, le courant ventilateur doit suivre tout le parcours indiqué par les lettres *A*, *D*, *F*, *G*, *H* et *B* avant de retourner dans l'atmosphère ; mais il ne peut marcher directement de *A* en *D* qu'autant qu'on obstrue les petites galeries *a*, *b*, *c*, *d* ; sans cela , traversant la plus rapprochée, telle que *a* , par exemple , ou , à son défaut , *b* , le courant passerait immédiatement du puits d'entrée dans le puits de sortie. De même , les galeries *F*, *G*, *H* ne seront aérées qu'autant que les conduites *f*, *g*, *h* opposent au passage de l'air un obstacle qui le fasse refluer sur les points extrêmes.

Si les voies que l'on se propose d'obstruer sont devenues inutiles à la circulation des ouvriers ou au passage des voitures, l'obstacle pourra être immobile et consistera en un mur de pierres sèches ou de briques liées avec du mortier, ou, plus simplement, en remblais fortement tassés et ne livrant passage à aucun filet détaché du courant d'air. L'obstacle, au contraire, devra être mobile, si le service de la mine exige un libre passage à travers la galerie qu'il s'agit de fermer. On se servait autrefois en Belgique d'une toile grossière, clouée à la partie supérieure d'un châssis, et maintenue vers le bas par deux ou trois boucles qu'un enfant accrochait et décrochait suivant les besoins du transport. Quoique cette disposition soit très-vicieuse, surtout dans les mines à grisou, puisqu'elle n'intercepte pas entièrement le courant ventilateur, et que l'aérage de la mine se trouve ainsi confié aux mains d'un tout jeune enfant; quoique cette disposition, qui devrait être sévèrement proscrite, ait été la cause immédiate de plusieurs coups de feu, elle est cependant encore employée dans certaines localités où l'esprit de routine a prévalu jusqu'à présent.

Le moyen le plus convenable d'empêcher le passage du courant ventilateur dans une galerie où l'on veut cependant conserver les moyens de circuler consiste à placer des portes en chêne (fig. 7 et 8) très-solides, joignant exactement contre un châssis. L'ensemble est légèrement incliné du côté opposé à la battue, afin que, la porte, lorsqu'elle cesse d'être maintenue ouverte par la main de l'homme, tombe et se ferme d'elle-même par l'effet de son propre poids. Ces portes p, p, p (fig. 4), que l'on ouvre et ferme fréquemment, peuvent être désignées sous le nom de portes *obturantes*, pour les distinguer des *portes principales* P (main doors), destinées à intercepter la communication immédiate, établie dès l'origine, du puits d'entrée de l'air au puits de sortie. Ces dernières, fermées à clef, ne s'ouvrent que fort rarement et par le maître mineur lui-même ; elles sont l'objet de précautions très-sévères, puisque d'elles dépend la ventilation générale de la mine.

On place ordinairement dans chaque passage deux portes obturantes consécutives, mais on les espace suffisamment afin que l'intervalle qui les sépare puisse contenir un convoi de voitures tout entier, et que la première soit déjà fermée lorsqu'il s'agit d'ouvrir la seconde. Dans les points très-dangereux de la mine, si une seule porte constamment close est jugée insuffisante, on en place trois, dont deux, par conséquent, restent constamment fermées.

Les *portes régulatrices* ont pour but de ne laisser passer, dans de certains quartiers, que des quantités d'air déterminées et de forcer l'excédant du courant à refluer dans les autres parties de la mine. Ce sont simplement des portes fissurées, fermant mal, ou desquelles on a enlevé une ou plusieurs planches ; mais il est plus convenable de pratiquer un guichet dans le panneau supérieur et d'en régler l'ouverture au moyen d'une planche mobile dans des coulisses. On détermine par expérience ou par tâtonnement la grandeur de l'ouverture, et on fixe invariablement la planche par un cadenas, dont le maître-mineur seul conserve la clef. Ces portes sont désignées par les Anglais sous le nom de *Sham* ou *Sheth doors*.

329. *Division du courant d'air.*

On a vu (258) les principes sur lesquels repose la convenance de la division du courant d'air. Or, tous les inconvénients signalés ci-dessus disparaîtront si l'on divise les travaux en plusieurs compartiments isolés les uns des autres, dans lesquels on fasse circuler une branche extraite du courant général ; car alors chaque quartier recevra un volume d'air à peu près égal à celui qui aurait circulé dans toute la mine, si celle-ci eût été disposée en une seule conduite sinueuse.

L'exemple suivant (figures 5 et 6) indique une disposition analogue à celle qui est fréquemment employée dans les mines importantes et bien dirigées de la Belgique. Deux galeries à travers bancs $A D$, $B C$ ont leur origine, l'une au puits d'entrée A, l'autre à celui de sortie B ; elles sont situées à deux niveaux différents, ainsi que l'indique la figure 5, section transversale suivant $A C$, et, par conséquent, comprennent entre elles une certaine hauteur de la couche objet de l'exploitation. G, H, I, K sont les quatre groupes ou compartiments isolés entre lesquels il s'agit de répartir la totalité du courant d'air. On doit d'abord remarquer, quoique ce ne soit pas le cas ordinaire, que si chacun des quatre compartiments présente le même développement de galeries ; si celles-ci ont même section ; si, en un mot, ces compartiments sont tous semblables, chacun d'eux sera aussi bien aéré que le serait un seul d'entre eux auquel serait appliquée l'intégrité du courant ventilateur, à la condition, toutefois, que le volume d'air entrant soit suffisant pour fournir à chacune des voies partielles une circulation active. Le courant général descendu par le puits d'entrée, rencontrera donc sur son passage dans la galerie à travers bancs $A D$, quatre orifices a, b, c, d conduisant à l'intérieur des quatre quartiers dans lesquels il pénétrera en se divisant en quatre branches distinctes. Chacune de ces branches ou rameaux, après son parcours, se rendra dans la galerie supérieure $C B$ aboutissant au puits de sortie B, à travers lequel le courant général arrivera dans l'atmosphère sollicité par un moteur quelconque. Les flèches indiquent suffisamment la division du courant général et la circulation des branches partielles dans chaque groupe.

330. *Répartition de l'air dans les divers compartiments.*

Jamais en pratique, comme on l'a supposé jusqu'à présent, les divers compartiments ne présentent le même développement de galeries et ne se trouvent semblablement placés, relativement aux puits et aux voies générales du courant d'air total; jamais aussi les divers groupes ne se trouvent tous, les uns relativement aux autres, dans des conditions identiques; non-seulement le courant est inégalement réparti entre les différents compartiments, mais encore celui-là même qui doit recevoir le plus grand volume d'air n'est quelquefois ventilé que par un simple filet ou une branche fort minime; tandis que d'autres groupes sont traversés par des courants très-rapides, dont rien ne démontre la nécessité. Ainsi, par exemple, si les compartiments G et H, compris dans la première couche, sont fort rapprochés du puits, tandis que les groupes I, K en sont fort éloignés, évidemment les premiers seront beaucoup mieux aérés que les seconds, puisque les résistances passives résultant des frottements de l'air contre les parois de la galerie seront en raison des racines carrées des longueurs. En outre, si les travaux de l'un des groupes sont plus développés que ceux d'un groupe voisin, le premier devra nécessairement recevoir un volume d'air beaucoup plus considérable que le second; tandis qu'en réalité la vitesse du courant et par conséquent son volume diminueront en raison du développement des galeries. Enfin, il en sera de même lorsqu'un groupe offrira un nombre plus grand de coudes et de rétrécissements que son voisin.

Cependant l'air doit non-seulement être réparti d'une manière uniforme entre les divers quartiers, mais encore pénétrer dans quelques-uns d'entre eux en volumes beaucoup plus grands que dans les autres, et cela proportionnellement au développement des galeries, au nombre de coudes et de rétrécissements et à tous les obstacles. On parvient en partie à ce but par l'emploi des portes régulatrices à guichet, dont les ouvertures, réglées avec soin, distribuent, entre les divers groupes, le volume d'air total en quantités à peu près proportionnelles au besoin que chacun d'eux peut en avoir; la porte, disposée pour n'en admettre qu'un faible volume, fait refluer l'excédant dans les autres compartiments de la mine où la circulation doit être plus active. Dans l'exemple choisi (fig. 6), on supprime les portes p, p, afin de débarrasser la voie de roulage de tout encombrement, et on les remplace par d'autres installées en p', p' sur la voie de retour, où elles rendent le même service; car, en réglant la sortie de l'air, on détermine en même temps le volume de celui qui entre dans le compartiment.

331. *Avantages de la division du courant d'air.*

La division du courant offre de grands avantages, tant sous le rapport de la sécurité des travaux exposés au grisou, que sous celui de l'économie du moteur d'aérage. Ainsi, il peut arriver que, par suite d'une circonstance quelconque, un dégagement subit de grisou, ayant lieu sur l'un des points de la mine, rende détonnant l'air contenu dans l'un des groupes. Si les mineurs s'en aperçoivent assez promptement, ils pourront abandonner le travail, se retirer

avant l'explosion, et déterminer, au moyen des portes régulatrices, une circulation plus active qui balaye tout le gaz
inflammable et rende le compartiment à son état de salubrité. Pendant ce temps, le travail dans les autres compartiments ne sera pas interrompu, ou tout au moins ne le
sera que dans le cas où l'on serait forcé de faire passer
momentanément le courant d'air tout entier dans le groupe
infesté. Si, malheureusement, le gaz détonnant se dégage
avec une si grande promptitude que le coup de feu ait lieu
avant que le mineur se soit aperçu de l'état explosif de
l'atmosphère ambiante, les ouvriers travaillant dans les
groupes voisins seront au moins préservés de l'atteinte du
fléau destructeur, et les gaz méphitiques résultant de l'explosion pourront bien refouler momentanément le courant;
mais si les voies générales de sortie offrent une issue suffisante, la circulation se rétablira dans tous les quartiers,
excepté peut-être dans celui où le coup de feu s'est fait sentir
et dont les portes auront été détruites.

Si, dans le cas d'une conduite unique, le gaz se dégage
sur un grand nombre de points, quelque faible que soit
d'ailleurs ce dégagement, toutes ces diverses parcelles réunies entre elles peuvent suffire à rendre le courant explosif;
et comme il est certain que, dans cet état, il passera dans un
ou plusieurs des ateliers où les mineurs, munis de lampes,
sont occupés à l'arrachement de la houille ou à tout autre
travail, on se trouvera dans les conditions les plus probables
d'accident. Mais, au contraire, un groupe, en raison de son
moindre développement, ne fournissant, la plupart du
temps, que des quantités de gaz insuffisantes pour rendre
le courant explosible, on aura d'autant moins à craindre
les chances de coups de feu.

Enfin, la circulation de l'air dans une mine sera, avec le
même moteur, beaucoup plus active lorsque les travaux

intérieurs seront divisés en compartiments, que s'ils formaient une conduite unique; c'est ce que M. Combes a
prouvé de la manière suivante.

Si l'on suppose, d'un côté, un champ d'exploitation
divisé en quatre compartiments semblablement placés relativement aux voies générales d'entrée et de sortie de l'air
et semblables entre eux sous le rapport du développement
et de la section des galeries; de l'autre, le même champ
d'exploitation disposé de manière à ne former qu'une conduite unique, dont le développement sera toujours au moins
quadruple du développement de l'un des compartiments;
si l'on représente par L, A, P, Q respectivement la longueur d'une galerie, l'aire de sa section transversale, le
périmètre de cette section et le volume d'air circulant par
seconde, on aura pour l'expression des frottements de l'air
la valeur suivante :

$$\frac{P.L.}{A} \times V^2 = \frac{P.L.}{A} \times \frac{Q^2}{A^2},$$

multipliée par un coefficient déterminé par l'expérience.

Dans le premier cas, les galeries des quatre groupes
peuvent être considérées comme une seule galerie, dont
la longueur serait L, la section $4A$ et le périmètre $4P$;
les frottements seraient donc :

$$\frac{4P.L}{4A} \times \frac{Q^2}{16A^2}.$$

Dans le second cas, la section étant A et le périmètre
P, la longueur serait $4L$; donc les résistances dues au
frottement seraient exprimées par

$$\frac{P.4L}{A.} \times \frac{Q^2}{A^2}.$$

Comparant les deux fractions, on voit que les numé-
rateurs sont les mêmes, tandis que le dénominateur de

la première renferme deux facteurs $4 \times 16 = 64$ que ne contient pas la seconde. Cette dernière est donc 64 fois plus grande que la première, ou, en d'autres termes, les résistances au mouvement de l'air absorberont, dans le cas d'une conduite unique, une quantité de force motrice 64 fois plus grande que dans celui de la division des travaux en quatre groupes.

Il en est de même pour les coudes et les rétrécissements, dont la dépense de force motrice est égale au carré du volume d'air en circulation dans chaque groupe. Ainsi, dans la première supposition, le volume d'air étant $\frac{Q}{4}$, la force motrice employée pour vaincre cette espèce de résistance sera $\frac{Q^2}{16} m$, m étant un coefficient dépendant du nombre de coudes et de rétrécissements. Dans la seconde supposition, le volume Q devra être multiplié par un coefficient qui, vu la longueur quadruple de la galerie, devra être égal à la somme des quatre coefficients relatifs à chacun des groupes ou $4 Q m$, expression 64 fois plus grande que la première.

Les expériences relatives au ventilateur du n°. 5 de Châtelineau permettent de faire ressortir ce principe d'une manière tout-à-fait pratique (1). Cette mine renferme quatre quartiers de travaux aérés par des branches isolées; la première expérience a eu lieu lorsque le courant d'air passait dans l'ensemble des conduites; la seconde, la troisième et la quatrième respectivement après l'obturation successive d'une, de deux et de trois galeries principales. Voici cet utile rapprochement :

_____

(1) Voir le *Mémoire* de M. Jochams, page 26,

EXPÉRIENCES.	NOMBRE DE COURANTS D'AIR.	DÉPRESSION MANOMÉTRIQUE.	VOLUME D'AIR DÉBITÉ.	NOMBRE DE RÉVOLU- TIONS.	VOLUME ENGENDRÉ PAR UNE RÉVO- LUTION (1).	FORCE TOTALE ABSORBÉE (F.)
1	4	0.022	9.590	50	19.180	538.78
2	3	0.040	10.156	35.2	17.277	670.91
3	2	0.055	8.409	50	16.818	727.19
4	1	0.068	7.998	35.6	14.282	1037.85

Ainsi, le nombre décroissant de branches ventilatrices produit des dépressions qui s'accroissent comme :

10, 18, 23 et 31.

et déterminent l'emploi de forces motrices, suivant un rapport exprimé par

100, 177, 191 et 274.

Quant aux volumes pratiques d'air engendrés par une révolution de l'appareil, ils sont entre eux comme :

100, 90, 88 et 75.

L'irrégularité des sections des diverses conduites, leur longueur variable en raison du développement progressif des travaux, et plus encore les coudes et les étranglements, ont dû exercer une grande influence sur les résultats et les rendre peu comparables avec les valeurs absolues que donne la théorie, dont ils sont cependant la confirmation pleine et entière.

On voit, d'après ce qui précède, combien il importe

(1) La 6e. colonne provient de calculs effectués à l'aide des valeurs contenues dans la 4e. et la 5e.; elle a pour objet de ramener les divers volumes d'air aux mêmes vitesses.

de diviser le courant d'air en plusieurs branches distinctes, disposition toujours possible, puisqu'elle est indépendante du système d'exploitation que l'on se propose d'employer.

552. *Vitesse et volume du courant d'air.*

La vitesse du courant d'air et la section des puits ou des galeries sont les deux éléments du volume d'air qui circule dans les mines. S'agit-il d'augmenter ce dernier, ce ne sera certes pas à la section qu'on s'en prendra, mais bien à la vitesse, qu'on peut faire varier en modifiant la puissance du moteur d'aérage. L'expérience a appris qu'une vitesse de 0.60 mètre par seconde était suffisante pour opérer la diffusion des gaz, qui tendent, par leur légèreté, à échapper à la propriété dissolvante de l'air; mais les galeries, dans ces circonstances, ne doivent pas présenter trop d'anfractuosités, de coudes ou d'autres irrégularités. Lorsque cette vitesse atteint un mètre par seconde, les ouvriers en sont incommodés; si elle est plus considérable, les lumières découvertes s'éteignent, et un parcours de l'air de 1.50 mètre par seconde serait fort dangereux dans les mines à grisou; car, d'après les observations faites en Angleterre, un courant d'air parcourant 500 pieds anglais par minute (1.50 mètre par seconde), fait passer la flamme à travers le tissu métallique de la lampe de Davy.

Quelques personnes pensent pouvoir déterminer d'une manière générale le volume d'air à introduire dans les mines, en se basant sur un élément unique : le nombre d'ouvriers occupés simultanément à l'intérieur des travaux, en leur attribuant une quantité d'air plus ou moins considérable, suivant la présence ou l'absence de l'hydrogène protocarboné. Mais un seul exemple suffira pour convaincre le lecteur de l'impossibilité d'atteindre ce but par une semblable détermination. En effet, si, après avoir admis, comme règle générale, que chaque ouvrier doit pouvoir disposer de quarante litres d'air en une seconde, par exemple, on considère deux mines : l'une du Levant, l'autre du Couchant de Mons, on peut supposer, circonstance assez souvent conforme à la réalité, que le développement des galeries est le même dans les deux cas, quoique, par suite de la nature des gisements et du système d'exploitation adopté, la quotité d'extraction soit différente et n'exige, dans l'une, que l'introduction simultanée de 60 ouvriers, tandis que l'autre en réclame 150. Dans la première localité, l'exploitation ayant lieu par deux étages, exige deux galeries de 1.80 mètre de largeur et 1.50 de hauteur. Le volume d'air $0.04 \text{ M}^3 \times 60 = 2.40 \text{ M}^3$, divisé par la section 5.40 M^2, donne 0.44 mètre pour la vitesse du courant d'air. Dans la seconde, la concentration des ateliers d'arrachement sur un petit espace ne réclame que l'emploi d'une seule galerie à double voie (dont la largeur est de 2.50 mètres et la hauteur 1.50), formant une section de 3.75 mètres. Le volume d'air à faire circuler devant être de $0.04 \times 150 = 6 \text{ M}^3$, la vitesse du courant sera de 1.60 mètre. Or, si, d'un côté, la première de ces vitesses, appliquée aux mines du Levant de Mons, est insuffisante pour balayer les gaz nuisibles et prévenir l'échauffement de l'air; de l'autre, elle sera trop grande pour les exploitations du Couchant, où elle incommodera les ouvriers par la grande quantité de poussière que soulèvera l'agitation de l'air.

Ainsi, la détermination du volume d'air fondée exclusivement sur le nombre d'ouvriers est incomplète; il faut, en outre, fixer les limites extrêmes de la vitesse du courant, dont l'influence est si grande sur l'élévation de la température et sur la capacité de l'air pour la vapeur d'eau. Que sera-ce donc si l'on ne tient aucun compte du développement des travaux, du système d'exploitation, des conditions de gisement, de la division du courant en un certain nombre de branches ou de son agglomération dans une seule conduite, de la production plus ou moins abondante des gaz nuisibles, des mofettes irrespirables et des miasmes délétères? Comment sera-t-il possible de fixer en bloc l'excédant de volume à attribuer aux mines à grisou, dont le dégagement varie dans des limites si écartées?

Évidemment la multiplicité et la complication des éléments de cette détermination ne peuvent permettre la création d'aucun système général. Il semble qu'il soit indispensable, dans ces circonstances, de marcher par analogie, qu'on doive plutôt classer les mines suivant les diverses conditions de ventilation plus ou moins favorables où elles se trouvent, et en former des groupes à chacun desquels pourrait dès lors s'appliquer une règle unique et absolue. Peut-être trouvera-t-on quelque utilité à prescrire l'emploi de l'hygromètre et du thermomètre (1), dont les indications devront être inférieures à un nombre de degrés déterminé.

Quoi qu'il en soit, les administrations gouvernementales des mines seules sont en position d'établir ces classifications; seules elles ont accès dans toutes les exploitations, où elles peuvent s'y livrer aux recherches et aux expériences nécessaires; seules, enfin, elles peuvent réunir

---

(1) M. le docteur Hanot a trouvé que la température du courant d'air, dans les mines bien ventilées du Couchant de Mons, était comprise entre 15 et 17 degrés, et que celles où l'activité du courant d'air laissait à désirer indiquaient une hauteur thermométrique de 18 à 20 degrés et plus.

des bases expérimentales qui leur permettent d'établir des comparaisons utiles, en ayant égard aux conditions diverses dans lesquelles se trouvent les mines de houille.

Les courants d'air jaugés dans les mines belges varient dans des limites fort étendues. Lorsque la ventilation est naturelle, le volume du courant est rarement de deux mètres cubes par seconde, et quelquefois n'atteint pas même un mètre. Si elle est provoquée par un foyer d'appel placé dans de bonnes conditions, l'air circulant dans la mine peut être de 3 à 5 mètres. Enfin, les appareils mécaniques déterminent une circulation de 4 à 8 M³, et, dans quelques circonstances, 10 et même 12.5 M³.

Quant au choix d'un moteur d'aérage, le mineur n'a d'autre guide que l'analogie, et encore devra-t-il par prudence le choisir d'une puissance supérieure aux besoins probables, afin de prévenir les éventualités qui pourraient résulter soit d'un accroissement imprévu dans l'étendue des excavations, soit d'un dégagement subit de gaz hydrogène protocarboné provenant de vieux travaux, de soufflards, de failles, etc.

333. *Pertes d'air dans les travaux.*

Le volume du courant étant bien établi, il reste encore à l'employer d'une manière convenable en faisant passer dans chaque branche des quantités d'air en rapport avec les exigences des divers quartiers de la mine. Mais il importe surtout qu'il soit utilisé dans son intégrité, circonstance malheureusement assez rare dans les mines belges, où l'on constate des pertes par les interstices des remblais, et d'autres plus considérables encore à travers les communications (*retrouages*) établies entre le puits d'entrée et celui de sortie de l'air; ces galeries, mal fermées, permettent à une partie du courant ventilateur de passer directement de l'une à l'autre de ces excavations, sans pénétrer dans les travaux d'exploitation. C'est ainsi que M. Gonot (1), après avoir jaugé le volume total de l'air introduit dans le puits n°. 2 des Vingt-Quatre Actions (Couchant de Mons), et l'avoir trouvé de 2.10 M³ en une seconde, s'est assuré, par des mesures de détail, qu'il n'en parvenait dans les travaux qu'un peu plus d'un tiers ou, en moyenne, 0.77 M³. De même aussi M. Jochams a constaté à la mine de Bonne-Espérance, près de Charleroi (2), une perte provenant d'une cause identique, ainsi que le démontre le tableau des expériences relatives à cet objet.

NOMBRE DE RÉVOLU-TIONS DU VENTILATEUR.	VOLUME D'AIR ENTRANT		TOTALITÉ DU COURANT.	VOLUME D'AIR SORTANT DE LA MINE.
	DANS LE QUARTIER DU SUD-EST.	DANS LE QUARTIER DU NORD-OUEST.		
20	1.565	1.581	3.146	6.543
24	2.048	2.075	4.123	7.652
32	2.566	2.890	5.456	10.068

D'où il résulte que l'on n'utilisait, pour la ventilation des travaux en activité, que la moitié environ de l'air aspiré.

Les conditions d'un bon aérage exigent que l'on évite autant que possible de percer des voies de communication entre les puits d'entrée et de sortie de l'air, ou tout au moins qu'on les obstrue de manière à ne pas causer de diminution dans les effets des moteurs.

(1) *Annales des Travaux publics de Belgique*, t. V, p. 341.
(2) Idem, t. X, p. 17.

334. *De la ventilation des mines exemptes de grisou.*

Pourquoi les mines à grisou sont-elles à peu près les seules qui jouissent du privilége d'une bonne ventilation ? Pourquoi se borne-t-on, dans les autres exploitations, à la création d'un courant d'air par le percement de deux excavations débouchant au jour, sans l'activer par l'emploi de moyens artificiels plus énergiques, et surtout sans s'attacher à le diriger d'une manière rationnelle dans l'intérieur des travaux ? Serait-ce parce qu'on n'a pas à redouter la mort violente et simultanée d'un grand nombre d'ouvriers et les effets immédiats de ces catastrophes, dont le bruit, se propageant dans toutes les classes de la société, y produit des sensations si pénibles ? Mais si, dans ces mines, le gaz ne règne pas en souverain, s'il n'y produit pas d'explosions meurtrières, elles n'en contiennent pas moins tous les germes d'un grand nombre de maladies, qui, sévissant dans l'ombre et le silence, mais d'une manière incessante, ruinent la constitution des ouvriers, abrègent leur vie et les sacrifient sans bruit en nombre bien plus considérable que ne peut le faire le grisou, même dans les époques les plus déplorables.

Excepté l'hydrogène protocarboné, fluide inerte sous le rapport de la respiration, tous les gaz signalés se rencontrent, dans les mines exemptes de grisou, avec leurs propriétés éminemment délétères; et, non-seulement toutes les causes de la viciation de l'air subsistent, mais à celles-ci viennent s'en ajouter d'autres provenant du fait même d'un mauvais aérage. En effet, un courant d'air peu actif et qui, par conséquent, séjourne longtemps dans les excavations, acquiert une température de plus en plus élevée et se sature, pour ainsi dire, d'humidité ; l'atmo-

sphère qui en résulte agit alors comme cause débilitante
sur l'organisme des mineurs. La raréfaction de l'air réduisant le volume d'oxigène, les fonctions vitales languissent ;
le haut degré de chaleur auquel parvient le corps humain
et la diminution de pression atmosphérique impriment aux
liquides une tendance à se porter au dehors, provoquent
la brièveté et la fréquence de la respiration ; enfin, l'air,
surchargé d'humidité, ne peut enlever les produits de la
transpiration, qui dès lors ruisselle sur le corps des malheureux mineurs retenus par leur travail dans cette atmosphère anormale. C'est ainsi que l'on a vu les ouvriers de
certaines mines du Flénu (Couchant de Mons) travailler
sans chemise, et ceux du Staffordshire et de Rive-de-Gier
également forcés par la chaleur de se priver de la majeure
partie de leurs vêtements pour se livrer au moindre effort.

L'air, en séjournant dans les mines, est dépouillé de
son oxigène, dont la quantité relative diminue quelquefois
d'une manière effrayante. Or, cet élément est indispensable à la vie de l'homme, dont il rougit le sang ; si l'air
qu'il respire n'en contient pas assez, et s'il se trouve longtemps soumis à de semblables conditions, sa figure prend
la coloration grisâtre observée chez tous les ouvriers dont
le sang n'est pas suffisamment vivifié par son aliment naturel : l'oxygène. Cette coloration est suivie de l'*anémie*,
maladie fort répandue parmi les ouvriers occupés aux travaux des houillères imparfaitement ventilées. M. Hanot [1]
fait ressortir cette circonstance par la comparaison de deux
classes de mineurs du Couchant de Mons appartenant,
les uns, aux exploitations dites de *charbons durs*, dans
lesquelles la présence du grisou nécessite une ventilation

[1] *De la Mortalité des Ouvriers mineurs*, brochure imprimée à
Bruxelles chez N. J. Grégoir.

active ; les autres, aux travaux du Flénu, où l'absence totale de cet ennemi des mineurs n'engage que trop fréquemment à négliger l'aérage, malgré l'existence de l'acide carbonique et du gaz hydrogène sulfuré, malgré le développement des travaux et le grand nombre d'ouvriers qui y sont occupés. Ce docteur peut, dit-il, distinguer au premier aspect et désigner dans une réunion d'ouvriers ceux qui appartiennent à chaque catégorie de mines, et cela simplement à l'aide des différences physiques extérieures qu'ils offrent aux regards de l'observateur.

Un dernier vice inhérent à une atmosphère trop lentement renouvelée, est de receler en abondance certains produits de la combustion des lampes ; ces suies, réduites à un état d'excessive ténuité, s'introduisent par la respiration dans la cavité des poumons, se déposent sur les surfaces humides des canaux aériens, qu'ils obstruent en partie, et produisent la *mélanose charbonneuse*, affection qui, si elle n'occasionne pas des maladies de poitrine, amoindrit les effets indispensables de la respiration.

Les résultats de l'altération de l'air sur la constitution de l'homme ne se produisent pas brusquement et avec éclat, comme les désastres provenant des explosions d'hydrogène carboné : lents et cachés d'abord, ils ne se déclarent qu'insensiblement ; même ils ne sont pas toujours appréciables pour les ouvriers, qui manquent de terme de comparaison, puisque leur organisme tout entier est soumis à la même influence ; mais ces causes morbides n'en agissent pas moins avec énergie sur des milliers d'êtres, auxquels ils procurent une mort prématurée après une vieillesse anticipée et chargée d'infirmités. « N'est-il pas » désolant, dit M. Hanot, d'entendre dans le Borinage cette » voix de Jérémie : « Où est l'homme de 45 ans dont la » santé ne soit pas altérée ? »

Il est cependant facile et certainement indispensable de porter remède à cet état de choses : il suffit pour cela que le courant ventilateur des mines exemptes de grisou soit bien distribué et surtout animé d'une vitesse telle qu'il balaye tous les gaz et les miasmes nuisibles, et que, par un séjour trop prolongé dans les excavations, il n'atteigne pas une trop haute température et ne se surcharge pas d'humidité. Le moteur destiné à provoquer la circulation de l'air étant ici l'élément essentiel d'un bon aérage, l'exploitant (1) devra se déterminer à employer les agents mécaniques ; il ne regardera pas à quelques chevaux-vapeur de plus pour placer la mine dans des conditions de salubrité satisfaisantes, car il est de son intérêt que ses ouvriers, forts et robustes, se trouvent dans un parfait état de santé.

Quant aux matières fécales, il importe d'établir des réduits où les mineurs puissent se rendre, réduits pour l'emplacement desquels on choisira, autant que possible, un des points de la mine où se fait le retour de l'air ; les excréments en seront périodiquement et régulièrement extraits et élevés au jour. On emploira d'abord la persuasion pour engager les ouvriers à se conformer au règlement ; puis, si cela devient indispensable, les moyens coercitifs. Les émanations exhalées par les matières fécales des chevaux sont moins dangereuses ; cependant la situation des écuries, ordinairement établies aux approches des chambres d'accrochage et dans le voisinage des points où l'air frais entre dans la mine,

(1) Le Bois du Luc (Centre du Hainaut) est une mine où jamais n'a paru un atome de grisou ; les administrateurs de cette Société viennent cependant de prendre l'initiative à cet égard en faisant placer un ventilateur du système de M. Fabry sur l'un des puits de la concession.

permet à ces gaz de se mélanger au courant dès son origine, et, par conséquent, de traverser tous les ateliers. Le remède à cet inconvénient ne dépendant que de la disposition des lieux, il sera toujours facile de régulariser cet objet.

L'administration des mines, à qui il incombe de pousser les exploitants dans cette voie d'amélioration, y parviendra facilement; car les résistances partielles qu'il s'agira de vaincre pour obtenir de bonnes conditions de ventilation, ne dérivent que de calculs étroits, mal fondés, et ne se rapportent qu'à des intérêts du moment. Cette impulsion sera moins difficile à imprimer à l'époque actuelle, qu'il ne l'a été il y a trente ans d'obtenir l'emploi de la lampe de sûreté, et il y a dix ans la direction ascensionnelle du courant d'air.

Lorsque ces améliorations auront été introduites, les mines, se trouvant alors dans les conditions maximum de salubrité qu'il est possible de leur donner, ne présenteront plus aux ouvriers d'autres inconvénients que ceux d'un travail souterrain effectué dans des espaces resserrés, au milieu d'une atmosphère chargée de poussière et avec privation constante de la lumière du soleil. Ce seront encore de graves inconvénients, mais auxquels il sera probablement impossible de porter remède.

335. *Direction ascendante du courant d'air.*

L'hydrogène protocarboné, avant son mélange avec l'air atmosphérique, a, en vertu de sa légèreté spécifique, une tendance à se porter vers les parties culminantes de l'espace dans lequel il est renfermé. Si un courant d'air s'établit dans une excavation, le gaz inflammable sera sollicité par deux forces : la différence de densité, qui lui est propre, et l'action du courant ventilateur, qui cherche à l'entraîner avec lui dans le sens du mouvement. Si ce dernier est dirigé en descendant, les deux actions se contrarient et détruisent mutuellement une partie de leur énergie; si, au contraire, il est ascendant, les deux forces, concourant au même but, s'entr'aident et favorisent la ventilation.

Dans le but de faciliter ces tendances naturelles, on doit disposer les travaux de telle façon que le courant destiné à parcourir des voies inclinées, où se fait un dégagement continu de gaz, y pénètre par son extrémité inférieure la plus basse et jamais par la partie culminante, c'est-à-dire, que sa direction soit constamment ascensionnelle. Mais lorsqu'il abandonne ces voies infestés de grisou, lorsqu'il circule dans les galeries de retour, la direction qu'on lui imprime est tout-à-fait indifférente sous le rapport de la sécurité, pourvu, toutefois, qu'on n'ait à craindre aucun dégagement ultérieur de grisou, parce que le mélange d'air atmosphérique et de gaz nuisibles est parfait, et que ses divers éléments n'ont aucune tendance à se séparer les uns des autres. Toutefois, comme le mélange, en cas de grisou, est plus léger que l'air atmosphérique, il est toujours convenable, dans l'intérêt de l'activité du courant, de le conduire au puits de sortie à travers des galeries ascendantes ou tout au moins horizontales.

C'est encore pour faciliter l'expulsion des gaz dangereux que l'on doit choisir une direction convenable lorsqu'on perce, dans une couche inclinée ou verticale, une galerie destinée à mettre en communication deux galeries à travers bancs situées à des niveaux différents. Cette excavation devra s'exécuter en montant, si l'on est menacé par le gaz acide carbonique, et, au contraire, en descendant, si l'on peut craindre un dégagement d'hydrogène carboné.

On favorise ainsi la diffusion en utilisant la différence de pesanteur de l'air atmosphérique et des gaz qu'il s'agit d'entraîner. Si cependant, ce qui arrive quelquefois, on ne peut empêcher les eaux de la mine de venir s'accumuler à la partie inférieure de la galerie, l'atelier d'arrachement sera submergé et le percement arrêté. On devra se résoudre, puisqu'il n'y a pas d'autre ressource, à pratiquer une galerie ascendante, en forçant de grands volumes d'air à pénétrer dans l'excavation. Mais on s'aperçoit alors, dans la marche du courant, d'un ralentissement causé par la résistance qu'offre le mélange d'air et de gaz à suivre une voie descendante.

Une prescription trop absolue, relativement à la marche ascensionnelle du courant, place inutilement l'exploitant dans la fâcheuse alternative ou d'abandonner de notables parties de couches, ou de se livrer à des travaux de percement dont les dépenses sont hors de toute proportion avec les produits que l'on espère obtenir. Des faits très-fréquents dans les mines de houille, où les couches forment des alternatives de droits et de plats, viendront confirmer cette assertion dans le chapitre consacré aux travaux d'exploitation proprement dite.

336. *Moyens mécaniques propres à opérer la diffusion des gaz.*

On a fréquemment observé que les galeries les plus salubres sont celles dans lesquelles les ouvriers circulent le plus fréquemment, parce que les mouvements imprimés à l'air tendent à le mélanger avec les gaz nuisibles. Il ne suffit pas, en effet, de projeter dans la mine de grands volumes d'air pur, il faut aussi que les gaz dangereux soient intimement mélangés avec lui, et qu'ils s'y trouvent pour ainsi dire noyés.

Depuis longtemps on se sert en Allemagne, pour renouveler l'air des bouts de galeries en creusement ou d'autres excavations sans issue, de gros soufflets de forgeron et de ventilateurs mus à bras d'hommes. Le ventilateur allemand (fig. 10, 11 et 12, pl. XXIV), quoique ne produisant que des effets partiels, peut être avantageusement employé dans les galeries où les gaz nuisibles se dégagent trop abondamment.

Cet appareil (1), devant être porté à bras dans des excavations fort basses, n'a guère plus de 0.70 mètre de hauteur et ne pèse que 84 kilogrammes. Il se compose de quatre ailes en tôle a, a fixées sur un arbre par l'intermédiaire de quatre bras c, c en fer forgé ; d'une caisse FF formée de deux disques en fonte de fer réunis par des boulons et des entre-toises d'écartement, et fermée latéralement par des tôles pliées suivant la courbure des disques. Les pieds de l'appareil G, G, également en fonte, sont le prolongement des parois planes de la caisse. L'air appelé dans l'intérieur traverse les ouïes s, s et sort par le porte-vent t, qui le conduit au lieu de sa destination. La vitesse imprimée à la manivelle par les bras de l'homme est multipliée par des poulies à gorge fixées : la première g, sur l'arbre de la manivelle ; les deux suivantes h, i, sur des axes particuliers ; elles sont formées de deux disques accolés dont les diamètres sont entre eux comme 1 : 2. La dernière poulie k fixée sur l'arbre du ventilateur est simple ; son diamètre est à celui de la poulie qui précède comme 1 : 4. Ainsi la vitesse de la manivelle étant de 1, celle des ailes

---

(1) *Bergmaennisches taschenbuch fur Oberschlesien.* 1847, p. 125.

sera $2 \times 2 \times 4 = 16$, et si la main de l'homme imprime à la première une vitesse telle qu'elle fasse quarante tours par minute, le ventilateur en fera 640. Les poulies sont liées deux à deux par de fortes cordes à boyau, dont la disposition est suffisamment indiquée par les figures ; on les frotte de temps en temps avec de la colophane, afin de prévenir les glissements ; mais on n'y parvient que d'une manière fort imparfaite, en sorte que le nombre de tours n'atteint jamais la limite précédente. Cependant, malgré la réduction qui en résulte, les effets produits sont toujours plus que suffisants dans tous les cas, puisque l'appareil peut débiter environ 20 M³ par minute sous une dépression de 0.0085 mètre d'eau.

On emploie ce ventilateur portatif pour projeter des quantités assez considérables d'air pur sur les points des mines où le courant, peu actif, se trouve vicié par le dégagement de mofettes irrespirables. On peut, dans ces circonstances, porter l'air atmosphérique dans l'espace infesté de gaz nuisibles ou placer le ventilateur dans cet espace, et rejeter ces fluides dans les galeries où règne un courant vif et continu, qui les entraîne au jour. Dans ce dernier cas, l'appareil, avec moins de travail, atteindra le même but ; mais l'ouvrier chargé de le mettre en mouvement devra opérer dans l'obscurité. S'il s'agit de combattre le grisou, quel que soit le mode adopté, on doit faire passer le porte-vent à travers une cloison qui empêche le gaz de revenir à son point de départ.

C'est par l'emploi d'un ventilateur de même espèce que M. Gauthier, ingénieur en chef de la province de Namur, est parvenu à assainir quelques ateliers de la mine du Hasard, près de Namur, dont l'atmosphère était tellement chargée d'air inflammable que ce dernier était refoulé jusque fort avant dans la voie de roulage. Les expériences

faites à ce sujet ont prouvé qu'il suffisait de quelques heures
pour balayer toute accumulation de gaz nuisibles provenant
soit d'une ventilation moins active pendant l'été, soit d'un
dégagement subit de grisou.

337. *Empêcher les gaz de se soustraire à l'action dissolvante du courant atmosphérique.*

La vitesse d'un courant ventilateur n'est pas uniforme
dans les divers points de la section d'une galerie. Le
maximum de vitesse est ordinairement vers l'axe, tandis
que les résistances provenant des frottements de l'air contre
les parois de la conduite la font décroître vers le périmètre de la section; en sorte que l'air inflammable, en
se portant vers le faîte des excavations, et l'acide carbonique
dans les anfractuosités du sol, parviennent à se soustraire
en partie à l'action dissolvante de l'atmosphère. Ils s'accumulent, en outre, dans toutes les cavités situées à la partie
supérieure ou inférieure des galeries suivant leurs tendances
respectives; ils se logent dans les angles rentrants que
forment les bois, et dans tous les lieux où ils sont à l'abri
du courant ventilateur.

Pour qu'aucune partie de ces gaz n'échappe à l'action
entraînante du courant, il faut disposer les galeries de manière à ne leur laisser aucun lieu de refuge. On doit, par
conséquent, éviter les irrégularités trop sensibles dans les
sections des galeries, les parois inégales et les bois trop saillants; les étranglements, les sinuosités dans les voies de
retour de l'air; les angles rentrants, surtout les excavations du faîte provenant de la chute des cloches, et, enfin,
toute disposition qui pourrait empêcher le courant de saisir
la totalité des gaz pour les entraîner avec lui. On a adopté
dans les mines du nord de l'Angleterre, où les cloches

sont des causes très-fréquentes d'éboulements, une disposition particulière au moyen de laquelle on empêche les gaz de se loger dans l'espace créé par leur chute. Ce moyen (fig. 23, pl. XXIV) consiste à intercepter le passage de l'air par une paroi transversale occupant la partie inférieure de la galerie, afin que le courant soit forcé de balayer, à mesure qu'il se forme, tout l'hydrogène carboné tendant à se réfugier dans la cavité du faîte. La paroi est munie d'une porte servant au passage des ouvriers et des voitures.

D'autres considérations de détail fort importantes trouveront leur place dans le chapitre consacré à l'exploitation proprement dite.

338. *Dimensions des voies de retour de l'air.*

Des raisons d'économie engagent souvent les exploitants à donner aux voies de retour des dimensions très-petites comparativement aux voies d'entrée, parce que celles-ci servent ordinairement à la circulation des ouvriers et au transport des produits, tandis que les premières, exclusivement consacrées, du moins en Belgique, au passage du courant ventilateur sortant de la mine, sont considérées comme étant d'une moindre importance. Une bonne ventilation exige cependant des dispositions directement contraires; car l'air, après avoir parcouru une partie des travaux, a acquis une température plus élevée que celle dont il était doué au moment où il pénétrait dans la mine; il est saturé de vapeur d'eau; il a entraîné avec lui les gaz et les miasmes qui se sont formés ou dégagés sur son passage. Ces circonstances, qui, toutes, concourent à l'augmentation de son volume, réclament une plus grande section dans les voies de sortie que dans

celles d'entrée, afin de diminuer le nombre des résistances
et de faciliter la circulation de l'air.

On en peut dire autant des puits d'appel, relativement
aux puits d'entrée de l'air; cependant le contraire de
cette prescription a presque toujours lieu en Belgique et
dans le département du Nord. Ainsi, dans la province
de Liége, on creuse des puits spécialement destinés au
retour de l'air dont la section excède rarement la moitié
et même le tiers de la section du puits d'entrée. Au
Couchant de Mons, les puits d'aérage offrent des différences encore plus sensibles, car M. Lambert, officier
des mines du premier district, a constaté, par le mesurage
de 116 puits de cette espèce, un diamètre moyen de
1.51 mètre et, par conséquent, une section de 1.79 mètre
carré; tandis que celle des puits d'entrée est ordinairement de 4.50 à 12 mètres carrés. Si l'on ajoute que
ces puits d'appel sont ordinairement formés d'une série
de petits puits liés entre eux par des galeries horizontales
fort étroites; que presque tous contiennent, en outre, les
échelles employées par le mineur pour descendre dans la
mine et en sortir, et, par suite, un grand nombre de
paliers de repos, on peut se faire une idée de la contraction du courant d'air, des contournements auxquels
il est soumis et des obstacles qu'il éprouve pour retourner
dans l'atmosphère.

Enfin les galeries à travers bancs et celles qui doivent
être traversées par le courant tout entier, soit avant sa
division en branches, soit après la réunion de celles-ci,
doivent être à grande section, afin que la vitesse de l'air,
dans son parcours, soit modérée et n'engendre pas des
pertes de force vive trop considérables.

SECTION VIIe.

ÉCLAIRAGE DES MINES DE HOUILLE.

539. *Des chandelles.*

Les mines non sujettes au dégagement de gaz inflammable peuvent être éclairées au moyen de chandelles ou de lampes découvertes. Le nombre de chandelles que contient un kilogramme varie suivant les localités et la nature du travail ; il est ordinairement compris entre 50 et 80. On donne aux chandelles de fort petites dimensions, afin de les rendre portatives et de pouvoir les distribuer dans un rapport aussi exact que possible avec la longueur du travail. Elles sont coulées à la baguette ; les mèches sont en coton ou en chanvre. Le mineur enveloppe leur pied d'une boule d'argile légèrement humide, qu'il tient à la main dans le parcours des galeries et qu'il applique, pendant son travail, contre un bois de soutènement ou contre les parois des excavations. A Liége, où autrefois on se servait presque exclusivement de ce mode d'éclairage, le mineur, pour descendre dans la mine à l'aide des échelles et conserver cependant la liberté de ses mains, collait l'argile de la boule contre son chapeau ; c'est pour cela que ceux-ci conservent encore à leur partie antérieure un petit cylindre de bois nommé *cayet*.

A Anzin et dans le Flénu, on avait remplacé la boule d'argile par des chandeliers (fig. 8 et 9, pl. XXV) formés d'un manche en bois et d'une bobèche destinée à recevoir la chandelle. Le manche est terminé à l'une de ses extrémités par une pointe de fer a, a' au moyen de laquelle on fixe l'objet dans les bois et les fissures de la roche.

L'emploi des chandelles entraîne la consommation de 15 à 18 grammes de suif de bœuf ou de mouton en une heure. Elles éclairent mal les galeries à grande section, et se consument promptement dans un courant d'air un peu vif; elles coulent lorsqu'on les emploie dans des excavations où la température est un peu élevée; enfin leur partie inférieure ne peut être complètement brûlée, ce qui cause une perte d'autant plus grande qu'elles sont plus courtes. Ces différentes circonstances ont fait renoncer à leur emploi en Belgique, sauf pour quelques travaux, tels que la réparation des pompes d'épuisement et de quelques autres appareils placés à l'intérieur de la mine.

340. Des lampes découvertes.

Une lampe de mine est formée d'un réservoir en fer ou en laiton muni d'un porte-mèche et surmonté d'un crochet, dont le mineur engage l'extrémité dans une fissure du rocher, afin de se débarrasser de cet instrument pendant son travail.

Les figures 1 et 2 représentent le *crachet*, ou lampe usitée dans les mines du Centre (Hainaut). La mèche et l'huile sont introduites par une ouverture c, imparfaitement fermée au moyen d'un couvercle circulaire s glissant sur la surface supérieure du réservoir.

Les figures 3 et 4 sont la représentation de la lampe des mineurs westphaliens (pays de Lamarck). Le cou-

'vercle i, i' s'ouvre à charnière, et, comme il ne laisse qu'un passage suffisant pour la mèche, il donne plus de garantie contre l'épanchement de l'huile au dehors de la lampe.

On voit, dans les figures 5, 6 et 7, l'appareil en fer-blanc dont se servent les mineurs de quelques exploitations du Couchant de Mons; il offre l'avantage de ne pas laisser échapper l'huile en cas de chute et d'être d'un prix fort minime. Une petite broche h, h', ou une pince suspendue par une chaînette, sert à moucher la mèche, à la sortir ou la rentrer, suivant les besoins. L'huile est introduite au moyen d'un tube m, m' fermé par un bouchon.

Les lampes ont sur les chandelles l'avantage de ne pas couler et de donner à volonté une lumière plus ou moins intense, suivant la grosseur de la mèche et la quantité dont on la tire hors du réservoir; elles sont ordinairement alimentées avec de l'huile de colza non épurée; leur consommation, proportionnelle à la grosseur de la mèche, varie de 12 à 15 grammes par heure. Lorsque le courant ventilateur des galeries est peu rapide, la dépense en chandelles et en lampes est à peu près égale; mais, s'il est actif, les dernières offrent ordinairement une économie de un cinquième sur les premières.

341. *Éclairage des mines sujettes au grisou.*

Les accidents épouvantables qu'on voyait se succéder si fréquemment dans les mines de houille à grisou engagèrent la plupart des physiciens, vers la fin du dix-huitième siècle et au commencement du dix-neuvième, à rechercher les moyens de s'éclairer au milieu d'une atmosphère détonnante, c'est-à-dire, d'introduire une lumière sans déterminer la combustion du gaz. Cette importante question fut l'objet de beaucoup de tentatives et d'expériences qui, pendant un assez long espace de temps, furent entièrement infructueuses. On proposa, pendant cette période, d'éclairer les mines à l'aide de matières phosphorescentes ; mais celles-ci ne donnaient qu'une faible lumière et pendant un temps beaucoup trop limité pour pouvoir être de quelque utilité. On introduisit l'usage du *steel mil*, ou rouet à silex ; mais les étincelles que produit cet appareil déterminent l'inflammation d'un mélange détonnant, quoique cependant moins facilement que ne le font les lampes ou les chandelles. Enfin, M. de Humboldt (1) fit connaître une lampe qui malheureusement est fort incommode et offre peu de sécurité dans les mines. Tel était l'état de la question, lorsqu'en 1815 M. Humphrey Davy vint augmenter sa brillante renommée par la découverte de la lampe de sûreté, qui seule suffirait à l'illustration de son auteur et serait, comme on l'a dit, un titre à la reconnaissance du genre humain.

342. *Propriétés physiques sur lesquelles repose la lampe de Davy.*

L'illustre président de la Société royale de Londres avait constaté, dans le cours de ses expériences, qu'un fer rougi ou un charbon incandescent, s'il ne produit pas de flamme, ne peut déterminer la combustion d'un mélange de gaz hydrogène protocarboné et d'air atmosphérique ; que le premier de ces gaz, pour être combustible, doit être soumis à l'influence d'une température fort élevée, qui d'ailleurs ne peut avoir lieu si quelque circonstance extérieure détermine le prompt refroidissement du mélange détonnant. Mettant à profit la propriété conductrice des métaux pour absorber la chaleur des gaz, il s'assura que des tubes métalliques

(1) *Journal des Mines*, tome VIII, n°. 47, p. 859.

de 1/7 de pouce (3.6 millimètres) de diamètre, sur une longueur de 2 pouces (50.8 millimètres) ne se laissaient pas traverser par la flamme du gaz; alors, raccourcissant successivement les tubes en ayant soin de diminuer leur diamètre, il fut conduit à découvrir que des plaques métalliques fort minces, percées d'une multitude de très-petits trous, intercepteraient également la flamme. Si l'on suppose donc une lumière complètement enveloppée d'une plaque de métal criblée d'ouvertures d'un petit diamètre, d'une gaze ou d'une toile métallique très-serrée, les rayons lumineux traverseront le treillis; le mélange inflammable, arrivant dans la lanterne, prendra feu; mais l'enveloppe, absorbant la chaleur du gaz avec lequel elle se trouve en contact, ne permettra pas à la flamme de se propager au dehors à travers les mailles trop petites du tissu.

Tels sont les principes sur lesquels repose la construction de la *lampe de sûreté.*

343. *Description de la lampe ou lanterne de Davy.*
(Fig. 15-18, pl. XXIV.)

Cet appareil, depuis son introduction dans les mines de houille, a subi quelques modifications de détail qui, quoique fort importantes, n'ont altéré en rien la forme et les dispositions primitives adoptées par l'inventeur. Voici cette lampe telle qu'on l'emploie dans presque toutes les localités sujettes au dégagement de gaz inflammable.

Les figures 14 et 18 sont respectivement une projection de l'appareil sur un plan vertical et une section par un plan parallèle au premier.

Les figures 13 et 17 sont des sections horizontales suivant *M N* et *M' N'*. Enfin, les figures 15 et 16 représentent des dispositions de détail.

Cette lampe se compose de trois parties distinctes :

1°. Le réservoir d'huile ;

2°. L'enveloppe imperméable à la flamme ;

3°. La cage.

Le corps de la lampe, ou le réservoir A, A, est une boîte cylindrique en fer-blanc dont le diaphragme supérieur est formé d'une rondelle en cuivre percée d'une ouverture circulaire ; celle-ci est surmontée d'un anneau cylindrique dont la paroi intérieure forme un écrou composé de 5 à 6 pas de vis (fig. 15). Le porte-mèche (fig. 16) est formé d'un disque circulaire $a\,b$ traversé dans son milieu par un tube vertical C. Ce tube est percé latéralement d'une ouverture rectangulaire dans laquelle on introduit le crochet n destiné à abaisser la mèche, à la relever, la moucher ou la noyer dans le réservoir en cas de danger. La tige de cette mouchette remplit entièrement un tube qui traverse le réservoir et la plaque du porte-mèche. On a le soin de ménager, entre la base du cylindre et le fond du réservoir, un espace creux suffisamment élevé pour loger l'extrémité inférieure du crochet et l'empêcher d'être soulevé lorsqu'on dépose la lampe sur le sol : c'est le seul moyen de se soustraire aux inconvénients assez fréquents de l'extinction de la flamme, ou tout au moins du dérangement de la mèche, occasionnée par la chute du crochet au moment où le mineur relève sa lampe.

La cheminée, ou enveloppe imperméable, est un cylindre en toile métallique dont le diamètre ne dépasse pas ordinairement 50 millimètres, parce que la combustion d'un trop grand volume de gaz amènerait promptement le tissu à la chaleur rouge, l'altérerait et le trouerait dans un court espace de temps. On lui donne une forme légèrement conique, afin de pouvoir l'introduire dans la cage et l'en retirer facilement. Les lignes de jonction du cylindre doivent être très-soignées et ne présenter aucune ouverture plus grande que celles de la gaze métallique elle-même. L'expérience a démontré qu'un tissu contenant 144 mailles par centimètre carré, dont l'épaisseur des fils est d'environ 0.98 millimètres et le diamètre des trous de 0.56 millimètres, donnant, par conséquent, 5/9 de pleins sur 4/9 de vides, offre toute la sécurité désirable. Pour consolider la base de la cheminée et faciliter sa jonction avec le réservoir, on y introduit une virole en laiton portant une cannelure à sa surface extérieure et dans laquelle on serre fortement l'extrémité de la toile par un lien en fil de fer.

La partie supérieure de l'enveloppe a été formée pendant longtemps d'une toile métallique. Celle-ci, quoique double, se détériorait promptement par la décomposition de la vapeur d'eau au contact des fils très-échauffés ; l'oxydation de ces derniers mettait promptement le sommet de la cheminée hors de service. La calotte, ou chapeau cylindrique en cuivre qu'on y a substitué, est percée de trous aussi petits que les mailles de la toile métallique, afin de donner issue aux produits de la combustion; c'est un perfectionnement que l'on doit à M. Chèvremont, ancien ingénieur en chef de la province de Hainaut.

La cage se compose de quatre ou cinq barreaux en fil de fer d'un fort diamètre rivés, à leur partie supérieure, sur un disque assez large pour empêcher les eaux d'infiltration de pénétrer dans l'enveloppe; ils se rattachent, par leur extrémité inférieure, à un anneau de cuivre en dessous duquel se trouve une virole dont la surface extérieure porte cinq ou six pas de vis. La cage préserve la cheminée-enveloppe des chocs qui pourraient l'endommager et sert en même temps à la fixer sur le réservoir de la manière suivante. On introduit le cylindre de toile métallique dans la cage

en engageant le bourrelet dans l'anneau de cuivre inférieur ; on visse la virole sur l'écrou du réservoir ; alors
la cheminée et le porte-mèche, comprimés simultanément,
sont rendus immobiles. Un anneau fixé sur le disque
supérieur de la cage permet de tenir la lampe à la main,
de l'accrocher à la ceinture ou de la suspendre à un clou.

La fermeture de l'appareil est un objet essentiel ; on
se sert, la plupart du temps, d'une vis à tête carrée traversant simultanément le corps de la lampe et l'anneau
inférieur de la cage. Comme les ouvriers réussissaient
quelquefois à détourner la vis, on avait proposé des cadenas
sans clef et d'autres moyens de fermeture ; mais l'ouverture des lampes est un fait qui devient de jour en jour
plus rare, les mineurs ayant fini par reconnaitre la nécessité d'agir avec prudence, et l'on peut espérer que le
moment ne tardera pas d'arriver où toute fermeture deviendra superflue.

On avait proposé de placer, dans l'intérieur de la cheminée, plusieurs fils de platine fort minces contournés
en hélice, afin que le mineur fût encore éclairé lorsque
la flamme viendrait à s'éteindre. Raisonnant ici comme
si le mélange eût contenu de l'hydrogène pur, on pensait
que la chaleur dégagée par la décomposition du gaz sous
l'influence du platine suffirait pour maintenir ce dernier
au rouge-blanc et pour donner une clarté au moyen de laquelle le mineur pourrait se guider dans les travaux ; que,
parvenu dans un point de la mine où les proportions de gaz
seraient moins considérables, celui-ci se décomposant plus
rapidement, la température de la spirale s'élèverait, mettrait
le feu au mélange gazeux et rallumerait la mèche. Mais le
défaut d'action du platine sur le grisou met à néant cette
disposition, qui, d'ailleurs, ne serait réellement, en pratique,
d'aucune utilité. En effet, le mineur prudent n'attendra

pas que les proportions du gaz soient telles que la flamme s'éteigne et se rallume ensuite ; son premier soin, au contraire, sera d'étouffer la flamme de la lampe et de se retirer avec précaution en cherchant à se réfugier dans une partie de la mine où l'atmosphère ne soit pas explosive.

344. *Résultats des expériences faites avec la lampe de Davy.*

Les conclusions que l'on peut tirer des nombreuses expériences faites en Angleterre par l'auteur de la lampe lui-même, et sur le continent par diverses commissions de savants, sont les suivantes :

1°. Une enveloppe en tissu métallique, dont le nombre (1) et le diamètre des mailles sont dans un rapport convenable, présente, pendant un temps indéfini, une sécurité complète dans les mélanges en diverses proportions du gaz des houillères et de l'air atmosphérique, si toutefois l'atmosphère n'est pas agitée, si l'on n'y introduit pas d'autres gaz plus combustibles, et si la toile ne vient pas à se trouer par suite de circonstances quelconques ;

2°. Le tissu métallique d'une bonne lampe empêche la flamme de se propager au dehors pendant environ 20 minutes, quelquefois moins, mais jamais plus longtemps. Une combustion trop prolongée du gaz dans l'intérieur du cylindre altère promptement et troue la toile métallique ;

3°. L'intérieur de la cheminée indique toujours l'état de

---

(1) Le règlement du 10 juillet 1851, relatif aux lampes de sûreté employées dans les mines belges, prescrit l'emploi de toiles métalliques formées de fils ayant au moins 0.25 millimètres de diamètre, et dans lesquelles on compte 225 mailles au centimètre carré.

l'atmosphère ambiante, c'est-à-dire la présence du gaz et le volume approximatif pour lequel il entre dans le mélange. Ainsi, lorsqu'il ne s'y trouve qu'en faibles proportions, la flamme accuse la présence du gaz par une augmentation dans sa longueur et sa grosseur. Si le grisou forme un douzième du volume total, le cylindre métallique se remplit d'une légère flamme bleuâtre, dont l'intensité augmente en même temps que le volume du gaz s'accroit; lorsqu'il entre pour un sixième ou un cinquième dans le mélange, cette flamme est assez développée pour absorber celle de la mèche et la faire complètement disparaître; si l'air atmosphérique domine de nouveau, la flamme de la mèche reparaît; et enfin, elle s'éteint tout-à-fait lorsque le gaz est égal au tiers du volume de l'air atmosphérique;

4°. La Commission instituée à Liége, dans ces dernières années, pour l'essai des lampes de sûreté (1), a constaté par un grand nombre d'expériences, qu'en exposant la lampe à un courant d'hydrogène pur, il en résulte, au bout de quelques secondes, une explosion qui se propage au dehors à travers le tissu métallique. Mais si le courant est formé par moitié ou par quart d'hydrogène carboné éclairant et d'hydrogène pur, les explosions intérieures vives et multipliées restent circonscrites dans le cylindre;

5°. La même Commission a aussi reconnu que la réunion de quelques mailles, et même des trous ronds de 3 à 5 millimètres de diamètre ne suffisent pas pour transmettre la flamme au dehors, si toutefois ces défauts se trouvent à une hauteur de 0.06 à 0.08 mètre au-dessus de la mèche; qu'alors la flamme moins fixe semble tourner dans le cylindre-enveloppe. Mais qu'un défaut de moins de deux

(1) *Annales des Travaux publics de Belgique*, tome I, p. 509.

millimètres d'ouverture, pratiqué à peu près à la hauteur de cette même mèche, suffit pour que l'explosion ait lieu, surtout si le courant de gaz ou le mélange détonnant se dirige vers le bas du cylindre métallique. La Commission de Liége, se fondant sur ces faits et sur quelques autres qu'elle a eu l'occasion d'observer, conclut comme suit : Dans la lampe de Davy, de même que dans toutes les autres lampes de sûreté, la flamme, en se propageant à l'extérieur, se porte toujours en sens inverse du courant d'air destiné à alimenter la combustion ; jamais elle ne suit le courant des gaz brûlés qui s'élèvent dans la lampe. Ainsi les défauts dont cette dernière peut être atteinte n'altèrent pas ses qualités préservatrices, s'ils existent à la partie supérieure de la cheminée.

6°. Il semble résulter des expériences de M. Bischof, professeur à l'Université de Bonn (1), que la sûreté d'une lampe décroît en raison de l'augmentation de diamètre du cylindre-enveloppe.

7°. M. Erdmenger, burgmeister à Waldenburg, en expérimentant (2) dans l'atmosphère d'une mine où se dégageait du gaz inflammable, a trouvé que si la lampe de Davy est plongée dans un mélange de gaz simplement combustible, tout le tissu métallique devient rouge, tandis qu'enveloppé d'un mélange explosif le métal du cylindre reste constamment noir. Ces dangereuses expériences ont été faites auprès de deux soufflards, dont l'un fournissait du gaz détonnant par son mélange avec l'air atmosphérique; l'autre restait à l'état de gaz simplement combustible.

8°. M. Davy a reconnu, dès l'origine, qu'un courant d'air ou de gaz dirigé sur l'enveloppe métallique pouvait chasser la flamme à travers la toile et déterminer l'explosion

(1) *Des Moyens de soustraire l'Exploitation des mines*, etc., p. 366.
(2) *Archiv von Karsten*, 2ᵉ. série, tome V, p. 208.

de l'atmosphère ambiante. Le docteur Gurney et plusieurs ingénieurs anglais ont prouvé qu'un courant animé d'une vitesse de 500 pieds à la minute, ou à peu près 1.50 mètre par seconde, est souvent suffisant pour produire cet effet.

9°. Enfin, le pouvoir éclairant de la lampe de Davy est très-inférieur à celui d'une chandelle ou d'une lampe découverte. On a cherché à y porter remède par l'emploi de réflecteurs paraboliques en cuivre étamé, ou de lentilles plano-convexes destinées à concentrer un faisceau de rayons lumineux sur le point où travaille le mineur; mais les complications et les embarras qu'entraînent ces appareils, d'ailleurs peu efficaces, les ont fait proscrire depuis longtemps de toutes les mines où ils avaient été primitivement adoptés.

345. *But que l'on doit se proposer dans l'emploi de la lampe de sûreté.*

Dans les premières années qui suivirent l'introduction de la lampe de Davy dans les mines, on accorda à celle-ci une confiance extrême, et l'on alla beaucoup plus loin que l'auteur lui-même, auquel la principale imperfection de l'appareil n'avait pas échappé. On crut pouvoir négliger les soins qu'exige son emploi et les moyens de ventilation ordinaire; enfin, on alla jusqu'à se persuader de la possibilité de travailler avec son secours au milieu d'une atmosphère explosive. Les nombreux accidents, qu'on vit se succéder dans les mines où ce mode d'éclairage fut employé, refroidirent considérablement l'enthousiasme; et quelques personnes, passant brusquement d'un extrême dans un autre, en vinrent au point de nier les propriétés préservatrices de cet appareil.

Un mineur prudent n'adoptera aucune de ces opinions exagérées et aussi dangereuses l'une que l'autre; il emploira la lampe de Davy parce qu'elle lui fournit tous les indices de l'état de l'atmosphère ambiante ; qu'elle l'avertit de la présence du gaz dans l'excavation avant que le danger devienne trop imminent pour pouvoir s'y soustraire ; parce qu'enfin, si elle n'offre pas au mineur une sûreté absolue, elle prévient les explosions dans les circonstances ordinaires, pourvu, toutefois, qu'il s'en serve avec prudence et se conforme aux prescriptions suivantes.

346. Précautions et soins qu'exige la lampe de sûreté.

La garantie offerte par la lampe de Davy consistant dans l'isolement de la flamme par l'enveloppe métallique, il est évident que toutes les circonstances, tendantes à établir une communication entre l'intérieur et l'extérieur du cylindre, doivent être évitées avec le plus grand soin. On devra s'abstenir d'ouvrir les lampes sous aucun prétexte ; si l'une d'elles s'éteint accidentellement ou par suite du manque d'huile, on la remplacera par une lampe venant du jour ou d'un point de la mine disposé pour cet objet. On agira sur les ouvriers par persuasion, afin de les détourner de tout acte d'imprudence ; au besoin on aura recours aux tribunaux pour punir celui qui s'y serait livré et pour donner aux autres une crainte salutaire. Les ateliers établis au jour sont les seuls lieux où les lampes puissent être allumées, garnies d'huile et nettoyées ; un ouvrier intelligent sera spécialement chargé de nettoyer le tissu métallique, de l'examiner chaque jour et de rejeter tout cylindre déformé ou dont les mailles seraient élargies. Pour la même raison, le mineur devra, en descendant dans le puits ou en parcourant les galeries, préserver les lampes de tout choc, les mettre à l'abri de la chute des corps graves ; en un mot, les garantir de tout accident tendant à déformer l'enveloppe ou à entraîner la rupture de quelques mailles. Le mineur préviendra le passage de la flamme à travers la toile métallique, s'il évite de l'exposer à un courant d'air trop vif, au moment où il franchit les portes d'aérage ou les rétrécissements de voie, surtout quand le tissu a acquis une température élevée; il ne la placera pas trop près du lieu de l'abattage de la houille, parce que celle-ci, en tombant, produit dans l'air un mouvement capable de déterminer un véritable courant. Enfin, il se persuadera que la chute d'une lampe; les oscillations qu'il lui imprime en marchant sans précaution; l'action de souffler dessus pour l'éteindre, ou la proximité d'une porte qui s'ouvre ou se ferme brusquement, donnent des résultats analogues à ceux des courants d'air, et auxquels, par conséquent, il est dangereux de s'exposer. Pendant son travail, le mineur aura soin de suspendre sa lampe dans la partie du courant où l'air est le plus pur; c'est-à-dire vers l'axe de la galerie ou à une certaine hauteur au-dessus du sol; jamais dans les angles rentrants ou derrière les bois de support; car il aurait toutes les chances de rencontrer une atmosphère explosive, quand même le reste de la galerie serait très-sain.

Lorsque le dégagement de gaz est peu important, il suffit d'observer la flamme de temps à autre, afin de reconnaître l'état de l'atmosphère. Mais, dans les mines fort dangereuses, il sera prudent d'avoir recours aux précautions en usage autrefois lorsqu'on n'avait pour s'éclairer que les chandelles et les lampes à flamme découverte. On rétablira donc, à l'imitation de ce qui se fait en Angleterre et dans la province de Liége, les fonctions de *garde-feu*, ouvriers chargés spécialement de ce qui concerne la ventilation et l'éclairage. Ces ouvriers parcourent constamment les parties de la mine où sont situés les ateliers d'arrachement, en consultant les indices fournis par la lampe. Dès que la flamme augmente en grosseur ou en longueur, le garde-feu donne le signal de la retraite; il veille à ce que les ouvriers se retirent tranquillement et sans confusion, en rapprochant le plus possible les lampes du sol des excavations. Si le cylindre se remplit de flamme le danger étant plus imminent, il ordonne d'éteindre les lampes en noyant la mèche au moyen du crochet ou en étouffant la flamme dans les vêtements.

547. Introduction de la lampe de sûreté dans les mines.

Déjà, en 1815, la lampe de Davy était essayée dans les dangereuses mines de Whitehaven et de Newcastle, au grand étonnement et à la satisfaction non moindre des mineurs. Son adoption fut sollicitée par MM. Buddle et Peele, les plus habiles praticiens de la Grande-Bretagne.

Immédiatement après son invention, elle fut connue en France, où elle fut vivement recommandée par M. Baillet. Quoique introduite, dès la fin de 1816, par les soins de M. Delneufcour, dans les mines dangereuses de l'Agrappe et de Grisoeuil, il s'écoula un espace de temps assez considérable avant qu'on pût la faire adopter dans les autres mines du Couchant de Mons. En 1822 seulement, il fut possible d'engager les ouvriers des mines à grisou de Charleroi, de Namur et de Liége à l'adopter. Enfin, dans le département de la Loire, ce ne fut qu'en 1825, c'est-à-dire neuf ans après l'invention de cet utile appareil, qu'on put le mettre en usage.

La résistance des ouvriers, quelquefois soutenue par des exploitants routiniers, provenait, soit d'un sentiment de répugnance à contracter de nouvelles habitudes, soit de ce que la lampe donnait moins de clarté que les lumières découvertes, soit surtout de ce que le nouveau procédé les blessait dans leur intérêt pécuniaire ; car la nouvelle lampe, entièrement munie d'huile et même allumée, était remise entre leurs mains au moment de la descente dans les travaux, pour être restituée à la sortie. Dès lors se trouvaient supprimées ces économies d'huile ou de chandelles faites avec tant de peine sur la distribution journalière ou hebdomadaire de l'un ou l'autre de ces objets d'éclairage, dont on rapportait une partie chez soi pour l'usage du foyer domestique.

348. *Influence de la lampe de Davy sur le nombre et la gravité des accidents dus aux explosions.*

Le tableau suivant, qui se rapporte aux mines de la Loire (1), a pour but de faire ressortir comparativement le nombre d'ouvriers tués avant et après l'introduction de la lampe de sûreté dans cette localité :

ANNÉES.	NOMBRE D'OUVRIERS TUÉS OU BLESSÉS PAR SUITE D'EXPLOSION.	ANNÉES.	NOMBRE D'OUVRIERS TUÉS OU BLESSÉS PAR SUITE D'EXPLOSION.
Avant l'adoption des lampes de sûreté. 1817	18	*Après l'adoption des lampes de sûreté.* 1825	4
1818	15	1826	17
1819	17	1827	1
1820	21	1828	1
1821	11	1829	33
1822	18	1830	2
1823	19	1831	2
1824	10		
Nombre des années, 8	Total, 119	Nombre des années, 7	Total, 60

(1) Ce tableau, contenu dans le Mémoire de M. Boisse sur les explosions des mines de houille, a été dressé par M. Delséries, ingénieur des mines du département de la Loire.

On voit, par ce tableau, que le nombre total des victimes des explosions a été de 119 pendant les huit années qui ont précédé l'adoption de la lampe de sûreté et de 60 pour les sept années suivantes. La moyenne correspondante à ces deux périodes a été de 14.87 pour la première et de 8.57 pour la seconde, en sorte que les accidents entraînaient 1.8 de fois plus de victimes avant l'emploi de la lampe de Davy qu'après son adoption. Ce résultat, déjà fort avantageux, l'est encore bien davantage si l'on a égard à la population des ouvriers mineurs dans les deux époques, car alors le rapport des accidents se résume comme suit :

ANNÉES.	NOMBRE MOYEN D'OUVRIERS EMPLOYÉS.	MOYENNE ANNUELLE DU NOMBRE DES VICTIMES.	RAPPORT DU NOMBRE DES VICTIMES AU NOMBRE D'OUVRIERS.
De 1817 à 1825. .	2,079	14,875	0.00701 ou 1 sur environ 142.
De 1825 à 1831. .	2,928	8,571	0.0029 ou 1 sur environ 345.

Les éléments recueillis dans les mines des districts du Northumberland et de Durham sont loin d'être aussi satisfaisants ; ils semblent indiquer, au contraire, une aggravation dans la mortalité des ouvriers depuis l'emploi de la lampe de Davy, ainsi que le constate le tableau suivant, extrait des procès-verbaux de l'enquête ordonnée par la Chambre des communes, quant aux chiffres antérieurs à 1855, et d'une liste manuscrite de M. T. J. Taylor pour le nombre d'accidents postérieurs à cette époque (1) :

(1) *Report on the Ventilation of mines and collieres*, page 27.

PÉRIODES.	NOMBRE	
	D'EXPLOSIONS.	DE VICTIMES.
De 1756 à 1765 inclusivement	5	54
— 1766 — 1775 —	6	101
— 1776 — 1785 —	9	41
— 1786 — 1795 —	12	103
— 1796 — 1805 —	12	151
— 1806 — 1815 —	17	502

(Accolade : 61 / 754)

INTRODUCTION DE LA LAMPE DE DAVY.

| De 1816 à 1825 inclusivement . . . . | 20 | 296 |
| — 1826 — 1835   — . . . . | 25 | 344 |

ENQUÊTE PARLEMENTAIRE.

| De 1856 à 1845 inclusivement . . . . | 15 | 528 |
| — 1846 — 1849   — . . . . | 1 | 51 |

(Accolade : 59 / 999)

Ainsi, pendant les trente-quatre années correspondantes à l'emploi de la lampe, le nombre des ouvriers victimes d'explosions a été 1.7 de fois aussi considérable qu'il l'avait été antérieurement dans un même laps de temps, c'est-à-dire de 1781 à 1816, lorsqu'on ne se servait pas de ce mode perfectionné d'éclairage ! La lampe de Davy serait-elle donc le résultat d'une déception de la science ; aurait-elle trompé la confiance que placent en elle tant de milliers de mineurs ? Évidemment non ; car, pour que ces chiffres fussent comparables, il faudrait avoir égard à l'augmentation de la population des mines, augmentation qui doit être considérable si l'on compare la production de charbon des deux époques. Il faudrait, pour pouvoir attribuer cette fâcheuse progression à la lampe de sûreté, que toutes les mines du nord de l'Angleterre fussent éclairées par l'appareil de Davy ; or, il n'en est pas ainsi, car M. Taylor, récapitulant les explosions survenues pendant les vingt dernières années du tableau, trouve que quinze sur vingt-huit ont eu lieu dans des mines éclairées par des chandelles ou des lampes à flamme découverte (1). Il faudrait aussi tenir compte du grand nombre de mines importantes ou de parties de mines dont on a repris l'exploitation, après les avoir abandonnées en présence des graves dangers qu'elles offraient et de l'immense développement dont l'exploitation de la houille a été l'objet dans la dernière période. Enfin, bon nombre d'accidents doivent être attribués à l'excès de confiance que, dans les premières années, l'on croyait devoir attribuer à l'ingénieux appareil de M. Davy, sans lequel le nombre des explosions aurait été bien plus considérable encore.

349. *Lampe d'Upton et Roberts.*
(Fig. 19, 20 et 21, pl. XXIV.)

C'est dans le but de remédier à l'action dangereuse des courants rapides sur la lampe de Davy, qu'a été construite la lampe d'Upton et Roberts.

Une enveloppe en toile métallique fixée sur le réservoir à la manière ordinaire est renfermée dans une cage en fer et protégée, sur la moitié ou les deux tiers de sa hauteur, par un épais manchon en cristal ; le tiers suivant est enveloppé par un cylindre en cuivre vissé sur la couronne supérieure de la cage. Le manchon est comprimé entre ce cylindre et le réservoir, avec lesquels il est lié par des rondelles en drap propres à intercepter toute communication entre l'intérieur et l'extérieur. L'air nécessaire à la combustion arrive par une rangée de petits trous percés à la partie supérieure du réservoir ;

---

(1) Les ouvriers occupés aux mines du nord de l'Angleterre se servent de feux nus ou couverts, suivant le genre de travail qu'ils effectuent : l'excavation des galeries ou l'arrachement des piliers,

il est admis dans un espace recouvert d'une double rondelle en tissu métallique très-serré, qu'il est obligé de traverser avant d'arriver à la mèche. Le *cône* est une pièce d'une forme, suivant l'expression de M. Combes, à peu près semblable à celle d'un pavillon de cor dont la grande base reposerait sur le réservoir et qui serait coupée à la hauteur du porte-mèche; son diamètre est d'environ deux centimètres; il sert à maintenir en place les rondelles ou disques et à forcer l'air d'alimentation à arriver sur la mèche, où il se consume en totalité, en sorte que les parois latérales de la lampe ne contiennent que de l'air impropre à la combustion, ainsi que de nombreuses expériences l'ont prouvé.

Dans le but probable d'absorber une moins grande quantité de lumière, le réseau métallique formant l'enveloppe a des mailles doubles de celles des toiles ordinaires; ainsi, les tissus adoptés pour ces lampes n'offrent que 100 mailles par centimètre carré, les fils étant assez minces pour que les vides soient aux pleins comme 9 : 7. — Quant aux treillis à travers lesquels l'air passe pour alimenter la combustion, celui du disque inférieur a 256 mailles par centimètre carré, et les vides sont aux pleins comme 9 : 16, c'est-à-dire 6/25° de vide sur 16/25° de plein.

350. *Observations sur la lampe précédente.*

Cette lampe a été présentée en 1835 à la Commission d'enquête de la Chambre des communes. Les expériences faites par cette dernière et celles de la Commission de Liége, qui consistaient à diriger sur la lampe des courants d'hydrogène pur, ont donné la certitude de son entière sûreté, au milieu de tous les mélanges que l'on peut rencontrer dans les mines. Pendant ces expériences si décisives, on a vu de petites explosions à l'intérieur de l'enveloppe, mais jamais elles ne se sont propagées au dehors, quoique la toile métallique fût assez lâche. La lampe de Davy, placée dans les mêmes circonstances et avec un treillis contenant 215 mailles au centimètre carré, n'a jamais résisté à de semblables épreuves, et chaque fois a donné lieu à une explosion assez forte.

La flamme de la mèche étant protégée par un cylindre en cristal, il n'y a plus lieu de craindre que, frappée par un courant d'air ou soumise à l'influence des oscillations, l'inflammation ne se propage au dehors de l'enveloppe. La difficulté qu'éprouve l'air ambiant à pénétrer à l'intérieur, ne permettant pas une combustion trop vive de la mèche ou du gaz, la toile métallique ne pourra s'échauffer assez pour inspirer la moindre crainte. Enfin, si le tissu métallique se troue, la flamme est protégée par l'enveloppe de verre; si celui-ci se brise, l'appareil présente toujours un degré de sûreté égal à celui d'une lampe de Davy.

Voici les reproches dont cette lampe a été l'objet : 1°. Son prix élevé; circonstance à laquelle on ne doit avoir nul égard lorsqu'il s'agit de la vie des ouvriers et de la conservation de la mine; 2°. La fragilité du manchon de cristal, objection qui sera discutée dans l'un des paragraphes suivants; 3°. L'obturation des mailles du treillis que doit traverser le courant d'air, détermine l'extinction de la flamme; cet effet résulte soit des poussières de houille toujours en suspension dans l'atmosphère des mines, soit de l'épanchement de l'huile du réservoir. Or, toutes les fois que l'air est chargé de grisou, la combustion du gaz à l'intérieur du cône élève la température de cet espace, l'huile du porte-mèche entre en ébullition; se répand sur les disques, dont il obstrue les mailles et prive l'appareil de l'oxygène nécessaire à la combustion. 4°. Enfin, le faible pouvoir éclairant de cet appareil est un défaut grave auquel les inventeurs des lampes suivantes ont cherché à porter remède.

351. *Lampe de M. du Mesnil* (fig. 18 et 19, pl. XXV).

M. du Mesnil a eu pour but, de même que tous ceux qui l'ont suivi dans la carrière du perfectionnement des lampes de sûreté, de les soustraire à l'influence dangereuse des courants rapides et de les rapprocher par le pouvoir éclairant des lampes découvertes.

Le réservoir d'huile A, semblable, pour la forme, à une tabatière rectangulaire, est établi verticalement sur l'un des côtés de l'appareil; la mèche est plate; l'huile y arrive en traversant un tube b placé au-dessous de la plate-forme inférieure. Deux tubes adducteurs $c\,c$, légèrement inclinés du côté de la mèche, ont leur bec recouvert d'une toile métallique en cuivre d'environ 400 mailles par centimètre carré; ces tubes projettent, sur les deux côtés de la flamme, l'air nécessaire à la combustion à laquelle aucune partie du volume introduit ne peut se soustraire. Le manchon en cristal recuit est serré entre la plate-forme inférieure et la plate-forme supérieure, qui forme une saillie d'environ deux centimètres; il est en outre protégé contre les chocs par un certain nombre de barreaux en fil de fer arqués. Trois cylindres en tôle, soudés au-dessous de la plate-forme et un quatrième au-dessous du réservoir, servent de pieds à la lampe. Une cheminée, terminée à son extrémité supérieure par un orifice rétréci, laisse librement sortir les produits de la combustion; dans la première moitié de sa hauteur se trouve une double enveloppe intérieure prolongée de quelques centimètres dans l'intérieur du manchon de cristal, où elle s'évase en forme de cône.

Les expériences de la Commission de Liége ont fait ressortir les propriétés de cet appareil ; il se comporte, au milieu d'un mélange d'air et de gaz hydrogène, aussi bien que la lampe d'Upton, pourvu, toutefois, que les toiles métalliques, dont les becs des tuyaux adducteurs sont recouverts, aient environ 400 mailles au centimètre carré ; l'explosion se propage au dehors lorsqu'on se sert de toiles de cuivre ayant 215 ouvertures par centimètre carré ; enfin 144 mailles d'un tissu en fer, et même 126 dans les treillis de cuivre, suffisent si le mélange est composé d'air et de gaz oléfiant d'éclairage. En cas d'abondance de grisou, elle fait entendre un son de cornemuse ou, comme le dit l'inventeur lui-même, elle crie dans le danger. Bien construite, elle offre toute sécurité et procure tous les avantages de la lampe d'Upton sans en avoir les inconvénients. Ainsi on ne doit, en aucune manière, redouter l'influence des courants d'air ou de gaz, même lorsqu'ils passent horizontalement au-dessus de la cheminée. Elle a l'avantage incontestable de répandre une clarté comparable à celle de trois lampes de Davy en ne consommant pas beaucoup plus d'huile, ce qui permet de la suspendre à une certaine distance des ouvriers, afin de la soustraire aux chocs de diverse nature. Enfin, elle brûle pendant 8 à 10 heures consécutives sans qu'on ait à s'occuper d'elle, si ce n'est pour remonter deux ou trois fois la mèche pendant cet intervalle de temps.

352. *Reproches adressés à la lampe de M. du Mesnil.*

La première objection contre la lampe de M. du Mesnil a pour objet l'enveloppe de cristal, qui seule, dans cet appareil, produit l'isolement de la flamme et dont la solidité est souvent mise à l'épreuve dans les mines, soit par la chute de la lampe elle-même et par les chocs provenant des éboulements ou des outils du mineur, soit par le refroidissement subit de la surface du manchon soumis à une haute température. Mais l'expérience a prouvé qu'il est possible de prévenir les chocs par une bonne disposition des barreaux de la cage, tout autant du moins que peut l'être une enveloppe de toile métallique, dont la résistance n'est pas aussi grande que celle du cylindre en cristal. On a craint, dès l'origine, que le cylindre enveloppe ne résistât pas aux fractures résultant d'un brusque refroidissement que pourrait causer un filet d'eau froide tombant sur le cylindre en cristal préalablement élevé à une haute température par la combustion du gaz à l'intérieur. Car, si, d'un côté, les expériences faites à Anzin prouvaient que l'eau projetée au moyen d'une pipette sur le manchon ne peut y déterminer qu'une étoile dont tous les fragments restent en place, d'un autre côté, M. Noeggerath, essayant ces mêmes lampes dans l'une des mines du district de Saarbrücken, avait trouvé que la plus petite goutte d'eau tombée sur le cristal suffisait pour le faire voler en éclats ou l'endommageait fortement. Mais la question a été décidée par une longue expérience, et il est actuellement prouvé que cet organe indispensable offre la plus grande sécurité ; les cas de rupture sont fort rares, et, quand ils se présentent, les fragments restent en place, et il n'y a aucune communication entre l'intérieur et l'extérieur.

La libre ouverture de la partie supérieure de la cheminée semble offrir une chance de danger ; car, quoique recouverte par un chapeau, elle permet à un courant un peu vif, dirigé en plongeant, de déterminer une communication entre l'intérieur et l'extérieur ; cette circonstance peut se présenter dans l'abattage de la houille ; mais il est probable que les gaz brûlés, refoulés sur la mèche, éteindront la flamme.

Les essais faits par MM. Lorieux, Dumont et Quinet dans les mines d'Anzin font encore craindre l'obturation des tubes adducteurs de l'air par la poussière de la houille, obturation d'autant plus facile que le tissu, étant la seule garantie de sûreté, doit être très-serré. Cette circonstance se présente souvent lorsqu'on pose la lampe à terre ; mais il suffit, ainsi que l'indique la Commission de Liége, de recourber les tubes au-dessous de la plate-forme.

La difficulté de transporter cet appareil, dont le poids et le volume sont fort grands; l'impossibilité de s'en servir dans les couches minces, ou en montant et en descendant les échelles, en font un appareil fixe qui, dans ce cas, serait des plus convenables. Comme appareil portatif, il n'y faut guère songer.

Enfin la submersion de la mèche par l'affluence trop rapide d'huile, quoique la lampe soit portée avec précaution. M. Lorieux, auquel on doit cette observation, pense qu'on préviendrait cet accident si l'on rétrécissait le tube adducteur de l'huile à la mèche.

353. *Lampe de M. Mueseler, ingénieur des mines à Liége.*
(Fig. 10, 11, 12 et 13, pl. XXV.)

Cet appareil participe des lampes de MM. Davy et du Mesnil; il en diffère toutefois essentiellement, soit par l'exécution, soit par la manière dont s'introduit l'air nécessaire à la combustion. Le réservoir, qui contient de l'huile pour un travail de 14 à 15 heures, le porte-mèche et le

crochet servant à ajuster la mèche, sont disposés comme
dans la lampe de Davy. Le manchon de cristal occupe
environ les deux cinquièmes de la hauteur totale ; il a ses
deux extrémités armées de cylindres en fer-blanc ; il repose
par sa base dans une cavité annulaire ménagée sur la surface
supérieure du réservoir, dont il est séparé par le rebord
du cylindre inférieur et avec lequel il est assez intimement
uni pour que les deux objets ne se séparent pas pendant
le nettoyage. Un tube conique en tôle, servant de cheminée,
conduit au dehors les produits de la combustion et les
isole du courant d'air nécessaire à l'alimentation de la
flamme ; il traverse une rondelle en gaz métallique avec
laquelle il est lié par un fil de fer fortement serré. Cette
rondelle est fixée par sa circonférence entre l'armature
supérieure et un anneau élastique non fermé qui la
presse intérieurement. Le cylindre, en toile métallique
couronné d'une calotte en cuivre rouge comme dans les
lampes ordinaires, est enveloppé, à sa partie inférieure,
d'un tronçon de cylindre de même métal ; il est muni
d'un rebord horizontal au moyen duquel il est possible
de l'assujettir sur le manchon.

La cage offre deux étages : l'un, formé de huit barreaux
verticaux, préserve l'enveloppe en verre ; l'autre, n'en
possédant que quatre légèrement inclinés vers l'axe, est
destiné à garantir la toile métallique. Les barreaux sont
rivés sur un disque annulaire commun aux deux étages.
Lorsqu'on visse la cage sur le réservoir, on presse simultanément, entre celui-ci et le disque intermédiaire, le manchon, ses armatures, la rondelle métallique et le rebord
du cylindre attaché à l'enveloppe métallique, en sorte que
l'on intercepte toute communication entre l'intérieur et
l'extérieur de la lampe.

L'air nécessaire à la combustion traverse successivement

le cylindre et la rondelle en treillis métallique ; descend dans l'espace annulaire compris entre la cheminée et les parois du manchon de cristal ; plonge sur la mèche, où il alimente la combustion, et, enfin, s'élève, lorsqu'il est brûlé, suivant l'axe de la lampe, s'engage dans la cheminée, sort par les trous du chapeau et les mailles les plus élevées du tissu métallique, et se répand dans l'atmosphère.

Cette lampe pèse environ 1 kilogramme, c'est-à-dire 3 à 4 hectogrammes de plus que celle de Davy. Le rapport du pouvoir éclairant de ces deux appareils est comme 2.8 : 1.

354. *Avantages et inconvénients de cette lampe.*

L'appareil de M. Mueseler, qui, par ses dimensions, est aussi portatif que celui de M. Davy, présente tous les avantages des deux dernières lampes décrites. Ainsi, quoique donnant un peu moins de clarté que celle de M. du Mesnil, elle éclaire cependant fort bien ; elle ne peut ressentir l'influence d'aucune espèce de courant et n'est soumise à aucun des inconvénients signalés ci-dessus. On n'a plus à redouter l'extinction subite de la flamme par l'encrassement des toiles métalliques, des rondelles ou des tubes adducteurs. Les treillis ne se chargent pas aussi facilement de poussière que ceux de l'appareil de Davy, et, par conséquent, n'exigent pas un nettoyage aussi fréquent. De même que toutes les lampes à enveloppe de cristal, celles-ci offrent une économie très-grande sur la quantité d'huile consommée, surtout lorsqu'elles sont exposées à l'influence d'un courant d'air, comme cela arrive pour l'éclairage des ouvriers chargés du transport dans la mine. Comparativement à la lampe de Davy, l'économie provenant de ce chef a été de 1/6°. à la houillère de l'Espérance et de 1/8°. aux mines des ateliers de Seraing.

Quant à la sécurité, elle fait plus que de remplir les conditions auxquelles elle est appelée à satisfaire, puisque, plongée dans une atmosphère explosive d'air et de gaz hydrogène pur, elle ne communique pas l'explosion au dehors, même lorsqu'elle est privée de son cylindre métallique, ce qui ne peut s'expliquer, comme le dit le rapporteur de la Commission de Liége, « que par l'épan-
» chement d'une fraction des produits de la combustion
» autour de la partie inférieure de la cheminée, épan-
» chement qui aurait suffi pour rendre inexplosif le mé-
» lange d'air et d'hydrogène arrivant sur la mèche. »

Lorsque cette lampe est plongée dans un milieu conte-
nant du gaz inflammable, la flamme s'allonge et s'éteint presque immédiatement après. Cet effet remarquable est dû à la disposition de l'appareil, qui fait arriver par le haut l'air nécessaire à la lumière. En effet, lorsque le grisou contenu dans l'enveloppe entre en combustion, les produits gazeux qui se forment en grand volume, n'ayant pas tous le temps de s'échapper par la cheminée, restent en partie dans le cylindre, se mêlent avec le courant d'air affluant du dehors et rendent celui-ci de plus en plus impropre à l'alimentation de la flamme, dont l'allongement pro-
gressif annonce la présence du danger. Pendant ce temps, l'acide carbonique qui se dépose à la base du cylindre en cristal s'y accumule et provoque l'extinction de la mèche dès que son niveau est assez élevé. Cette circonstance doit-
elle être considérée comme avantageuse ou désavanta-
geuse? Quelques personnes se plaignent de ce qu'elle ne leur laisse pas le temps de vérifier l'état de l'atmosphère et de constater la présence du grisou; mais un bien plus grand nombre pensent que cette extinction, bien

loin de mériter des reproches, doit inspirer toute confiance ; car la lampe, en s'éteignant, au lieu de laisser remplir son cylindre de gaz enflammé, force l'ouvrier inattentif ou imprudent à se retirer au moment même où le danger devient imminent. Ils pensent aussi que *cette exquise sensibilité*, suivant l'expression de M. Jobard, est une garantie dans le cas d'une invasion subite de gaz dans l'atelier d'arrachement.

La flamme s'éteint encore lorsque la lampe se trouve dans une position inclinée ; car alors les produits de la combustion, cessant de s'élever dans la cheminée, se répandent dans l'espace circonscrit par le manchon en cristal et empêchent toute combustion. Dès que cet accident arrive, l'ouvrier, qui s'en aperçoit assez promptement, souffle sur la mèche à travers le tissu métallique et ranime la flamme mourante. Dans les mines de la province de Liége on a dû établir des ateliers où sont rallumées les lampes éteintes ; ces dernières sont en assez grand nombre pour que l'on doive employer trois ou quatre jeunes ouvriers constamment occupés à les transporter de ce lieu aux chantiers, et réciproquement.

L'ombre portée par le cercle intermédiaire de la cage, et plus encore la nécessité de tenir la cheminée à une faible distance au-dessus de la mèche, afin d'isoler le courant ascendant et de le séparer de l'air propre à l'alimentation, déterminent une zone lumineuse de petite hauteur, inconvénient grave, surtout dans les grandes galeries, dont elle n'éclaire qu'une faible partie. Tels sont les résultats des expériences faites à Anzin, à Rive-du-Gier et à la Grande-Combe.

Enfin, la flamme s'éteint dans un courant ascendant rapide ; ainsi, dans les mines du Couchant de Mons où les ouvriers descendent aux échelles, on en a observé l'extinction presque constante dans ce parcours aussi dangereux que long (5 à 400 mètres), ce qui, dans l'origine, inspirait des craintes d'accidents, non confirmées par l'expérience.

Quoi qu'il en soit, on s'est constamment servi de cette lampe dans les mines à grisou de la province de Liége depuis le commencement de 1841 ; elle a donc en sa faveur une longue pratique pendant laquelle ont été pleinement justifiées les prévisions de la Commission de Liége, qui l'avait « unanimement considérée comme réunissant à un » plus haut degré que toutes celles essayées jusqu'ici les » conditions essentielles d'une bonne lampe de sûreté. » Tous les hommes de l'art ont ultérieurement ratifié cet arrêt et la regardent comme la plus propre à l'éclairage des mines.

C'est ici le lieu de parler des lampes de sûreté destinées à l'éclairage fixe des chambres d'accrochage, qui furent en usage à la mine de l'Espérance, à Seraing, peu après l'introduction des lampes Mueseler. Cet appareil, d'un assez grand volume et dont le pouvoir éclairant équivaut à celui d'une bonne lampe astrale, est une combinaison des systèmes de MM. Mueseler et du Mesnil. De même que la lampe de ce dernier, elle a une mèche plate manœuvrée à l'aide d'une crémaillère ; son réservoir, placé latéralement, est à niveau constant ; enfin elle est munie d'un réflecteur en cristal étamé. Elle consomme un centilitre (0.01 litre) d'huile par heure.

355. Lampe de M. Combes, ingénieur en chef des mines (fig. 22, pl. XXIV).

Le but de l'auteur a été de réunir les avantages inhérents aux lampes de MM. Roberts, du Mesnil et Mueseler, en évitant les inconvénients de ces divers systèmes. Le réservoir, disposé comme dans l'appareil de Davy, est couronné d'un rebord cylindrique; celui-ci est percé d'une série de trous destinés à admettre dans l'intérieur l'air nécessaire à l'alimentation. Au-dessus de ces trous sont ajustées deux rondelles en toile métallique de 150 à 200 mailles au centimètre carré; le courant doit les traverser pour se rendre sous un disque embouti en forme de pavillon de cor; muni d'une ouverture circulaire qui concentre la totalité de l'air dans le voisinage de la flamme. La cage est formée de six tringles verticales assemblées sur deux viroles; le manchon en cristal s'appuie sur la virole inférieure avec interposition d'une rondelle en drap ou en cuir. La partie supérieure de l'appareil se compose d'un treillis protégé par six tiges en fil de fer; à sa base se trouve une rondelle en tissu métallique portant à son centre un tuyau ou cheminée en cuivre propre à activer le tirage et l'aspiration de l'air du réservoir. C'est par les mailles de cette rondelle que s'échappent les gaz impropres à la combustion; comme ceux-ci ne peuvent s'accumuler dans l'espace compris entre le tuyau et l'enveloppe en cristal, il est permis d'imprimer à la lampe des oscillations un peu vives sans provoquer l'extinction de la flamme.

Les expériences dont cette lampe a été l'objet dans les arrondissements d'Alais, de Rive-de-Gier et de Saint-Étienne (1) ont donné les résultats suivants :

1°. Soumise à de fortes et persistantes inclinaisons, elle ne s'éteint pas; il en est de même lorsqu'elle est exposée à un courant d'air très-vif.

2°. La clarté d'une lampe dans laquelle la somme des sections des ouvertures d'entrée de l'air est de huit cen-

(1) *Annales des Mines*, tome VII, p. 579, et tome IX, p. 105.

timètres carrés a été jugée supérieure à celles que donnent les appareils de MM. Davy et Mueseler ; elle est d'ailleurs toujours suffisante pour permettre aux ouvriers de produire le maximum de travail.

5°. L'enveloppe en cristal est noircie par la fumée, mais légèrement et à sa partie supérieure seulement.

4°. Sous le rapport de la sûreté, la lampe s'est toujours bien comportée au milieu des mélanges les plus explosifs que contenaient les mines où l'on a expérimenté.

Mais on peut craindre l'épanchement de l'huile sur les disques du réservoir et, par conséquent, l'obstruction d'un certain nombre de mailles, car, dans ce cas, la lampe fume et le cristal est promptement noirci. On a observé que, dans les ateliers chauds et mal ventilés, la clarté faiblissait lorsque d'autres appareils conservaient encore une lumière assez vive. Le réservoir, contenant de l'huile pour 7 1/2 à 8 heures, n'a pas été jugé assez spacieux.

356. *Lampe de M. Boty, directeur-gérant du Haut-Flénu* (fig. 21 et 22, pl. XXIV).

Cette lampe ressemble assez, au premier abord, à celle d'Upton et Roberts, dont on aurait soulevé le tissu métallique pour en lier la base avec la partie supérieure du cylindre en cristal, qui, dès lors, se trouve entièrement démasqué.

Le réservoir à huile est surmonté d'un socle, ou bague en cuivre rouge percée d'un assez grand nombre de trous et disposée de telle façon que sa partie supérieure corresponde avec la base de la flamme. Au-dessus est ajusté le cristal-enveloppe, couronné d'un tissu métallique contenant 265 mailles par centimètre carré. Les ouvertures pratiquées dans le socle ont même section que les mailles du treillis cylindrique.

Ces ouvertures, que la totalité du courant d'air est censé traverser pour alimenter la combustion, remplissent fort imparfaitement la fonction qui leur est attribuée; c'est ce dont il est facile de se convaincre au moyen d'une expérience fort simple : il suffit d'obstruer alternativement, avec deux lames de papier d'inégale largeur, d'abord les trous de la bague, puis le cylindre en toile métallique. Pendant la première partie de l'opération, l'alimentation de la flamme ayant lieu exclusivement au moyen de l'air affluant à travers le treillis, on n'observe aucune diminution dans l'intensité de la lumière. Mais, dans la seconde partie et pendant que l'air, pour être admis à l'intérieur, doit traverser les orifices ménagés dans le socle, si la flamme ne s'éteint pas, elle s'affaiblit tellement que la clarté en est presque nulle. Ainsi cet appareil à courant descendant n'est, en définitive, qu'une lampe Mueseler dont on a supprimé la cheminée intérieure.

Toutefois, cette lampe s'est toujours bien conduite dans les divers mélanges où elle a été plongée; seulement, lorsqu'on l'a exposée pendant un certain espace de temps à un courant d'hydrogène pur, l'inflammation s'est communiquée au dehors après que la toile fut arrivée à la chaleur rouge. Mais il n'est pas nécessaire qu'une lampe, pour être de sûreté, résiste à des courants de ce gaz, dont on ne trouve pas la moindre trace dans les mines et dont, comme le dit M. Cauchy, " il n'est guère possible d'admettre la production au sein " d'une matière aussi riche en carbone que la houille. " On peut donc regarder cet appareil comme satisfaisant aux exigences de la plupart des mines à grisou. Si la suppression de la cheminée et du disque auquel elle est attachée n'est pas, sous le rapport de la sûreté, une inspiration très-heureuse, cette disposition offre cependant l'avantage de ne déterminer l'extinction de la flamme, enveloppée d'une atmosphère détonnante, qu'après la lampe Mueseler; en sorte que l'ouvrier, prévenu de la présence du danger, peut s'éclairer en se retirant, et, s'il persiste à rester dans le milieu détonnant, la mèche s'éteindra avant que le cylindre soit arrivé à l'état d'incandescence et, par conséquent, avant que l'inflammation puisse se propager au dehors. L'intensité de lumière de la lampe Boty est plus grande que celle de M. Mueseler, à cause de la suppression de la cheminée; en outre, elle ne s'éteint pas lorsqu'on l'incline accidentellement. Son poids est de 760 grammes.

Si les ouvertures, d'ailleurs inefficaces, du socle sont innocentes par elles-mêmes, elles n'en sont pas moins indirectement une cause de danger. En effet, on s'est aperçu, dans le district de Charleroi, que des ouvriers, dans le but de se procurer une lumière plus intense, avaient cherché à les agrandir avec la pointe de leur couteau. Si ce fait, constaté par M. l'ingénieur Jochams, n'était isolé, il deviendrait urgent d'exiger la suppression de ces orifices.

357. Lampe de M. Éloin, officier des mines, à Namur.

Cet appareil est représenté par les figures 16 et 17 de la planche XXV. Entre le plateau supérieur du réservoir et la base du manchon de cristal se trouve un cylindre percé de six ouvertures rectangulaires fermées par un tissu métallique à travers lequel pénètre l'air destiné à l'alimentation de la flamme; celui-ci est dirigé sur la mèche, où il se consume en totalité au moyen d'un cône analogue à celui de la lampe d'Upton et Roberts. Le cylindre en cristal offre, à sa partie extérieure, une courbure concave destinée à disperser les rayons lumineux dans l'espace; sa base est liée avec une cheminée en cuivre dont la partie supérieure est percée de trous par lesquels s'échappent dans l'atmosphère les produits de la combustion. Un réflecteur en cuivre, désigné par M. Éloin sous le nom de *cuirasse*, glisse sur les barreaux de la cage et se place à volonté au-dessus ou au-dessous de la flamme, afin d'éclairer par réflection le sol ou le toit des excavations.

MM. de Hemptinne et Stas, auxquels l'Académie royale de Belgique avait confié le soin de soumettre cette lampe à des essais qui pussent en faire apprécier le mérite, ont trouvé qu'elle jouissait des propriétés suivantes : Plongée dans l'hydrogène protocarboné, elle s'y conduit aussi bien que la lampe Mueseler et résiste à l'extinction plus longtemps que cette dernière, ce qui, dans les cas ordinaires, ne peut être considéré comme un défaut, car un excès de sensibilité, donnant des garanties plus que suffisantes contre l'inflammation du grisou, engendre des dangers d'une autre espèce, en privant les ouvriers des moyens de se guider au milieu des travaux; une notable partie des gaz qui pénètrent dans l'appareil en sortent sans être brûlés, ainsi qu'on le prouve en approchant une bougie du sommet de la cheminée. Si l'on dirige un jet d'hydrogène protocarboné sur la toile inférieure, la combustion aura lieu dans la cavité située au-dessous de la mèche et autour de celle-ci; de petites détonations se produiront à l'intérieur du verre, mais la flamme ne se propagera pas au dehors.

La cheminée en cuivre plein est un perfectionnement fort avantageux en ce que, substituée aux toiles métal-

liques, elle ne peut être, comme celles-ci, déchirée ou
écrasée aussi facilement; en outre, l'imperméabilité de
cet organe ne permettant pas à l'air extérieur de s'introduire latéralement, les gaz ne s'enflamment que partiellement dans la lampe, ou, tout au moins, ils ne
peuvent continuer à brûler après l'extinction de la mèche,
phénomènes qui peuvent avoir lieu avec les lampes Davy,
Mueseler et Boty, ainsi que l'ont constaté MM. de
Hemptinne et Stas.

Cet appareil, qui n'a que 0.255 mètre de hauteur, jouit
de l'avantage d'être fort léger, puisqu'il ne pèse que 600
grammes. Mais son réservoir est moins grand que celui
de la lampe Mueseler, dont elle n'offre pas la solidité.
Comme elle n'a pas de cheminée intérieure, son pouvoir
éclairant est plus grand que celui de la précédente, et
celui-ci est encore augmenté, tant par la courbure extérieure du cylindre en verre qui disperse, vers le sol et
le faîte des galeries, des rayons lumineux ordinairement
perdus, et contribue ainsi à éclairer ces diverses parties,
que par la cuirasse ou réflecteur tendant à augmenter
l'intensité des rayons projetés sur le sol des excavations.

Les reproches adressés à la lampe de M. Éloin sont :
sa disposition à fumer plus que les autres lampes, lorsque
la mèche est trop longue, et sa tendance à s'éteindre
lorsqu'elle se trouve sous l'action de courants d'air horizontaux ou verticaux de quelque énergie, ou qu'on la
porte en lui imprimant un balancement un peu trop vif.
En outre, il semblerait résulter d'expériences faites dans
quelques houillères du district de Charleroi, par MM. les
officiers des mines, que cet appareil ne s'est pas toujours très-bien comporté.

358. *Du degré de confiance à accorder aux lampes de sûreté.*

Tels sont les divers appareils d'éclairage usités jusqu'à ce jour. Mais, quelle que soit leur efficacité préservatrice, le mineur prudent ne les considérera, en quelque sorte, que comme fournissant les indices de l'état atmosphérique des mines et comme faisant connaître, en temps utile, les approches du danger, auquel il doit se soustraire par une prompte retraite. Dût-on, d'ailleurs, découvrir une lampe qui offrit de plus grandes garanties encore, l'exploitant doit bien se persuader qu'il ne sera jamais dispensé d'établir une bonne ventilation ; il se tiendra toujours en garde contre une trop grande confiance, et il profitera surtout des enseignements fournis par les premières années de l'emploi de la lampe de Davy, pendant lesquelles on a vu s'accroître le nombre des accidents survenus en Angleterre, circonstance attribuée en grande partie à la conviction où l'on était de l'inutilité des mesures préventives en présence du nouvel appareil d'éclairage.

SECTION VIIIe.

RÉSULTATS DE LA COMBUSTION DU GAZ DÉTONNANT.

359. *Effets des explosions.*

La combinaison de l'hydrogène protocarboné et de l'oxygène contenu dans l'air atmosphérique, déterminée par la présence d'un corps enflammé, produit dans les mines de houille des désastres épouvantables et d'autant plus grands que la mine a été infestée sur une plus grande partie de son étendue.

Une partie de l'oxygène s'unit au carbone ; l'autre à l'hydrogène, ce qui donne lieu à la production de gaz acide carbonique, de vapeur d'eau et d'une flamme qui remplit tout l'espace. La haute température à laquelle la masse gazeuse se trouve immédiatement soumise lui fait prendre subitement un volume presque double de celui qu'elle occupait avant la réaction ; elle refoule violemment en arrière le courant d'air en circulation dans la mine et détruit tous les obstacles qui s'opposent à son expansion. Immédiatement après un espace de temps insaisissable, une partie de la vapeur d'eau se condense et produit un vide dans lequel vient se précipiter l'atmosphère ambiante refoulée par le premier mouvement. Tous ces phénomènes se succèdent avec une si excessive rapidité, que les mineurs ne reçoivent qu'un choc et n'entendent qu'une détonation. La flamme brûle cruellement les ouvriers ; le double refoulement de la masse d'air les culbute, blesse les uns et tue les autres, en les projetant avec violence contre les parois des excavations, pendant que les poussières qui recouvrent le sol des galeries, soulevées en tourbillons, les aveuglent et les suffoquent.

Les cloisons étant renversées, les portes d'aérage brisées, la circulation de l'air est troublée ou interrompue. Quelquefois le courant d'air est momentanément renversé. Les bois de soutenement sont arrachés; tout ce qui donne prise au choc est brisé, détruit et entraîné. La masse du rocher est ébranlée, et des éboulements nombreux et considérables obstruent les galeries. Cependant l'air cessant de se renouveler, les gaz irrespirables envahissent les excavations; les malheureux ouvriers épargnés par le fléau dévastateur périssent, ou enterrés sous les éboulements, ou asphyxiés par les effets délétères du gaz acide carbonique. Pour se faire une idée de l'état atmosphérique d'une mine après un coup de feu, on doit considérer que le gaz hydrogène carboné est subitement remplacé par le même volume d'acide carbonique, et que, par suite de l'absorption d'un volume double d'oxygène, tout l'azote avec lequel il était uni reste libre dans la masse.

Le courant d'air troublé ou interrompu, l'accumulation du gaz acide carbonique et les éboulements qui obstruent les voies de communication empêchent la plupart du temps de porter secours aux malheureux ouvriers déjà atteints par l'asphyxie. Comment pénétrer au milieu de cette atmosphère délétère? Si la circulation de l'air est provoquée par un foyer intérieur, comment le rallumer lorsqu'il est éteint? Et, si l'on parvient à le faire, ne peut-on craindre à chaque instant de nouvelles explosions provoquées par de nouveaux dégagements de gaz inflammable, lorsque celui-ci vient au contact du foyer, et une aggravation dans l'irrespirabilité de l'air?

Quelquefois l'explosion se propage jusqu'à la surface, soit que la partie de la mine infestée de grisou ait été considérable et que la dilatation des gaz se soit fait sentir au dehors, soit que le quartier où le gaz s'est enflammé ait été assez voisin de l'un des puits par lequel ils ont trouvé, pour leur épanchement, une voie facile et commode. Dans ce cas, les ouvriers occupés au jour entendent d'abord un sourd mugissement accompagné d'un violent courant d'air, puis apparaît une colonne de flamme livide embrasant tous les objets inflammables qu'elle rencontre sur son passage ; souvent le fléau se dénote par un noir tourbillon de fumée qui entraîne avec lui des fragments de pierres et de bois arrachés dans la mine, détruit la toiture des bâtiments de la surface et quelquefois disloque les machines installées à l'orifice des puits.

Heureusement le gaz inflammable n'occupe pas toujours une étendue assez considérable pour donner lieu à des effets aussi désastreux. S'il n'a envahi que quelques tailles et quelques galeries, les résultats, toujours les mêmes, sont cependant moins énergiques et moins généraux, et les ouvriers assez heureux pour échapper aux brûlures et aux contusions trouvent presque toujours un refuge dans les parties des travaux où circule encore un air respirable.

360. *Exemples d'effets mécaniques produits par les explosions.*

Les effets mécaniques des explosions sont quelquefois prodigieux. M. Bischoff (1) rapporte à ce sujet des faits

(1) *Des Moyens de soustraire l'Exploitation des mines de houille aux chances d'explosion*, p. 302.

remarquables. Dans une mine de Saarbrücken, sept digues en briques construites dans les ateliers d'arrachement formaient, avec la galerie, un angle aigu tourné du côté de l'orifice; ces digues, situées à 3 ou 4 mètres au-dessus de la galerie principale d'exploitation, étaient, par conséquent, en dehors de la direction du courant destructeur, et se trouvaient, en outre, à une distance de plus de 450 mètres du lieu de l'explosion; néanmoins elles furent renversées et détruites. Dans ce cas, l'ouragan était évidemment dû à la réaction de l'air appelé à l'intérieur par le refroidissement des gaz brûlés et par la condensation de la vapeur d'eau. A une distance de 260 mètres, une porte d'aérage, des bois de 0.15 mètre d'épaisseur, des poulies et des bandes de fer furent fracassés. Enfin, à l'orifice de la galerie, c'est-à-dire à une distance de 1100 mètres du foyer de l'explosion, le courant d'air enleva le bonnet qui recouvrait la tête d'un mineur.

A Schaumbourg, le grisou s'étant enflammé sur un foyer, l'explosion fut telle que des pierres d'un poids de 1,500 kilogrammes, formant une voûte sur laquelle reposait une machine hydraulique pesant elle-même 5,600 kilogrammes, furent soulevées et déplacées de 6 à 7 millimètres. Les étançons, qui l'étayaient dans un sens contraire à la direction du courant, furent brisés, de même que toutes les pièces de bois des fondations et de la machine.

Cette prodigieuse force d'expansion se porte principalement sur les portes et les cloisons destinées à diriger le courant ventilateur. Il en résulte que ce dernier, prenant le chemin le plus court, cesse de circuler dans différents quartiers, où les ouvriers, s'il s'en trouve, ne peuvent manquer d'être asphyxiés.

On exploite quelquefois au moyen d'un seul puits divisé en deux compartiments, dont l'un sert à l'introduction, l'autre à la sortie de l'air. Si, par l'effet d'une explosion, la cloison est renversée, même partiellement, toute ventilation cesse dans l'intérieur de la mine et les ouvriers qu'elle contient périssent asphyxiés.

361. *Circonstances relatives à l'embrasement des gaz inflammables dans les mines de houille.*

Si le mélange d'air et de gaz inflammable n'est pas en proportion convenable pour déterminer une explosion, son inflammation est quelquefois sans danger et ne produit qu'un météore fugitif analogue à un feu-follet. Mais souvent il brûle les ouvriers plus ou moins cruellement ; quelquefois il enflamme les bois de soutenement, les portes d'aérage, etc., et même produit souvent des incendies souterrains. M. Bischoff rapporte qu'une explosion arrivée dans une mine de Schaumbourg détermina l'inflammation d'une couche très-bitumineuse qui, lorsque l'incendie fut éteint, se trouva réduite en coke jusqu'à une profondeur d'environ un mètre. Mais les causes de destruction les plus terribles proviennent de l'acide carbonique qui se répand en masse dans la mine, et s'empare de ses victimes aussi bien dans les lieux écartés de l'explosion que dans le foyer de l'explosion elle-même.

Le gaz inflammable se répartit dans une mine et même dans le parcours d'une seule galerie, d'une manière très-irrégulière ; dans le même instant, des mélanges en contact les uns avec les autres peuvent être, les uns détonnants, d'autres inflammables, et cela dans les proportions les plus variables, proportions qui changent à chaque instant sous l'influence de la ventilation, de la température et d'une circulation plus ou moins active. Si des ouvriers, travail-

lant dans l'un des ateliers d'arrachement dont l'atmosphère
n'est pas assez chargée de gaz inflammable pour déterminer
la détonation, y mettent le feu d'une manière quelconque,
l'embrasement, semblable à une trainée de poudre, se propagera dans toutes les galeries voisines; s'il arrive dans
une excavation dont le mélange soit explosif, la détonation
aura lieu; celle-ci, à son tour, pourra déterminer l'inflammation ou l'explosion dans un autre espace, qui lui-même
la communiquera plus loin. On voit, d'après cela, combien il y a de danger à user sans prudence des lampes
de sûreté et à faire sauter une mine, lors même que le
lieu où l'on se trouve ne contient pas de mélange détonnant, puisque l'incendie, en se propageant, peut déterminer une explosion dans un lieu même fort éloigné de
celui où le feu a été mis par un corps incandescent. On
voit, en outre, combien il est imprudent d'attendre, pour
se retirer, le moment où la lampe est remplie de flamme.

562. *Du sens dans lequel se propagent les explosions.*

On a remarqué généralement, lorsqu'il a été possible
de trouver le point où le mélange de gaz s'est embrasé,
que l'inflammation de l'hydrogène protocarboné ne se
propageait pas en aval du courant ventilateur et en suivant sa direction, mais qu'il se dirigeait en sens inverse
de ce courant et vers son origine. Ce fait, identique avec
les résultats de l'observation de la Commission de Liége
dans ses essais sur les divers appareils d'éclairage, est facile
à expliquer. L'addition de 1/7 d'acide carbonique suffit pour
faire perdre leurs propriétés explosives aux mélanges les plus
détonnants; or, les produits de la combustion étant en
grande partie de l'acide carbonique et de l'azote formés simultanément dans toute la section de la galerie, ceux-ci

se mêlant au courant d'air et marchant avec lui, forment pour ainsi dire une barrière que l'embrasement ne peut franchir et empêchent toute propagation de la flamme en aval du courant ventilateur.

365. *Renversement du courant d'air.*

Immédiatement après une explosion, les produits de la combustion formés sous l'influence d'une haute température, fortement dilatés et tendant à occuper un grand espace, arrêtent momentanément la marche du courant d'air; puis, après quelques oscillations, sortent avec lui par les voies de retour de l'air. Mais si le champ de l'explosion est considérable, si les issues de sortie ne sont pas suffisantes pour l'évacuation de la masse gazeuse; si la distance à parcourir est beaucoup plus grande dans ce sens que dans le sens opposé; si, enfin, les résistances sont fort grandes, les gaz brûlés refouleront le courant sur lui-même et feront irruption par les voies d'entrée de l'air comme plus courtes et comme cédant plus facilement à la force d'expansion qui anime la masse des gaz. Le courant ventilateur pourra reprendre sa direction primitive ou persister dans sa marche renversée; quoi qu'il en soit, cette circonstance, heureusement fort rare, peut avoir les suites les plus funestes pour les mines où le moteur d'aérage est un foyer d'appel ordinaire, parce que l'air, revenant sur ses pas chargé d'hydrogène protocarboné, passe sur la flamme, où il peut déterminer une seconde explosion quelquefois plus désastreuse que la première. Cet accident ne peut arriver si le foyer n'a avec la mine d'autre communication qu'une cheminée inclinée pour le dégagement des produits de la combustion.

Le seul moyen de prévenir le renversement du cou-

rant est de donner aux galeries de retour et aux puits
de sortie une section telle que les gaz trouvent un dé-
bouché suffisant, et que, par conséquent, elle soit au moins
aussi grande que la section des voies d'entrée, contrairement à ce qui se fait en beaucoup de localités. On a vu
ci-dessus qu'une bonne ventilation exigerait même davantage, puisque le courant sortant acquiert un volume plus
considérable que celui qu'il possédait au moment de son
entrée dans la mine.

364. Influence des saisons et des heures de la journée sur les explosions.

On croit généralement que les coups de feu sont plus
fréquents au printemps et en été que pendant les autres
saisons de l'année ; soit que la ventilation naturelle, ou
activée par un moteur quelconque, se ralentisse pendant la
la saison la plus chaude de l'année ; soit que la température plus douce du printemps vienne, au sortir de l'hiver,
surprendre le mineur dans un moment où il croit pouvoir
encore se relâcher d'une partie des nombreuses précautions
qu'exige l'aérage d'une mine à grisou.

Cette opinion est évidemment fondée, quoique singulièrement compromise, par l'examen du tableau des accidents
de cette espèce arrivés au Couchant de Mons pendant
les 24 années comprises entre le 1er. janvier 1818 et le
31 décembre 1841. En effet, les 48 explosions qui ont
eu lieu pendant cette période, se répartissent, pour chaque
saison, de la manière suivante : .

Dans les vingt-quatre
{
  hivers, 10 explosions.
  printemps, 11 »
  étés, 13 »
  automnes, 14 »
} 48.

Les 24 périodes d'été ne surpassent celles d'hiver que de trois explosions ; les automnes ont été plus malheureux que la saison la plus chaude, et pendant le mois de décembre, ordinairement fort rigoureux, on compte sept explosions, c'est-à-dire la moitié de toutes celles que comportent les périodes d'automne. Si l'on divise l'année en deux parties ; l'une, comprenant l'hiver et l'automne ; l'autre, le printemps et l'été, on trouve que le nombre d'accidents est le même pour chacune d'elles.

Il en est à peu près de même dans les mines du nord de l'Angleterre, où les explosions survenues de 1743 jusqu'en 1849, c'est-à-dire pendant une période de 107 ans, peuvent se classer comme suit :

Hiver,	23 explosions.	Janvier	. . .	7
		Février	. . .	4
		Mars	. . .	12
Printemps,	54 —	Avril	. . .	17
		Mai.	. . .	12
		Juin	. . .	25
Été,	56 —	Juillet .	. . .	18
		Août	. . .	18
		Septembre.	. .	20
Automne,	86 —	Octobre	. .	29
		Novembre .	. .	28
		Décembre .	. .	29

Total, 219 explosions.

Cet accroissement des accidents pendant l'été et l'automne, si concordant en Belgique et en Angleterre, offre une anomalie facile à expliquer par le mouvement du commerce de la houille. Les produits de ces mines, étant en grande partie l'objet d'expéditions lointaines, sont transportés à l'étranger de juillet en décembre, période pendant laquelle l'activité des travaux d'arrachement s'accroît à mesure que l'on s'avance de l'époque où ils devront se ralentir. De là des espaces excavés plus grands, des surfaces

de houille plus étendues mises à nu, accompagnées ordinairement de nombreuses négligences relatives à l'aérage.
D'où l'on peut conclure que, dans les bassins houillers
soumis à un pareil mouvement commercial, on peut regarder comme dangereuse l'opinion trop exclusive, quoique
fondée, de l'influence des saisons sur les coups de feu,
parce qu'alors le mineur croit pouvoir se soustraire à
certaines précautions au moment même où elles sont
indispensables.

On observe que beaucoup d'explosions arrivées pendant
l'hiver ont lieu lorsque le dégel succède à une température
très-froide. Il est à supposer alors que le gaz inflammable,
maintenu par le poids de l'atmosphère dans les anciens
travaux ou dans des vides laissés au milieu de remblais
mal exécutés, se répand subitement dans les excavations
où circulent les ouvriers au moment où, en vertu d'une
température plus douce, la pression barométrique diminue
d'énergie.

Les instants de la journée les plus dangereux sont ceux
où les ouvriers rentrent dans la mine momentanément
abandonnée ; soit que le travail ait été interrompu par la
nuit, par la solennité du dimanche ou des jours de fète,
soit qu'il l'ait été pendant les courts instants compris entre
le départ d'un poste de mineurs et l'arrivée de l'autre poste
destiné à lui succéder. Pendant ces interruptions, si souvent
fatales, la diffusion des gaz cesse probablement d'être activée par la circulation des ouvriers dans les galeries ; la
moindre négligence du poste qui se retire peut contribuer
à remplir immédiatement de gaz explosif les cavités où la
circulation de l'air vient à cesser, comme, par exemple,
l'oubli de fermer une porte, erreur qui serait immédiatement réparée si les travaux étaient en activité. C'est à la
chute d'un rideau en toile, qui forçait l'air à pénétrer dans

une galerie descendante, que doit être attribuée la cause
de l'explosion survenue à la mine de l'Espérance, à Seraing
(22 juin 1838), près de Liége.

Pour se mettre en garde contre ces causes d'accident,
il suffit de faire précéder chaque poste d'un ouvrier intelligent et prudent dont la mission soit d'explorer toutes les
galeries où doivent circuler les mineurs avant de permettre
à aucun d'eux d'y pénétrer pour se mettre à l'ouvrage.

365. *Double cause des explosions.*

Toute explosion est produite essentiellement par deux
causes fort distinctes l'une de l'autre :

1°. L'accumulation du gaz hydrogène protocarboné dans
une partie de la mine, accumulation dont l'origine est
exclusivement due (excepté dans le cas d'un dégagement
subit de gaz inflammable) à l'insuffisance du moteur
d'aérage, à la mauvaise direction ou à la mauvaise distribution du courant ventilateur.

2°. La mise à feu de ce gaz, soit par la flamme d'un
coup de mine, ou d'une lampe de sûreté dans laquelle des
défauts accidentels ôtent à l'enveloppe son caractère isolant
et préservatif ; soit enfin par l'imprudence des ouvriers,
lorsque la passion de fumer ou tout autre motif les engage
à ouvrir leurs lampes, à en aspirer la flamme au dehors,
ou à se procurer les moyens de produire du feu dans la mine.

Comme il importe de connaître toutes les causes effi-
cientes de ces accidents, afin d'y porter les remèdes que
peut suggérer la prudence et s'en garantir à l'avenir, on
devra, en se livrant à ces recherches, s'attacher à connaître, non-seulement les causes de la mise à feu, mais
encore et surtout les motifs pour lesquels le gaz n'a pas
été noyé dans une quantité suffisante d'air atmosphérique.

Ces motifs peuvent se rapporter aussi bien à l'insuffisance du moteur d'aérage qu'à une mauvaise direction du courant ventilateur et à une porte essentielle laissée ouverte ; elles peuvent avoir pour cause un dégagement subit de gaz que le courant ne peut expulser immédiatement et auquel nulle disposition connue ne peut mettre obstacle ; mais cet accident, heureusement fort rare, avertit toutefois l'exploitant de redoubler de prudence dans l'emploi et la surveillance des appareils d'éclairage. Malheureusement, on n'agit pas toujours ainsi ; souvent, lorsqu'on s'est assuré que l'explosion a eu pour cause déterminante les effets d'un coup de mine par exemple ; dès qu'on a trouvé dans le rayon du désastre une lampe trouée ou en mauvais état, on se borne à constater ce fait, en négligeant la circonstance principale, la plus importante, les motifs de la non-expulsion du grisou. L'administration gouvernementale des mines, mieux éclairée, établit quelquefois la double cause de l'accident ; mais les importants rapports qui en résultent vont s'ensevelir dans les cartons ministériels, où ils deviennent inutiles ; tandis que leur publication accompagnée de plans, lorsque la clarté l'exige, fournissant aux directeurs des exemples d'explosions provenant de dispositions défectueuses, analogues à celles dont peut-être ils font usage et qu'ils considèrent comme convenables, leur démontrerait la nécessité de modifier leurs travaux.

Les coups de feu sont souvent attribués aux malheureux mineurs, qui en sont presque toujours les victimes. Mais qu'on veuille réfléchir que, s'il est impossible de mettre le feu à un magasin à poudre lorsqu'il ne contient pas ce produit fulminant, de même aussi l'imprudence des ouvriers sera sans danger si tous les travaux sont bien disposés et constamment balayés par un courant d'air qui entraîne le gaz inflammable au fur et à mesure de son dégagement.

Lorsqu'on commença à se servir de la lampe de sûreté dans les mines, les ouvriers ne se déterminaient que fort difficilement à prendre les précautions prescrites, soit qu'ils n'en sentissent pas la nécessité, soit qu'ils ne connussent pas les circonstances qui rendent la lampe préservatrice. Ne pouvant comprendre l'importance de l'enveloppe, ils ne se faisaient aucun scrupule de l'enlever pour allumer leurs pipes ou pour obtenir plus de clarté. Leur ignorance était telle à cet égard que, dans certaines localités, ils considéraient cet appareil comme un talisman destiné à les préserver des accidents. M. Bischoff raconte qu'un mineur, après avoir reçu une lampe de sûreté, la prit d'une main, tandis que de l'autre il tenait allumée la lampe ordinaire des mines. Actuellement, les ouvriers connaissent l'importance d'une bonne lampe de sûreté; ils savent s'en servir d'une manière convenable; on doit donc leur rendre plus de justice. En effet, s'il se trouve encore quelque imprudent, on le rencontre exclusivement parmi les jeunes mineurs, qui ne connaissent pas encore le danger. Mais si l'un d'eux, quel que soit son but, veut dévisser l'enveloppe ou commettre quelqu'autre imprudence, il en est presque toujours empêché par les plus âgés; ceux-ci ne lui permettent pas de compromettre la vie de tous ses compagnons.

366. *Dispositions et surveillance que réclament les mines à grisou.*

Ainsi qu'on l'a déjà vu, l'attention du mineur dans les mines sujettes au gaz inflammable devra se porter principalement sur trois objets :

1°. Le moteur d'aérage;

2°. La conduite du courant ventilateur;

3°. L'éclairage et tout ce qui peut déterminer la combustion d'un mélange explosif.

Ces trois points capitaux sont intimement liés; la négligence apportée dans les soins minutieux réclamés par l'un d'eux rendrait les autres inutiles, et ils doivent être considérés comme entièrement solidaires les uns des autres. Les conditions relatives à ces trois divisions sont les suivantes : Le moteur déterminera un courant d'air soumis à une pression en rapport avec le nombre et l'intensité des obstacles souterrains, et dont la masse sera toujours suffisante pour noyer le gaz inflammable quel que soit le volume de son dégagement. Aussi sa force devra-t-elle être constamment supérieure aux exigences du développement présumé des travaux, non-seulement parce que ceux-ci acquièrent souvent une étendue beaucoup plus grande qu'on ne le supposait d'abord, mais que dans certaines circonstances, par exemple, en cas de dégagement subit de gaz inflammable, il est nécessaire d'activer le courant et d'augmenter la masse d'air introduite dans la mine.

L'exploitant évitera autant que possible les irrégularités des galeries, les coudes et les étranglements susceptibles de servir d'abri au gaz inflammable et de diminuer considérablement l'activité du courant. Il apportera des soins minutieux à l'entretien des voies où l'air circule; il fera réparer immédiatement les galeries éboulées; il en fera enlever les décombres et tout obstacle qui, tendant à interrompre le courant, détermine infailliblement un accident, ainsi que cela résulte de nombreux faits de cette nature.

Il proscrira définitivement l'emploi des rideaux en toile, il s'assurera si les portes obturantes sont en bon état;

si elles ferment bien ; si le guichet des portes régulatrices offre l'ouverture voulue; si toutes sont manœu-
vrées d'une manière convenable, etc. , etc. Il se ré-
servera la faculté d'augmenter ou de diminuer à volonté la vitesse du courant total ou de chacune de ses
diverses branches, afin d'en proportionner le volume à la
quantité de gaz qui se dégage dans les divers points de
la mine. Ainsi il rétrécira la section des ateliers d'arrachement, afin que le courant, plus vif, soit propre à
balayer le gaz et à l'entraîner avec lui ; il lui ouvrira
simultanément deux ou trois galeries parallèles , afin
d'augmenter son volume. Si , dans l'un des quartiers de
la mine, le dégagement du grisou se fait en plus grande
abondance que dans les autres, il se servira de portes
régulatrices pour augmenter l'activité du courant. Si
l'état atmosphérique indiqué par le baromètre détermine
l'invasion des gaz inflammables renfermés dans les anciennes excavations , il activera le courant ventilateur
en donnant une plus grande vitesse au moteur d'aérage.
Le maître mineur ordonnera de fréquentes visites dans les
voies de retour de l'air , afin de s'assurer de leur état de
conservation ; il fera également vérifier l'état de l'air dans
les ateliers d'arrachement, et ce ne sera qu'après avoir acquis
la certitude de l'absence de tout danger qu'il permettra
aux ouvriers de se rendre à leur poste.

Le mineur qui pourra craindre de venir en contact
avec d'anciens travaux, et de causer ainsi une irruption subite
de gaz inflammable , fera précéder l'atelier d'arrachement
d'un ou de deux coups de sonde dirigés du côté où il soupçonne l'existence d'anciennes excavations. Lorsque la sonde
percera au vide , le trou sera bouché soigneusement avec
une longue broche de bois enfoncée à refus et garnie de
terre glaise. Il prendra les plus grandes précautions aux

approches des crains, des failles et des brouillages, origine de dégagements si abondants de gaz inflammable. Il aura soin de faire balayer et arroser les galeries dont le sol trop sec serait recouvert d'une grande quantité de poussières, car celles-ci, soulevées par le choc des explosions, aveuglent les ouvriers, les empêchent de se diriger dans leur retraite et leur font quelquefois autant de mal que l'explosion elle-même.

Il est facile de comprendre que les coups de mine doivent être proscrits si l'atmosphère de la galerie où l'on travaille n'est pas dans un grand état de pureté, car la quantité de gaz fût-elle insuffisante pour former un mélange détonnant, elle peut cependant communiquer avec une autre cavité où l'atmosphère soit explosive ; alors l'inflammation du premier mélange, semblable à une mèche, propagerait l'incendie et déterminerait une explosion dans une autre partie de la mine.

On a vu quelles sont les précautions nécessaires dans la construction et l'emploi des appareils d'éclairage, qui du reste, fussent-ils parfaits, ne dispensent en aucune manière des soins à apporter dans la ventilation.

Les mesures de sûreté et de prudence suggérées au mineur par l'état des lieux et les circonstances contribueront à diminuer le nombre des explosions, mais ne les anéantiront jamais complètement, au moins dans l'état actuel de la science ; car rien encore ne garantit des chances d'une irruption soudaine des gaz que renferme une cavité ou d'anciens travaux, d'où ils s'échappent subitement pour inonder l'atmosphère au milieu de laquelle brûlent les appareils d'éclairage. Il ne reste donc qu'à disposer les choses de façon à atténuer, sinon à prévenir entièrement les effets désastreux des explosions, en fournissant aux ouvriers les moyens de se retirer et à préparer de prompts secours en cas d'accident.

367. *Diminuer le nombre des victimes d'une explosion.*

Puisqu'il n'est pas possible de se garantir entièrement des coups de feu, on doit au moins chercher à diminuer le nombre des victimes en concentrant les explosions dans de certaines limites, et en facilitant aux ouvriers qui ont pu se soustraire aux premières atteintes du fléau les moyens d'échapper à l'asphyxie, soit par des dispositions prises à l'avance et en leur procurant un lieu d'asile à l'abri des gaz irrespirables, soit en leur portant secours du dehors et en préparant des moyens assez prompts de les soustraire à l'influence du gaz empoisonneur : l'acide carbonique, bien plus mortifère que l'explosion elle-même.

La division d'une mine en quartiers ou compartiments est la meilleure disposition à adopter pour empêcher la propagation de l'accident sur une trop grande échelle. Sauf le cas où les voies de retour de l'air ne fournissent pas une issue facile aux gaz, les ouvriers occupés dans les compartiments autres que celui où le coup de feu a eu lieu ne cessent pas d'être en sûreté; et ceux qu'ont épargnés le choc ou les brûlures peuvent se réfugier dans les quartiers salubres de la mine. Mais si l'explosion a brisé les portes principales ou endommagé le moteur de l'aérage, toute la mine peut être inondée par les produits délétères de la combustion ; les mineurs n'auront alors d'autre ressource que de chercher à en sortir le plus promptement possible, heureux s'ils trouvent une voie libre d'éboulements et qui ne soit pas infestée d'acide carbonique.

368. *Pénétrer dans une mine après un coup de feu.*

Les moyens employés pour parvenir aux ouvriers abandonnés dans la mine en proie à l'asphyxie varient suivant les circonstances locales et l'inspiration du moment ; on ne peut établir aucune règle fixe à cet égard, et tout ce qu'on peut dire se réduit à bien peu de chose.

Le mineur portera d'abord son attention sur le moteur de la ventilation ; s'il consiste en un appareil mécanique, il lui fera imprimer une grande vitesse afin d'extraire le plus grand volume possible de gaz irrespirables. Si le foyer, analogue à ceux d'Anzin, est exempt de toute communication avec la voie de retour de l'air, il en activera la combustion. Mais il y aurait de l'imprudence à agir de même s'il était alimenté avec l'air provenant des travaux ; il faudrait, au contraire, l'éteindre et se priver de son secours dans la crainte qu'il ne donnât lieu à une seconde explosion. La seule ressource qui reste alors est d'employer le procédé usité quelquefois en Angleterre, c'est-à-dire de provoquer, dans le puits d'entrée, la chute d'un courant d'eau afin d'y introduire un certain volume d'air. Le moteur remis en activité, il est possible de rentrer dans la mine en agissant avec précaution et en s'assurant que le courant ventilateur n'est pas intercepté par des éboulements dans les voies générales, circonstance heureusement fort rare, puisque, la plupart du temps, l'air peut encore circuler entre le sommet de l'éboulement et le faîte de l'excavation d'où proviennent les décombres. Quoi qu'il en soit, on tourne l'obstacle, si possible ; sinon on se hâte de le percer et de se frayer un chemin ; heureux si l'opération se fait avec assez de promptitude pour que les ouvriers retenus en arrière ne soient pas entièrement asphyxiés lorsqu'on parvient à les atteindre. Alors on s'avance dans la direction du courant en s'efforçant de remettre successivement en place toutes les portes et les cloisons renversées par l'explosion.

Toutes ces opérations difficiles et dangereuses exigent,

de la part des hommes qui s'en chargent volontairement, la parfaite connaissance des lieux, du sang-froid et une grande intrépidité. Pour quiconque n'a pas vu de près les ouvriers mineurs occupés au sauvetage de leurs compagnons, il est impossible de se faire une idée de l'activité, du dévoûment et du mépris de tout danger personnel qui animent en général cette classe de travailleurs; chacun, dans ces circonstances, donne incessamment des preuves d'une bravoure d'autant plus méritoire que personne n'en est témoin et que le désir d'arracher son semblable à la mort en est le seul mobile.

369. *Portes de sauvetage usitées dans les mines du Northumberland et de Durham.*

M. Combes a donné le nom de *portes de sauvetage* à certaines portes entièrement inutiles dans le cours ordinaire de l'exploitation, mais dont le rôle important commence au moment où toutes les autres ont été détruites. Il en existe de deux espèces : les premières, inventées par M. Buddle (fig. 9, pl. XXIV), sont appelées *portes flottantes* (*Swing-doors*) et sont placées entre deux portes principales. Construites fort légèrement en planches de sapin, elles sont suspendues par des gonds à la partie supérieure du cadre, où elles peuvent librement osciller à la manière d'un pendule. Ce cadre est entièrement renfermé dans une cavité pratiquée sur le pourtour de la galerie, de manière à ne présenter aucune partie saillante. La porte elle-même, logée dans une retraite pratiquée au faite de la galerie, est maintenue dans une situation horizontale par un crochet muni d'un manche auquel est adaptée une plaque assez large, ou plus simplement par un étançon vertical disposé comme l'indique la figure. Au moment de l'explosion, le courant agit sur l'étai et l'abat, ou sur la plaque qui décroche la porte; celle-ci, mise en liberté, prend une position verticale et remplace, quoique imparfaitement, les portes ordinaires mises hors de service. Si une seconde explosion a lieu, la mobilité dont elle jouit la garantit de toute destruction, et enfin, en vertu de sa légèreté, elle livre facilement passage aux ouvriers qui cherchent à sortir de la mine.

Les portes de sauvetage de la seconde espèce, appelées *portes digues* (*Dam doors*), sont également placées entre deux portes principales. Elles sont construites avec une grande solidité, tournent également autour de la partie supérieure du cadre comme sur un axe horizontal; mais, logées dans une cavité du faîte, elles sont maintenues dans cette position au moyen d'un verrou dont l'extrémité s'engage dans un trou solide. Lorsqu'une explosion renverse les portes ordinaires, on dégage les portes digues, qui, retombant sur le châssis, remplacent immédiatement celles qui sont détruites. La saillie du cadre sur les parois doit être suffisante pour recevoir la porte et en former la battue, mais jamais assez pour donner prise au choc du courant produit de l'explosion.

370. *Appareils de sauvetage.*

Lorsque l'exploitation se fait au moyen d'un seul puits divisé en deux compartiments dont la cloison a été fracassée; lorsque le courant est interrompu par des éboulements qui obstruent complètement les voies principales; enfin, lorsque le moteur d'aérage a été complètement détruit ou qu'il est impossible de rallumer le foyer d'aérage, on se trouve dans l'affreuse impossibilité de ne pouvoir délivrer les malheureuses victimes renfermées dans la mine, si l'on ne possède les moyens de traverser l'atmosphère méphitique pour arriver au point où gisent les ouvriers.

L'instruction pratique de 1824 contient la description (1) de divers appareils proposés par M. Baillet pour pénétrer dans les lieux infestés d'acide carbonique ou autres gaz irrespirables. Ceux de la première espèce consistent en un tube respiratoire en toile enduite de gomme élastique, en taffetas ou en cuir, que l'on maintient ouvert en plaçant à l'intérieur un fil de fer contourné en spirale; l'une des extrémités, de forme évasée, aboutit au milieu de l'air extérieur ou dans une partie de la mine dont l'air est pur et respirable, tandis que l'autre extrémité, munie d'une embouchure, s'applique sur la bouche ou sur le nez; c'est ainsi qu'au moyen de valves, dont on verra la disposition ci-après, on établit une communication entre les organes respiratoires de l'ouvrier qui se hasarde dans les galeries infestées et l'air atmosphérique pur. Mais les frottements du fluide contre les parois rendent l'aspiration fort pénible, même pour de courtes distances; elle devient fort difficile et quelquefois impossible lorsque le diamètre du tuyau étant de 0.02 mètre, sa longueur dépasse 25 à 30 mètres.

Les appareils de la seconde espèce sont des réservoirs à parois flexibles en cuir enduit de caoutchouc et remplis d'air comprimé au moyen d'un soufflet à soupape; un ouvrier les porte sur son dos comme un havre-sac ou les traîne après lui sur une petite voiture. Un tube flexible établit la communication entre le réservoir et les organes respiratoires. Ces appareils, d'après M. Boisse, ingénieur des mines de Carmaux, qui les a essayés, ont l'inconvénient d'être d'un volume embarrassant; de n'être pas imperméables;

(1) *Annales des Mines*, 1re. série, tome X.

de ne permettre qu'avec peine l'aspiration des dernières parties d'air et de se détériorer promptement, ce qui, en pratique, est fort grave, puisqu'on s'expose à les trouver hors d'état de servir au moment où l'on doit en faire usage. Enfin, contrairement aux prévisions de M. Baillet, non-seulement l'air expiré ne peut servir à l'alimentation de la flamme, mais encore le plus volumineux de ces appareils ne fournit à la respiration de l'homme et à la combustion de sa lampe que pendant un temps très-limité, c'est-à-dire huit à neuf minutes pour le réservoir porté à dos d'homme, dont la contenance est d'environ 20 décimètres cubes, et trente-quatre minutes pour le sac placé sur une voiture.

Depuis longtemps on avait proposé des réservoirs à parois métalliques, dans lesquels l'air aurait été fortement comprimé; mais la difficulté était d'en régler l'écoulement d'une manière uniforme et de le faire arriver à la lampe et à la bouche de l'ouvrier avec une pression assez rapprochée de la pression atmosphérique. Aussi cette idée est-elle restée stérile jusqu'au moment où l'on a inventé l'ingénieux appareil destiné à régulariser l'écoulement du gaz portatif d'éclairage, consistant en un petit trou dont le diamètre augmente à mesure que la pression intérieure diminue. Les expériences de M. Boisse sur des réservoirs de cette espèce ont engagé M. le directeur des ponts et chaussées et des mines de France à en faire construire de cylindriques, en tôle, d'une longueur de 0.75 mètre sur un diamètre de 0.26 mètre, terminés à leurs deux extrémités par des calottes sphériques. Leur capacité (34 litres) est telle qu'ils peuvent contenir 1020 litres d'air, soumis à une pression de 30 atmosphères, quantité nécessaire pour fournir à la respiration d'un homme et à la combustion d'une lampe pendant une heure. La provision d'air que l'ouvrier porte ainsi sur son dos lui laisse la liberté de ses mouvements et lui permet de respirer assez longtemps pour pouvoir porter un secours efficace à ses compagnons en danger. La communication entre le réservoir et les organes respiratoires s'établit à l'aide d'un boyau construit comme ci-dessus, à l'exception du masque, qui, au lieu de couvrir le nez ou la bouche, couvre simultanément ces deux organes, la respiration étant ainsi moins gênée.

La figure 20 de la planche **XXV** représente le réservoir A à parois métalliques ;

a, est le tube respiratoire flexible ;

b, le tube destiné à conduire l'air à la lampe de sûreté ;

c, le masque couvrant le nez et la bouche, fixé à l'aide de deux courroies qui enveloppent la tête du mineur.

Le tube métallique d, ajusté entre le masque et le boyau en cuir, contient (fig. 21) deux valves fort légères : l'une v, s'ouvrant de dehors en dedans, donne accès à l'air du réservoir ; l'autre v', placée dans une tubulure latérale, ne s'ouvre qu'en dehors pour donner issue à l'air expiré. Malheureusement ces appareils, dont on n'est appelé à se servir qu'à des époques fort écartées, sont difficiles à entretenir en bon état, et l'on peut craindre qu'ils ne fassent défaut au moment où l'on en a besoin. Il semble, en outre, qu'ils seraient de peu d'utilité s'il fallait séjourner dans la mine et y exécuter quelque travail de déblaiement ou autre opération exigeant un effort corporel (1).

---

(1) Le gouvernement belge vient de mettre au concours une question relative à la recherche des procédés propres à pénétrer dans les excavations des mines remplies d'air méphitique.

On pourra proposer l'emploi d'appareils portatifs destinés à subvenir à la respiration des mineurs et à la combustion des lampes. A ce sujet, les concurrents perfectionneront probablement ceux qui

SECTION IX°.

DES INCENDIES DANS LES MINES DE HOUILLE.

371. *Origine des incendies souterrains.*

Les incendies rentrent aussi dans la catégorie de ces événements désastreux appartenant à la nomenclature déjà trop longue des accidents qui menacent la vie du mineur et l'existence de la mine. Les progrès d'un incendie souterrain sont fort lents, mais il est très-difficile d'en combattre les effets avec succès. Il s'avance incessamment, s'étend de plus en plus, chasse les ouvriers en répandant subitement au loin des vapeurs méphitiques. Heureux s'ils peuvent se

existent, ou en imagineront d'analogues ; mais il est douteux qu'ils les rendent d'un usage beaucoup plus pratique.

L'injection, par un puissant moteur, d'un courant vif et volumineux d'air pur, et quelquefois d'un torrent capable de noyer les gaz nuisibles et de les entraîner avec lui, serait peut-être un moyen efficace. Mais ce moteur, éminemment transportable, devrait, pour pouvoir fonctionner dans la plupart des galeries, n'avoir qu'un volume assez minime.

Enfin, la découverte d'une substance ou d'un composé doué de la propriété d'absorber ou de solidifier promptement le carbone résoudrait-elle la question? N'aurait-on pas à craindre l'hydrogène pur surgissant de la décomposition du gaz inflammable contenu dans le mélange? Dans tous les cas, le temps de l'initiation de l'homme à ces secrets de la chimie est-il déjà venu, si toutefois il vient jamais? Car la solidification du carbone n'est autre chose que la fabrication du diamant, et l'absorption de cette substance élémentaire se rattache aux mystères de la nutrition des plantes.

soustraire par la fuite à une asphyxie imminente ; plus heureux encore si les travaux ne contiennent pas de grisou, dont le contact avec la flamme augmente le danger des résultats de plusieurs explosions successives.

Si le mineur n'a pu, dès le premier instant, arrêter les progrès du feu, il s'évertue, en lui faisant sa part, de limiter l'étendue de son cercle d'action. Dans ce cas, travaillant à une faible distance de ce foyer, il est exposé, malgré toutes les précautions, à de fâcheuses brûlures, aux dangers résultant d'une atmosphère chargée d'acide carbonique et à la crainte incessante des explosions. Si, après être parvenu à concentrer l'incendie, il doit pourvoir à l'extraction, son travail s'effectuera péniblement dans un milieu dont la température est tellement élevée, qu'il devra se dépouiller de ses vêtements jusqu'à la ceinture.

Trois causes produisent ces déplorables résultats :

1°. L'imprudence ou l'imprévoyance. Un feu allumé dans un puits, le tocfeu du foyer d'aérage ou les étincelles provenant d'une machine à vapeur placée à l'intérieur, peuvent mettre en combustion les bois de revêtement. Un ouvrier tenant sa lampe avec négligence peut embraser en passant un bouchon de paille, des menus bois ou toute autre substance éminemment combustible ; en un mot, ils peuvent résulter de toutes les causes qui produisent les incendies dans les maisons d'habitation.

2°. L'inflammation du gaz hydrogène au moment où il sort de la cavité dans laquelle il était renfermé, et qui, agissant par l'intermédiaire des fascinages, des bois et même des houilles menues, détermine l'embrasement de la houille en masse. L'incendie peut également être la suite d'une explosion de grisou.

3°. Enfin, l'échauffement graduel des houilles abandonnées dans les travaux, échauffement accompagné d'un abondant dégagement d'acide carbonique, peut être suivi de leur inflammation spontanée. Cette action a pour objet exclusif certaines qualités de combustibles; elle a été longtemps attribuée à la présence des pyrites (fer sulfuré), qui, par leur décomposition sous l'influence de l'humidité de l'air, dégagent une chaleur assez intense pour enflammer les menues houilles; mais les houilles les plus sulfureuses n'étant pas toujours les plus sujettes à l'embrasement; et les plus facilement inflammables étant celles dans lesquelles l'analyse fait ordinairement reconnaitre les plus fortes proportions d'oxygène, on est conduit à penser que cet effet pourrait provenir plutôt de la combinaison de ce dernier gaz et du carbone, sous l'influence de l'humidité répandue dans l'atmosphère, combinaison d'où résulterait un dégagement d'acide carbonique accompagné d'une chaleur assez intense pour produire la combustion, pourvu toutefois que cette action ait lieu dans un espace renfermé où cependant l'air pénètre en quantité notable.

Si les incendies provenant de l'imprudence des ouvriers ou de l'inflammation du gaz hydrogène ne peuvent être prévenus, il n'en est pas de même des embrasements spontanés, pour lesquels le mineur a à sa disposition des moyens préventifs fort simples, qui seront exposés ultérieurement.

572. *Exemples de couches en combustion depuis un certain laps de temps.*

La couche dite *Grande-Masse de Falizolle* est probablement le seul gite qui, actuellement en Belgique, soit la proie d'un ancien incendie. Celui-ci se manifeste depuis 1822 sur la crète d'une colline située au sud

du village de Falizolle (entre Namur et Charleroi) et
vers l'affleurement de la couche. Le voyageur s'aperçoit
qu'il approche du foyer de l'incendie par des émanations de gaz acide sulfureux ; celles-ci deviennent de plus
en plus pénétrantes, jusqu'à ce qu'il aperçoive à ses pieds
les matières embrasées à travers les soupiraux formés
par les crevasses du terrain, sur lequel il rencontre,
dispersés çà et là, de petits dépôts de fleur de soufre,
provenant de la volatilisation des pyrites.

L'origine de ce feu souterrain doit être attribuée, d'après
M. Bidaut (1), aux désordres résultant de l'exploitation de
la couche par tous les habitants de Falizolle, avant la
concession de cette partie du terrain houiller. Ceux-ci,
dans leur système d'exploitation aventureuse, se rencon-
traient dans les galeries intérieures, où ils se livraient à
des rixes quelquefois sanglantes, en cherchant à se chasser
mutuellement. Un des moyens employés pour expulser
des voisins incommodes consistait à produire, dans les
excavations, des odeurs nauséabondes, en projetant de
vieux cuirs sur un brasier ardent. Un jour, cette espèce
de divertissement ayant eu lieu, grande fut la stupéfac-
tion le lendemain, lorsque, voulant rentrer dans les
travaux, on trouva la houille embrasée. On essaya à
plusieurs reprises d'éteindre l'incendie, mais toutes les
tentatives furent vaines, et jusqu'à présent le feu a per-
sévéré en se manifestant en un lieu de plus en plus
écarté du point de son origine.

Plusieurs couches puissantes du Centre et du Midi
de la France, telles que la couche de la Ricamarie,
près de St.-Étienne, celles de Decazeville, de la Taupe
et du Creuzot, sont en combustion depuis un grand

_____

(1) *De la Houille et de son emploi en Belgique*, page 24.

nombre d'années ; il a été impossible d'y porter remède par suite de la mauvaise direction donnée aux anciens travaux, dans lesquels l'incendie s'est déclaré, ou de les inonder, vu leur position. En Silésie, les embrasements spontanés sont très-fréquents ; les mineurs ont acquis une grande habileté pour les éteindre ; mais autrefois il n'en était pas ainsi, et plusieurs couches de cette localité sont actuellement en pleine combustion depuis un temps immémorial, par exemple le versant méridional de la couche dite *Heinitz*, à Zabrze. Plusieurs stratifications sont également en feu dans le district de Saarbrücken.

Les anciens incendies ne sont pas moins nombreux en Angleterre et en Ecosse, où on les désigne sous le nom de *Breeding fire*. Certains embrasements de la couche principale du Staffordshire durent depuis fort longtemps. Ils se manifestent à la surface du sol par une lueur blanchâtre ; les grès se vitrifient ; les bancs d'argile plastique se transforment en une matière analogue à la porcelaine la plus dure ; et enfin l'objet le plus remarquable est l'argile ferrugineuse, qui, par suite du haut degré de température, prend l'aspect de colonnes basaltiques d'environ 0.05 mètre de diamètre ; elle devient si dure et si solide qu'on l'emploie pour l'entretien des routes (1).

Aux environs de Dudley on voyait autrefois un jardin d'une assez grande étendue dans lequel la neige se fondait dès qu'elle touchait la terre. Non-seulement les produits de ce jardin étaient très-printaniers, mais encore on pouvait faire trois récoltes successives. Quoique le foyer de l'incendie fût très-rapproché de la surface du sol, il ne causait aucun dommage aux végétaux et favorisait la culture des plantes intertropicales.

(1) Robert Bald, extrait du *Jameson's Edinburgh new philosophical Journal.* Avril — juin 1838.

L'embrasement de l'une des couches de la mine de Kil-kerran (Ayrshire) est fort ancien, puisque la colline qui recèle l'incendie est désignée, dans les plus anciennes cartes topographiques de la contrée, sous le nom de *colline brû-lante (Burning hill)*; ces cartes remontent au commen-cement du dernier siècle. La chaleur qui se dégage sur une grande partie de sa surface faisait fondre la neige et verdir l'herbe pendant l'hiver; ces circonstances engagè-rent les possesseurs de ce terrain à y établir une école d'agriculture ayant pour objet les arbres des contrées équatoriales. L'opération eut un plein succès; la végé-tation était rapide et vigoureuse; mais le foyer de l'incendie se déplaça; le jardin reprit peu à peu sa température normale; en sorte que les possesseurs furent contraints d'abandonner cette singulière entreprise.

373. *Des incendies spontanés.*

L'embrasement se déclare après l'exploitation des couches puissantes et lorsque les stratifications qui les recouvrent se sont éboulées. Pour trouver des moyens préventifs, il fallait rechercher les causes de ces incendies et se soustraire à leur influence. De nombreuses observations faites en Silésie, où beaucoup de couches sont sujettes à ces acci-dents, ont donné les résultats suivants.

Il n'y a possibilité d'inflammation spontanée que quand la couche se trouve sous l'influence de quelques circon-stances accessoires de gisement. Ainsi, aucun incendie n'est à craindre si le toit est formé de grès ou de conglomé-rats grossiers; si le champ d'exploitation est voisin des affleurements, quelle que soit d'ailleurs la nature des stratifications de recouvrement. Au contraire, les couches exploitées à une notable profondeur et celles qui, quoique assez rapprochées de la surface, ont leur toit formé d'un schiste tendre ou susceptible d'être ramolli par l'air humide, sont éminemment exposées aux embrasements spontanés. En effet, la chaleur produite par la décomposition des houilles n'atteint un degré d'intensité suffisant qu'à condition d'être concentrée dans un espace à peu près fermé, dans lequel les déperditions de chaleur soient peu sensibles. Si les bancs de recouvrement, composés de schistes tendres, s'affaissent en produisant peu de fissures, ils formeront, au-dessus de l'excavation, une couverture imperméable capable de s'opposer aux pertes de chaleur. La haute température due aux actions chimiques suffira pour embraser les houilles menues abandonnées dans les excavations et, à leur défaut, les schistes bitumineux qui, quelquefois, composent le toit de la couche. Mais ceci ne suppose pas une clôture complètement hermétique; car l'incendie s'éteindrait s'il n'était alimenté par l'air atmosphérique, et il faut que quelques parcelles de ce dernier affluent dans l'excavation, soit par des fissures latérales, soit par des galeries qui mettent la cavité en communication avec l'air frais du dehors. L'embrasement est favorisé par l'état de division auquel est réduite la houille contenue dans les cavités inhabitées, par son état d'impureté et par les intercalations schisteuses.

Si le toit est formé de stratifications solides qui, en s'éboulant, se brisent en fragments, les fissures qui en résultent mettront l'excavation en communication avec la surface, si toutefois le gisement n'est pas à une trop grande profondeur; la chaleur, dégagée par la formation du gaz acide carbonique, s'échappera dans l'atmosphère pendant qu'une partie d'air frais pénétrera par d'autres fissures à travers l'éboulement. La température ne pourra s'élever et nul incendie ne sera à craindre dans ces circonstances,

Il en sera de même dans les champs d'exploitation fort rapprochés des affleurements, parce qu'il se produira toujours des fissures dans le toit ; quelque faible que soit leur section, quelque minime qu'en soit le nombre, elles suffiront, dans de petites profondeurs, pour produire le même résultat.

On peut conclure de ce qui précède que les circonstances propres à favoriser les incendies souterrains dérivent :

1°. De l'abandon des menus charbons dans les excavations ;

2°. Des éboulements des schistes du toit ;

3°. De l'absence de courant d'air ou plutôt d'une circulation peu active à travers les travaux abandonnés, ou

4°. De la difficulté de clôturer hermétiquement un espace excavé.

374. *Moyens préventifs à employer.*

Longtemps, en Silésie, on a regardé comme le seul moyen de soustraire les mines aux incendies, l'enlèvement total des charbons fins abandonnés dans les excavations. Mais cette opération était, la plupart du temps, impraticable, car elle réclamait également le transport des masses schisteuses provenant des intercalations et du toit, et ne pouvait s'appliquer à certaines couches dont l'exploitation est impossible si on ne laisse au faîte, et pour le soutenir, un faible banc de houille, etc. A ce procédé fort coûteux, inexécutable en pratique, et du reste peu efficace, on en a substitué d'autres à l'aide desquels on est parvenu à limiter le nombre des incendies souterrains.

Le premier de ces procédés, fondé sur ce que la combustion ne peut avoir lieu dans un espace privé d'air, consiste à isoler les parties exploitées des galeries par des murs secs, construits avec les débris des roches encaissantes ; on se sert aussi de barrages formés de deux murs parallèles séparés par des gazons ou de la terre glaise fortement tassée ; quelquefois, enfin, on réserve des massifs de houille. Mais, quelque solidité que l'on puisse donner à ces obstacles, quelle que soit la matière employée pour les construire, il est malheureusement bien rare que les résultats de la compression du toit, dépouillé de ses appuis naturels, ne produise pas, soit dans les massifs de houille destinés à circonscrire l'excavation, soit dans les digues elles-mêmes, des fissures qui suppriment pour ainsi dire la clôture hermétique, et permettent l'introduction d'un volume d'air suffisant à l'alimentation de l'embrasement. Cette méthode est cependant employée avec efficacité dans certaines mines du Centre de la France, et surtout pour prévenir les incendies si fréquents de la couche principale du Staffordshire. On comprend alors combien il importe de visiter attentivement les barrages et les piliers, afin d'en boucher les fissures dès qu'elles se forment, et avant que l'air ait pu pénétrer dans le foyer de l'embrasement.

Le second procédé est tout-à-fait l'opposé du premier, puisque, loin de s'opposer à l'introduction de l'air dans les travaux épuisés, il s'agit, au contraire, d'y faire circuler un courant fort actif et sans cesse renouvelé, qui rafraîchisse incessamment les roches et ne permette pas aux actions chimiques d'élever la température. Cette opération est difficile lorsqu'elle se rattache à l'exploitation d'une couche puissante ; c'est cependant le seul moyen vraiment efficace à employer, comme on l'a constaté à la mine de Fuchsgrube (Silésie), où une galerie de navigation, ayant amené un fort courant d'air, a permis l'attaque de couches que les incendies spontanés rendaient auparavant inexploitables.

Si, à une active circulation de l'air, on ajoute le remblaiment des espaces excavés, afin de s'opposer aux éboulements des schistes du faîte, on aura évidemment la méthode la plus convenable pour prévenir ce genre d'accident, ainsi que le démontre surabondamment l'absence totale d'embrasements spontanés dans les mines de la Belgique, de la Westphalie et de toutes les localités où les remblais sont combinés avec le renouvellement de l'air. Mais ce procédé, facile et avantageux dans les couches minces, entraine des dépenses considérables lorsqu'on l'applique à de puissantes stratifications, pour lesquelles les remblais doivent être amenés de la surface. Si le mineur, par ces motifs, est forcé d'employer le premier procédé, il aura soin, dans la préparation de la couche, de réserver des piliers de circonvallation capables de résister à la pression du toit sans se fissurer, et de prendre toutes les précautions nécessaires pour l'isolement complet des parties exploitées.

375. *Procédés employés pour éteindre les incendies souterrains, quelle que soit leur origine.*

Lorsque, accidentellement, le feu prend aux bois de revêtement d'une mine, on s'en aperçoit de suite à la fumée, qui, circulant d'abord dans les galeries, finit par s'élever au jour. Si l'incendie provient d'une action chimique, il se manifeste aux ouvriers occupés dans son voisinage par une odeur âcre et nauséabonde.

Si l'accident est récent et si le feu n'a pas envahi un trop grand espace, il est quelquefois possible de l'éteindre en y projetant de l'eau à l'aide de seaux ou d'une pompe à incendie, ou par l'enlèvement immédiat des matières en combustion, pourvu que, toutefois, au risque des brûlures et de l'asphyxie, les ouvriers puissent se rapprocher suffisamment du foyer de l'embrasement. Mais si l'on ne s'aperçoit du mal qu'au moment où il a déjà fait des progrès, il faudra avoir recours à l'isolement de la partie enflammée des travaux ou noyer ceux-ci dans le gaz acide carbonique; et, comme dernière ressource, on aura recours à l'inondation de la totalité de la mine, si elle ne peut s'effectuer partiellement.

Lorsque, pendant l'exploitation d'une couche de moyenne puissance, le feu se déclare dans un quartier en communication avec le reste des travaux et avec l'atmosphère par un petit nombre d'ouvertures, on se hâte de construire dans ces dernières un nombre suffisant de barrages qui interceptent complètement l'accès de l'air extérieur. L'incendie est-il intense, cette ligne de circonvallation devra s'établir rapidement à une assez grande distance de son foyer, et lorsque, par suite du manque d'air, l'intensité du feu a diminué, on reprend les piliers avantageux à exploiter en portant les barrages en avant et en concentrant l'incendie dans des limites plus étroites. Cette opération exige les plus grandes précautions.

Dans les mines où les galeries sont nombreuses et les massifs de houille peu solides, on cherche à envelopper le feu d'une digue continue que l'on fait pénétrer dans le toit de la couche préalablement entaillé afin d'en extraire les parties combustibles. Cette digue, exécutée en matériaux propres à résister aux efforts envahissants du feu, se construit également à distance de l'incendie, soit afin d'avoir le temps d'achever le travail avant que le fléau dévastateur se soit trop rapproché, soit pour soustraire les ouvriers aux dangereux effets des émanations gazeuses. Les figures 22 et 23 de la planche XXV représentent, en coupe verticale et en plan, les travaux exécutés dans une couche de 2.74 mètres de puissance de la mine dite

Sud Sauchie, dans le Clackmanshire (Ecosse). Le feu qui se déclara en *g* vers l'affleurement devait d'autant plus exciter l'étonnement que la couche n'est pas sujette aux embrasements spontanés. Les renseignements recueillis auprès des ouvriers en dévoilèrent les causes. Dix ans auparavant, un puits *a* d'environ 6 mètres de profondeur avait servi à l'exploitation d'un banc d'argile ferrugineuse employée dans les hauts-fourneaux du voisinage ; les déblais, projetés vers l'affleurement de la couche, s'enflammèrent au contact d'un foyer allumé par les mineurs pour se réchauffer et s'éclairer à la surface ; le feu se communiqua à la houille sans que cette circonstance attirât l'attention, et longtemps après seulement, on s'aperçut que les progrès de l'incendie avaient été tels, qu'ils pouvaient compromettre l'existence de la mine. Pour le combattre, on résolut de l'envelopper d'une ceinture imperméable à la flamme et de l'isoler du reste des travaux ; la ligne de circonvallation consistait en un double barrage de terre glaise *d e e' d'*, au milieu duquel on avait ménagé une galerie de 1.50 mètre de largeur destinée à établir un courant d'air qui rafraîchit la muraille, à faciliter les visites et les réparations des parois, et enfin, en cas de nécessité, à recevoir un courant d'eau. Il était impossible aux ouvriers de travailler au milieu de cette atmosphère embrasée, exposés aux gaz délétères refluant sans cesse sur eux ; c'est pourquoi on fonça préalablement un puits en *c*, par lequel descendait le courant d'air, qui remontait ensuite à la surface par les galeries d'exploitation. Comme la couche était fort rapprochée de la surface, cette opération offrit peu de difficultés.

Dans un semblable travail, il est indispensable de donner aux produits de la combustion un libre écoulement dans l'atmosphère. C'est dans ce but que les ingénieurs silésiens font creuser de petits puits ou percer des trous de sonde d'un grand diamètre dans les stratifications superposées au foyer de l'incendie ; les ouvriers peuvent alors se rapprocher du feu et préserver les piliers. Pour que le courant d'air n'active pas trop la combustion, l'orifice de ces puits est muni d'un registre ou d'une soupape au moyen desquels on règle le tirage, et on ne laisse sortir que les vapeurs malfaisantes.

Si un incendie se déclare dans une mine profonde sujette au grisou, ces moyens d'extinction sont impraticables. On doit d'abord tenter de l'étouffer en obstruant les puits à leur orifice sans chercher à pénétrer dans l'intérieur. C'est pourquoi on suspend dans ces excavations, et à la plus grande profondeur possible, des poutres horizontales que l'on maintient au moyen de chaines ; elles forment un plancher, au-dessus duquel on projette une grande quantité de terre glaise qui, tassée par l'effet de sa chute, forme une digue imperméable à l'air. On empêche l'accumulation des eaux d'infiltration des parois, dont le poids pourrait briser les chaines, en faisant traverser l'échafaudage par un long tuyau dont la partie supérieure est recourbée en syphon, à travers lequel l'eau retombe dans le puits sans permettre à l'air de s'y introduire. Lors d'un incendie qui eut lieu à la mine de Whitehill, le syphon ci-dessus fut remplacé par un tuyau muni d'une soupape ; celle-ci était soulevée au moyen d'une corde manœuvrée à la surface. Le tube était muni d'un rebord ou bourrelet qui l'empêchait de glisser au fond du puits.

C'est en bouchant les orifices communiquant avec le jour qu'on est parvenu à éteindre l'embrasement des bois de revêtement du puits d'extraction de la mine du Bois-d'Avroy (Liége), et plus récemment (1850) l'incendie des travaux du Roton, près de Charleroi, incendie déterminé par un coup de mine donné au milieu d'une atmosphère chargée de gaz inflammable.

Les incendies sont quelquefois si violents, lorsque l'amas de charbon est considérable, que l'on doit employer simultanément les deux derniers moyens. Un embrasement spontané s'étant déclaré dans les cinq couches (qui n'en forment, à proprement parler, qu'une seule de 12 mètres de puissance) de la mine de Johnston, près de Paisley, le feu, alimenté par un vif courant d'air, devint tellement intense que la flamme s'élançait dans les airs en formant une gerbe d'un diamètre égal à celui du puits et d'une hauteur de plus de 20 mètres. On dut boucher non-seulement tous les orifices qui établissaient une communication entre la mine et le jour, mais encore envelopper le foyer de l'embrasement de murs fort épais, construits extérieurement par d'autres puits. Vingt ans après, la chaleur qui se faisait sentir dans les quartiers voisins était encore telle que les mineurs, pour pouvoir travailler, devaient se dépouiller de leurs vêtements jusqu'à la ceinture.

376. *Extinction des incendies par l'azote et l'acide carbonique.*

Ce procédé, difficile à conduire, est ordinairement fort efficace. Une belle application en a été faite en Belgique dans le mois de février 1844 pour éteindre un incendie qui s'était déclaré dans les travaux du puits n°. 2 de l'Agrappe, à Frameries (Couchant de Mons). Les détails qui suivent sont empruntés à un rapport de M. Delneufcour, ingénieur des mines du premier district en Belgique.

Le grisou s'étant dégagé dans le puits d'exhaure, le conducteur de la machine en provoqua l'explosion par imprudence, et le feu se déclara dans les bois d'une galerie à travers bancs située à 192 mètres de profondeur. Les secours furent portés immédiatement pendant que le foyer de l'incendie était accessible ; mais la chute d'une pierre ayant intercepté le passage de la voie, il devint impossible d'y projeter de l'eau sur les flammes ; le feu se propagea dans les remblais et atteignit même une couche, ainsi que cela fut constaté ultérieurement. L'intensité de l'incendie et les explosions successives de gaz inflammable s'accroissant à chaque instant et ne permettant plus de rester dans les travaux, on résolut de préparer l'inondation de la mine, en laissant remonter les eaux jusqu'au point incendié, pendant qu'on y verserait de grands volumes de gaz acide carbonique, dans l'espoir que ce dernier procédé, suffisant, dispenserait de compléter le premier. Préalablement à toute opération, on renversa le courant d'air en le faisant pénétrer par le puits aux échelles et par celui d'épuisement, afin de les préserver des atteintes du feu, et en provoquant sa sortie par le puits d'extraction, qui, revêtu d'une maçonnerie, n'offrait aucun danger. Après diverses tentatives consistant à brûler à l'orifice des puits par lesquels l'air descendait du foin mouillé dont la fumée était destinée à remplacer l'air atmosphérique, à dégager de l'acide carbonique par la décomposition de la craie au moyen de l'acide chlorhydrique, on établit sur la margelle de chacun d'eux un appareil destiné à produire du gaz acide par la combustion du coke, et l'on prit toutes les dispositions pour que nulle parcelle d'air atmosphérique ne pût affluer dans l'intérieur de la mine.

Cet appareil, représenté par la figure 24 de la planche XXV, contient les détails suivants :

a, cendrier ; *b*, grilles, et *d*, fourneau ;

c, *c*, *c*, carneaux pour le dégagement de la flamme ;

e, conduit, dont l'extrémité repose sur des barres de fer *k*, et qui amène le gaz carbonique au milieu de la section du puits ;

l, couvercle en tôle recouvrant l'orifice de chargement du combustible ;

m m, planches en fer, recouvertes de terre, servant à obstruer le puits ;

g, tuyau destiné à introduire de l'eau dans le puits ; il plonge dans un vase *h*, qui empêche l'air extérieur de pénétrer avec l'eau.

Les fourneaux étant chargés d'une couche de coke, on la porte à l'état d'incandescence et on la maintient d'une épaisseur constante d'environ 0.40 mètre. Le courant d'air appelé violemment dans la mine par l'incendie traverse le coke embrasé, se décompose en azote et en oxygène, qui, s'unissant au carbone, forme de l'acide carbonique ; et il n'entre plus dans les travaux que des gaz incapables d'entretenir la combustion des matières incandescentes. On fait ainsi marcher les fourneaux jusqu'à ce qu'une lumière, plongée dans le puits de sortie, s'éteigne spontanément ; alors on bouche ce dernier, de même que les orifices d'introduction de l'air dans les fourneaux, et on laisse les choses dans cet état jusqu'à ce qu'on juge le feu complètement éteint et les roches refroidies. Cette période, pour la mine de l'Agrappe, ne fut pas même d'une semaine, après laquelle on rétablit le courant d'air pur ; on projeta de l'eau sur les roches à l'aide de pompes à incendies et de seaux ; puis on procéda au rétablissement des galeries, qui présenta quelques difficultés par suite de la désagrégation des roches, résultat de la chaleur et de l'eau froide. Ces diverses opérations, commencées le 23 avril, furent terminées le 3 mars suivant. Comme on avait pu craindre que les gaz produits de la combustion, en élevant à un trop haut degré la température du puits de descente, ne fissent du tort aux bois de revêtement, on introduisit par le tuyau *g* une quantité d'eau proportionnelle au poids du coke brûlé (1).

Ce procédé a été ultérieurement mis en pratique en Angleterre, par M. Golds-Worthy Gurney, pour éteindre un incendie qui éclata dans une des mines d'Astley (Écosse), dans le courant de l'année 1849. L'appareil, disposé d'une manière un peu différente du précédent, produisit les mêmes résultats (2).

Les éléments de l'appréciation approximative de la quantité de coke nécessaire pour remplir d'air vicié un ensemble d'excavations sont les suivants : 100 kilog. de coke contenant 15 p. c. de cendres, exigent rigoureusement 882 M^3 d'air à 0° et à la pression de 0.76 mètre, pour être entièrement brûlés. Comme l'acide carbonique, produit de la combustion, occupe un espace à peu près égal à celui de l'oxygène avant la réaction, et comme l'azote ne change pas de volume, il en résulte que celui des gaz incombustibles et le volume de l'air nécessaire à leur formation seront à peu près les mêmes, abstraction faite des effets de la dilatation. Ainsi 100 kilog. de coke fourniront 882 M^3 d'acide carbonique et d'azote que l'on peut réduire à 800 M^3, afin de tenir compte de la formation de l'oxyde de carbone. Connaissant la capacité de la mine, il est facile de déterminer la quantité de coke à dépenser pour cet objet.

377. *Inondation de la mine pour éteindre un incendie souterrain.*

Lorsque toutes les tentatives faites pour éteindre le feu ou pour lui faire sa part, ont échoué, seulement alors

(1) Cette opération a été dirigée par M. Jules Letoret, ingénieur de la Société du Commerce de Bruxelles.

(2) Article du journal anglais *the Times* du 30 avril 1849.

on se décide à submerger la mine; mais on ne le fait qu'en désespoir de cause, car les conséquences de cette opération peuvent être fatales. Si le foyer de l'incendie est situé au-dessous du niveau de la galerie d'écoulement, on cesse d'épuiser les eaux qui s'accumulent dans les excavations. On emploie, si possible, les eaux de la mine qui, en raison des substances tenues en dissolution, sont, en général, plus propres que d'autres à éteindre le feu; toutefois, si elles ne suffisent pas, on fait affluer dans les puits les eaux de la superficie que l'on peut avoir à sa disposition.

C'est dans ce but que les eaux de la rivière de Douglas furent introduites dans la mine de Patricroft, près de Bolton; c'est ainsi que l'on se propose de faire entrer les eaux du canal de Bridgewater dans une mine des environs de Worsley, afin de dompter un incendie qui dure depuis plus de deux ans. C'est encore en procédant de cette manière que fut éteint l'incendie qui s'était déclaré le 3 décembre 1851 dans la mine du Boubier, près de Charleroi; incendie attribué à l'inflammation du grisou par un coup de mine. Comme l'abondance du dégagement de ce gaz dans les travaux donnait des craintes relatives à la construction de digues, destinées à isoler le foyer de l'incendie et à l'obturation des orifices des puits, on dut se décider à l'inondation des travaux. On donna donc issue aux sources retenues derrière le cuvelage, et l'on projeta dans la mine les eaux de la Sambre elle-même, à l'aide de machines locomobiles, pompes d'un grand diamètre et d'une faible hauteur employées dans les constructions hydrauliques. Le 29 février suivant, l'extraction fut reprise, après l'épuisement de 38,600 M^3 d'eau.

Dans ces circonstances, on s'attache autant que possible à ne porter l'inondation que sur une partie de la mine, en

construisant des serrements et des plates cuves, afin de
préserver de cet élément destructeur le plus grand espace
possible, soit latéralement, soit dans les niveaux supérieurs au point embrasé. Si l'accident s'est manifesté
au-dessus de la galerie d'écoulement, un barrage construit dans cette dernière fera remonter les eaux de la
mine jusqu'au point à submerger. Dans tous les cas, on
ménagera des issues pour faciliter la sortie de la masse
de vapeur qui se produit au contact de l'eau avec les
matières incandescentes, afin d'éviter les fâcheux effets
qui pourraient en résulter. Lorsqu'on juge les roches
suffisamment refroidies, on procède à l'épuisement des
eaux. La mine mise à sec, on prend des mesures promptes
afin de prévenir le renouvellement de l'incendie, que pro-
voquerait de nouveau l'humidité des excavations, surtout
si l'embrasement a été spontané. Ces mesures consistent
à pratiquer une ou plusieurs galeries, à travers l'espace
précédemment occupé par le feu, et à y faire passer un
courant d'air fort actif.

378. Embrasement des houilles entassées sur le carreau des mines.

Les houilles menues accumulées sur les haldes, sur les
berges des canaux et dans les magasins situés aux abords
des chemins de fer, quoique n'étant pas renfermées
dans un espace circonscrit, se trouvent, quant à la
partie inférieure des tas, dans les mêmes conditions que
les houilles abandonnées dans les excavations. De là les
fréquents embrasements spontanés de ce combustible disposé
en monceaux d'une trop grande hauteur.

De tout temps on a regardé comme le seul moyen préventif à employer l'établissement d'un courant d'air à travers la masse, afin de dissiper la chaleur produite par la réaction de l'oxygène sur le carbone ou par la décomposition des sulfures de fer, favorisée d'ailleurs par la pluie et les autres influences météorologiques. Autrefois, lorsqu'on s'apercevait de l'échauffement du dépôt, on y pratiquait des tranchées, on le traversait avec des trous de sonde ou de petits puits, et l'on procurait ainsi à la chaleur des issues pour se dégager. Mais comme le feu se déclare d'abord dans les couches inférieures où il doit atteindre un haut degré d'intensité pour se faire sentir à la surface du tas, ces diverses opérations, d'ailleurs coûteuses, étaient toujours trop tardives. Quelquefois les ouvertures étaient insuffisantes et l'embrasement perséverait. Plus tard, on construisit des soupiraux formés de grosses houilles superposées ; mais ces dernières se brisaient et le soupirail était obstrué. On formait aussi, au moyen de planches clouées entre elles et percées de trous, des canaux horizontaux combinés avec des cheminées verticales ; mais les trous se bouchaient et le courant d'air rafraîchissant était interrompu.

En 1824, M. le Bergmeister Erdmenger de Waldenburg imagina d'établir sur le sol un lit de fascines d'environ 0.50 mètre d'épaisseur, sur lequel il fit projeter la houille pendant que d'autres fascines verticales, écartées les unes des autres d'environ 2 mètres, étaient disposées en quinconce et prolongées dans le sens de la hauteur, à mesure que le tas s'élevait. Il eut l'attention de faire en sorte que les fascinages horizontaux débordassent la houille d'environ 0.50 mètre, tandis que les colonnes verticales dépassaient la surface supérieure de la même quantité. Il résulte de cette disposition une multitude de canaux verticaux par lesquels la chaleur se dégage du tas de houille et se répand dans l'atmosphère, pendant que l'air frais pénètre en dessous par les fascines horizontales. On est ainsi parvenu à accumuler des houilles très-sujettes à l'inflammation spontanée sur une hauteur de 4.20 mètres et au-delà, sans que le feu s'y soit jamais mis. Lorsque de semblables tas sont formés, il suffit d'un petit nombre de jours, surtout si l'atmosphère est chargée d'humidité, pour que les gaz chargés de vapeur se dégagent du sommet des fascines. Cette émission dure trois ou quatre mois, puis la houille se refroidit et se trouve à jamais préservée de l'incendie.

Mais l'eau, appartenant en propre au combustible, a été absorbée ; une partie notable de son bitume s'est échappée sous forme de gaz pendant cette lente distillation, et ces pertes, détériorant la houille, lui enlèvent ses principales qualités ; en sorte que le meilleur procédé, si possible, est d'éviter des dépôts trop considérables et surtout de leur donner une trop grande hauteur (1).

(1) Voir *Archiv von Karsten*, 2ᵉ. série, tome II, p. 259, et tome IV, p. 224.

CHAPITRE IV.

EXPLOITATION PROPREMENT DITE.

PREMIÈRE SECTION.

TRAVAUX D'ENTAILLEMENT ET D'ARRACHEMENT.

379. *Outils dits à la houille.*

Les outils destinés à arracher la houille de son gîte sont vulgairement appelés *outils à la houille* ou *au charbon*, par opposition aux *outils à la pierre*, appliqués à l'entaillement des roches encaissantes. Quelques-uns des outils de ces deux catégories sont les mêmes quant à la forme, au poids et aux dimensions; la plupart même ne diffèrent que sous les deux derniers rapports.

Tout ce qui a été dit (117 — 119) sur les premiers se rapporte également aux seconds, qui peuvent être divisés en trois classes : les outils d'entaillement, ceux d'abattage et les outils accessoires.

Avant de décrire les outils d'entaillement, il convient d'observer que l'arrachement de la houille donne lieu à deux espèces d'échancrures ou de sillons creusés dans la couche : les uns, *G*, *G* (fig. 1, pl. XXVI), dirigés perpendiculairement aux plans de stratification, portent le nom d'*entailles latérales*, de *coupures* ou de *coupement;* les autres, *A B*, parallèles aux mêmes plans, s'appellent *havage* (1); les premiers exigent des outils beaucoup plus solides et mieux emmanchés que les seconds.

380. *Haveresses ou pics à la houille.*

La haveresse est un pic léger, plat et muni d'une ou de deux pointes fort aiguës; l'œil destiné à recevoir le manche se trouve à l'une des extrémités ou au milieu de l'outil. La haveresse usitée dans la province de Liége (fig. 2, pl. IX) a une section rectangulaire; le fer en est fortement recourbé; le manche, en frêne, est maintenu dans l'œillet et consolidé par un talon. Son poids moyen est de 1.10 kilogramme. On l'applique à l'exécution de toute espèce d'entailles dans la houille.

L'outil (fig. 5) dont le mineur du Couchant de Mons

---

(1) *Haver* est l'action de creuser le sillon. Les ouvriers chargés de ce travail s'appellent *haveurs*. Ces diverses expressions, tirées de l'idiome wallon et déjà employées par MM. Élie de Beaumont, Combes, etc. , peuvent être considérées comme ayant déjà passé dans la langue française. Comme cette dernière manque souvent de noms propres à exprimer les idées et les objets relatifs aux mines, l'auteur de cet ouvrage ne croit pouvoir mieux faire que d'imiter l'exemple de ces savants ingénieurs; c'est une licence qu'il se permettra toutes les fois que cela sera nécessaire.

se sert pour la coupure est appelé *marteau de coupeur de veine ;* son poids est compris entre 0.75 et 1 kilogramme. La figure 6 représente l'instrument appelé *havriau ;* il est destiné à excaver dans les intercalations schisteuses; son poids est 1.25 kilogramme.

Les haveresses d'Anzin (fig. 25) sont les mêmes que celles de Charleroi, tant pour la forme que pour le poids.

En Westphalie, on se sert de deux haveresses différentes quant au poids seulement (fig. 28). La première espèce, désignée sous le nom de *Schramhause,* est un instrument fort léger destiné au havage ; il requiert plus d'habileté et d'adresse que de force ; son poids n'atteint jamais un kilogramme et n'est souvent que de 8 hectogrammes. La deuxième espèce, appelée *Kerb* ou *Schlitzhaue,* sert à l'exécution de l'échancrure perpendiculaire ; on l'emploie aussi à l'abattage de la houille et à l'agrandissement d'une entaille ébauchée par l'outil précédent. Son poids est compris entre 1.20 et 1.40 kilogramme. Les manches sont en hêtre.

La figure 26 représente l'instrument silésien utilisé également pour l'attaque des roches encaissantes.

Les haveresses (fig. 31) sont désignées dans le nord de l'Angleterre sous le nom de *Pike* et sous celui de *Mandrilo* dans le Staffordshire. Elles varient, quant au poids, suivant l'usage auquel elles sont destinées. Les sillons latéraux réclament des haveresses dont le fer pèse de 1 à 1.50 kilog. ; pour les entailles parallèles aux plans de délitement, le poids se réduit à 1 ou 1.40 kilog. Le fer de cet outil, muni d'une pointe à chacune de ses extrémités, est percé à son milieu d'un œillet allongé. Cette disposition est avantageuse en ce que le poids étant également réparti des deux côtés du manche, l'instrument se maintient de lui-même en équilibre sur le mur de la couche ; le choc produit est aussi plus énergique. Mais lorsque l'ouvrier retire la haveresse en arrière pour lui communiquer un mouvement d'impulsion , sa pointe postérieure s'accroche facilement aux aspérités des parois de l'entaille ; ce qui la rend difficile à manier et exige de la part du mineur une grande habileté.

381. *Considérations générales sur les haveresses.*

Ces outils agissent à la manière des coins , en s'interposant entre les feuillets des schistes ou de la houille , qu'ils réduisent en parcelles menues et entraînent hors de l'entaille ; aussi les arêtes , et principalement celles de la surface supérieure de l'instrument , doivent-elles être fort tranchantes. Le manche , devant être placé perpendiculairement au fer , exige un œillet percé normalement à l'axe. Le talon antérieur et le prolongement du dos de l'outil sur la partie postérieure du manche sont deux objets essentiels , en ce qu'ils maintiennent ce dernier dans une position invariable et l'empêchent de s'incliner sur l'axe du fer. Il est impossible de confectionner une haveresse telle que les surfaces latérales du fer , au point où il est traversé par le manche , ne présentent pas un renflement nuisible au travail, puisqu'il empêche l'instrument de s'appliquer exactement sur le mur et qu'on est forcé de donner à l'entaille une assez grande hauteur , pour peu qu'elle soit profonde. Dans le but de diminuer cet inconvénient autant que possible , on amincit l'extrémité du manche qui pénètre dans l'œillet, en augmentant sa largeur ; on diminue et l'on adoucit la saillie du renflement en la raccordant , par une courbe peu prononcée, avec les surfaces latérales du corps de l'outil.

En Allemagne , on donne aux œillets une section à peu près triangulaire , et même, dans l'arrachement des couches fort minces, on se sert pour le havage d'instruments dont l'une des surfaces latérales est entièrement plane. Il faut, alors, deux espèces d'outils disposés l'un pour entailler de droite à gauche, l'autre de gauche à droite suivant que la position l'exige.

382. *Rivelaines.*

La rivelaine, exclusivement employée dans les mines de la Belgique et du Nord de la France, est une espèce de pic fort commode lorsqu'on a l'habitude de s'en servir. Elle est munie d'une ou de deux pointes suivant les localités ; le manche est en fer ou en bois. Cet instrument, quoique fort léger, est d'une assez grande longueur, afin de pouvoir haver très-profondément.

La figure 3 représente la rivelaine employée dans la province de Liége ; le manche, en fer, se forge du même morceau que le corps de l'outil. Il en existe de trois longueurs différentes, suivant la profondeur de l'entaille. Les plus courtes ont 0.80 mètre et pèsent 2.8 kilog. ; les plus longues ont 1.10 mètre et leur poids est de 3.6 kilog.

Dans les mines du Couchant de Mons (fig. 8 et 9), elles sont munies d'un manche en bois ; leur fer est terminé par une ou deux pointes.

Les rivelaines sont très-convenables et très-avantageuses dans l'attaque des couches peu puissantes, parce qu'elles permettent de pratiquer une entaille profonde, quoique fort étroite. On s'en sert principalement pour haver les lits de schiste ou d'argile durcie peu résistante, les inter-calations tendres, feuilletées et déliteuses ; mais elles ne peuvent être appliquées aux matières dures et compactes.

383. *Outils propres à l'abattage de la couche.*

La transformation des haveresses en leviers pour l'abattage de la houille entraîne la fréquente rupture du manche ; c'est un abus auquel on doit remédier par l'inspection des outils et par l'application d'amendes infligées aux ouvriers convaincus d'avoir enfreint la défense de les employer à cet usage.

Les coins (fig. 17 et 55) sont formés de deux parties prismatiques à bases carrées ou rectangulaires. Ceux de la dernière espèce sont les plus convenables, en ce qu'on peut les insérer de plat ou de champ, suivant la largeur de la fissure, afin d'agir avec plus ou moins d'énergie. Un outil de cette espèce, dont la section suivant l'axe offrirait un triangle, serait peu avantageux, puisque l'ouvrier serait forcé de développer beaucoup plus de force, pour le faire pénétrer entièrement dans les fentes, que quand la section est composée d'un triangle et d'un trapèze accolés par leurs bases.

Les marteaux destinés à enfoncer les coins ont été déjà décrits (119) ; ils sont représentés par les figures 19 et 43.

Les palfer, leviers ou pinces (fig. 45, 46 et 47), servent non-seulement à abattre la couche, mais à en soulever les stratifications inférieures pour les détacher du mur. Ce sont des pièces de fer rondes, octogones ou carrées, terminées par un tranchant arqué, par un pied de biche ou par une pointe. Les pinces ordinaires pèsent de 7 à 9 kilog. Les plus longues et les plus fortes, dont le diamètre est de 0.04 à 0.05 mètre et la longueur de 1.20 à 1.40 mètre, ont un poids de 12 à 18 kilog.

La tarrière n'est autre chose que l'instrument de sondage (fig. 26 et 27, pl. VIII) surmonté d'un bout de tige et d'un manche en bois placé à l'équerre de cette dernière. On l'emploie au forage des trous de mine dans la houille compacte.

584. *Outils accessoires.*

On comprend sous cette désignation les outils propres à exécuter divers travaux qui suivent ou précèdent l'arrachement de la houille.

Les pelles (fig. 14, pl. IX) servent à nettoyer le sol et à disposer convenablement la houille et les matières stériles ; elles ne diffèrent en rien des pelles ordinaires si ce n'est par le manche, auquel on ne donne qu'une faible longueur, afin de pouvoir les manœuvrer facilement dans les excavations peu élevées.

Les râbles sont formés d'une petite planche fort épaisse au milieu de laquelle un manche est implanté normalement aux surfaces. Les mineurs liégeois les emploient pour serrer les déblais contre le toit.

Les haches sont les seuls instruments dont les boiseurs se servent pour raccourcir les pièces de bois trop longues et y pratiquer des entailles. La figure 15 représente l'instrument de cette espèce usité dans les mines du Couchant de Mons, où il porte le nom de *hapiette.*

Enfin, la sonde à bras, déjà décrite, dont le mineur se sert assez fréquemment pour se préserver des eaux ou des gaz accumulés dans les anciens travaux dont on ignore la position exacte.

585. *Arrachement de la houille.*

Le procédé le plus généralement usité pour détacher la houille consiste à former dans la couche des parallélipipèdes dégagés du reste de la masse au moyen d'échancrures latérales et d'une entaille parallèle aux salbandes, à les abattre ensuite d'une seule pièce ou à les enlever par blocs plus ou moins volumineux.

Quelque simple que cette opération paraisse au premier abord, elle exige beaucoup d'expérience et de raisonnement de la part du contre-maitre chargé de décider la place où le havage doit s'effectuer. Ce choix est fort important, puisque de lui dépend en grande partie les quantités absolues de charbon abattu dans un espace de temps donné, l'état de propreté où on l'obtient et les quantités relatives de gros et de menu. Ce choix est difficile, parce qu'on doit tenir compte d'une multitude de circonstances de gisement, telles que les divers degrés de consistance de la houille compris entre des limites fort écartées, c'est-à-dire de la dureté et de la ténacité la plus grande à l'état le plus déliteux; de l'absence des intercalations schisteuses; de la place qu'elles occupent si elles existent; de leurs différents degrés de dureté; circonstances qui facilitent l'arrachement ou y apportent des obstacles. Si des lits stériles, feuilletés et déliteux, sont intercalés dans les bancs de houille, le mineur modifie le procédé d'abattage de telle façon que les déblais ne puissent souiller les produits utiles de la couche. Les modes d'attaque varient encore suivant la consistance ou la nature ébouleuse du toit et du mur : tendres, ces salbandes se détachent avec la houille; compactes, elles y adhèrent avec plus ou moins d'énergie. Enfin, le mineur fait entrer en considération les divers systèmes de fissures qui traversent les couches, leur direction, leur inclinaison, et la facilité qu'elles donnent aux blocs de se détacher de la masse. Ces diverses circonstances, auxquelles il est indispensable d'avoir égard, vu leur influence sur l'arrachement, se combinent entre elles et apportent une grande variété dans le système d'attaque de la houille.

386. *Échancrures latérales et entailles parallèles.*

Les coupures G, G (fig. 1 et 3, pl. XXVI) s'exécutent aux deux extrémités des ateliers ; leurs orifices ont une largeur d'environ 0.60 mètre, afin que le haveur puisse y introduire ses bras et ses épaules ; mais la section diminue à mesure que l'on s'avance vers le fond de la cavité, où une simple solution de continuité peut suffire.

Quant au havage, on choisit l'intercalation schisteuse la plus tendre et la plus feuilletée, qui, dès lors, prend le nom de *houage*, *havrie* ou *havris*. Lorsque (fig. 5) le lit de schiste est au contact du toit, c'est le cas le plus défavorable, à cause de la position gênée dans laquelle se trouve le mineur pendant son travail. Plus souvent (fig. 6) il lui est permis de saper l'argile stratifiée au milieu de l'épaisseur de la couche ; cette circonstance en facilite l'arrachement, lorsque la puissance excède 1 mètre ou 1.50 mètre ; elle est aussi avantageuse lorsqu'une couche mince contient un houage fort épais et déliteux qui, s'il n'était préalablement enlevé, tomberait avec la houille, la rendrait impure et lui ferait perdre toute sa valeur. Si le mineur (fig. 2) trouve un lit de schiste rapproché du mur, il en profite autant que possible, car c'est le cas le plus favorable. Enfin, une couche exempte de havage le force à dépouiller dans le combustible lui-même, d'où résulte une perte très-sensible, surtout dans l'exploitation des couches minces ; cependant, il doit s'y résoudre et choisit, pour plus de facilité, le lit le plus tendre ;

si la consistance de la houille est partout la même, il pratique le havage vers le mur, en ayant soin de faire l'entaille aussi mince que possible, afin de ne pas réduire inutilement du charbon en poussière.

Voici les procédés de havage usités dans les couches plates de la plupart des bassins belges. Supposant un atelier (fig. 1, 2 et 3, pl. XXVI) où cette opération doit s'effectuer dans un petit lit *A B* de schistes tendres, interposé entre la couche et son mur, si la houille, compacte et solide, ne se détache que difficilement, le havage peut être pratiqué sans interruption sur toute la largeur du chantier ; mais si la couche, plus déliteuse, fait craindre la chute d'une partie des stratifications supérieures avant l'achèvement du havage, ce qui expose les ouvriers à de graves blessures, on prescrit à ceux-ci de ménager, entre leur travail et celui de leurs voisins, de petits piliers *s*, *s* ou massifs de schistes (*purley* ou *stots*) de quelques décimètres de largeur, qui interrompent l'entaille et soutiennent la couche jusqu'au moment convenable pour l'abattage. Chaque mineur, faisant agir la haveresse ou la rivelaine derrière ces piliers, met en communication toutes les excavations partielles et n'en forme qu'une seule *H H'*. Si l'adhérence des lits entre eux n'offre pas une garantie suffisante, le mineur montois place dans l'entaille de petits cylindres de bois *r*, *r*, *r* (*pilots*) destinés à prévenir la chute de la houille. Enfin, dans quelques localités, on substitue aux massifs de schiste des cales en bois ou en pierre insérées dans le sens de leur longueur.

L'opération est la même si le lit de schistes propre au havage est interposé au milieu de la couche ou vers son toit, quelle que soit d'ailleurs la nature de ce dernier, dont l'influence ne s'exerce qu'au moment de l'abattage.

On ne peut ici passer sous silence le mode d'arrachement tout spécial usité dans les mines de la rive droite de la Meuse. La largeur d'excavation ab (fig. 7) attribuée à chaque ouvrier étant déterminée, chacun d'eux pratique une coupure K de 0.60 mètre de largeur, qu'il prolonge à une distance de 1.20 mètre; puis, restant dans l'échancrure, il fait un quart de conversion, have et entaille un second prisme K' en remontant suivant l'inclinaison de la couche; il l'abat, en attaque un troisième, et ainsi de suite jusqu'à ce qu'il ait arraché tout le massif objet de la tâche journalière. Ces nombreuses coupures absorbent beaucoup de temps, réduisent la houille en petits fragments et donnent des produits souillés de schistes; en outre, le mineur, confiné dans une cavité inaccessible au courant d'air, se trouve placé dans de fâcheuses conditions de salubrité.

Le havage des couches inclinées exige l'application contre les étançons de planches t, t destinées à soutenir les pieds du mineur et à empêcher les produits de l'arrachement de rouler au bas du chantier.

La position du haveur, pendant les travaux d'entaillement, varie avec la puissance de la couche. Lorsque cette dernière dépasse un mètre, il n'éprouve aucune gêne, puisque le travail l'oblige, dans tous les cas, à se courber; au-dessous de cette hauteur, il peut s'agenouiller ou s'asseoir en croisant les jambes; mais, dans les couches minces, sa position est fort incommode; il est astreint à travailler couché sur le côté, la tête renversée et placée de travers; aussi le travail que les Allemands exécutent dans de semblables conditions porte-t-il le nom de travail à col tordu (*Krumhoeser arbeit*).

387. *Soutenement du toit et des bancs supérieurs de la couche pendant le havage.*

Souvent les prismes de houille qui interrompent le havage sont inefficaces pour prévenir la chute des blocs provenant des bancs supérieurs de la couche ou les écrasées d'un mauvais toit. Le haveur reconnaît facilement ces parties dangereuses par le son creux qu'elles rendent sous le choc du talon de la haveresse; il doit s'assurer, avant de commencer les entailles, contre toute éventualité d'éboulement; pour cela il maintient (fig. 2), à l'aide d'arcs-boutants *K* (*poussarts* ou *stippes*), les parties défectueuses de la houille qui menacent de se détacher; quelquefois même il applique contre la face dégagée de l'excavation, et sur toute sa largeur, un boisage (fig. 5 et 13) composé de piliers et de chapeaux surmontés de bois de reliements destinés à soutenir le toit et à prévenir la chute des blocs de houille isolés. Ces opérations d'étaiement doivent toujours précéder l'entaille; elles sont utiles principalement dans l'excavation des couches droites, ou lorsqu'en plateures on s'avance en montant suivant le plan des stratifications; le haveur ne peut se dispenser de ce soin sans s'exposer à de graves blessures et quelquefois même à perdre la vie. On observe que la plupart des accidents qui arrivent dans les ateliers d'arrachement, et le nombre en est considérable, proviennent de la négligence des ouvriers à prendre ces simples précautions.

388. *Abattage de la couche.*

Lorsque le parallélipipède de charbon se trouve dégagé sur quatre de ses faces, qu'il n'adhère plus à la masse que par le toit et par sa partie postérieure, les haveurs eux-mêmes , ou , suivant le mode de travail adopté, des ouvriers spéciaux portant le nom d'*abatteurs* , en déterminent la rupture et le détachent complètement. Cette opération est facile lorsqu'on agit sur des couches tendres et déliteuses, ou recoupées de nombreuses fissures suffisamment ouvertes ; mais il faut que le mineur ait eu le soin de se diriger de telle façon que la face antérieure du parallélipipède soit parallèle au plan de clivage, afin de déterminer par derrière une cinquième face presque entièrement dégagée. A mesure que l'abatteur fait tomber les arcs-boutants et disparaître les massifs réservés dans le havage, la couche s'affaisse spontanément, et quelquefois si promptement que l'ouvrier doit être très-attentif s'il veut éviter l'atteinte des blocs qui tombent de tous côtés sur le sol.

Si l'adhérence de la houille à la roche empêche le parallélipipède de s'affaisser sous son propre poids, le mineur en facilite la chute par l'insertion de coins entre la couche et le toit, ou dans les fissures parallèles aux plans de stratification. Il choisit, dans tous les cas , les points où cette adhérence est la plus grande, et où, par conséquent, le fer produira les effets les plus avantageux. Souvent l'enfoncement d'un seul coin bien placé produit plus d'effet que ne le pourrait faire un grand nombre d'entre eux disposés sans discernement.

Les houilles compactes et exemptes de fissures forcent le mineur à recourir à la poudre. Il fore avec la tarière un trou aussi profond que l'entaille ; il y introduit une cartouche de 60 à 100 grammes seulement , car son but n'est pas de faire sauter la couche, mais d'ébranler la masse, d'y déterminer des fissures ou d'agrandir celles qui existent déjà. Il provoque ensuite la chute de la houille au moyen de coins et se sert des leviers pour achever de détacher les blocs. Une trop forte charge serait de la poudre inutilement perdue et réduirait en menu beaucoup de gros charbon.

Lorsque le havage est pratiqué vers le toit ou au milieu de la couche, l'arrachement des bancs inférieurs se fait à l'aide de la pince. Le mineur, armé de cet outil, en introduit l'extrémité tranchante entre le mur et la houille; puis, s'appuyant sur l'autre extrémité, il agit par une série de chocs, soulève le parallélipipède, l'ébranle, agrandit les fissures et donne prise aux coins et aux haveresses, au moyen desquels il achève de détacher les blocs. Mais ce travail, fort pénible déjà dans les couches minces, vu la nécessité de les soulever dans leur intégrité, devient tout-à-fait impraticable pour l'arrachement des couches d'une certaine épaisseur. On doit alors diviser le travail et attaquer successivement les divers bancs de houille, ou, si celle-ci ne forme qu'une seule masse, employer des coups de mine placés horizontalement et très-près du mur.

Ce qui précède se rapporte aux couches sur lesquelles reposent des stratifications suffisamment solides. Mais si le havage doit s'effectuer dans un lit de schiste voisin d'un toit déliteux, l'abattage devient une opération délicate, et exige de grandes précautions. Dans ce cas, après avoir ménagé des massifs s, s, et avoir inséré des pilots tels que r (fig. 4), on procède, non plus par l'arrachement simultané de tout le parallélipipède circonscrit par les entailles, mais par l'enlèvement successif des divers fragments. Ainsi, g, g' représentent deux blocs remplacés, après leur enlèvement, par deux étançons provisoires u, u, auxquels on substitue, lorsque la cavité devient suffisante, des chapeaux w, w appliqués contre le toit, avec superposition de bois de reliement x, x. Dans les travaux effectués au-dessous d'un toit très-ébouleux, l'introduction de ces derniers précède toujours l'abattage. Aussi, dès que le havage est terminé, ou même pendant qu'on l'exécute, on fait agir la tarière au fond de l'entaille, on y perce des trous y, y, dans lesquels on loge l'extrémité des bois dont la partie antérieure repose sur le chapeau v, v.

389. Modifications apportées dans le mode d'arrachement qui précède.

Lorsque les couches, contenant deux systèmes de fissures bien déterminées, forment des blocs peu adhérents entre eux et pour ainsi dire juxtaposés, on se contente de creuser les sillons latéraux et l'on supprime le havage. Le mineur déchausse alors les fragments de houille par l'enlèvement de quelques parties du lit de schiste ou de charbon stratifié sur le mur ; il enfonce des coins dans les fissures, y introduit violemment la pointe de sa haveresse et arrache successivement tous les blocs qui font saillie sur la face antérieure. Tel est le procédé employé pour l'exploitation de plusieurs couches de houille du district de la Wurm, dans lesquelles on ne pourrait sans danger pratiquer un havage un peu profond, surtout dans les ateliers dirigés suivant le plan d'inclinaison de la couche , où l'ouvrier serait sans cesse blessé par la chute inattendue de la houille. Étayer cette dernière serait d'ailleurs impraticable, puisqu'il faudrait autant d'arcs-boutants qu'il se trouve de blocs.

Plusieurs couches des mines du Centre (Hainaut) s'enlèvent du gite de la même manière, à l'exception d'un havage irrégulier et peu profond que le mineur fait au mur en cas d'adhérence de la couche. La méthode usitée dans les mines de la Ruhr consiste à haver et à creuser les entailles latérales même assez profondément ; puis à détacher successivement chaque bloc à l'aide de la haveresse et du coin. Le mineur a toujours le soin de disposer la face antérieure de l'atelier d'arrachement de telle façon qu'elle soit parallèle à la direction du système des fissures les plus ouvertes et les mieux déterminées.

390. *Arrachement des couches de moyenne puissance.*

Les couches de houille de cette espèce sont enlevées, soit en sapant d'abord les stratifications inférieures, soit en commençant l'attaque par les bancs intermédiaires. Dans le premier cas (fig. 9), le havage s'effectue au mur, et comme sa profondeur est ordinairement très-considérable, c'est-à-dire de 4 à 5 mètres, sa hauteur doit être assez grande pour que le mineur pénètre dans l'entaille et y travaille couché sur le côté. L'abattage des bancs supérieurs a lieu comme ci-dessus.

Quelquefois l'exploitation se fait en deux parties ; dans la première, après avoir effectué le havage suivant la méthode ordinaire et sur une profondeur de 1 mètre à 1.25 mètre, on abat un ou deux lits de houille superposés ; on boise pour soutenir les stratifications supérieures, on pousse l'excavation 3 ou 4 mètres en avant, et l'on revient en arrière abattre les bancs du toit, soit tous à la fois, soit successivement les uns après les autres. Ce procédé est ordinairement employé dans les mines de la Westphalie pour les couches de 2 à 3 mètres de puissance.

Le second cas (fig. 8) se présente fréquemment en Silésie, où les couches, assez épaisses, engagent l'exploitant à sacrifier quelques parties de houille, afin d'abattre de grandes masses d'un seul coup et , par conséquent , d'économiser la main-d'œuvre. Le havage a lieu vers le milieu de la hauteur de la couche et l'arrachement des bancs supérieurs précède toujours l'exploitation de la partie inférieure d'une quantité suffisante (4 à 6 mètres) pour que les deux opérations puissent s'effectuer simultanément. Les entailles latérales sont assez larges et le havage assez élevé pour permettre au mineur de pénétrer dans la cavité et de chasser des coins dans la face postérieure. Pendant que l'échancrure se poursuit en avant et donne lieu à l'abattage des stratifications voisines du toit, d'autres ouvriers s'occupent à entailler les bancs inférieurs restés en arrière. Si la houille est déliteuse ou très-fissurée, l'entaille devient inutile ; si , au contraire , elle est compacte et adhérente au mur, on emploie la poudre. Comme , dans ce cas , le mineur a au-dessus de sa tête une excavation qui lui permet d'agir commodément, il place ses coups de mine sur la face supérieure de la masse et les dirige de haut en bas.

Ces diverses méthodes sont également en usage dans les mines du département de la Loire.

391. *Des tailles ou chantiers d'exploitation.*

L'extrémité la plus avancée de l'excavation que le mineur creuse dans la couche pour arracher la houille de son gîte, constitue un atelier d'arrachement auquel on donne le nom de *taille* ou de *chantier d'exploitation.*

Le *front de taille* est la surface de la couche qui fait face au mineur pendant son travail ; il est constamment renouvelé par l'arrachement journalier de la houille.

La *largeur de taille* est l'espace compris entre les deux parois ou les deux coupures latérales. On lui donne aussi le nom de *hauteur de taille*, lorsque la couche étant inclinée, l'excavation est dirigée dans le sens de la direction, parce qu'alors l'une des parois est à un niveau plus élevé que l'autre.

L'avancement d'une taille est la quantité linéaire dont elle est prolongée dans le sens de son axe, pendant un poste d'ouvriers ou pendant une période de temps quelconque. Ainsi, l'on dit : *Les ouvriers dans leur journée sont tenus de faire un avancement de 1.20 mètre,* ou bien : *l'avancement de la quinzaine a été de 50 mètres.*

On divise les tailles d'après leur largeur : en petites tailles ; en tailles moyennes, de 6 à 20 mètres ; et en grandes tailles de 20 à 50 mètres qui, quelquefois, atteignent 100 et même 200 mètres.

Les petites, dont la hauteur ou largeur varie de 2 à 6 mètres, déterminent dans la couche une excavation formant une seule galerie ; elles ont pour objet de préparer l'exploitation de la couche, ou de mettre deux points de la mine en communication pour les besoins de l'aérage, l'écoulement des eaux, etc. L'objet des tailles moyennes et grandes est presque toujours l'exploitation immédiate de tout ce qu'il sera permis d'enlever de la couche ; elles laissent derrière elles deux ou plusieurs galeries destinées au roulage, à la circulation des ouvriers et au retour du courant ventilateur.

La divison des tailles se fonde aussi sur leur forme et sur la position de leur front, relativement aux axes des galeries. Une taille est droite, lorsque son front est perpendiculaire à la voie principale. Elle est oblique, lorsqu'elle forme un angle aigu ou obtus avec l'axe de ces mêmes galeries. Si le front de taille a la forme d'un escalier dont les marches ont de grandes dimensions, le mineur peut être considéré comme voyant celle-ci par dessus ou par dessous ; dans le premier cas, le chantier prend le nom de *taille à gradins droits ou descendants ;* dans le second, on l'appelle *taille à gradins renversés ou montants.*

392. *Tailles droites dans les couches platteures.*

Dans les petites tailles, on n'emploie jamais plus de deux échancrures latérales ; mais dans les larges tailles, leur nombre s'accroît et dépend de la constitution de la couche et des roches encaissantes ; rien de précis ne peut être énoncé à ce sujet, si ce n'est qu'on s'attache à en faire le moins possible. Les produits du havage et du faux toit, les débris des bancs de schiste, d'argile durcie et des autres substances stériles intercalées dans les couches, forment les remblais que le mineur, dans les tailles étroites, entasse contre les parois de l'excavation, et que, dans les larges tailles, il rejette immédiatement derrière lui, en ayant soin de laisser libre l'espace réservé aux galeries. Quelquefois un ouvrier nommé *remblayeur* a pour fonction de les serrer fortement contre le toit, afin de prévenir les éboulements et les pertes d'air.

Le boisage des tailles n'est qu'un moyen de soutenement provisoire, auquel on se hâte de substituer les remblais. Il est rarement nécessaire dans les petits chantiers où la partie du toit non soutenue est peu considérable ; si cependant il est nécessaire d'étayer, on se contente de placer çà et là, sous les parties dangereuses du toit, quelques piliers disposés normalement aux stratifications. Les chapeaux, dont on fait usage lorsque le toit est fort déliteux, sont soutenus à chacune de leurs extrémités par un étai ; quelquefois on en ajoute un troisième au milieu, afin de diminuer la portée et de s'opposer en même temps à la chute des stratifications ébouleuses. En Angleterre, où le prix des bois est fort élevé, le mineur, s'il doit recourir au boisage, n'emploie que deux ou trois lignes d'étais pour se protéger contre les éboulements; il a le soin de retirer la plus éloignée à mesure qu'il s'avance et de la placer vers le nouveau front de taille. Sur le continent, les boisages restant en grande partie, au milieu des remblais, sont à jamais perdus.

La nécessité de parvenir à la taille, d'en extraire les produits, d'y faire affluer l'air, force le mineur à ménager derrière lui une ou plusieurs galeries et à les entretenir pendant toute la durée de l'arrachement de la partie en l'exploitation. Si la puissance de la couche ne permet pas de donner à ces voies la hauteur réclamée par l'usage auquel on les destine, on excave le toit ou le mur, et quelquefois simultanément tous les deux. Cette opération, à laquelle on donne le nom de *coupage de voie*, se fait à l'aide du pic, du coin ou autres outils d'arrachement, lorsque les stratifications sont tendres ou fissurées, et à la poudre, si la roche est solide et compacte. Les fragments de rocher qui en résultent, ordinairement plus solides que les autres remblais, sont réunis pour former, le long des voies, des murailles sèches d'épaisseur variable qui, non-seulement contribuent à maintenir le toit et à prévenir son affaissement, mais encore empêchent les remblais plus menus de se déverser dans la galerie inférieure. A défaut de murs, on insère des planches, des branches d'arbres ou d'autres menus bois derrière les étais de revêtement des galeries, et par ce moyen on retient en place les plus petits fragments.

La figure 15 de la planche XXVI est le plan horizontal d'une taille droite en plateure. *E*, voie de roulage;

F, voie de retour de l'air ; *o,o*, étançons ; *p,p*, bois de taille.

La figure 13 représente un boisage complet du front de taille, tel que peut le réclamer la nature fort ébouleuse du toit. *p,p*, étançons ; *q,q*, chapeaux ou *beiles* recouvertes de bois de reliement (*wâtes*).

La figure 14 indique la position des remblais et le boisage des deux galeries *E* et *F* de roulage et d'aérage. La puissance de la couche étant assez grande, le coupage de voie n'a eu pour but que de rendre horizontal le sol de la galerie de roulage dirigée suivant le sens de l'alongement.

La figure 11 représente une taille exécutée dans une couche dont le toit, assez compact, permet de se dispenser de l'emploi des chapeaux. Les étais installés dans les galeries, au-dessous des parties peu solides du faîte (fig. 16), sont fixés en place à l'aide de coins insérés entre le toit et leur partie supérieure ; les extrémités inférieures de ces bois se logent dans des entailles pratiquées au mur.

Dans la figure 12 , les roches encaissantes ne réclament aucun moyen de soutenement ; on se contente de maintenir l'écartement du toit et du mur, à l'aide de quelques étais. L'arrachement du toit s'est fait par un seul coup de mine *c*.

Lorsque le terrain est disloqué, il arrive quelquefois que l'on combine , pour le revêtement des galeries, le muraillement et le boisage, ainsi que l'indique la figure 17.

393. *Tailles droites établies dans les couches en dressant.*

La figure 3 de la planche **XXVIII** est la représentation d'une taille droite , dont *B G* est la galerie de roulage, et *A D* la voie de retour de l'air. La figure 2 est une section perpendiculaire à la précédente, dans laquelle *E* et *D* représentent respectivement les deux galeries ci-dessus indiquées.

C,C est le front de cet atelier, pour lequel la nature des roches encaissantes est supposée exiger un boisage très-complet. Les semelles et les chapeaux ou *beiles a, a, a* sont des bouts de perches de 0.10 mètre de diamètre et de 3 à 4 mètres de longueur ; ils sont appliqués contre les parois de la couche et leur écartement est maintenu par des *bois de taille c, c, c* placés à chacune de leurs extrémités et au milieu de leur longueur. Derrière les beiles sont insérés des bois de garnissage *b, b, b* d'environ 1.30 mètre de longueur, sur un diamètre de 0.03 à 0.04 mètre. Ces *wâtes,* comme les appelle le mineur liégeois , servent à maintenir en place de menus branchages (*veloutes*) semblables aux tiges des balais communs , ajoutés dans le but de prévenir la chute des éclats d'un mur ou d'un toit déliteux. Le tout est consolidé par des bois de retenue *d, d, d' d'* (*Tendrais*) encastrés par leurs extrémités dans les roches encaissantes ; leur objet est de résister à la déviation des beiles chassées en avant par la pression des remblais ou de la houille du front de taille *C, C* (1). Dans les circonstances plus favorables , cette opération se réduit à de simples étais disposés sur les points qui offrent quelque danger d'éboulement.

Les échafaudages *O,O,* sur lesquels s'installent les mineurs , sont formés d'étais horizontaux et de quelques bouts de planches. Ces paliers , qui ont aussi pour but d'empêcher les débris du havage d'incommoder les ouvriers placés au-dessous , doivent offrir une parfaite solidité ; car si l'un d'eux vient à se détacher ou à se rompre sous la pression des blocs de houille , hommes et boisage tombent pêle-mêle au bas de la taille , et les premiers doivent se considérer

---

(1) Les termes employés pour désigner les différentes parties du boisage se rapportent ici aux mines des environs de Liége.

comme fort heureux s'ils ne sont que blessés ou meurtris. Un semblable accident, arrivé en 1857, à la mine des Six-Bonniers (Liége), a coûté la vie à l'un des haveurs et causé des blessures fort graves à plusieurs autres.

Le procédé d'arrachement du mineur liégeois dans les couches droites est analogue à celui qu'il emploie pour les plateures de la rive droite. Il produit d'abord, à la limite supérieure de la partie de la taille qui lui est attribuée, une cavité dont la profondeur est égale à l'avancement et la hauteur d'environ 0.60 mètre ; puis il boise et attaque le massif en descendant par reprises de hauteurs très-variables, jusqu'à ce qu'il ait abattu tout le prisme qui constitue sa tâche.

Le coupage de voie est une opération dont on peut se dispenser si la couche (fig. 4 et 5), assez puissante, est dans une position rapprochée de la verticale. Mais on doit entailler les salbandes (fig. 8 et 2) si l'inclinaison diminue et si la couche peut être classée parmi les stratifications minces, quelle que soit, d'ailleurs, son inclinaison.

Quant au boisage des galeries, on doit toujours employer au moins un chapeau (ponte) et des bois de reliement pour empêcher les remblais de tomber dans la voie inférieure. Si les roches encaissantes, peu solides, donnent des craintes relativement à la pression des remblais, on ajoute un ou deux piliers, et quelquefois on renforce le boisage par des cadres intermédiaires (fig. 5). Lorsque la pression latérale est considérable (fig. 2), on augmente la résistance des piliers f, f et on maintient leur écartement au moyen d'une pièce i (Tendrai), ajustée au-dessous du chapeau g. Enfin, la galerie supérieure, placée sur les remblais, réclame toujours l'emploi d'une semelle h,h, qui, portant sur une grande étendue, empêche les étançons de s'enfoncer. Dans les tailles très-rapprochées de la verticale,

on doit laisser entièrement libres les deux derniers avancements ; le plus rapproché du front de taille est occupé par
les paliers, et l'avant dernier est réservé pour la circulation
de l'air, marchant dans le sens indiqué par les flèches.
Les remblais sont maintenus dans un plan vertical par le
boisage qui, deux jours auparavant, servait à préserver
les ouvriers contre les éboulements, et qui actuellement est
revêtu de menus bois. Dans certaines localités, on choisit
les débris les plus consistants pour en former des murs,
derrière lesquels on entasse les roches plus déliteuses.
Les ouvriers d'Azincourt (département du Nord) emploient
tant d'art dans ce travail, que le boisage consiste seulement en quelques étais intercalés dans le mur de pierres
sèches, et destinés à former liaison.

Comme les remblais, quelle que soit leur origine, se
trouvent toujours déposés dans la galerie de roulage,
on les fait parvenir à la partie supérieure du chantier en
les chargeant dans des paniers qu'on élève au moyen d'un
petit treuil simple.

594. *Tailles obliques en platteure ou en droit.*

Dans certains systèmes d'exploitation, la direction des
ateliers est rigoureusement déterminée et ne peut subir
aucune modification. Comme, en outre, il peut arriver
que le sens général des fissures soit un élément essentiel de l'arrachement de la couche, on satisfait à cette
double condition en formant le front de taille suivant une
ligne parallèle au clivage, disposition souvent oblique
à l'axe de la galerie principale, et en changeant cette
direction chaque fois que le sens des fissures éprouve
quelque modification. Tel est le but des tailles obliques
qui, du reste, ne diffèrent en rien des tailles droites.

L'exemple choisi (fig. 7, pl. XXXIII) se rapporte au système d'exploitation usité dans quelques mines du district de la Wurm, où le clivage est si bien déterminé que l'on pratique rarement le havage de la couche, ou tout au moins qu'il n'a lieu qu'à une faible profondeur, et qu'il suffit d'en arracher les fragments à l'aide du pic et des coins. L'excavation de la partie située en face de la galerie précède toujours le reste de la taille.

395. *Tailles en gradins droits ou renversés.*

Les graves inconvénients inhérents aux tailles à gradins droits, en ont fait abandonner l'usage dans les mines de houille. En effet, les ouvriers, devant se placer sur la couche, salissent et brisent la houille qu'il est d'ailleurs fort difficile de rendre propre, vu la difficulté d'enlever les schistes intercalés. Si le courant d'air doit être conduit sur le front de taille, les remblais, disposés en gradins droits, exigent des quantités considérables de bois. Enfin, si l'absence du grisou permet au mineur d'établir les remblais suivant une ligne verticale, comme il le fait pour les tailles droites, il laisse en arrière un vide immense, dont les parois sans soutien le menacent à chaque instant. Les tailles à gradins renversés, n'offrant pas les mêmes inconvénients, sont au contraire fréquemment employées.

La figure 1 de la planche XXVIII se rapporte à un chantier d'arrachement dont les roches encaissantes et la houille elle-même exigent un boisage fort complet. Chacun des gradins C, C, C est occupé par un haveur ; l'excavation inférieure C', plus élevée, contient deux ouvriers. B et A sont les galeries à travers bancs qui ont recoupé la couche ; G et D les extrémités les plus avancées des galeries d'allongement et d'aérage ; celles-ci sont revêtues de cadres de soutenement (*stançonnages*) composés de *bois de voie f*, de *beiles g* et de *strukiaux i* (1). Le boisage de la taille consiste en *boutriaux b , b , b* , en *beiles a , a , a* et en menus bois *c , c , c*.

La hauteur des gradins est un objet dont l'exploitant se préoccupe, afin de la faire coïncider avec les circonstances locales ; car si, d'un côté, un parallélipipède d'un grand volume se détache mieux et se divise plus facilement en gros blocs, de l'autre on doit songer au peu d'efficacité d'un travail exécuté à la partie supérieure de gradins élevés, à laquelle le mineur ne peut atteindre qu'en se plaçant en équilibre sur les bois de revêtement ; cependant, l'attaque de semblables massifs peut être facilitée par une intercalation de schistes tendres qui lui permette l'emploi de la rivelaine, outil à long manche au moyen duquel il peut haver à une assez grande distance. Dans aucun cas, les gradins ne seront au-dessous de 1.80 mètre et ne devront excéder 3 mètres, l'avancement étant en raison inverse de la hauteur de l'excavation. On proscrira donc ceux de 5 à 6 mètres, comme les établissent quelques mineurs du district de Charleroi, parce qu'ils réunissent tous les inconvénients des tailles droites et des chantiers à gradins renversés sans en offrir les avantages. Quant à la quantité linéaire dont chacun de ces massifs précède le massif situé immédiatement au-dessus, elle est souvent égale à la hauteur du gradin ; mais il est préférable qu'elle soit plus grande, afin de mieux garantir le mineur contre les chutes des blocs de houille ou des parcelles de schiste.

(1) Les termes employés dans ce paragraphe appartiennent au Couchant de Mons, localité où ont eu lieu les premières applications des gradins renversés à l'arrachement de la houille.

Un haveur, placé au-devant de chaque gradin, debout sur les remblais ou sur les beiles du revêtement, installe d'abord (fig. 6) un *boutant* o, exécute en a un havage qu'il dirige en remontant, sans oublier de ménager un massif (*stot*) à l'angle saillant du gradin; il porte ensuite son attaque vers b, en faisant couler les détritus par la cavité a, et maintient l'excavation ouverte au moyen d'un ou de deux *pilots* s, s; puis, coupant en c dans la houille, il s'arrète dès que la masse s'ébranle; il enlève le stot et les pilots; et l'abattage du boutant suffit pour faire tomber toute la partie excavée. w' est le stot qui sera ménagé lors de l'attaque de la seconde reprise. Cette opération est toujours la même, quelle que soit la position de l'intercalation schisteuse dans la couche; cependant, si l'entaille se fait au toit, il peut arriver que le bloc ne tombe pas du premier coup et qu'il faille en provoquer la chute avec des coins, des palfer, etc. Lorsque le toit est ébouleux, on place dans l'entaille et à mesure qu'elle s'agrandit (fig. 7) des bois de reliement u, u reposant, d'un côté, sur la beile r, r, et, de l'autre, dans des trous de tarière forés au fond de la cavité. Les remblais s'entassent sous les pieds des mineurs et se maintiennent à terre coulante.

Il existe trois moyens pour faire parvenir la houille dans les galeries de roulage :

1°. La faire glisser du haut en bas, sur les remblais, procédé qui contribue à en briser les fragments et à salir le charbon menu par son mélange avec les schistes;

2°. La faire passer par des galeries inclinées, ménagées à travers les remblais, ainsi qu'on verra à l'occasion de l'exploitation du Couchant de Mons;

3°. Enfin, la projeter dans des *puits de décharge* ou *cheminées verticales* K, K, installées chaque fois que le besoin l'exige. Ces conduites sont comprises entre les

deux lignes de bois de revêtement déjà placés pour le
soutien des salbandes, dont les beiles sont renforcées par
des pièces de retenue d'', d''. Au pied de ces cheminées,
des planches m, m formant des espèces de trémies, dirigent le déversement de la houille dans les vases de
transport; n, n sont d'étroites planchettes servant à fermer
les orifices de sortie. Le charbon provenant des gradins
inférieurs tombent immédiatement dans la galerie de roulage, où il est enlevé par les ouvriers destinés au transport.

Quant aux matériaux que fournit l'arrachement du toit
et du mur, on les *relève*, c'est-à-dire on les fait parvenir
vers le haut de la taille et porter dans tous les points
où ils sont nécessaires; pour cela on place sur les remblais
une file de jeunes manœuvres qui se passent de mains en
mains des paniers qu'un ouvrier remplit dans la galerie.
Cette opération s'effectue pendant la nuit, ou dès que les
haveurs ont terminé l'arrachement de la couche.

396. *Comparaison entre les tailles droites et les tailles à gradins renversés.*

En supposant les mêmes avancements effectués dans deux
tailles, l'une droite, l'autre à gradins renversés, placées dans
les mêmes circonstances, on s'aperçoit d'abord que dans les
dernières l'ouvrier, attaquant le havage sur deux faces
simultanément, peut le porter à une distance plus considérable qu'il ne le ferait en taille droite et se trouve en
position d'excaver sur une surface plus considérable. Ainsi
on a pu constater à la mine de l'Espérance à Seraing, après
la substitution des premières aux secondes, que l'avancement, dans un même espace de temps, pour une même
largeur d'entaille, s'était élevé à 1.80 mètre, tandis
qu'auparavant il n'était que de 1.20 mètre.

On reproche aux tailles à gradins renversés la grande quantité de menue houille provenant, soit des entailles elles-mêmes, soit des effets de disjonction qu'elles produisent sur les blocs, soit de ce que, tombées sur les remblais, elles sont écrasées et foulées aux pieds par les ouvriers. Mais cet inconvénient est bien plus grave dans les tailles droites, où le charbon, précipité des divers points de l'arrachement dans la galerie inférieure, se brise presque entièrement en menus morceaux.

Dans les tailles à gradins renversés, la houille tombe immédiatement sur les remblais qui la souillent; les schistes lui communiquent un degré d'impureté d'autant plus grand qu'ils sont plus attaquables par le tranchant de la pelle dont l'ouvrier se sert pour ramasser le combustible et le projeter dans les cheminées de dégagement. Les tailles droites n'offrent pas cet inconvénient.

La quantité de bois employés à maintenir l'écartement des parois et à empêcher la chute des menus fragments des roches encaissantes est la même dans les deux circonstances; mais les étançons des tailles droites devant en outre supporter la pression considérable des remblais disposés sur un front vertical, doivent être d'autant plus solides qu'ils sont placés en un point plus rapproché du bas du chantier. Il est en outre indispensable de prévenir la chute des matériaux stériles accumulés en arrière au moyen de bois de reliement dont on forme une espèce de tissu renouvelé à chaque avancement quotidien. Ainsi les ateliers de la première espèce absorbent une quantité de bois plus considérable que ceux de la seconde.

Dans les premières, les débris du havage et les intercalations schisteuses tombent en partie sur les échaffaudages, les ouvriers les relèvent à la pelle et les projettent derrière eux; le reste tombe dans la galerie inférieure, d'où les mineurs doivent les faire remonter le long du chantier à force de bras. Cette perte de main-d'œuvre n'existe pas dans l'emploi des gradins renversés, les remblais pouvant rester dans la place où ils tombent, sans qu'on ait à s'en préoccuper.

Si d'un côté les tailles droites offrent quelque danger pour les ouvriers qui n'affermissent pas suffisamment les paliers; si la chute des produits du havage, ou des fragments de houille peuvent incommoder et souvent blesser les haveurs placés à la partie inférieure de l'atelier, d'un autre côté le haveur, pendant l'exécution de l'entaille du gradin, est constamment menacé par la chute des fragments de houille qui peuvent se détacher du faîte de l'excavation dans laquelle il travaille, s'il n'a pas le soin de bien combiner ses moyens de soutenement.

L'air circule mieux sur le front des tailles droites que le long des gradins, dont les saillies ralentissent le courant et le forcent à se plier et replier plusieurs fois à angle droit. La tendance des gaz à se loger dans les angles est également une cause de danger; mais ces inconvéniens sont peu sensibles pour les gradins d'une faible hauteur.

En résumé les deux espèces de chantiers présentent des inconvénients et des avantages; mais la diminution des frais de main-d'œuvre et de boisage, et la plus grande sécurité des ouvriers placent les gradins renversés dans des conditions de supériorité incontestable, et leur font donner la préférence dans toutes les localités où l'on exploite des couches droites par des tailles de moyenne grandeur.

397. *Division des champs d'exploitation.*

L'aménagement, si l'on peut se servir de ce terme emprunté à l'art du forestier, ou la division des couches en un certain nombre de *tranches*, de *zones*, de *bandes* ou de *massifs* parallèles à la direction, est un objet de la plus haute importance, en ce qu'il facilite l'exploitation et permet d'extraire presque toute la houille.

Lorsqu'un puits a rencontré une couche, celle-ci se trouve naturellement divisée en deux parties par la ligne de direction qui s'étend à droite et à gauche du puits : l'une *d'aval*, l'autre *d'amont-pendage*. Cette division, la seule généralement en usage à une époque où les travaux d'exploitation n'avaient pas acquis tout leur développement, et n'étaient pas conduits avec la régularité et l'économie que l'on s'efforce d'y apporter de nos jours, est encore suffisante lorsque l'inclinaison des couches est faible ; car il est possible d'en exploiter la partie d'aval aussi bien que celle d'amont, en partant du point où le puits les a rencontrées. C'est le procédé généralement usité pour les couches si plates du nord de l'Angleterre. Mais dès que l'inclinaison est un peu sensible, surtout si la houille dégage des quantités notables de gaz inflammable, on doit avoir recours à la division du terrain houiller en un certain nombre de tranches superposées les unes aux autres et formées par une série idéale de plans horizontaux.

Soit (fig. 40, pl. XXVI) un terrain stratifié en plats et en droits, dans lequel on a foncé un puits $a\,a'$ jusqu'à la profondeur où doit commencer l'exploitation ; deux galeries à travers bancs $c\,d$ et $c\,d'$ servent à reconnaître ce terrain. La disposition des stratifications, leur inclinaison et leur allure limiteront la hauteur de la première tranche, c'est-à-dire la profondeur du premier étage d'exploitation. Pendant ce temps le puits d'extraction s'approfondit, et l'on perce les galeries inférieures $e\,f, e\,f'$ destinées au transport des produits de l'arrachement ; celles-ci et les galeries de reconnaissance déterminent la première zone ou tranche à exploiter. Dans toutes

les couches recoupées, plates ou droites, on chasse à
angle droit des galeries de niveau, d'où l'on s'élève pour
arracher la houille en procédant d'après le système choisi.
Le courant d'air qui descend dans le puits d'extraction
s'engage dans la galerie de roulage, passe dans les voies
de niveau, remonte le long des tailles et s'élève à la
surface par le puits d'aérage $b b'$, après avoir circulé dans
la galerie à travers bancs destinée au retour de l'air.
Vers la fin de l'exploitation du premier étage, et avant
qu'il soit épuisé, on prépare celui qui doit lui succéder immédiatement, en approfondissant les deux puits
et en perçant de nouvelles galeries de roulage ik et i^k
formant le deuxième étage ; les travaux sont les mêmes
que précédemment, et l'ancienne galerie de roulage se
transforme en voie de retour de l'air. On agit de même
pour un troisième et un quatrième étages. Dans ce procédé d'aménagement, le nombre total des galeries à travers bancs, dont le percement est fort coûteux, se trouve
réduit au minimum ; il est égal au nombre de tranches
à exploiter, plus une.

Les galeries ne sont pas toujours disposées aussi régulièrement que l'indique la figure ; souvent celle que
l'on dirige dans un sens ne se trouve pas dans le
même plan de niveau que les galeries dirigées en sens
contraire ; souvent les tranches sont d'inégales hauteurs,
ce qui provient, la plupart du temps, des inflexions auxquelles les couches sont sujettes, et de ce que l'on a
choisi, parmi les diverses combinaisons, la plus propre
à mettre en évidence le plus grand nombre de stratifications, et à donner des produits égaux avec le plus
petit développement de galeries. Ces combinaisons sont
faciles si l'on possède la coupe du terrain à exploiter,
ou, tout au moins, des éléments suffisants pour en con-

struire une théorique. La hauteur des tranches est fréquemment limitée par la nature ébouleuse des roches
encaissantes et surtout par le dégagement plus ou moins
abondant de gaz inflammable ; comme, d'un autre côté,
des raisons d'économie engagent à leur donner la plus
grande hauteur possible, on satisfait quelquefois à ces
deux conditions en subdivisant les tranches formées dans
chaque couche plateure ou dressant en deux et même
trois zones, objets d'exploitations successives.

SECTION IIᵉ.

SYSTÈMES D'EXPLOITATION USITÉS EN BELGIQUE.

598. *Province de Liége.*

L'origine de l'exploitation de la houille dans la province de Liége remonte évidemment à une époque fort reculée (1). Le désordre qui présida aux premiers travaux d'arrachement, l'irrégularité de ces derniers, l'absence de toute méthode eurent pour conséquence de rendre bientôt inaccessible la richesse minérale et de la détruire momentanément par l'accumulation des eaux dans les nombreuses excavations des couches supérieures. L'exploitation s'étant principalement portée dans le sein des collines riveraines de la Meuse, on crut, pour assécher les travaux et les remettre en activité, devoir percer des galeries d'écoulement (*xhorres* ou *areines*) ayant leurs orifices dans le fond de la vallée. Un grand nombre d'entre elles subsistaient déjà vers la fin du XVᵉ siècle; et certes, si, moins nombreuses, elles eussent été combinées de manière à assécher complétement la partie du terrain houiller pour lequel elles avaient été construites; si la faculté laissée par le souverain *d'abattre une areine,* c'est-à-dire de la rendre inutile au moyen d'une autre percée à un niveau plus bas, n'eût entraîné des discus-

(1) Quelques auteurs pensent qu'elle remonte à l'année 1178.

sions et des procès sans nombre ; si surtout, procédant à l'exploitation complète des couches asséchées, on eût eu le soin de réserver intacte une certaine' épaisseur de terrain (*espontes*) immédiatement au-dessous des galeries de démergement, pour empêcher les sources de descendre plus bas que le niveau d'exhaure, on aurait obtenu des résultats immenses en protégeant les travaux futurs contre l'affluence des eaux de la surface. Malheureusement la science du mineur n'existait pas à cette époque ; l'exploitant arracha les couches inférieures, en s'aidant, au besoin, de tonnes et de pompes à bras, et sans laisser d'espontes protectrices. Plus tard, les galeries d'écoulement, peu ou pas du tout entretenues, s'éboulèrent et devinrent inutiles pour la plupart. Le mal s'accrut de jour en jour, et de nouveau, comme avant l'établissement des areines, la houille, enlevée en certains points jusqu'à une profondeur considérable, fut remplacée par les eaux d'infiltration, qui formèrent des lacs souterrains appelés *bains d'eau*. Il serait facile au mineur d'écarter le danger provenant de la présence de ces nappes d'eau s'il en connaissait la position exacte ; mais malheureusement les anciens travaux n'ont jamais été décrits ou tracés par leurs auteurs ; tout ce qu'on en a connu d'abord venait de tradition ; celle-ci s'est éteinte peu à peu, et actuellement elle est entièrement perdue.

Telle est la circonstance principale qui distingue l'exploitation liégeoise et qui a dû nécessairement influer sur les procédés employés dans cette localité. Ainsi, ces amas d'eau si redoutables engagent le mineur à se porter immédiatement à une grande profondeur et à procéder à l'arrachement des couches en marchant de bas en haut ; à éviter, dans l'enfoncement des puits, la rencontre des anciens travaux inondés, c'est-à-dire à *passer en serre* à travers des massifs de houille intacte, sous peine de devoir construire plusieurs cuvelages partiels, opération difficile si les éboulements ne l'ont pas rendue impraticable ; et enfin à se ménager un champ d'exploitation fort étendu et proportionné aux frais d'enfoncement d'un puits porté à une grande profondeur.

Le mineur liégeois prend d'ailleurs toutes les précautions nécessaires pour éviter de *desserrer* aux vieux ouvrages, c'est-à-dire d'établir une communication entre ceux-ci et les travaux en activité, ce qui compromettrait l'existence de la mine et la vie des ouvriers. Lorsqu'il marche vers un point où il soupçonne l'existence d'anciennes excavations, il a le soin de faire précéder sa taille d'un ou de plusieurs trous de sonde. Si ses craintes ont pour objet les couches gisant au-dessus de sa tête, il adopte un mode d'exploitation qui s'oppose aux éboulements du toit et, par conséquent, aux fissures par lesquelles passeraient les eaux pour venir inonder la partie de la mine en activité. Ces précautions minutieuses doivent être incessantes, s'il veut éviter ces lacs intérieurs formés dans la concession ou dans les concessions voisines, et qui, autrefois, ont si souvent donné lieu à des catastrophes épouvantables.

399. *Des moyens de parvenir à la couche objet de l'exploitation ; travaux préparatoires.*

Le mineur, ayant toujours été astreint à profiter des points si rares qu'offrent les plateures du nord pour passer en serre, a contracté l'habitude de concentrer tous les puits sur un même espace et quelquefois de les réunir en un seul, divisé en plusieurs compartiments. Ainsi il groupe dans une même excavation ou perce à peu de distance les uns des autres :

1°. Le puits d'extraction ou *maître-bure* (1).

2°. Celui d'épuisement, *bure aux pompes*.

3°. Le puits de descente ou *bure aux échelles*.

4°. Le puits d'appel ou *bure d'aérage*.

Le maître-bure, dont la section est un parallélogramme rectangulaire de 3, 4 et même 6 mètres de longueur, sur 1.50, 2 et 2.50 mètres de largeur, était autrefois revêtu d'une maçonnerie légèrement arrondie dans les angles ; actuellement il est généralement boisé au moyen de pièces de chêne grossièrement équarries (*vernes*). Ce puits, dans les grandes dimensions, est divisé par des cloisons en divers compartiments (*parti bure*). On a toujours le soin de diriger les longs côtés de l'excavation (*longues mâhîres*) parallèlement à la ligne de plus grande pente, afin d'éviter autant que possible la pression du terrain sur les parois qui offrent le moins de résistance.

Le retour de l'air se faisait autrefois par un petit compartiment, appelé *royon*, établi en amont dans l'un des angles du grand bure. Le royon était séparé par une cloison en briques, quelquefois même par des planches dont les joints étaient rendus imperméables au moyen d'un torchis de paille et de terre glaise ; il régnait du fond du puits jusqu'à une distance de 20 à 25 mètres de la surface du sol , où une courte galerie , désignée sous le nom de *pierçure*, le mettait en communication avec le *burtay* , petit

---

(1) Le mot bure (*beur*) est employé ici avec le genre que lui attribuent sans exception tous les mineurs wallons. On ne sait pour quels motifs quelques auteurs en font, contrairement à l'usage, un substantif féminin.

puits débouchant au jour ; c'était aussi le chemin que les
ouvriers prenaient pour pénétrer dans la mine et pour en
sortir. Cette disposition défectueuse a été remplacée par un
puits spécial d'environ 2.50 mètres de diamètre, surmonté également d'une tour en maçonnerie (*chetteure*) et
placée à une distance de 10 à 15 mètres en amont du
maître-bure.

Lorsque le mineur liégeois a recoupé la couche à laquelle il donne le nom de *veine*, son premier soin est
de prolonger le puits de quelques mètres au-dessous du
mur, afin de former une cavité (*bougnou*) destinée à
recueillir les eaux qui filtrent le long des parois, puis
d'établir latéralement, sur chacune des longues mâhires,
une chambre assez vaste par l'arrachement de la couche
et des roches encaissantes. Cette excavation, solidement
boisée, est désignée sous le nom de *chargeage* ; elle sert
à recevoir les produits des tailles et à les expédier à
la surface.

Les eaux provenant des différentes parties de la mine
sont recueillies dans un réservoir (*pahage*), pratiqué
dans l'aval de la couche ; il est mis en communication
avec le bougnou, se vide en même temps que ce dernier,
dans lequel viennent plonger les vases d'épuisement ou
l'extrémité inférieure des pompes.

400. *Ancien mode d'exploitation usité à Liége dans
les couches dites plateures* (fig. 1, pl. XXVI).

Le mineur, partant du puits principal *A*, s'avance dans
la couche en conduisant, suivant la direction, une petite
taille (*chambray*) de deux mètres de largeur *a, a* ; il la
prolonge jusqu'à une distance de 25 à 50 mètres, afin
de conserver autour des puits un massif protecteur qui

les maintienne en état de stabilité et fournisse un emplacement favorable à l'établissement d'une digue dans le cas où, pendant l'exploitation future, on viendrait à rencontrer d'anciens travaux inondés. Arrivé à une certaine distance, il change de direction, conduit le percement suivant l'inclinaison jusqu'à la rencontre du puits d'aérage *B*, et détermine ainsi une circulation provisoire du courant d'air ; alors, reprenant le chambray au point où il l'a momentanément abandonné, il le divise, par une cloison, en deux compartiments dont il met les deux extrémités en communication avec les puits d'entrée et de sortie. Les remblais provenant de la taille sont extraits à la surface, puisque, dans le commencement du travail, il n'existe aucun lieu convenable pour les déposer. Lorsque le mineur arrive aux limites du massif réservé, il élargit progressivement la taille, lui donne la hauteur voulue, c'est-à-dire 10, 12 et même 15 mètres, et se trouve alors en pleine exploitation. Mais, avant de s'avancer suivant la direction, il régularise la marche du courant d'air en desserrant en arrière sur le bure d'aérage au moyen d'une galerie *b* à petite section, en fermant la communication directe établie entre les deux puits avec deux portes principales *p* très-solides fermant à clef, et en détruisant enfin la cloison provisoire établie dans le chambray.

Les tailles de niveau *C C* laissent derrière elles deux galeries séparées par des remblais (*staples* ou *restaples*) : l'une est la *voie d'aérage*; l'autre, la *galerie d'allongement* percée suivant l'allongement ou la direction des couches. Cette dernière voie porte, dans la province de Liége, le nom de *lèvay* ou *niveau de bure*; elle est légèrement inclinée vers le puits, afin de faciliter le roulage des voitures et l'écoulement des eaux dans le pahage *D;* la grande hauteur qu'elle exige la rend ordinairement l'objet d'un *bosseiment*, c'est-à-dire de l'arrachement du toit ou du mur; enfin, lorsque la nature des roches le réclame, on la revêt d'un boisage composé d'étais (*stançons* ou *hesses*), auxquels on ajoute quelquefois des chapeaux.

La galerie d'allongement partage le champ d'exploitation en deux parties, l'une d'amont, l'autre d'aval, auxquelles le mineur liégeois donne respectivement les noms de *veine d'à thiers* et *veine d'a vallée*; les travaux exécutés dans la partie supérieure ou inférieure de la couche sont les *ouvrages d'amont* et *d'aval-pendage*. En outre, comme les eaux de la partie située en amont ont toute facilité pour se rendre dans le bougnou, on a appelé cette division *xhorré charbon*, par opposition à la partie inférieure, qui, ne pouvant être asséchée que par des moyens artificiels, contient le charbon non *xhorré* ou submergé. Lorsque, par suite de circonstances accidentelles, la galerie d'allongement partant du puits forme avec la direction un angle aigu, elle prend le nom de *borgne lèvay*.

401. *Exploitation de la partie de la couche située en amont du puits.*

A mesure que la galerie d'allongement s'éloigne du puits et s'avance dans la couche, on établit successivement, à distances égales, des tailles parallèles E, E dirigées suivant l'inclinaison. On n'a aucun égard, quant à la direction de ces ateliers, à la disposition des fissures de la houille, qui sont irrégulières et fort peu prononcées, mais seulement aux facilités du transport des produits. Ainsi, lorsque l'inclinaison de la couche ne dépasse pas 6 à 7 degrés, on dirige l'axe des galeries suivant la ligne de plus grande pente; au-delà de cette limite, on facilite la circulation des voitures dans les voies montantes, en conduisant les tailles diagonalement et en rapprochant d'autant plus leur axe de la direction de la couche que l'inclinaison de celle-ci est plus considérable. Les premières sont appelées *montées* et les dernières *demi-montées*. On les désigne ordinairement par des numéros d'ordre.

L'épaisseur des piliers (*serres*) qui séparent deux montées consécutives est toujours en raison directe de la nature ébouleuse des roches encaissantes et de celle de la couche elle-même. Quelle que soit la prévoyance du mineur liégeois à cet égard, leur arrachement est une opération peu fructueuse, parce qu'il attend ordinairement, pour les attaquer, d'avoir atteint la limite du champ d'exploitation, et qu'il expose à l'énorme pression des stratifications supérieures ces massifs, d'ailleurs fort minces et dégagés sur deux de leurs faces; alors, écrasés et pour ainsi dire broyés, ils ne donnent que du menu charbon, difficile et dangereux à arracher sous la menace d'un toit disloqué. L'enlèvement complet par tailles contiguës devenant impraticable, on se contente de quelques ateliers d'arrachement *e,e* aussi voisins que possible, ou simplement disposés çà et là sur tous les points où le charbon semble avoir conservé quelque consistance; souvent, enfin, les serres, restant intactes, sont perdues pour toujours.

On choisit ordinairement la galerie d'allongement pour voie d'entrée de l'air, dont le retour s'opère par la voie supérieure; le courant est alors ascensionnel dans son passage devant le front de taille (*vif-thiers*); mais alors comme le mineur est séparé du point d'attaque des montées par toute la largeur des remblais, il évite la perte notable de main-d'œuvre qui résulterait du percement de ces derniers et de leur transport sur un autre point de la mine, en préparant, au milieu des matières stériles, de petites galeries, régulièrement espacées, destinées à former l'extrémité inférieure de la voie de roulage ascendante. La partie inférieure de chaque montée étant obstruée par des portes obturantes, les diverses galeries ne forment qu'une seule conduite ; le courant d'air, après être descendu par le puits principal, entre dans le chargeage, suit la galerie de niveau, se plie à la taille, qu'il rase en passant, s'engage dans la dernière montée par la voie de roulage, revient par la voie d'açrage, parcourt ainsi toute l'étendue des travaux, en suivant la marche exprimée par des flèches, et regagne le jour en traversant le puits spécialement consacré au retour de l'air (1).

L'exploitation de la partie d'amont se fait encore d'une autre manière. Après avoir établi sur le niveau et à une petite distance du puits une montée E' ou une demi-montée unique, on prend, en divers points de sa hauteur, une série de tailles F, F séparées par des massifs de houille. Ces excavations, conduites suivant la direction et par conséquent parallèles au niveau, portent le nom de *coistresses* (2) ; on les désigne par des numéros d'ordre, en ajoutant le point de l'horizon vers lequel elles se dirigent. Comme un trop long entretien des galeries ou d'autres circonstances locales ne permettent pas ordinairement de

---

(1) Le lecteur doit être prévenu que les flèches tracées sur la figure expriment la direction du courant d'air, dans la supposition de l'arrachement simultané des couches d'aval et d'amont-pendage ; tandis qu'en réalité l'exploitation s'effectue successivement sur ces deux parties. Cette observation doit suffire pour rectifier les idées erronées que pourrait faire naître la réunion en un seul dessin des deux opérations successives.

(2) *Coistresse* vient de *concoister*, qui signifie *longer*, *côtoyer*, parce que ces tailles sont parallèles au niveau principal.

les prolonger jusqu'à la limite du champ d'exploitation , on établit une deuxième montée sur le niveau en un point correspondant à ceux où l'on cesse l'exploitation des tailles parallèles , et l'on y ouvre successivement une série de coistresses ; on agit de même pour une troisième , une quatrième, etc. Ici , comme dans l'emploi des voies montantes , on cherche à arracher des piliers tout ce qu'il est possible d'en obtenir sans trop exposer la vie des ouvriers.

402. Exploitation de la partie de la couche située en aval du niveau.

L'arrachement de la partie du champ d'exploitation située en aval de la galerie d'allongement se fait encore, dans quelques mines de la province de Liége , au moyen d'un système de galeries dirigées , suivant la ligne de plus grande pente ou diagonalement. Le mineur liégeois distingue trois espèces de galeries descendantes : les *grales* ou *demi-grales*, les *vallées* ou *demi-vallées* et les *torets* , qui , toutes , peuvent se combiner avec des tailles coistresses.

Les grales *G* et demi-grales *G'* ne sont appliquées qu'à l'arrachement des couches peu inclinées , puisque les produits ne sont pas amenés sur le niveau par des moyens mécaniques , mais seulement à bras d'hommes. Tantôt l'exploitation a lieu par l'emploi exclusif de chantiers de cette espèce , tantôt au moyen d'une grale unique *G'* , sur laquelle on prend un nombre indéterminé de coistresses *H*, *H*, équidistantes et séparées par des serres de même épaisseur. Cette méthode est actuellement tombée en désuétude.

Les vallées *J* , *J'* sont des voies descendant suivant l'inclinaison de la couche , sur lesquelles on prend une série

de coistresses séparées par des massifs plus ou moins
épais; souvent les coistresses sont elles-mêmes l'origine
d'autres tailles, telles que montées, grales, etc.; les produits de l'exploitation sont conduits le long de la vallée
jusqu'au pied du puits d'extraction. Lorsqu'un pendage
trop fort engage le mineur à les diriger diagonalement, il leur donne le nom de *borgne* ou *demi-vallée.*
Autrefois les vallées étaient fort usitées et pouvaient
être considérées comme le prolongement des puits d'extraction; le transport s'y effectuait ordinairement au moyen
de chaines ou de câbles, que mettaient en mouvement
les machines à molettes établies à sa surface; en sorte
que l'une des deux chaines extrayait par le puits, et
l'autre remontait les produits du fond de la vallée jusqu'à
sa partie supérieure. Lorsque l'inclinaison était faible, le
traînage avait lieu à bras d'hommes et quelquefois avec
des chevaux.

Enfin, les torets ou tourets ne diffèrent des vallées que
par leur pente plus rapide; le transport de la houille s'y
effectue à l'aide d'un treuil (*toret*) placé à la tête de la
galerie. Les tourets et les vallées, ne dérivant pas d'une
taille remblayée et n'offrant qu'une simple voie, doivent
être accompagnés d'une autre galerie latérale qui facilite
la marche du courant ventilateur.

403. *Inconvénients de l'ancien système liégeois.*

L'abandon, dans les mines, des piliers de soutènement, semble avoir constitué un mode fort rationnel, à
l'époque où les travaux étaient placés immédiatement au-
dessous de vieilles excavations pleines d'eau; ces massifs
prévenaient ainsi les éboulements du toit, dont les suites
inévitables auraient été l'inondation de la mine. Mais

depuis que l'exploitation s'est éloignée des anciens travaux, soit par l'application du principe de l'arrachement des couches de bas en haut, soit en se portant sur des terrains inexploités par les anciens, il est devenu inutile d'abandonner dans le sein de la terre un volume de houille équivalent à la moitié de la couche ; comme, d'autre part, il était impossible d'enlever des piliers, des quantités notables de houille, on dut avoir recours à d'autres procédés ou tout au moins modifier les anciens.

Un autre inconvénient fort grave provient des résistances qu'éprouve le courant d'air parcourant les galeries d'exploitation pratiquées dans la partie d'amont-pendage de la couche, car ce fluide, par son mélange avec le gaz inflammable et par sa dilatation, acquiert une densité moindre et éprouve de la difficulté à descendre dans les voies d'aérage, après avoir suivi sans peine les galeries ascendantes de roulage. Cette difficulté est encore augmentée par l'usage généralement suivi de donner aux voies de retour une plus petite section qu'aux voies d'entrée. La marche du courant d'air est au contraire très-convenable dans l'exploitation de la partie de la couche située en aval ; mais alors la galerie d'allongement est obstruée de portes d'autant plus multipliées que les galeries descendantes sont elles-mêmes en nombre plus considérable ; disposition qui embarrasse la voie et gêne la circulation des voitures. Enfin, les eaux d'infiltration, ne trouvant pas leur écoulement naturel sur le puisard, s'accumulent à la partie inférieure des galeries et doivent être épuisées avec des pompes à bras ou des tonnes, travail qui occasionne une grande dépense de main-d'œuvre.

Tels sont les inconvénients inhérents à l'ancienne exploitation liégeoise. Toutefois, ce type n'est plus en usage que dans quelques mines de la rive gauche de la Meuse ;

il tend à disparaître peu à peu, soit par suite des nombreux systèmes étrangers introduits récemment dans ces districts, soit par suite des modifications successives dont il a été et dont il est encore l'objet; modifications tendantes à en faire disparaître les principaux inconvénients et dont les principales vont être exposées.

404. Modifications apportées à la mine de Wandre dans le mode d'exploitation liégeois par niveau et montées (fig. 18 et 19, pl. XXVI).

L'exploitation a pour objet la couche dite Petite-Bossette, dont la puissance est de 0.44 mètre et l'inclinaison de 15°. Une galerie à travers bancs (bacnure), partant du puits de retour de l'air B, forme, avec la galerie d'allongement qui a son origine au puits d'extraction A, une zone d'exploitation dont la hauteur, mesurée suivant l'inclinaison de la couche, est d'environ 200 mètres. Pendant l'exécution de cette galerie Bf, on chasse vivement une taille dans la ligne de plus grande pente, et, lorsque ces deux excavations se rencontrent en f, la circulation de l'air est aussitôt établie; alors on divise la grande zone en deux parties égales par une ligne d'allongement, et l'on procède à l'exploitation de la tranche inférieure.

Les galeries principales (lèvay) sont accompagnées d'ateliers d'arrachement auxquels on donne une hauteur de 20 mètres. D'autres tailles montantes et accolées sont établies sur ces galeries à mesure que la taille de niveau s'avance dans le champ d'exploitation; en sorte que les plus rapprochées du puits ont acquis tout leur développement lorsque commence seulement l'attaque des plus éloignées. L'exploitation de la partie supérieure, dans laquelle les chantiers sont disposés exactement de la même manière, n'a lieu qu'au moment où la zone inférieure est épuisée, à l'exception toutefois de l'atelier d'allongement supérieur, que l'on attaque immédiatement, mais dont on règle le percement de manière qu'il serve de limite aux montées inférieures ; celles-ci, sans cette précaution, risqueraient de s'avancer trop loin ou de rester trop en arrière. On se garantit aussi contre toute éventualité en tenant plusieurs tailles montantes préparées, car on peut craindre qu'une faille ou tout autre obstacle ne vienne suspendre le cours des travaux inférieurs, ou qu'une extraction insuffisante n'exige un plus grand nombre de points d'arrachement. Un plan automoteur cc sert à établir la communication entre les deux galeries d'allongement et, par conséquent, le dégagement des produits de la tranche supérieure.

La couche dont il est ici question a été l'objet d'un petit artifice qui mérite d'être observé. La construction d'un plan incliné est toujours une cause de grande dépense ; aussi la voie de cette espèce qui avait été établie pour le service de la couche supérieure se trouvant encore en bon état, on décida de s'en servir afin de se dispenser d'en construire une nouvelle. Il suffisait alors, pour atteindre ce but, de mettre en communication les deux extrémités du plan incliné avec la couche en exploitation ; ce résultat fut obtenu par le percement de deux courtes galeries à travers bancs i et e, et de deux voies pratiquées à travers les anciens remblais.

Les produits de l'arrachement de la tranche supérieure parviennent au puits d'extraction après avoir traversé la galerie d'allongement, le plan automoteur et les deux petites baenures creusées à la tête et à la base de celui-ci. Le courant d'air, arrivé au bas du puits de descente, se divise en deux branches, qui parcourent, l'une les tailles de l'est, l'autre celles de l'ouest, et se réunissent ensuite à l'extrémité de la bacnure de retour de l'air. La marche toujours ascensionnelle du courant et la simplicité de son parcours sont un grand avantage dans une mine sujette au grisou.

On ne conserve que le nombre de galeries strictement nécessaire pour le transport ; une voie montante est toujours affectée au service de deux tailles, qui elles-mêmes sont de grande dimension (20 mètres). Ceci est très-rationnel sous le rapport de l'économie ; car la couche, étant d'une faible puissance, exige de grandes entailles dans les roches encaissantes, afin de donner aux excavations des dimensions convenables ; les remblais, fort abondants, devant être logés dans le vide que laisse la couche, le seront d'autant plus facilement que le nombre des galeries sera moins considérable ; enfin, ces dernières, n'exigeant que des frais d'entretien proportionnés à leur développement, seront d'autant moins coûteuses qu'elles seront plus rares (1).

405. *Exploitation par tailles horizontales et contiguës.*

Les inconvénients résultant de chantiers dirigés suivant l'allongement et séparés par des massifs étaient sentis depuis longtemps ; le remède tardait à être appliqué ; mais certaines Sociétés, voyant leur richesse minérale diminuer rapidement, prirent l'initiative des améliorations. C'est ainsi que la couche dite Grande-Veine, de la mine des Artistes, fut exploitée, il y a environ dix ans, au moyen d'ateliers d'arrachement d'une hauteur de vingt mètres, séparés par des

(1) Cette disposition de travaux, imitée des mines du Flénu, est due à M. GONOT, ingénieur en chef de la province de Hainaut,

massifs de six à huit mètres seulement. Mais les piliers, quelle que minime que fût leur épaisseur, subsistaient encore et ne pouvaient être exploités en raison même de leur ténuité ; il s'agissait donc de les faire disparaître en accolant les coistresses les unes aux autres, en sorte que, outre l'arrachement plus complet de la couche, on obtint un raccourcissement dans le parcours du courant ventilateur, et un nombre moindre de galeries à entretenir. Ces observations, faites aux exploitants par M. l'ingénieur Wellekens, ont été prises en considération, et ont fait de ce système l'un des mieux appropriés aux habitudes locales et à la nature des couches de la province de Liége.

Les figures 2 et 3 de la planche XXVII sont des projections de la mine du Péry, l'une sur un plan horizontal, l'autre sur un plan vertical perpendiculaire à la direction. L'exploitation se rapporte à la couche dite Grande-Veine, dont la puissance est de 0.76 mètre ; elle constitue une seule masse fort dure et sans houage, ce qui en rend l'arrachement des plus difficiles.

A est le puits destiné à l'extraction et à l'épuisement ; il communique, par sa base, avec le palage *d*, *d* creusé dans l'aval-pendage de la couche pour emmagasiner les eaux. *B* est le puits de retour de l'air, origine d'une galerie à travers bancs *a b* qui détermine la hauteur de la tranche à exploiter ; celle-ci, ayant été jugée ultérieurement trop grande, a été divisée en deux parties par un puits intérieur *c* (*Bouxtay*). La galerie d'allongement est indiquée par les lettres *e e e*. Les chantiers *g*, *g*, *g* sont superposés et accolés les uns aux autres ; leur hauteur moyenne est de 20 mètres ; ils ont été arrêtés, au levant et au couchant, par des crains *S*, *S*, qu'on a dû traverser pour rétablir les travaux au-delà du

dérangement; k, k sont les tailles actuellement en activité;
f, f les plans automoteurs destinés à faire parvenir sur la
galerie d'allongement les produits des tailles supérieures.
Ces galeries, à double voie, sont revêtues d'un boisage conforme à celui que représente la figure 4. La multiplicité des
plans automoteurs que le lecteur peut observer ici, multiplicité si nuisible par suite des interruptions causées au
transport, n'est pas une circonstance locale : elle s'applique
à toutes les mines du bassin, où ce système d'exploitation
a été mis en usage, quoique l'expérience de plusieurs localités ait prouvé la possibilité d'attribuer à ces voies une
hauteur beaucoup plus considérable.

406. *Ancien mode usité pour l'exploitation des dres-sants ou couches à roisse-pendage.*

Dès que les puits d'extraction et d'aérage étaient parvenus à une médiocre profondeur, la première couche
rencontrée dans des conditions favorables était l'objet de
travaux analogues à ceux de la figure 1re. (pl. **XXXI**),
exécutés, en 1820, dans la couche Houlleux, de Mari-
haye ; ils consistaient en une série de chantiers parallèles
et séparés les uns des autres par des massifs assez
épais pour ne pas trop affaiblir les parois de la couche.
On commençait par creuser dans le gîte deux *bouxtays*
ou puits intérieurs, d'où partait une coistresse de 10 à
12 mètres de hauteur en ménageant des piliers de 6
à 7 mètres d'épaisseur entre elle et la galerie d'allongement supérieure; le massif était encore recoupé par d'autres
petits puits destinés au retour du courant ventilateur.
Lorsque cette taille était suffisamment avancée, on procédait au percement d'une deuxième série de bouxtays g, g

d'où partait un nouveau chantier parallèle au premier, en réservant entre celui-ci et le précédent un pilier *e, e* de même épaisseur. On en établissait ainsi un nombre limité par les produits plus ou moins avantageux de la couche, la facilité ou les difficultés de la circulation de l'air et la quantité affluente des eaux à épuiser. On a vu souvent les travaux se développer dans la profondeur, de manière à offrir sept et même huit coistresses superposées les unes aux autres, et exploitées, soit isolément, soit deux par deux, ou trois par trois, suivant les besoins de l'extraction. Les débris de la couche et les produits du bosseiement étaient relevés, dans les tailles, à l'aide d'un petit treuil *k* (fig. 1bis) installé sur la galerie supérieure; les cheminées ménagées au milieu des remblais étaient obstruées par des toiles qui interceptaient le passage du courant d'air dans sa tendance à prendre le chemin le plus court, et le forçaient à se porter sur le front des tailles *f*.

Ce mode était, ainsi qu'il est facile de le reconnaître, l'application aux couches droites du procédé employé dans les plateures et dont les défauts étaient encore aggravés. Ainsi la perte de charbon provenant de l'abandon des piliers était considérable ; le gaz inflammable dégagé de l'un des chantiers envahissait subitement la mine entière, et les coups de feu atteignaient presque toujours la totalité des ouvriers ; les produits, objets de divers transvasements, se réduisaient en menu ; le transport à travers les nombreux bouxtays occasionnait une main-d'œuvre considérable ; enfin, ces petits puits intérieurs étaient d'un coûteux entretien. Mais ce système a été abandonné depuis plus de 30 ans, c'est-à-dire longtemps avant l'époque où l'on a mis de côté le système analogue employé dans les plateures.

407. *Systèmes employés plus récemment pour l'exploitation des couches dites à roisse-pendage.*

La division du champ d'exploitation par des galeries à travers bancs a pour résultat de porter en amont du point d'attaque les parties de couches qui, dans l'ancien mode, se trouvaient en aval, et de faciliter la conduite de l'air et le transport des produits. On divise donc la couche en un certain nombre de tranches dont la hauteur, comprise entre 30 et 40 mètres, dépasse rarement cette dernière limite; la galerie inférieure sert à l'introduction dans les travaux du courant d'air qui, après avoir balayé le front de taille, s'échappe par la galerie supérieure. Que l'exploitation se fasse en montant ou en descendant, on agit de la même manière pour passer d'une tranche à la suivante; dans le premier cas, la galerie d'aérage devient galerie de roulage pour l'étage supérieur, tandis que, dans le second, c'est la galerie de roulage qui sert au retour de l'air, lors de l'exploitation de la tranche inférieure.

L'exemple suivant donne une idée de la disposition des chantiers établis entre deux galeries consécutives. La figure 10 de la planche **XXVIII** a pour objet la couche Bijou, exploitée en 1850 à la mine d'Yvoz; sa puissance est de 1.20 mètre et son inclinaison de 90°.

Le dépouillement de la partie de la couche comprise entre les deux galeries à travers bancs x, x s'est effectué au moyen de deux tailles droites c, c superposées; celle de dessous a toujours été plus avancée que la taille supérieure, en sorte que l'ensemble pouvait être considéré comme formant deux gradins droits fort élevés et séparés par une galerie intermédiaire destinée à recueillir les produits du gradin supérieur. Un massif protégeait les deux bacnures contre leur destruction trop prématurée. Quelques cheminées, ou puits intérieurs ménagés à travers les remblais, servaient à l'écoulement de la houille sur la galerie inférieure. Les tailles droites étaient, d'ailleurs, en tout conformes à celle que représentent les figures 2 et 3 de la même planche.

408. Exploitation simultanée des plats et des droits.

Les figures 6 et 5 (pl. XXVII) donnent une idée des allures si tourmentées des couches de la partie méridionale du bassin de Liége. La première est une projection de la mine du Grand-Bac sur un plan horizontal passant à l'étage de 225 mètres, et la seconde une coupe verticale de la même mine suivant la ligne de plus grande pente. Si les plis des couches étaient simples, si les lignes d'intersection des plats et des droits étaient horizontales, ces effets de contournement ne se feraient sentir que sur le plan vertical; mais leur ennoyage a pour résultat de déterminer également des zigzags sur le plan horizontal. C'est au milieu de ces évolutions si variées, offrant, sur des espaces fort restreints, de nombreuses alternatives de droits et de plats, que le mineur doit s'avancer pour arracher la houille du sein de la terre.

La mine du Grand-Bac comprend deux puits (fig. 5) : l'un G, G sert à l'extraction des produits et à l'épuisement des eaux; l'autre H, H, au retour de l'air dans l'atmosphère; ce dernier est surmonté d'une haute cheminée en maçonnerie. Trois galeries à travers bancs k, l, m (tranches) ont déterminé deux étages de travaux; le plus rapproché du jour est exploité; il s'agit maintenant de l'étage inférieur. La couche n°. 8, ou n°. 2 du Sud, se compose d'un banc de houille de 0.74 mètre recouvert d'un faux toit de 0.44;

son havage placé au mur a une épaisseur de 0.18 mètre.
A son point d'intersection avec les galeries *l* et *m* (fig. 7),
elle constitue un droit, objet d'une taille à gradins renversés analogue à celle de la figure 1ʳᵉ. (pl. XXVIII). Le
mineur s'est avancé ainsi de *J* en *K*, en ne laissant que
des remblais derrière lui; il arrive en *K*, où la couche se
replie assez brusquement; les chantiers en gradins sont alors
arrêtés, mais la galerie d'allongement se poursuit dans la
plateure, pendant que l'on chasse, suivant la ligne de plus
grande pente, un plan automoteur *ab* au moyen duquel
on fait parvenir sur la voie d'allongement les produits de
la taille supérieure; celle-ci, arrêtée à son tour par la rencontre des droits, est remplacée par une autre taille *c c*,
puis par une troisième *c'c'*, en sorte que l'exploitation
marche ainsi en descendant. Il serait évidemment plus
avantageux d'exploiter la tranche sur toute sa hauteur,
mais le dégagement de grisou ne permettant pas cette
attaque simultanée, on doit, dans ces circonstances, l'arracher par zones successives. Enfin, la plateure étant entièrement déhouillée, on passe dans le droit suivant en
prolongeant de *L* en *M* la galerie de niveau, surmontée
comme précédemment d'une taille à gradins renversés.
En ce moment le courant d'air en circulation dans la mine
est exprimé par la série des flèches.

Quant aux détails relatifs aux chantiers établis dans les
droits, ils sont en tout conformes à ce qui a été décrit
ci-dessus (393). Il suffit de faire observer ici que les besoins de l'aérage exigent des cheminées sans cesse obstruées;
on doit donc, aussitôt qu'elles deviennent inutiles, disposer,
à leur base et vers le faîte de la galerie de roulage, quelques
bois de soutenement au-dessus desquels on projette des
matières stériles. Ces excavations sont aussi fort avantageuses
pour loger les remblais lorsque les tailles en fournissent

avec trop d'abondance, et pour recevoir les poussières qui encombrent les voies d'aérage établies depuis un certain laps de temps. Quant aux cheminées en activité, elles sont constamment remplies de houille, tant pour empêcher le courant d'abandonner le front de taille, que pour éviter la réduction en menus fragments des blocs tombant d'une hauteur considérable.

409. *Division en deux parties des tailles à gradins.*

C'est ici le lieu de parler d'une modification introduite dans l'exploitation du dressant de la couche dite Grande-Veine par le puits d'Inchamps, concession de l'Espérance, à Seraing, près de Liége (fig. 11, pl. XXVIII).

Les travaux ayant été entrepris, comme d'habitude, en faisant régner la taille sur toute la hauteur $v\,v^1$ de la tranche (30 mètres), on s'aperçut que le courant ventilateur, parvenu seulement au dixième gradin, était habituellement si chargé de poussière et de gaz inflammable que la moindre imprudence pouvait entraîner une explosion. Pour prévenir cet accident, on imagina de diviser les chantiers en deux parties : celle de dessus fut exploitée la première, et ses produits, descendant le long d'un plan incliné $s\,v$, parvinrent dans la galerie à travers bancs v, tandis que celle de dessous fut l'objet d'un arrachement ultérieur dont $y\,y$ fut la voie de niveau. On suppose, dans la figure, que la zone supérieure du couchant est entièrement dépouillée et que l'exploitation de la partie inférieure vient de commencer. Au levant, la taille est portée dans la tranche supérieure ; le plan automoteur repose sur la partie intacte de la couche qui, plus tard, sera l'objet de l'exploitation.

S'il arrivait que la durée du travail fût telle que la galerie inclinée *s v* exigeât de trop fréquentes réparations, on la porterait en avant après avoir enlevé une partie du massif inférieur, ou, plutôt, on en établirait une nouvelle, afin d'achever l'arrachement de la houille supérieure.

Ce procédé peut s'appliquer aux couches peu abondantes en gaz inflammable, dans lesquelles il est permis de prendre des tranches d'une grande hauteur ; car alors on diminuera le nombre des galeries à travers bancs, toujours si coûteuses lorsqu'elles doivent être prolongées à de grandes distances. Il suffit, pour cela, de les disposer de manière à embrasser entre elles deux ou même trois tranches d'exploitation ; de creuser dans la couche une galerie ascendante disposée en plan automoteur pour le dégagement des produits de la zone supérieure ; puis un autre pour le transport de la houille provenant de la zone intermédiaire ; la tranche inférieure s'enlèvera d'ailleurs par la méthode ordinaire. De cette manière, la marche du courant d'air est constamment ascensionnelle et le nombre des bacnures est réduit de moitié.

410. *Coups de sonde de sûreté.*

On a vu qu'une des principales difficultés de l'exploitation liégeoise venait de la crainte de *desserrer* aux eaux accumulées en immense quantité dans les anciens travaux inconnus. Le mineur, dans le but d'éviter les conséquences épouvantables de la rencontre subite de semblables lacs souterrains, ne s'avance qu'avec les plus grandes précautions, en se faisant précéder de coups de sonde forés dans le plan de la couche ; ces trous, quelquefois fort multipliés et portés à de grandes distances du front de taille menacé, servent à reconnaître l'épaisseur du massif préservateur et avertissent le mineur de l'existence de ce dangereux voisinage.

Les forages sont de trois espèces : les *coups droits a , a* (fig. 8 , pl. XXVII), dirigés perpendiculairement au front de taille ; les *concoistages b , b*, qui , parallèles aux premiers , sont le prolongement des côtés du chantier ; enfin , les *pareusages c , c*, percés obliquement dans les parois , avec lesquelles ils forment un angle de 45 degrés. Le sondage le plus compliqué consiste en plusieurs coups droits régulièrement espacés sur le front de taille , en deux parcusages et deux concoistages. Souvent on supprime ces derniers , dont l'exécution présente quelque difficulté , et les pareusages sont placés dans les angles. Souvent aussi l'on se borne à forer un ou deux trous vers le point où l'on soupçonne la présence d'anciens travaux. Dans tous les cas , les percements effectués au front de taille , par des ouvriers spéciaux , se prolongent chaque nuit d'une longueur égale à l'avancement de la taille pendant la journée ; le même forage est ainsi prolongé jusqu'à ce qu'une trop grande déviation de l'outil lui fasse perdre sa direction primitive , et qu'on soit obligé d'en recommencer un autre ; quant aux pareusages , chaque avancement en réclame nécessairement de nouveaux.

La profondeur des trous est déterminée par la hauteur présumée de la colonne d'eau , par la puissance de la couche et la résistance résultant de sa solidité. En France, on regarde un massif de trois mètres comme suffisant. En Belgique , où cette matière est soumise aux règlements concernant la police des mines , on place les sondages du front de taille à quatre mètres de distance les uns des autres ; leur longueur est de six mètres pour les couches dont la puissance excède 0.70 mètre , et se réduit à quatre mètres pour celles d'une épaisseur moindre. Les pareusages, placés dans les angles, doivent avoir dix mètres dans le premier cas et six mètres dans le second; ce qui donne la garantie qu'aucune cavité n'existe latéralement à des distances respectives de 7.07 mètres et 4.24 mètres des parois de la taille.

Les coups de sonde de sûreté n'exigent qu'un seul ouvrier, auquel on adjoint quelquefois un enfant qui l'aide à retirer l'appareil et à dévisser les verges. L'attention du sondeur se porte naturellement sur les déblais extraits du trou, car ils lui indiquent, par leur humidité, le voisinage d'un bain d'eau. Il ne doit pas, toutefois, se laisser épouvanter par les premières gouttes qu'il en rencontre, les couches étant empreintes de ce que le mineur liégeois appelle le *sang de la veine* ; cette humidité n'ayant aucun rapport avec les lacs souterrains, une trop grande précipitation aurait pour résultat d'interrompre inutilement l'arrachement d'un atelier quelquefois fort productif. Il est d'ailleurs facile de distinguer à l'odorat l'eau des bains de celle que la couche contient naturellement; car cette dernière est inodore, tandis que les eaux qui ont séjourné dans les anciennes excavations contractent une odeur fétide par leur mélange avec les matières fixes provenant des bois pourris et des autres substances en état de décomposition.

Lorsque l'humidité, toujours croissante des déblais, indique au sondeur l'approche d'un bain, ou lorsque l'outil s'enfonce tout d'un coup dans l'excavation, il le retire promptement et tamponne le trou par l'introduction d'une broche en bois préparée à l'avance. Si la première ne suffit pas, il en chasse une seconde d'un diamètre plus fort, puis une troisième, jusqu'à ce que le trou, entièrement obstrué, ne laisse plus de passage à l'eau. Cette opération doit se faire avec la plus grande promptitude, surtout en cas de friabilité de la houille ; car le liquide , en s'écoulant sous une grande pression , lave les parois du trou , qui s'agrandit par l'arrachement des molécules , et il devient fort difficile et quelquefois même impossible de le boucher. Si l'eau coule sur les côtés d'un tampon engagé avec frottement, le sondeur taille une broche de longueur convenable et l'introduit dans la fissure ; enfin , il emploie, pour l'empêcher de pénétrer dans les travaux , tous les moyens de détail que lui suggère l'expérience.

Si l'on peut craindre un coup d'eau venant d'une couche antérieurement exploitée et superposée à celle qui est l'objet de l'arrachement actuel , dont elle n'est séparée que par un lit de schistes peu puissant , on sonde dans l'épaisseur du toit. Ce cas est fort rare en Belgique ; mais l'analogue se présente quelquefois en France dans l'exploitation des couches puissantes.

411. *Du personnel employé dans les mines de la province de Liége.*

Les mineurs sont formés en deux bandes, dont l'une, appelée *côpe de jour* , pénètre dans les travaux entre 4 et 5 heures du matin , pour en sortir à 10 ou 11 heures ; elle est sous la surveillance immédiate d'un chef qu'on désigne sous le nom de *maître-ouvrier de jour* ou *grand-maître-ouvrier.* La seconde , ou *côpe de nuit* , commence ses travaux immédiatement après la première ; elle est commandée par le *maître-ouvrier de nuit* , qui lui-même est sous les ordres du maître-ouvrier de jour , dont il reçoit toutes les instructions nécessaires à l'unité du travail. Ces employés , chargés de la direction et du détail des travaux , descendent avec le personnel auquel ils sont attachés , distribuent l'ouvrage et en surveillent l'exécution ;

au sortir de la mine, ils se rendent au bureau de l'établissement, où ils font marquer les journées. Chacun d'eux est assisté d'un *surveillant*, qui les seconde dans l'exercice de leurs fonctions.

Les *haveurs* entaillent la couche et l'abattent quelquefois. Comme les deux ouvriers placés aux extrémités de la taille (*coupeurs de coulaie*) doivent pratiquer les échancrures latérales, la largeur qui leur est attribuée est réduite dans une certaine proportion. Le mineur installé sur la galerie de roulage remplit les fonctions de *chef de taille*; il prend aussi le nom de *bouteur de rûle* (1), parce qu'il est chargé de s'assurer si l'avancement de la taille est complet. *Une hévé* est la quantité dont l'ouvrier peut avancer d'un seul havage. Les *abatteurs* succèdent aux haveurs; ils enlèvent les petits massifs réservés pour prévenir la chute spontanée de la couche; puis, insérant des coins et des leviers, ils la détachent du toit et l'abattent sur le sol, où elle se brise en morceaux. Lorsque le havage se fait au milieu de la couche, ou vers son toit, l'arrachement des bancs inférieurs s'exécute par les abatteurs; ils portent alors le nom de *despiéceurs* (qui mettent en pièces). Les *restapleurs* ou remblayeurs projettent en arrière de la taille les parties stériles de la couche.

Ces diverses fonctions ne sont pas toujours distinctes les unes des autres; cette circonstance dépend de la nature et de la puissance des couches. Lorsque celles-ci sont faciles à travailler, les mêmes ouvriers havent, abattent et remblaient; on leur adjoint alors un *bourreur de remblais*, chargé de comprimer les matières stériles contre le toit. Lorsque le havage se fait au milieu d'une couche de quelque puissance, les ouvriers du premier poste havent et abattent

---

(1) *Bouter le rûle* signifie *appliquer la mesure*.

la partie supérieure et remblaient partiellement ; tandis que le second poste (les *despièceurs*) arrache la partie inférieure de la couche et achève le remblai. Enfin , si le houage est fort dur, les haveurs se bornent à creuser les entailles ; mais leur tâche est plus forte : c'est ce qu'on désigne sous le nom de *travail à tchôque.*

Les *balins* sont des manœuvres occupés à sortir la houille de la taille et à la charger sur des voitures.

Les *bosséieurs* ou *bossieurs* entaillent le toit ou le mur des couches peu puissantes , et donnent aux galeries une hauteur suffisante. Ces ouvriers sont quelquefois tenus de relever tous les déblais provenant de leur travail et d'en construire des murailles sèches sur les parois des galeries.

Les *étançonneurs* boisent les voies principales et les entretiennent en bon état.

Les *royeteurs* entretiennent les voies de retour de l'air et facilitent la marche du courant ventilateur.

Anciennement , un ouvrier appelé *garde-feu* était préposé à la surveillance des lumières ; il visitait la taille avant la descente des ouvriers et pendant leur travail ; il parcourait la partie de la voie d'aérage contiguë au chantier et observait les phases du dégagement de gaz inflammable. Cette fonction, supprimée pendant un assez long espace de temps, vient d'être rétablie , dans les mines à grisou , sous le titre de *chef de taille.*

Le transport à bras d'hommes se fait par de jeunes ouvriers appelés *hiercheurs.* La houille, parvenue au pied du puits d'extraction, est envoyée au jour par les *chargeurs au bure*, et les vases sont reçus sur le *pas de bure* (la margelle) par des *rascoyeüx.*

Le *calin* est un ouvrier placé dans le puits au point où les vases se rencontrent ; il les empêche de s'accrocher ou de se heurter en passant.

L'exploitation des couches droites exige l'emploi de divers manœuvres destinés à faire parvenir les déblais de la galerie inférieure au sommet et à la partie intermédiaire du chantier. Le personnel se compose, pour une taille droite de 18 mètres de hauteur, de deux *bosséyeurs*, d'un *chef de taille*, d'un *chargeur de pierres* et d'un *accrocheur de mannes :* l'un, pour charger les paniers, l'autre, pour les accrocher à la corde du treuil ; de *deux tourneurs*, qui mettent ce dernier en mouvement, et d'un *bourreur de remblais*. Le boisage d'un chantier s'exécute, lorsqu'il est compliqué, par deux étançonneurs spéciaux.

412. *District de Charleroi.*

Les couches de houille de ce bassin affleurent à la surface ; l'exploitation de la houille doit donc remonter à une époque fort reculée. Aussi voit-on se reproduire ici l'existence d'anciens lacs souterrains, dont la rencontre, par les travaux exécutés il y a cinquante ans, était une cause incessante de danger, principalement pour les mines situées au nord et à l'est de la ville de Charleroi. Les galeries d'écoulement (*seuwes*) percées à l'époque où se fit sentir la nécessité de se débarrasser des eaux, furent assez nombreuses, mais peu remarquables par leur section ou leur longueur. La superficie du terrain, quoique assez accidentée, n'offrant que des collines peu élevées au-dessus de la Sambre et de ses affluents, et ces galeries, ne pouvant par conséquent démerger tous les anciens travaux situés au-dessous du niveau d'écoulement naturel des eaux, furent peu efficaces ; ultérieurement, les exploitants ayant eu l'imprudence d'enlever les massifs sur lesquels elles reposaient, les eaux s'infiltrèrent de haut en bas; dans d'autres localités, mal entretenues, elles s'obstruèrent et leur utilité fut complètement annulée.

Les gîtes houillers de ce bassin s'offrent, quant à l'exploitation, sous deux aspects fort différents : les maîtresses-allures, ou grands plats du Nord, dont l'exploitation est facile et régulière, mais dans lesquels on rencontre ordinairement beaucoup d'eau, et les retours, ou alternatives de droits et de plats. C'est parmi ces derniers et au centre du bassin que se trouvent les couches propres à la fabrication du coke; mais leur état de dislocation donne lieu à un arrachement difficile, à une quotité d'extraction comparativement faible, et à des prix de revient assez élevés.

Dans quelques rares mines de ce district, la disposition des lieux a permis l'établissement de galeries d'exploitation pour conduire au jour les produits de l'arrachement; partout ailleurs on emploie des puits d'extraction (*maîtresses-fosses*). Ceux-ci sont généralement elliptiques; les plus grands ont une section de 3.20 sur 2.55 mètres. Quelques-uns, destinés simultanément à l'extraction et à l'exhaure, sont circulaires; leur diamètre est de 5 mètres. Les puits d'aérage (*fosses al feyère*) ont un diamètre moyen de 1.76 mètre; ils sont ordinairement creusés à environ 10 mètres en amont des précédents. Les mineurs étant habitués à pénétrer dans les mines et à en sortir à l'aide des vases d'extraction, il existe peu de puits spéciaux pour les échelles, et celles-ci ne sont considérées que comme moyen de sauvetage. Le diamètre des puits d'exhaure varie de 1.75 à 2.55 mètres. Ordinairement, une seule machine assez puissante suffit pour toute une concession; quelquefois on en applique deux. Dans des circonstances tout-à-fait exceptionnelles, on voit certaines mines faire fonctionner un plus grand nombre d'appareils d'épuisement au moment des *hauts niveaux*, c'est-à-dire au printemps, époque de la plus grande affluence des eaux dans les mines. Les roches encaissantes du district de Charleroi sont assez solides pour que les parois des puits, quoique privées de revêtement, restent intactes pendant un assez long espace de temps. Mais les nombreuses réparations dont ces excavations sont l'objet font souvent regretter de ne les avoir pas muraillés du haut en bas dès l'origine de leur creusement.

Les chambres d'accrochage (*envoyages*) ont leurs parois parallèles au petit axe du puits, afin que leur largeur soit la plus grande possible; au fond de cette excavation est percéé une galerie à travers bancs destinée à recouper la série des couches. Enfin, on établit sur un point convenable un *rappuroir* ou cavité dans laquelle se réunissent les eaux de la partie supérieure du terrain.

413. *Ancienne exploitation du district de Charleroi.* (Fig. 5, pl. XXIX.)

La ligne d'allongement *A A'*, passant par le point de rencontre du puits principal et de la couche, divise celle-ci en deux parties appelées *veine de comble* et *veine de pied*. Après avoir établi une communication entre les deux puits d'extraction *A* et d'aérage *B*, le mineur perçait, suivant la direction, une galerie de 2 mètres de largeur, qu'il prolongeait jusqu'à une distance de 25 à 50 mètres du premier de ces puits; puis, se retournant à angle droit, il ouvrait une voie ascendante et la dirigeait suivant la ligne de plus grande pente, si l'inclinaison de la couche était faible, ou diagonalement (*en berlaisant*), dans le cas contraire. Arrivé à une certaine hauteur, il se hâtait de desserrer au puits de retour, fermait la première communication à l'aide de deux portes très-solides, et le courant d'air se trouvait établi. Perçant alors, un peu plus à l'est ou à l'ouest, une série de voies montantes, il atteignait la partie la plus élevée du champ qu'il se proposait d'arracher, après avoir ainsi préparé des tailles en nombre assez variable, c'est-à-dire deux ou trois dans les retours et 6 à 7 dans les maîtresses-allures. Le courant d'air, parvenu à l'extrémité de la voie de niveau, circulait dans les galeries ascendantes et redescendait par le *pilier P, P*, ou voie de retour de l'air. Dès le commencement de ce travail de préparation, on avait pu reconnaître la nature consistante ou ébouleuse du toit : dans le premier cas, les ateliers étaient portés à leur plus grande hauteur (20 mètres) et s'accolaient les uns aux autres, de manière à arracher la totalité de la couche ; dans le second, la hauteur était réduite à 15 et même 10 mètres, et les tailles étaient séparées entre elles par des massifs de houille *o, o* (*stots*) de 7 à 8 mètres au maximum et de 3 à 4 mètres pour les travaux de peu de durée. La partie du comble étant ainsi disposée, l'exploitation commençait par le chantier le plus élevé ; on le chassait jusqu'à une distance de 150 à 200 mètres, puis on prenait successivement les autres tailles en descendant. La galerie partant du puits était appelée, comme elle l'est encore actuellement, *voie de niveau*, et les tailles parallèles étaient désignées par des numéros d'ordre dont la valeur s'accroissait à mesure que l'on s'éloignait du puits d'extraction. L'abandon successif de chaque atelier était suivi de la construction de deux barrages (*estoupées*) *g* et *h*; ce dernier, établi dans la voie d'aérage, était traversé par un tuyau de fer livrant passage au gaz (*pitteux* ou *monesté*) qui se rendait incessamment, mais en faibles quantités, sur le foyer d'appel (*feu du monastère*).

L'exploitation de la couche du pied se faisait par voies

descendantes (*défoncements*), disposées comme les voies montantes. Dès que le premier défoncement était arrivé à la profondeur voulue, le mineur chassait une taille parallèle à la voie de niveau, dont elle était ordinairement séparée par un massif destiné à empêcher les eaux d'infiltration de s'écouler des excavations du comble dans les travaux inférieurs. Pendant ce travail, un second défoncement était immédiatement suivi d'une taille, et ainsi de suite, jusqu'à ce que la difficulté d'épuiser les eaux et les frais du transport de la houille sur les galeries inclinées fussent tels qu'il devint impossible de porter l'exploitation à un niveau inférieur. C'est ainsi que, dans quelques localités, on a vu successivement 7 à 8 défoncements, dont les chantiers formaient une tranche de plus de 150 mètres mesurés suivant la ligne de plus grande pente. Il arrivait aussi qu'un seul défoncement donnait naissance à plusieurs tailles avec ou sans massifs de séparation. Avant de se retirer, l'ouvrier arrachait aux stots la quantité de houille compatible avec la nature des roches encaissantes; cette opération portait le nom de *rebassenage* (1). La marche du courant ventilateur, figurée par les flèches, était alors ascendante à partir des tailles et se trouvait dans des conditions satisfaisantes de salubrité. Les produits parvenaient au pied du puits d'extraction à l'aide de treuils (*moulins*) installés à la tête de chaque galerie descendante.

On observait certaines règles quant à l'ordre à suivre dans la succession des tailles du comble et du pied. Lorsque les stratifications contenant des infiltrations faisaient craindre une trop grande affluence d'eau dans les défoncements, on commençait par l'arrachement de la partie inférieure de la couche. Mais, s'il était possible de

_____

(1) Toutes ces expressions sont encore actuellement en usage.

prévoir d'abondants dégagements de gaz inflammable, les premiers travaux se portaient, au contraire, dans les combles, afin de créer des réservoirs dans lesquels le grisou pût s'accumuler sans incommoder les ouvriers.

A cette époque, des galeries à travers bancs (*bauwettes*) étaient percées pour atteindre certaines parties de couches. Une cloison verticale les divisait en deux compartiments, dont l'un servait à l'introduction, et l'autre (le *kerné*) au retour du courant d'air. Plus tard, les mineurs ayant eu l'occasion d'observer que la destruction de cette paroi par les coups de feu avait pour résultat de supprimer immédiatement la circulation de l'air, prirent l'habitude, dans quelques mines, de percer simultanément et sur le même plan horizontal deux bauwettes parallèles séparées par un massif de rocher de 6 à 7 mètres d'épaisseur. Cette disposition était déjà une amélioration; mais elle était coûteuse, et il est évident que la division du champ d'exploitation en tranches déterminées par des galeries à travers bancs placées au-dessus les autres, fut un grand progrès sous le rapport de l'économie; car, dans l'ancienne méthode, il fallait deux fois autant de bauwettes, plus deux, que de tranches à exploiter; tandis qu'il suffit, dans la nouvelle, d'en creuser une de plus que le nombre des zones.

414. *Nouveau mode assez généralement usité dans les mines de Charleroi.*

L'ancien procédé, si défectueux sous le rapport de la ventilation des tailles du comble et du transport des produits des défoncements à l'*envoyage* (chambre d'accrochage), s'est transformé par la seule modification relative à l'aménagement du terrain. Actuellement, sauf quelques exceptions plus ou moins motivées, les chantiers d'arrachement

se trouvent constamment au-dessus de la galerie d'allongement, les massifs sont supprimés, de même que les
défoncements, et le courant d'air est ascensionnel. Le
système général est le suivant.

Soient *a* et *b* (fig. 6) les puits d'extraction et de retour
de l'air; *c c'* et *d d'* les galeries qui limitent la tranche à
exploiter, galeries que l'on met en communication par le
percement dans la couche d'une voie *e*, *e* dirigée suivant la ligne de plus grande pente. La circulation du
courant ventilateur étant ainsi établie, la hauteur de la
tranche, qui, par hypothèse, est de 60 mètres, est divisée
en trois ateliers, attaqués simultanément sur toute la longueur de la ligne. On *coupe les voies*, c'est-à-dire on
excave le toit ou le mur de la couche pour donner aux
diverses galeries (*voies de niveau d*, *d'*, *voies intermédiaires
f*, *f'* et *piliers c*, *c'*) les hauteurs convenables. Le charbon
de chaque atelier est réuni sur la voie de roulage et
transporté en arrière jusqu'à la tête des plans automoteurs *s*, *s*, d'où il descend à l'aide d'un treuil (touret).
On construit quelquefois autant de plans inclinés qu'il
y a de tailles, moins une, et les produits de la partie
supérieure de la tranche les parcourent tous successivement.

Le front des tailles est disposé suivant une seule ligne
droite; cependant, lorsque l'insuffisance des remblais force
le mineur à en recueillir sur d'autres points de la mine,
comme il doit les relever le long des plans inclinés et les
conduire dans les divers chantiers, il dispose ceux-ci en
gradins, afin que, l'arrachement du mur se faisant au-
delà du point où les remblais sont versés dans la taille,
il soit possible d'éviter une confusion nuisible à ces deux
genres de travaux.

L'exploitation de la couche dite Gros-Pierre par le
puits n°. 3 de la mine du Gouffre est un exemple fort

régulier de ce mode d'exploitation (fig. 1 et 2, pl. XXIX).
A est le puits d'extraction dont la section est rectangulaire. L'air qui a parcouru les travaux se réunit dans un
puits intérieur b (*burquin*), traverse la bauwette c d et
s'engage dans le puits d'aérage e, dont le fond correspond
à l'étage supérieur. La galerie destinée au retour de l'air
forme ainsi avec le puits principal une tranche d'une
grande hauteur, qui se subdivise en zones plus petites contenant trois ou quatre tailles seulement. De l'envoyage i
part une petite bauwette h h^1 recoupant la couche en h^1,
point où doit s'établir la voie de niveau g,g,g. Au-
dessous, la taille M M mise en communication avec
le puisard sert de réservoir ; là se réunissent les eaux
provenant de la partie de la couche en exploitation,
qui, peu abondantes, sont enlevées pendant la nuit
à l'aide des vases d'extraction, les pompes n'étant pas prolongées jusqu'au fond et s'arrêtant à l'étage supérieur d c.
Le mineur s'est d'abord porté du puits A au burquin b
en conduisant l'air avec lui ; pour cela il a chassé une
taille N N suivant l'inclinaison ; puis il a établi trois chantiers superposés n°. 1, n°. 2, n°. 3, dont les produits
parviennent sur la voie de niveau le long des plans automoteurs, après avoir circulé sur les voies intermédiaires.

Le boisage des voies de roulage consiste en portes
(*stancenures*) composées de deux étais : le *bois de voie*,
placé du côté d'amont ; le *bois de fond*, situé en aval du
précédent, et d'un chapeau, ou *beile*. Les bois de reliement
établis au-dessus de ce dernier (*sclimpes*) sont des pièces
de 0.05 mètre de diamètre. Les *queues*, de mêmes dimensions que les sclimpes, se placent derrière les bois de
voie et préviennent la chute des remblais dans les galeries ;
on les remplace fréquemment par des murs en pierre sèche
(*murtias*), qui concourent efficacement au soutenement

du toit. Le boisage de la voie supérieure d'aérage se compose également d'un *bois de pilier*, placé du côté des remblais ; d'un *bois de troussage*, du côté opposé, d'une *beile*,
de *sclimpes* et de *queues*. Dans les chantiers, le toit est
soutenu par des chapeaux ou *ralongues* surmontées d'étais
normaux aux stratifications (*bois de taille*).

415. *Emploi des défoncements.*

La nouvelle disposition adoptée pour les galeries à travers bancs n'a pas fait entièrement disparaître le système
des défoncements. On les emploie encore, soit abusive-
ment, soit parce qu'en certaines circonstances on ne peut
faire autrement ; ainsi, lorsque le mineur chasse des voies
descendantes pour reconnaître le droit du pied, c'est-à-
dire le crochon inférieur d'un plat en exploitation, s'il
rencontre la couche dans des conditions avantageuses, il
monte d'abord un chantier et remet à une époque ultérieure le fonçage du puits d'extraction et le percement
de la bauwette inférieure ; il en établit un second au-
dessous du premier, puis un troisième, et continue
ainsi jusqu'à ce que toute la tranche soit exploitée. Il agit
de même si la couche, peu productive, lui fait craindre
d'entreprendre des travaux qui seraient cependant un ache-
minement vers les autres couches qu'il devra ultérieurement exploiter, et, dans tous les cas, il dépense
successivement en frais de transport une somme plus
considérable que s'il eût exécuté les percements nécessaires à travers les stratifications stériles. Mais ces ano-
malies deviennent de jour en jour plus rares, et l'on ne
voit plus que quelques mines peu importantes céder à
cet entrainement si désavantageux.

Cependant les défoncements sont quelquefois une nécessité pour le mineur qui exploite les couches *en retour* ou les alternatives de droits et de plats. Ces circonstances, dont les figures 3 et 4 de la planche XXIX offrent un exemple, se rencontrent fréquemment dans la pratique. La première de ces figures est un plan horizontal de la partie de la couche repliée sur elle-même, dans laquelle gc exprime la ligne d'intersection du plat et du droit et gh la voie de niveau. La seconde est une section par un plan perpendiculaire à la direction ; dcc' est le crochon pris en cd de la figure 3, et baa' le même crochon en ab. A étant le point où la couche a été recoupée par la galerie à travers bancs, on voit qu'il reste au-dessus de la voie de niveau une partie triangulaire N d'autant plus grande que l'ennoyage est plus considérable. Si cette houille devait être prise par une galerie horizontale, on devrait, après avoir enfoncé le puits, percer deux galeries dans les roches stériles, l'une à travers bancs, l'autre suivant la direction ; celle-ci, pouvant être fort prolongée, occasionnerait des dépenses hors de proportion avec les bénéfices résultant de la partie triangulaire à exploiter. Il est alors indispensable de procéder par défoncements et de faire remonter les produits sur la voie de niveau à l'aide d'une série de treuils rr, ou, mieux encore, en établissant pour toutes les tailles un seul plan incliné, sur lequel un manége remorque les charbons.

416. *Difficultés relatives à la direction ascensionnelle du courant d'air dans les couches en retour.*

Les couches recoupées par des galeries à travers bancs percées à deux étages différents donnent lieu à des travaux dont le courant d'air est constamment ascensionnel à partir du pied des tailles jusqu'à leur partie supérieure, et hori-

zontal pour le reste du parcours ; la légèreté qu'il acquiert
en circulant dans les travaux vient en aide au mouvement.
Ce résultat, facile à obtenir dans les grandes plateures,
peut, au contraire, présenter des difficultés et entrainer de
grandes dépenses lorsque l'exploitation a pour objet les
couches soumises aux inflexions et aux irrégularités si fréquentes dans la partie méridionale des bassins belges, et,
en particulier, dans le district de Charleroi. En effet,
dans l'ignorance où se trouve le mineur de la position exacte
du crochon, dont la connaissance est indispensable pour
diriger les travaux dans les roches encaissantes, il perce
la première galerie à travers bancs à peu près à l'aventure ;
la hauteur de la tranche à exploiter, sauf de légères modifications, entraîne la position de la seconde voie, et il arrive
fréquemment que, au-dessus de celle-ci, se trouvent des
parties notables de couche, dans lesquelles le courant ne
peut être ascensionnel. Mais supposant qu'il ne perce les
galeries à travers bancs qu'après avoir reconnu les crochons, si ces galeries sont disposées de manière à atteindre
le retour en deux points convenables, la configuration
des inflexions est toujours telle que les autres stratifications, recoupées nécessairement au-dessus ou au-dessous de
leurs crochons, seront exposées aux mêmes inconvénients.
Ainsi l'application trop rigoureuse du règlement relatif
à la direction constamment ascensionnelle du courant d'air
place le mineur dans la fâcheuse alternative, ou d'abandonner de très-notables parties de couches, ou de se livrer
à des travaux de percement hors de toute proportion avec
les produits qu'il espère pouvoir obtenir ; c'est ce que dé-
montrent suffisamment les exemples suivants :

PL xxx
fig. 12.   Soit une plateure $a\,b\,d\,c$ rencontrée par deux galeries
c et s ; $d'\,d\,c\,c'$ et $b'\,b\,a\,a'$ les coupes transversales passant par $c\,d$ et $a\,b$. Les crochons, se relevant par suite

de l'ennoyage, forment, avec l'horizon, un angle quelconque $b\,d\,l$. Si le retour de l'air doit nécessairement s'effectuer à travers une galerie horizontale $k\,c$, la surface à exploiter se rétrécira peu à peu et s'annihilera à une distance d'autant plus petite du point de départ que l'inclinaison de l'ennoyage sera plus considérable; or, à Charleroi par exemple, l'inclinaison étant souvent de 15 degrés, il en résultera qu'à 100 mètres de l'origine le mineur aura déjà au-dessus de sa tête une hauteur de couche de 26 à 27 mètres, mesurée suivant l'inclinaison et formant un triangle $k\,c\,a$ complètement inaccessible. Si la plateure intercalée dans le droit n'a qu'une faible largeur, les tailles devront s'arrêter peu après leur mise en activité, car si cette largeur est de 80 mètres, par exemple, l'exploitation ne pourra être prolongée au-delà de 300 mètres du point de départ. Que fera alors l'exploitant, qui, après s'être imposé de grandes dépenses en percement de galeries à travers les roches encaissantes, se trouvera privé des produits sur lesquels il avait le droit de compter? Ira-t-il, partant d'un point supérieur, percer, suivant la direction des strates, une excavation $a\,r$ destinée au retour de l'air, excavation qu'il devra prolonger à de grandes distances et qui, peut-être, n'aura aucun résultat, si l'ennoyage vient à changer? Abandonnera-t-il le reste de la couche pour se placer dans une autre qui, symétriquement placée, lui donnera les mêmes résultats? Évidemment non, car le courant ventilateur étant un mélange parfaitement uniforme d'air et de gaz nuisibles, il peut, sans danger, le faire passer à travers une galerie descendante, inclinée même de 15 degrés, s'il a le soin d'éviter les contournements et les inflexions trop brusques, s'il la dirige suivant une ligne sensiblement droite, et surtout s'il s'astreint à prendre toutes les précautions nécessaires. Évidemment, des prescriptions trop absolues auraient, dans ces circonstances, des conséquences très-fâcheuses. L'administration des mines belges l'a si bien senti qu'elle a dû, plusieurs fois déjà, faire fléchir le principe et autoriser les exploitants à procéder d'une manière exceptionnelle, afin de les soustraire aux graves inconvénients résultant de son application trop rigoureuse.

417. Du personnel employé dans les mines de Charleroi.

Chaque puits est sous les ordres d'un nombre de chefs mineurs (*porions*) en rapport avec l'importance de l'extraction. Si l'exploitation n'a lieu qu'à un seul étage, il suffit de trois porions, dont deux surveillent pendant le jour l'arrachement et le transport de la houille, tandis que le troisième préside pendant la nuit aux travaux accessoires.

La première classe de mineurs se divise en deux catégories : les ouvriers dits *au caillou*, désignés plus spécialement par les noms *d'avaleurs*, *bauwetteurs*, *faiseurs de cailloux*, *passeurs de crains*. Ils sont ordinairement *marchandés*, c'est-à-dire payés à la tâche en raison de l'avancement linéaire.

Les *ouvriers à la veine* havent la couche, l'abattent, boisent et remblaient la taille. Dans les plateures, on attribue à chaque ouvrier une largeur de 3 mètres au moins et 5 mètres au plus. En taille droite ou inclinée et à conditions analogues de gisement, la largeur est diminuée de 0.50 mètre. Le haveur (*coupeur de pilier*) placé dans la galerie d'aérage devant, outre sa tâche, arracher le mur de la voie, n'occupe que la moitié de la largeur attribuée aux autres ouvriers. L'avancement est compris entre 0.60 et

1.10 mètre, suivant la dureté du houage. La surface excavée et les travaux accessoires, ou la tâche journalière, constituent une *tchóque*.

Les faiseurs de cailloux sont les ouvriers chargés d'agrandir les galeries par l'arrachement des salbandes.

Les *chargeurs à la taille* remplissent les voitures au pied des ateliers d'arrachement. Le transport s'effectue par des *hiercheurs* et des *haytes* (aides), divisés en 5 ou 6 classes fondées sur la différence des salaires ; ceux-ci dérivent eux-mêmes de l'âge et de la quantité de travail exigée de ces manœuvres, qui appartiennent au sexe féminin.

Les *tourteux* font le service des plans automoteurs et des plans inclinés des défoncements.

Enfin, les *faiseurs de paniers* chargent et accrochent les vases d'extraction que les *tireurs du poncha* reçoivent sur la margelle et dont ils transportent le contenu dans les magasins.

La majeure partie du personnel, conduit par les porions de jour, descend dans la mine à 6 heures du matin et en sort à 6 ou 7 heures du soir ; le reste, chargé des travaux accessoires, est occupé pendant la nuit et dirigé par un porion spécial.

418. *District du Centre ou du Levant de Mons.*

L'exploitation des mines du Centre n'a pour objet que les plateures des combles du nord, seul gisement reconnu jusqu'à ce jour et dont l'inclinaison varie de 10 à 30 degrés. Cette formation est caractérisée par la nature habituellement tendre et déliteuse des roches encaissantes ; les percements, dès lors faciles et peu coûteux, sont multipliés plus que partout ailleurs ; mais les frais d'entretien sont considérables et se renouvellent incessamment. De nombreuses fissures (*coupes*) traversent les stratifications et ouvrent la voie à des venues d'eau assez considérables. On observe ordinairement que l'abondance des sources intérieures provenant d'une fissure décroît peu à peu, jusqu'au moment où elle ne laisse écouler qu'une quantité d'eau constante ; le mineur désigne cette circonstance en disant : *les coupes se vident ;* la mine ne reçoit plus que *la nourriture.*

Comme les couches, quelque grasse que soit la qualité du combustible, ne dégagent pas de grisou, on ne craint pas d'imprimer au courant d'air une marche fort irrégulière ; cependant la rencontre de gaz nuisibles, entre autres de l'acide carbonique, et les cas d'anémie si fréquents parmi les ouvriers de cette localité, ont attiré l'attention des exploitants sur la nécessité de perfectionner les moyens de ventilation.

Les puits (*fosses*) foncés à travers ces stratifications peu solides sont soigneusement revêtus, sur toute leur hauteur, de maçonneries suffisantes pour résister à la pression du terrain. Il est rare qu'une de ces excavations, du reste assez multipliées, soit destinée à plusieurs usages ; on creuse des puits spéciaux pour l'extraction, l'épuisement, l'entrée et la sortie des ouvriers. Les premiers ont une section elliptique dont le grand axe a une longueur moyenne de 2.95 et le petit de 2.40. Comme une concession en renferme toujours un assez grand nombre, on les met en communication deux à deux, en sorte que le courant ventilateur pénètre par l'un et sort par l'autre, après avoir parcouru les travaux. On se sert généralement de la machine d'extraction pour introduire les ouvriers dans la mine ; il existe cependant des puits munis d'échelles, dont la section circulaire a un diamètre d'environ 2 mètres.

On les utilise pour le retour de l'air, lorsque le puits d'extraction n'a pas encore été mis en communication avec un autre puits d'extraction. Enfin, l'exhaure de tous les travaux d'une même concession se fait, la plupart du temps, au moyen d'une seule machine à vapeur placée dans un puits circulaire de 2.50 à 3 mètres de diamètre.

Les stratifications carbonifères très-fissurées et placées au-dessous des bancs du terrain tertiaire devraient faciliter dans les mines l'introduction de quantités d'eau considérables. Cependant il n'en est pas ainsi ; soit que la tête du terrain houiller, formée de schistes décomposés et réduits à l'état plastique, oppose une barrière à l'infiltration des eaux, soit que les galeries d'écoulement (*conduits*) bien entretenues, sur lesquelles on dirige soigneusement une partie des eaux provenant de la surface, contribuent efficacement à l'assèchement des travaux. Ces galeries débouchent généralement dans la Haine et sont situées à une profondeur qui varie entre 40 et 70 mètres.

449. *Travaux exécutés dans les mines de l'Olive et de Mariemont.*

La figure 8 de la planche **XXIX** représente les travaux exécutés par le puits de Bellevue, dans la couche dite *Veine qu'on have au mitant*, dont la puissance est d'environ 0.70 mètre et l'inclinaison de 17 degrés. Le premier travail exécuté après le creusement de la chambre d'accrochage et celui de la galerie à travers bancs *a* (*bouveau*) a été d'établir la circulation de l'air en faisant communiquer le puits de Bellevue *C* par une galerie descendante *d*, avec l'extrémité des travaux du puits Ste.-Cécile, situé à peu de distance où devait se faire l'appel du courant. Une taille horizontale *ef*, d'environ 10 mètres de hauteur, est établie de façon que la voie de roulage soit placée en amont de celle d'aérage, malgré l'excédant de dépense résultat du relèvement des produits sur la galerie supérieure. Cette disposition a pour but d'éviter le percement ultérieur des remblais lors de l'établissement des tailles ascendantes, et de faire couler les eaux dans la partie la plus basse de l'excavation.

Lorsque la galerie d'allongement (*courteresse*) est arrivée à la limite du champ d'exploitation, on marche en retraite sur le puits d'extraction en *relevant des montements*, c'est-à-dire en prenant une série de tailles ascendantes h, h, h contiguës les unes aux autres ; ces tailles, dont la largeur varie de 10 à 15 mètres, sont limitées par la voie horizontale de la tranche supérieure. Comme les difficultés du transport et surtout les frais d'entretien des galeries ne permettent guère de les prolonger au-delà de 80 mètres, et qu'alors des tranches d'une aussi faible hauteur entraînent la multiplication des bouveaux, le mineur s'établit quelquefois sur un champ d'exploitation double ; puis il le subdivise en deux parties, l'une d'amont M', l'autre d'aval M, qu'il attaque successivement ou simultanément, suivant les circonstances. Lorsque le premier étage est exploité, il se porte à un niveau inférieur, d'où il fait partir un autre bouveau qui, recoupant la même stratification, détermine une nouvelle tranche, avec laquelle on agit comme ci-dessus.

La nature fréquemment ébouleuse des roches encaissantes ne laisse pas toujours au mineur la facilité d'attaquer simultanément plusieurs ateliers concentrés sur un même point de la mine ; il se contente d'en préparer un sur la galerie d'allongement, lorsque celui qui précède est sur le point d'arriver à la limite. Malgré cette précaution, quoique les tailles soient ordinairement fort étroites, et

quelque soin qu'il prenne dans le remblaiement, il arrive
que le faîte de l'atelier s'affaisse (*va dedans*). Ce dernier
étant alors inaccessible, il entreprend un montement
latéral ; lorsqu'il est arrivé à la hauteur de l'écrasée,
il se tourne d'équerre à droite ou à gauche et se place sur
le prolongement de l'excavation, qu'il reprend en laissant un massif de deux ou trois mètres entre le point de
reprise et le front de la taille éboulée.

La création d'un atelier unique oblige le mineur à disperser ses travaux d'arrachement, à entreprendre plusieurs
étages d'exploitation, et, par conséquent, à réparer un
grand nombre de galeries ; ce grave inconvénient cessera
d'être aussi général lorsque le mineur s'efforcera de profiter
des couches dont le toit présente quelque solidité, pour
y établir simultanément trois ou quatre tailles disposées
en échelons ; quelques mines de ce district ont déjà pris
l'initiative d'un semblable travail.

Le transport s'effectue à bras d'hommes le long des
voies montantes ; souvent aussi on établit un plan automoteur formé d'un chemin de fer à double voie ; le treuil,
muni d'un frein, s'élève à mesure que la taille s'avance
dans la hauteur. On évite un déplacement trop fréquent
de cet appareil en l'utilisant successivement pour deux
ateliers contigus ; c'est-à-dire qu'après avoir servi à faire
descendre les produits de l'un d'eux, il est employé pour le
transport des houilles provenant de la taille adjacente.

Les travaux de la couche dite *la Ficelle*, exploitée par
le puits Sainte-Mélanie de Mariemont (fig. 7), offrent un
exemple de dispositions différentes. Cette couche a 0.66
mètre de puissance ; son inclinaison varie entre 15 et 20
degrés ; elle a été recoupée en tête par une galerie à travers bancs *k* de petite longueur. Après avoir mis en communication le puits Sainte-Mélanie et le puits Abel, dont

les travaux étaient parvenus à une petite distance au sud-
ouest du point d'attaque, le mineur a chassé une galerie
d'allongement *ll* sur laquelle il a pris une taille ascendante *m*, dont la voie principale forme un plan automoteur. De là partent une série de tailles *n n* horizontales
et contiguës, au moyen desquelles est absorbée toute la
partie de la couche située à l'ouest de la tranche, jusqu'au
dérangement que l'on a jugé peu profitable de franchir.
La partie de l'est a dû être reprise ultérieurement de la
même manière, au moyen d'ateliers de même nature
prolongés à une assez grande distance.

La direction de l'axe des ateliers d'exploitation, dans la
ligne de plus grande pente, suivant une des diagonales
ou parallèlement à l'allongement, n'est pas une circonstance
livrée à l'arbitraire; loin de là : le mineur du Centre,
attentif à découvrir les fissures naturelles de la houille,
a adopté pour règle unique de disposer le front de taille
parallèlement au plan de clivage, qui, toujours bien déterminé, facilite singulièrement l'abattage de la houille;
c'est le seul principe sur lequel il se fonde pour donner
aux ateliers d'arrachement une direction qui, par conséquent, varie dans la même mine et quelquefois dans la
même couche.

420. *Mode d'exploitation en usage à la mine de Courcelles-Nord.*

On ne peut se dispenser de faire ici la description som-
maire des travaux de cette mine, qui, quoique appartenant
au bassin de Charleroi par les circonstances de gisement, se rattache cependant au Centre par le système
d'exploitation.

La fig. 9 de la pl. XXIX représente les travaux effectués dans la couche dite *Plateure* par le puits n°. 3. *A* est le puits d'extraction, *B* celui d'aérage; *A a* et *B b* sont respectivement les galeries à travers bancs que l'on se hâte de faire communiquer en chassant vivement une galerie montante *c c*. Une taille de faible hauteur *d d*, *d' d'* donne naissance à une galerie d'allongement protégée par un cordon de houille de 10 à 12 mètres de hauteur. La voie de niveau, étant suffisamment avancée, permet l'établissement d'une taille montante à la limite du massif réservé autour des puits; cette taille, à laquelle on donne une largeur de 12 à 13 mètres, doit se prolonger à une distance de 80 mètres; mais, dès qu'elle atteint le quart de cette hauteur, on perce le cordon de houille, afin de monter un second atelier contigu au premier; puis, lorsque celui-ci s'est élevé de 20 mètres, on en commence un troisième, un quatrième, et ainsi de suite, de telle sorte que, pendant le cours de l'exploitation, il y en ait constamment en activité trois ou quatre, dont les produits sont amenés à bras d'homme sur la galerie d'allongement. Mais, la première voie *g h* s'est transformée en plan automoteur; son sommet est l'origine d'une taille horizontale *i i* destinée à limiter la longueur des voies montantes inférieures, et qui, arrivée à l'extrémité du champ d'exploitation, sert de base à l'arrachement d'une seconde tranche supérieure. Les travaux dont celle-ci est l'objet diffèrent des précédents en ce que les chantiers se succèdent et marchent en retraite sur le puits, tandis que, dans les premiers, ils s'exécutaient au fur et à mesure que la galerie d'allongement s'avançait dans la couche.

La partie gauche de la figure indique la disposition des travaux de la tranche inférieure. *d d* est la galerie de niveau; *e e* le cordon de houille qui la protège; *f*, *f*, *f*, les ateliers ascendants; *i* la taille de niveau supérieure, dont les produits passent par le plan automoteur *g h* pour arriver au puits. Dans la partie de droite, la première tranche est complètement exploitée, et l'on revient sur le puits avec quatre tailles *k, k, k, k* établies dans la seconde tranche.

L'avantage de ce système sur celui du Centre, dont il dérive, consiste dans la concentration des chantiers sur un petit nombre de points, et, par conséquent, dans une grande diminution des frais d'entretien des galeries et en ce qu'on peut immédiatement se procurer des produits suffisants, sans attendre que la galerie d'allongement soit parvenue à la limite.

421. *Exploitation du Couchant de Mons.*

Le terrain houiller de ce district est recouvert, ainsi qu'on l'a vu, sur presque toute sa surface, de stratifications secondaires plus ou moins puissantes. Lorsqu'au moyen d'une charpente imperméable, ou *cuvelage*, le mineur a traversé le mort-terrain, il continue le creusement des puits sans être gêné par les sources, favorisé en cela par les *dièves*, qui préviennent l'infiltration des eaux dans les stratifications carbonifères. Cependant il n'est pas dispensé de tenir ses travaux à distance du mort-terrain et de laisser des *espontes* entre celui-ci et les excavations, sous peine de compromettre l'existence de la mine.

Le gaz hydrogène protocarboné ne présente pas de difficultés plus grandes que partout ailleurs; certaines couches en dégagent des quantités notables, mais le charbon Flénu, quoique gras, en est presque entièrement exempt.

Les puits (*fosses*) sont revêtus d'un cuvelage sur toute

la hauteur des stratifications aquifères, et d'une maçonnerie en briques dans le reste de leur parcours. Autrefois ils étaient elliptiques, de 2.36 mètres sur 1.47 à 1.77. Actuellement ils sont circulaires; leur diamètre est de 2.65, et, par exception, de 5 à 4 mètres. Leur prolongement au-dessus du dernier *envoyage* forme le puisard ou la *potelle*.

Les appareils d'épuisement (*machines à feu*) sont renfermées dans la même enceinte que le puits d'extraction ou occupent un puits spécial. On a des exemples d'un exhaure commun entre plusieurs sociétés.

Le puits de descente (*fosse aux échelles*), dont le diamètre est compris entre 1.50, 1.75 et quelquefois 2 mètres, est fréquemment utilisé comme puits d'appel. Il est enfoncé à quelques mètres de distance du puits principal, d'abord verticalement à partir de la surface jusqu'au-dessus du niveau des eaux; là il est ramené par une galerie vers la fosse d'extraction, dont il occupe un compartiment et avec laquelle il reste lié pendant toute la hauteur du cuvelage, afin de s'épargner la dépense d'en construire un spécialement destiné à cet objet. Ce compartiment, isolé par une cloison impénétrable à l'air, porte le nom de *royon*. Au-dessous du niveau, l'excavation se sépare de la fosse principale et atteint la partie la plus basse des travaux en formant une série de petits puits intérieurs (*tourets*) de 25 à 50 mètres de hauteur, communiquant entre eux par de courtes galeries. L'orifice, débouchant au jour, est surmonté d'une cheminée munie d'un foyer d'appel; l'ouverture latérale ménagée pour la descente des ouvriers est fermée par une trappe.

Chaque galerie aboutissant à la fosse principale est liée avec cette dernière par une grande excavation appelée *accrochage*, parce qu'en ce lieu s'accrochent aux câbles les vases expédiés au jour.

422. *Exploitation des plateures du Flénu.*

Les grands plats du Flénu, les plus importants de tout
le bassin du Couchant de Mons, sont exclusivement exploités par le système dit à larges tailles remblayées. Les
zones des couches, telles que *p p e e* (fig. 91, pl. XXX),
comprises entre la galerie d'allongement et la voie d'aérage, sont des *soutements*. La longueur en est illimitée
et la hauteur moyenne d'environ 60 mètres. Une tranche
déterminée par deux galeries à travers bancs (*bouveaux*)
ne comprend ordinairement qu'un seul soutement; mais
on en prend deux ou trois dans une tranche plus large
si l'inclinaison de la couche est faible, ou si la nature
du terrain permet au mineur d'employer une série de
plans automoteurs pour le dépouillement de la partie
supérieure.

L'exploitation se conduit toujours de haut en bas,
c'est-à-dire que l'on commence par arracher la houille
du soutement supérieur avant de toucher à celui qui le
suit immédiatement au-dessous. Les motifs de cet usage
sont attribués à la nécessité d'éviter le desséchement de
la couche avant son arrachement, ce qui, d'après les observations locales, lui fait perdre de sa qualité, et lui donne
une tendance à se réduire en menu. On prétend avoir
reconnu une détérioration d'autant plus intense que le
point d'arrachement se trouve placé à une plus grande
hauteur au-dessus de la galerie par laquelle les eaux
s'écoulent sur le puits d'exhaure. L'exploitation des diverses
couches se fait également de haut en bas, en commençant
par les stratifications supérieures; en sorte que les travaux
s'enfoncent de plus en plus.

Pour se former une idée de la manière dont s'exploitent les soutements, on peut considérer celui de la fig. 1re. établi sur une couche dont l'inclinaison est fort rapprochée de 45°. Une communication étant établie entre le puits d'entrée de l'air et celui de sortie, on chasse à droite et à gauche, suivant la direction, un chantier qui laisse en arrière, et au milieu des remblais, une voie horizontale cc (*costresse*) solidement boisée et destinée au transport des produits; la création de cette voie d'allongement détermine le *parel* $p\,p$, paroi de houille située en aval des travaux. On ménage aussi, à la partie inférieure du chantier, une autre galerie, ou simplement une espèce de canal a (fig. 2) désigné sous le nom de *ruellette du parel*, où toutes les eaux provenant de la couche en exploitation se réunissent pour de là s'écouler dans le puisard. Les costresses, étant parvenues à une petite distance du puits, sont l'origine de tailles d,d auxquelles le mineur imprime une direction telle que leur pente uniforme soit en rapport avec les exigences du transport : ce sont les *voies thiernes*, destinées à amener sur la costresse les produits des tailles supérieures. La direction des galeries de cette dernière espèce dépend de l'inclinaison des stratifications : si celle-ci est faible, le mineur les conduit suivant la ligne de plus grande pente (fig. 3) et les appelle *voies franc-thiernes;* à mesure que l'inclinaison augmente, il les dirige de plus en plus obliquement, sous le nom de *voies demi-thiernes*, jusqu'au point où la couche, très-inclinée, le force à les établir presque parallèlement à la voie costresse, ainsi que cela se présente dans la fig. 1re.

Le travail doit marcher de telle façon que toute la hauteur du soutement soit absorbée par un certain nombre de petits ateliers partiels disposés en retraite, les uns par rapport aux autres; ces ateliers, quel qu'en soit le nombre, constituent alors une taille unique à gradins couchés, droits ou renversés. Il est rare que l'on ait recours à la première disposition.

Comme la direction des couches est généralement du levant au couchant, on distingue les deux parties en exploitation de chaque côté du puits par le nom de *tailles du levant* et *tailles du couchant*, même lorsque la couche, changeant d'allure, marche vers un autre point de l'horizon. Les ateliers sont désignés par un numéro d'ordre qui commence à la voie costresse. Un soutement contient ordinairement de 5 à 8 tailles, dont la hauteur varie de 8 à 18 mètres. Les chasses s'étendent suivant la direction de 400 à 800 mètres; les plus longues dépassent rarement 1,000 mètres. Elles sont abandonnées après un laps de temps d'une année, une année et demie ou deux ans au plus.

La fig. 4 (pl. **XXX**) est la représentation sur un plan horizontal d'un certain nombre de tailles en activité.

La fig. 2 est une section de ces mêmes tailles suivant un plan vertical $A\,B$ (fig. 4).

F, F, F sont des voies franc-thiernes; g, g les *ruellettes*, galeries de petite longueur destinées à mettre les divers ateliers en communication; a' est le *croquage*, ou l'angle formé par le front de taille et la paroi de la ruellette.

La fig. 3 est une section verticale perpendiculaire à $A\,B$; C représente la voie costresse; a la *ruellette du parel* (1); ce canal d'écoulement des eaux est mis en communication avec la voie costresse par quelques galeries à faible

---

(1) Le *parel* pp (fig. 1) est la paroi de houille située en aval du soutement; il forme donc l'une des parois de la ruellette du parel.

section ménagées au milieu des remblais tous les quinze ou vingt mètres ; ces petites voies sont destinées à conduire un filet d'air à la partie inférieure de l'atelier d'arrachement, qui, sans cela, serait privée de ventilation.

Le boisage des tailles consiste en bouts de perches (*beilettes* ou *fausses beiles*) appliquées contre le toit de l'excavation ; ces beilettes, disposées parallèlement au front de taille, sont serrées à l'aide d'étais (*boutriaux*) engagés normalement au plan de stratification. Les bois de voie se composent d'un chapeau (*beile* ou *lambourde*) soutenu par deux piliers ; l'un, placé vers l'aval, est le *bois de parel* ; l'autre, disposé en amont de la galerie, est le *stançon*. L'économie des bois et la durée des voies dépendent d'ailleurs de la construction de murailles en pierres sèches (*mureaux*).

425. *Disposition du courant ventilateur.*

Anciennement la circulation s'opérait au moyen d'un seul courant ventilateur. Des portes placées à l'origine des voies thiernes et une double porte destinée à séparer les deux côtés du champ d'exploitation formaient une conduite unique que le courant parcourait dans toute son étendue. Dans l'exemple ci-dessus (fig. 1re.), l'air descend par le puits d'extraction, traverse la voie costresse, monte la taille du couchant, descend le long de la taille du levant après avoir parcouru le *troussage e*, *e*, ou galerie de retour de l'air et se rend dans le puits de sortie. Ce système, dans lequel le courant ventilateur, après avoir circulé dans les ateliers situés d'un côté du champ d'exploitation, est forcé de descendre dans les tailles du côté opposé, peut produire les résultats les plus désastreux si la mine contient du gaz inflammable. Il a été remplacé par une disposition plus simple et plus avantageuse. Actuellement les travaux sont divisés, sous le rapport de l'aérage, en deux parties ; chacune d'elles est ventilée par un courant spécial qui s'avance le long de la voie costresse, remonte les tailles et se rend dans le puits de retour, après avoir traversé le bouveau supérieur.

Les ruellettes, en raison de leur faible section, étranglent le courant d'air qui les traverse et ralentissent sa course. C'est un inconvénient auquel on doit porter remède en réduisant la longueur de ces excavations ou en augmentant leur largeur, mais sans provoquer des éboulements, qui seraient fort graves.

Dans quelques mines le courant ventilateur suit une marche inverse de la précédente : il arrive par le puits aux échelles, franchit le troussage, descend le long des tailles et parcourt la voie costresse pour retourner dans l'atmosphère à travers le puits d'extraction. Lorsque la mine contient du gaz inflammable, cette disposition est évidemment vicieuse ; mais, dans les mines du Flénu, qui en sont exemptes, elle offre l'avantage bien grand de placer les ouvriers, pendant l'ascension et la descente aux échelles, au milieu d'un air pur, et de les soustraire à cette atmosphère corrompue dans laquelle ils doivent respirer lorsque le courant ventilateur s'échappe par les tourets, principale cause des maladies dont ils sont affectés.

424. *Modifications récemment introduites dans le système d'exploitation du Couchant de Mons.*

Si l'on compare entre elles les tailles dont les axes sont dirigés suivant l'allongement de la couche, la direction ou la diagonale, on voit de suite qu'une voie thierne coûte moins qu'une demi-thierne et celle-ci qu'une costresse. En effet, quant à l'arrachement des roches encaissantes, les deux dernières ont leur axe et l'inclinaison de leur sol dans une position relative telle, que le roulage ne peut s'y effectuer sans arracher la partie du mur située en amont de la galerie, ou sans en remblayer l'aval et entailler le toit de toute la hauteur du remblai ; tandis que les voies thiernes offrent un plan incliné sur lequel les voitures peuvent rouler sans qu'il soit nécessaire de lui faire subir aucune modification. Comme dans les voies costresses et demi-thiernes, la paroi d'amont, presse contre les bois de soutenement avec d'autant plus d'énergie que l'inclinaison est plus grande, le mineur doit employer des étais plus forts, plus multipliés et les remplacer plus fréquemment, qu'il ne le fait pour les galeries chassées suivant la ligne de plus grande pente. Le *relevage des terres*, c'est-à-dire leur transport de la voie objet de l'entaillement, dans l'excavation destinée aux remblais, est également plus coûteux dans les tailles costresses, où ils doivent être transportés en montant, que dans les voies thiernes, où le mineur n'a autre chose à faire qu'à les rejeter horizontalement derrière lui. D'après M. Plumat, l'auteur de ces observations (1), les galeries sont d'autant plus coûteuses que leur axe se rapproche davantage de la direction horizontale, et les dépenses sont dans les rapports de $1 : 1.5 : 2$ pour les voies thiernes, demi-thiernes et costresses. La disposition du front de taille, relativement à l'inclinaison, exerce une influence sensible sur l'effet utile du haveur et sur la conservation des blocs de houille. En taille

(1) Ingénieur de la mine du Levant du Flénu, à Quesmes.

thierne, l'ouvrier have et boute (1) horizontalement; en taille costresse, les mêmes opérations s'exécutent, moitié en montant et moitié en descendant; mais cette dernière partie de l'opération est loin de compenser le surcroît de travail résultant de la première; car les ouvriers préfèrent l'arrachement en voie thierne au travail en costresse, malgré une majoration de salaire de 0.10 à 0.20 fr. par mètre carré. Le clivage, ordinairement parallèle à la direction, facilite encore l'arrachement de la houille dans les tailles thiernes, dont le front est alors parallèle au plan des fissures. Enfin les matières dont on forme les remblais, sollicitées par la force de la pesanteur, se tassent d'autant mieux et avec d'autant moins de travail que l'axe de l'atelier se rapproche davantage de la ligne de plus grande pente.

C'est en s'appuyant sur ces considérations que M. Plumat a proposé d'abandonner définitivement les voies demi-thiernes, pour n'exécuter que des tailles franc-thiernes, sans se préoccuper en aucune manière de l'inclinaison de la couche.

La figure 5 de la planche XXX représente ces modifications introduites dans la mine du Levant de Flénu; elle se rapporte à l'exploitation par le puits n°. 17 de la couche dite *Petite-Béchée*, dont la puissance est de 0.48 mètre et l'inclinaison de 15°. G est la galerie à travers bancs, qui, ayant rencontré la couche au point *A*, détermine une tranche d'exploitation de 120 mètres de hauteur comprise entre les travaux antérieurement exploités et la voie de niveau inférieure. *A C* est une vallée destinée à établir immédiatement la circulation de l'air; *A B* est la galerie d'allongement; *C D*, l'ancienne costresse utilisée comme

(1) *Bouter* consiste à employer la pelle pour rejeter la houille sur la voie.

voie de retour; *E F*, une costresse intermédiaire divisant la tranche en deux soutements dont l'arrachement est simultané; *h*, *h*, *h'*, *h'*, les premières tailles établies, et *i i*, *k k*, les plans automoteurs à double voie, munis d'un treuil et d'un frein, comme on en établit régulièrement à 100 ou 150 mètres de distance les uns des autres. Les tailles des deux zones, au nombre de neuf à dix, forment un seul chantier à gradins, qui s'avance simultanément dans la couche et fournit à une extraction de grande importance. Dans cet état de choses, les produits du premier soutement traversant les voies thiernes, descendent à bras d'hommes sur la costresse intermédiaire, atteignent le plan automoteur, qu'ils franchissent, puis arrivent sur la voie de niveau inférieure; là, les voitures, réunies à celles qui viennent du premier soutement, forment un convoi traîné par un cheval vers le puits d'extraction.

La largeur des ateliers ascendants, dont la voie occupe le milieu, est de 14 mètres; cette largeur permet d'éviter les dépenses causées par la trop grande multiplicité des galeries et de se soustraire aux pertes de temps résultant du boutage des charbons à une longue distance, aux brisements des blocs passant par un grand nombre de mains; et enfin, aux éboulements si fréquents dans les larges tailles dont le toit n'est pas solide.

Ce système d'exploitation, par voies exclusivement thiernes, commence à se répandre dans le Couchant de Mons. Quelques ingénieurs ont imaginé, toutefois, de lui faire subir une nouvelle modification, par la transformation des voies ascendantes en plans automoteurs, munis à leur sommet d'une poulie horizontale, sur laquelle passe le câble et qui remplace le treuil; ce léger appareil se déplace facilement au fur et à mesure de l'avancement du chantier.

425. *Des procédés employés pour conserver les galeries et diminuer leur entretien.*

Ce que le mineur du Couchant de Mons évite avec le plus grand soin est un entretien trop prolongé des galeries ; car, dès qu'elles ont quelque tendance à s'affaisser , il faut avoir recours au *descomblage* , c'est-à-dire à un nouvel entaillement des roches encaissantes , opération coûteuse ; principalement sous le rapport de l'enlèvement et du transport des matériaux stériles. Comme , en outre , l'expérience prouve que les bois ne se conservent guère au-delà d'une année , et qu'il faut les renouveler au moins partiellement après ce laps de temps , on comprendra combien il importe de limiter la durée des voies afin de se soustraire autant que possible à ces dépenses incessantes. Il existe à ce sujet quelques principes généraux dont le mineur s'écarte rarement. Ainsi, il cherche à se procurer toute l'extraction par l'arrachement d'un seul côté du champ d'exploitation ; ce n'est que dans le cas où la hauteur de la tranche est insuffisante , qu'il se résout à attaquer simultanément les tailles du levant et celles du couchant , parce qu'un double développement de galeries entraîne des frais d'entretien également doubles. La concentration des ateliers sur un seul point de la mine est une circonstance fort avantageuse sous le rapport de la surveillance , puisque le même employé peut les parcourir plusieurs fois dans le même espace de temps qu'il mettrait pour visiter une fois seulement le même nombre de tailles dispersées en différents points.

Le mineur admet rarement des soutements d'une hauteur telle qu'il doive employer les mêmes galeries pendant un trop long espace de temps. Dans tous les cas, il accélère l'avancement des tailles en y plaçant un nombre suffisant de mineurs ; puis, attribuant à chacun d'eux une faible largeur, il en exige un avancement plus considérable que partout ailleurs ; il réduit ainsi la durée des voies, et les abandonne avant que le descomblage ne devienne une nécessité. Pour le même motif, lorsqu'il a entrepris une taille ou un champ d'exploitation quelconque, il les poursuit jusqu'à ce qu'ils soient arrivés à leur terme et ne s'arrête dans l'arrachement que par suite de circonstances majeures.

C'est ici le lieu d'indiquer deux artifices fort simples employés dans les mines du Couchant de Mons : l'un, ayant pour but de ne laisser ouverte qu'une seule galerie d'allongement, au lieu de deux ; l'autre, qui permet d'en abandonner un assez grand nombre lorsque leur entretien devient trop coûteux.

Les couches Petite et Grande-Béchée A et B (fig. 6, pl. XXX) du puits n°. 11 de la concession de Belle-et-Bonne, sont séparées l'une de l'autre par des schistes d'une épaisseur d'environ 8 mètres ; cd et gh ont été les premières costresses des deux couches exploitées simultanément, afin de suffire à l'extraction. Après s'être avancé d'environ 200 mètres, comme on trouva que les frais d'entretien de Grande-Béchée A étaient énormes, vu la pression exercée par les 8 mètres de schistes, presque entièrement disloqués, qui en forment le toit, on se hâta de porter remède à cet état de choses au moyen du procédé suivant : un petit bouveau, percé de S en c', mit les deux couches en communication ; la costresse gh de Petite-Béchée B fut poursuivie ; une nouvelle costresse $c'd'$ fut entreprise dans Grande-Béchée et les produits de ces deux couches transportés par cette dernière voie, qui présentait quelque stabilité, réduisit l'entretien à une seule galerie.. Comme après un certain avancement dans Grande-Béchée, on vit la nouvelle galerie s'affaisser, on perça un second bouveau pour remplacer le précédent, et ainsi de suite.

Les galeries de dégagement qui accompagnent les ateliers d'arrachement sont d'un entretien fort coûteux lorsqu'elles doivent être poursuivies à une grande distance. Lors de l'exploitation de la couche Bibée par le puits n°. 2 du Grand-Buisson, on réduisit ces dépenses (fig. 7) en réunissant plusieurs voies thiernes telles que a, b, c par une galerie percée à travers les remblais. Les voitures provenant des divers chantiers passaient dans ce percement auxiliaire et arrivaient sur la costresse en traversant la voie $m m'$, qui devint alors commune aux diverses tailles. On choisit, pour cela, la plus avancée, parce qu'étant la dernière exécutée elle se trouvait en meilleur état que les autres.

Enfin, on a reconnu, dans cette localité, que les galeries placées au milieu des remblais (*stapples*) sont d'une plus grande durée que les voies dont l'une des parois est formée par de la houille intacte ou par le *ferme*, ainsi que dit le mineur montois. Dans le premier cas, le toit, trouvant une égale résistance sur les deux côtés, descend en masse, et la hauteur de la voie diminue uniformément ; tandis que, dans le second, il s'affaisse plus d'un côté que de l'autre, se casse et s'éboule dans la galerie, qu'il encombre.

426. *Exploitation des couches droites par voies thiernes.*

Les figures 4 et 5 de la planche **XXXI** représentent trois tranches prises dans la couche dite Grande-Veine à l'Aune, par le puits Sainte-Placide ($A B$) de la mine de Rieu-du-Cœur, à Quaregnon. Les deux premières $a b c d$ et $c d e f$ sont entièrement exploitées ; on s'occupe actuelle-

ment du dépouillement de la troisième. Le travail, s'exé-
cutant en descendant, exige autant de bouveaux, plus un, que
de tranches à exploiter ; la galerie qui a servi au transport
des produits de l'une de ces tranches est utilisée pour le retour du courant dans l'arrachement de la zone qui lui succède immédiatement ; ainsi, pour la troisième *e f g h*, objet
de l'exploitation actuelle, on emploie, pour conduire l'air
au puits d'appel, le bouveau *i* et les galeries *i f* et *i e*
appliquées auparavant au roulage de la houille de la
deuxième tranche, tandis que le bouveau *k* détermine de
nouvelles galeries d'allongement *k h* et *k g*.

Les tailles *m*, *m'* sont formées d'un certain nombre de
maintenages ou gradins auxquels on donne ordinairement
deux mètres de hauteur ; ils se précèdent les uns les autres
de 2 à 4 mètres ; le maintenage inférieur *g* ou *h*, origine
de la voie de niveau, porte le nom de *coupure*. Les
houilles sont conduites au bas de la taille à travers les
voies thiernes *r s t* ménagées au milieu des remblais ; ces
voies les reçoivent directement ou par l'intermédiaire de
petits puits ou *cheminées q*, *q*, *q* dans lesquelles on projette des matières stériles lorsqu'ils cessent d'être utiles.
Les voies thiernes sont espacées de 50 à 100 mètres les
unes des autres ; à leur origine, sur la voie costresse,
elles sont en grande partie entaillées dans les roches encaissantes, afin de laisser la galerie de niveau entièrement
libre. Ce travail s'exécute conformément aux détails que
renferment les figures 6, 7, 8, 9, 10 et 12.

Les figures 6 et 12 sont respectivement des sections
horizontales et verticales dans lesquelles on observe *K L*
la voie costresse, *M N* une voie thierne, *O O O* les
maintenages, *C* la coupure, *Q*, *Q*, *Q* les cheminées et *P*
l'emplacement d'une porte destinée à forcer le courant ventilateur à se porter vers le front de taille.

Les figures 7, 8, 9 et 10 sont quatre sections transversales prises aux points de jonction des deux galeries et passant par les lignes $A B$, $C D$, $E F$, $G H$ des figures 6 et 12. En $A B$, la costresse est devenue plus large que dans le reste de son parcours; la pente de la voie thierne n'est pas encore sensible. En $C D$, l'excavation est exhaussée; un seul boisage revêt simultanément les deux voies, et les pièces plus longues réclament un équarrissage plus fort. En $E F$, la voie thierne est déjà parvenue à une assez grande hauteur; les boisages des deux galeries sont distincts, mais ils se touchent encore ; m (*havée de baudet*) est un étai qui supporte la majeure partie du boisage superposé. Lorsque la roche dans laquelle on entaille la base de la voie thierne n'a pas de solidité, on place une pièce de bois (*beile d'aizeau*), suivant la pente de la galerie, qui en maintient le sol en état d'immobilité. Enfin, en $G H$, les deux galeries entièrement séparées sont comprises entre le mur et le toit. Souvent, pour que cette disjonction se fasse promptement et pour éviter l'entaillement des stratifications encaissantes sur une trop grande distance, on donne à la voie thierne et vers son origine $r s$ (fig. 4) une pente assez rapide ; on l'adoucit ensuite insensiblement dans le reste du parcours $s t$, afin que les voies servent au transport des produits de la taille pendant un espace de temps assez prolongé, ce qui ne pourrait avoir lieu si elles s'élevaient trop promptement suivant leur inclinaison initiale. La pente la plus forte est ordinairement de 18 à 20 degrés et la plus faible de 8 à 10. On établit sur le sol de ces galeries des latteaux qui permettent aux traîneurs de marcher sans glisser.

Les flèches tracées dans la figure 4 indiquent suffisamment la marche du courant ventilateur. On doit toutefois observer que, comme l'étendue des travaux et les diverses circonstances relatives à l'aérage ne sont jamais les mêmes des deux côtés de la tranche, ceux-ci ne doivent pas avoir un courant de même volume, et qu'on doit le régler en plaçant aux points p, p des portes régulatrices munies de guichets.

Les ateliers sont d'ailleurs conformes en tout aux détails donnés ci-dessus (395). Leurs boisages consistent (fig. 6 et 11) en beiles v, v et en boutriaux u, u. Quant aux cheminées, on ajoute au revêtement des *bois ridounés* y, y, afin de résister à la pression des remblais. A leur base sont également installées des planches x, x formant une trémie pour la conduite de la houille dans les vases de transport.

Les travaux d'entaillement effectués à la base des voies thiernes et l'entretien de ces galeries, installées au milieu de remblais mobiles, sont fort coûteux. On pourrait aussi craindre que le gaz inflammable ne s'accumulât derrière les portes d'aérage, d'où il ne pourrait être expulsé, la ventilation des voies thiernes ne pouvant avoir lieu que par diffusion de l'air. Aussi l'emploi exclusif des puits de décharge semble-t-il généralement préférable.

427. *Ancien mode usité pour la conduite de l'air dans l'exploitation des droits.*

Le but des figures 2 et 5 n'est pas d'exposer un mode d'exploitation différent du précédent, mais d'attirer l'attention du lecteur sur un procédé très-vicieux de conduite de l'air, que les exploitants n'ont abandonné qu'après des efforts nombreux et réitérés de la part de l'administration des mines.

La série des flèches dans le plan et dans la section longitudinale montre le courant ventilateur au sortir du puits *A* pénétrant dans le compartiment d'un bouveau *ef* divisé en deux parties, parcourant la costresse *c c*, la taille *m* et le troussage *p*, puis descendant par la première voie thierne *s s* pour gagner le puits de sortie *B* à travers le second compartiment du même bouveau par lequel il est entré dans la mine. Cette disposition, adoptée par les exploitants, qui cherchaient à la justifier par des motifs d'économie, est fort dangereuse pour peu que les travaux laissent dégager de grisou. En effet, l'air entrant n'étant séparé de celui qui sort que par une cloison, la rupture de celle-ci anéantit la ventilation de toute la mine, ou tout au moins diminue notablement son efficacité ; en outre, l'économie préconisée n'existe pas, car, pour exploiter trois tranches, par exemple, en faisant circuler l'air de la manière la plus simple et la plus logique, il faut, il est vrai, percer quatre galeries à travers bancs, tandis que la dernière méthode n'en réclame que trois ; mais chacun de ces derniers renfermant la voie d'entrée et celle de sortie, ils devront, pour déterminer les mêmes effets ventilateurs, avoir une section double ; par conséquent, trois de ceux-ci coûteront autant que quatre de la première catégorie, abstraction faite des frais d'établissement des cloisons.

428. *Du personnel employé dans une mine du Couchant de Mons.*

Le commandement est exercé par un chef appelé *porion du matin ;* il descend le dernier dans les travaux, après avoir visité soigneusement le foyer et tout ce qui concerne l'aérage ; il ferme, en descendant, les trappes des échelles

et les portes de communication des puits. Arrivé au fond,
il fait une inspection générale des tailles et des galeries, et
s'assure si les ordres qu'il a donnés pour la nuit précédente
ont été exécutés. Après l'extraction d'une certaine quantité de charbon, il revient vers le puits, où il trouve le
porion d'après-midi, auquel il donne les instructions nécessaires, et remonte au jour. Chaque porion est accompagné d'un *marqueur*, dont les fonctions consistent à
inscrire le nom des ouvriers présents, à mesurer les
avancements et généralement tous les ouvrages entrepris à forfait; il exerce, en outre, la surveillance sur
tout le personnel. Le marqueur du premier poste descend avec les ouvriers et prend le commandement
jusqu'à ce que le porion du matin arrive au fond
des travaux.

Le nombre des haveurs (*ouvriers à veine*) est déterminé
par la hauteur de la taille; chacun d'eux occupe une
largeur d'environ 2 mètres et avance de 2 à 5. Ils sont
désignés d'une manière différente, selon la position qu'ils
occupent dans le chantier (fig. 4, pl. **XXX**). Celui qui
travaille en *r*, extrémité de la galerie de roulage, est
l'*ouvrier de devant la voie* ou le *vaillant bouteur*, parce
qu'il doit bouter le charbon de toute la taille; l'*ouvrier
du parel* ou *coupeur* est installé en *o*; les *ouvriers sur
bois* se placent en amont du point où la voie thierne débouche sur le front de taille. La largeur de havage attribuée à chacun d'eux est en raison inverse de la quotité
de houille qu'ils sont appelés à bouter. Dans l'exploitation
des droits, les ouvriers placés au-dessus de la coupure
sont les *ouvriers sur bois*; ceux qui occupent un gradin
situé au devant de la voie thierne portent également le
nom d'*ouvriers de devant la voie*.

Les ouvriers à veine sont chargés du havage, de l'abat-

tage de la houille et du boisage de la taille ; ils ont toujours un grand intérêt à bien exécuter ce dernier, soit
pour assurer leur propre sécurité, soit pour ne pas avoir
à recommencer le lendemain, les mêmes travailleurs étant
constamment affectés au même atelier ; ils doivent aussi
séparer avec soin la houille des schistes intercalés qu'ils
rejettent confusément en arrière. A chaque taille est attaché
un *bouteur* ; il aide les haveurs à déblayer le chantier,
c'est-à-dire à faire passer la houille abattue du point où
elle est tombée à la voie de roulage, en la poussant sur
le sol à l'aide d'une escoupe.

Le *chargeur à la taille* remplit les voitures que les
sclauneurs ou *esclauneurs* roulent à la chambre d'accrochage ; ceux-ci sont divisés en deux catégories : les sclauneurs de la première conduisent la houille dans les voies
thiernes ; ceux de la seconde opèrent le roulage sur les
voies de niveau ; souvent ce dernier travail est exécuté
par des chevaux, dont chacun traine un convoi de dix à
douze voitures (*ramées*.) Un *palefrenier-conducteur*, assis sur
le premier wagon, dirige le cheval ; un jeune garçon,
installé sur le dernier, surveille la marche du convoi et
s'assure qu'aucune voiture ne déraille ou ne se détache des
autres. C'est le *suiveur de rames*.

Les *chargeurs au cuffat* remplissent les vases d'extraction (*cuffats*) et en retirent les bois expédiés du jour.
On choisit, pour remplir cette fonction, des ouvriers
vigoureux, capables de porter sur leurs bras les grosses
houilles et de les charger sur le menu, afin d'éviter la
casse. Les *avanceurs de chariots* prennent les wagons à
l'endroit où le convoi s'arrête et les conduisent aux cuffats.

Les *jambots* sont de jeunes manœuvres employés à diverses fonctions : tels sont les *graisseurs de voitures*, les
porteurs d'outils, les *jambots de poli*, ou balayeurs de

voies, les commissionnaires, etc. Les *jambots de crachet* étaient occupés, dans les mines exemptes de grisou, à disposer le long des voies les *crachets* ou lampions destinés à éclairer le personnel appliqué au transport. L'éclairage fixe ayant été, par mesure d'économie, remplacé par des lampes que le scloneur porte avec lui, la fonction a été supprimée.

Les *tourteurs* font manœuvrer les treuils placés à la tête des plans inclinés.

La journée des ouvriers du premier poste est de 15 heures, y compris le temps employé pour entrer dans la mine et en sortir.

Le second poste est composé des *coupeurs de voie*, qui conduisent la galerie dans la direction convenable, entaillent le toit ou le mur de la couche, boisent les excavations et leur donnent toute la stabilité nécessaire ; ils passent les fragments des roches encaissantes aux *releveurs de terres* qui les réunissent aux déblais confusément projetés par les haveurs ; les serrent fortement contre le toit et forment souvent des murailles de pierres sèches le long des voies. Ceux-ci sont accompagnés des *remeneurs de terre*, dont la fonction est de transporter les remblais des points où ils sont trop abondants dans ceux où ils font défaut.

A cette division appartiennent également les *placeurs de rails*, chargés de prolonger et de réparer les chemins de fer pendant la nuit. Ce sont des espèces de surveillants qui se retirent lorsqu'arrivent les ouvriers du poste de jour.

Les *descombleurs de voies* raccommodent les galeries et les exhaussent lorsqu'elles se sont affaissées. Les *foreurs* manœuvrent la sonde afin de reconnaître l'existence des anciennes excavations inondées, ou infestées de grisou. Les *ouvriers à charbon* abattent pendant la nuit la houille

destinée à compléter la quotité d'extraction voulue, lorsque
celle-ci n'a pu être obtenue dans le courant de la journée;
leur travail est de 8 heures. Enfin, les *avaleurs* creusent
les puits et les *bouveleurs* percent les galeries à travers bancs.

Le personnel employé au jour est commandé par un
chef de place ou surveillant. Les machines sont conduites
par les *mécaniciens* et les *tiseurs* ou chauffeurs. Les *mou-
lineuses* sont de fortes filles occupées à manœuvrer et à
culbuter les cuffats. Les *tourneurs* mesurent et chargent
les charbons dans les voitures, sous l'inspection d'un chef
qui prend note des quotités expédiées aux magasins du
canal ou vendues sur place. Les *brouetteurs* conduisent aux
fourneaux le charbon propre à les alimenter. Enfin, les
coupeurs de bois coupent à longueur les diverses pièces
de bois employées dans les travaux et leur donnent
la façon convenable.

429. *Organisation du travail dans les mines du Flénu.*

Les produits obtenus de chaque mine sont en quantité
considérable, eu égard à l'espace de temps fort restreint
appliqué à l'arrachement et à l'extraction. Le travail commence à 4 1/2 ou 5 heures du matin et finit à 5 ou 6 heures
du soir; il n'est pas rare d'obtenir, dans ces douze heures,
un trait ou extraction journalière s'élevant à 2,000, 2,500
et même 3,000 hectolitres.

C'est à l'excellente organisation du personnel dans les
mines du Flénu, à l'ordre établi dans les divers travaux,
que l'on doit attribuer cette circonstance si avantageuse.
En effet, les ouvriers de l'intérieur et du jour étant tous
solidaires les uns des autres, nul d'entre eux ne pouvant
se retirer du travail si tous n'ont accompli la tâche qui

leur est imposée, il en résulte une grande activité, une excitation mutuelle au travail; et, si quelque ouvrier est moins habile ou plus lent que les autres, chacun trouve son intérêt à le former en lui donnant de bons conseils et même à l'aider en cas de besoin.

Les haveurs et les bouteurs descendent les premiers dans les travaux du fond; quelques jambots leur succèdent, puis les chargeurs à la taille suivis des sclauneurs. Deux chargeurs aux cuffats se rendent alors à l'accrochage, où ils vident immédiatement dans les vases d'extraction douze ou quinze voitures restées de la veille, et fournissent ainsi à l'extraction dès le commencement de la journée; viennent ensuite les tourteurs, les avanceurs de chariots, les suiveurs de rames, les palefreniers-conducteurs, etc.

Le bouteur, à son arrivée dans la taille, dispose à l'entrée de la galerie la charge de deux ou trois voitures de houille restées de la journée précédente. Les mineurs du parel, profitant de la dislocation du front de taille qui a eu lieu pendant la nuit, arrachent une certaine quantité de houille; ils se la passent de mains en mains et le bouteur l'ajoute au tas formé pour le chargeur. Les autres ouvriers à la veine imitent cette manœuvre, après avoir visité les boisages de la taille. C'est après ce travail préparatoire que commence le havage régulier effectué à deux et même trois reprises successives.

Il n'est permis d'entasser le charbon à l'origine de la galerie que lorsque plus de la moitié des cuffats ont été élevés au jour; le bouteur fait alors reculer le chargeur pour établir ce tas; nul haveur ne peut se retirer si la quantité prescrite ne s'y trouve renfermée. Cette évaluation se fait à vue d'œil. En outre, on laisse dans la taille assez de charbon pour remplir deux ou trois voitures dès le commencement de la journée suivante; mais on le place en dehors du cercle d'action des restapleurs et des coupeurs de voie, afin qu'ils ne soient pas exposés à le salir ou à le briser.

Les haveurs de chaque taille forment une brigade, désignée dans le registre d'inscription sous le nom de l'un d'entre eux qui, seul, a mission de recevoir le salaire général. Les membres de chaque brigade doivent, sous peine d'amende, livrer la quantité de charbon voulue et ne jamais laisser le chargeur en défaut de marchandise. Les ouvriers sont payés au mètre carré de surface excavée. Le chargeur est payé par douzaine de voitures; il les charge à l'escoupe jusqu'à 0.10 à 0.15 mètre au-dessous du bord, et il achève de les remplir en y ajoutant de gros blocs de houille. Le contrôle qu'exercent sur lui les sclauneurs a pour objet de le contraindre à bien remplir les vases de transport; car, payés par douzaine de cuffats, ils remplissent leur tâche d'autant plus vite que les voitures contiennent un plus grand volume de charbon.

Les voies thiernes étant d'inégale longueur, le sclauneur ne parcourt pas deux fois de suite la même galerie, mais toutes successivement, afin que le travail soit le même pour tous les ouvriers de cette catégorie. Ceux-ci se contrôlent entre eux; si l'un d'eux amène sur la costresse une voiture mal remplie, il doit retourner en prendre une autre, et la première ne compte pas. Ils sont tous solidaires les uns des autres et doivent compléter le trait. Enfin, les chargeurs au cuffat, payés à la mesure, excitent naturellement l'activité des sclauneurs et trouvent leur intérêt à bien remplir les cuffats.

Tout est donc combiné, dans les mines du Flénu, pour que les intérêts des diverses classes d'ouvriers soient en opposition. Les chargeurs à la taille, payés par douzaine de voitures, cherchent à en augmenter le nombre;

mais les sclauneurs, payés au cuffat, exigent que les voitures soient bien remplies ; ceux-ci auraient de l'avantage à ce que les cuffats fussent mal comblés ; mais les chargeurs au puits, payés à la mesure, ont un intérêt directement opposé.

SECTION IIIᵉ.

PROCÉDÉS D'EXPLOITATION EMPLOYÉS DANS LES PRINCIPAUX BASSINS HOUILLERS DE LA FRANCE.

430. *Travaux exécutés dans le département du Nord.*

Le mode d'exploitation usité à Anzin, à Aniche et dans les autres mines de ce département, présente la plus grande analogie avec les travaux de Charleroi ; ceci n'a rien d'étonnant, puisque l'inventeur de ces mines et les premiers ouvriers qui les ont exploitées étaient originaires des environs de cette ville ; aussi le nom des outils, de la plupart des excavations et des divers détails d'exploitation sont-ils tirés de l'idiome en usage dans la banlieue de Charleroi. On remarque aussi de grandes ressemblances dans la disposition et la construction des puits de ce district avec ceux du Couchant de Mons ; il n'en pouvait être autrement, vu les circonstances identiques de gisement dans deux localités si rapprochées, où la plus récente a dû nécessairement emprunter à la plus ancienne.

Tous les puits ou fosses peuvent servir à l'extraction ; leur section est circulaire et leur diamètre varie de 2.80 à 3 mètres. Réunis en groupes par des communications intérieures, l'un d'eux sert quelquefois à la sortie de l'air qui a pénétré dans la mine par deux ou trois autres puits ; souvent, le courant descend par l'un d'eux, se divise en deux branches et retourne dans l'atmosphère par deux orifices différents.

Les échelles dont les mineurs se servent exclusivement pour pénétrer dans la mine sont placées, de même qu'à Mons, dans une série de petits puits intérieurs (*beurtias*) foncés à travers le terrain houiller et à côté de la fosse principale. Ces puits, dont la section est circulaire et le diamètre moyen de 1.50 mètre, sont réunis entre eux par des galeries de 3 à 4 mètres de longueur. Pour éviter un passage spécial à travers le mort-terrain, ces excavations se prolongent au jour par un compartiment (*goyau* ou *rayon*) établi dans le puits principal, sur la hauteur comprise entre le sol et les dièves. Cette voie de communication livre également passage à un filet d'air pur, provenant de l'atmosphère, et alimentant le foyer placé dans les fosses d'appel. Les puits se foncent au fur et à mesure du dépouillement des couches ; lorsqu'ils deviennent inutiles, on les comble de déblais jusqu'un peu au-dessous du tourtia ; de ce point au commencement des dièves, on les remplit d'une couche épaisse de mortier hydraulique destiné à prévenir les infiltrations. De cette manière se trouvent artificiellement rétablies les dièves qui protégent le terrain houiller contre l'invasion des eaux du niveau.

Le mort-terrain est trop puissant et la surface du sol trop peu accidentée pour que les galeries d'écoulement puissent atteindre les stratifications carbonifères ; on en a néanmoins pratiqué quelques-unes, tant pour l'écoulement des niveaux supérieurs pendant le fonçage des puits, que pour recevoir les eaux des pompes. Des puits spéciaux sont exclusivement destinés à l'épuisement ; chacun d'eux assèche les travaux d'un certain nombre de fosses d'extraction, limité par la puissance de la machine d'exhaure ; en sorte que l'on jouit dans son intégrité des bénéfices d'un épuisement centralisé.

431. *Travaux d'exploitation de la fosse Ernest* (*Anzin*).

L'arrachement s'effectuant de la même manière dans les couches plates et droites, les désignations des diverses galeries et les autres détails d'exploitation étant les mêmes dans les deux cas, l'exemple choisi, quoique ne comprenant pas de droits, suffira pour faciliter l'intelligence du mode généralement usité dans les mines du département du Nord.

Les figures 8 et 8 bis de la planche XXX sont les représentations des travaux exécutés par le puits Ernest suivant des plans horizontaux et verticaux. Les galeries à travers bancs (*bowettes*) partant de la fosse d'extraction ont recoupé trois couches, dont l'inclinaison moyenne est de 36°. A partir de la chambre d'accrochage pour la Grande-Veine et de la bowette inférieure pour les deux autres couches, on perce à l'est et à l'ouest une galerie d'allongement *ik* (*chasse* ou *voie de fond*) qui s'élargit peu à peu et forme une taille de 9 mètres de hauteur. A ce point est établi le premier *bronchage lm*, galerie diagonale ménagée au milieu des remblais pour le passage des produits des tailles supérieures, et dont la pente ne peut dépasser 14 à 17 p. c., ou 8 à 10 degrés. Dès que cette galerie inclinée a atteint une hauteur suffisante, on ouvre sur la direction une deuxième taille parallèle à la première, dont elle est séparée par une voie de roulage *n*; puis successivement, à mesure que le bronchage s'élève, une troisième, une quatrième et quelquefois une cinquième. Ces ateliers, disposés en retraite les uns sur les autres, de manière à former une série de gradins renversés, laissent derrière eux des voies horizontales désignées par les noms de 1re., 2e., 3e., etc., voies.

Pour éviter un entretien trop prolongé des diverses galeries, les bronchages s'établissent à environ 100 mètres les uns des autres; mais cette distance est un terme moyen déterminé d'ailleurs par le volume des remblais; si la couche en produit abondamment, on réduit le nombre des excavations, en écartant les bronchages les uns des autres; s'ils sont rares, on rapproche, au contraire, ces derniers, et leur multiplication tend à rendre suffisants les débris stériles de la couche. A défaut d'intercalations schisteuses, on emploie les produits du passage des crains ou du percement des bowettes; le transport de ces matériaux s'effectue pendant la nuit; les paniers d'extraction les amènent à l'étage supérieur, où des rouleurs les prennent pour les conduire en descendant à travers les galeries les plus rapprochées du point où ils doivent être employés.

La figure 9 représente le revêtement de la galerie de fond avant et après la rencontre de la voie diagonale; la figure 10 exprime la forme du boisage exécuté au point de croisement des deux galeries; *m* est la voie de fond, *o* la diagonale. La longueur des chasses dépasse rarement 500 mètres; elles sont ordinairement limitées par un crain, une faille ou tout autre dérangement que l'on ne juge pas convenable de franchir. C'est alors que l'on revient arracher le triangle de houille resté au-dessus du premier bronchage (fig. 8). Cette opération se fait, soit au moyen d'une voie inclinée *o* dirigée en sens contraire de la première, ainsi qu'on le voit dans les travaux de *moyenne veine*, soit à l'aide de galeries *r r* ouvertes suivant la ligne de plus grande pente, ainsi que l'expriment les deux autres couches.

La marche du courant ventilateur est, du reste, fort simple : partant du puits, il traverse la voie de fond sans pouvoir pénétrer dans les bronchages, dont le pied est obstrué de portes (*fenêtres*) ; il rase la première taille, se replie dans une galerie horizontale (*pilier*) comprise entre les remblais et la paroi latérale du gradin supérieur ; il parcourt de même les autres ateliers et se rend au puits de retour après avoir traversé la voie supérieure p, q appelée *maillage* ou *châssis d'aérage*.

Un ingénieur anglais, ancien directeur de l'établissement d'Anzin, s'étant aperçu de l'influence fâcheuse exercée sur la quotité des produits journaliers par la rencontre des rejettements, des crains et des autres dérangements si fréquents dans cette localité, proposa, il y a vingt-cinq ou vingt-six ans, un moyen de se soustraire à ce grave inconvénient. Ce projet (fig. 11) consistait à chasser, préalablement à toute autre opération, la voie de fond $a\,a'$ jusqu'à la limite, et à reconnaître ainsi tous les accidents du terrain; puis à exploiter, par la méthode ordinaire, au moyen d'une série de bronchages $b\,b'$, accompagnés de tailles c, c, c, en commençant par la partie la plus écartée du puits sur lequel on se serait dirigé en retraite. Ce projet n'aurait pas été applicable aux mines à grisou.

432. *Nomenclature des ouvriers employés dans les mines d'Anzin.*

Les ouvriers des districts du département du Nord sont, comme partout ailleurs, divisés en deux postes : l'un dit *du matin*, l'autre de *l'après-midi*. Le premier est commandé par les porions; il comprend les *mineurs* qui havent, abattent la couche, rejettent les remblais derrière eux, boisent la taille en appliquant contre le toit des *ralongues* à l'aide d'étais désignés sous le nom de *bois de taille*. Les *chargeurs aux tailles*, les *hercheurs au charbon* et les *chargeurs à l'accrochage* remplissent des fonctions déjà connues du lecteur. Les *demi-hercheurs* sont de jeunes ouvriers qui se mettent à deux pour remplir la tâche d'un homme fait. Les *reculeurs* conduisent le charbon des tailles supérieures sur la voie de roulage. Enfin, les *raccommodeurs* entretiennent les voies de roulage, et les *galibots*, aides-raccommodeurs, amènent aux premiers les matériaux nécessaires.

Les ouvriers composant le poste de l'après-midi, surveillés par les *maîtres-mineurs* et par les *élèves* formés pour remplir ultérieurement ces fonctions, sont : Les *coupeurs de voie*, occupés à l'entaillement des roches encaissantes ; les *broncheurs*, chargés de l'exécution des galeries diagonales, de la confection des murailles en pierres sèches et de l'arrangement des déblais ; les *mailleurs*, qui forment la voie de retour de l'air ; les *raucheurs*, dont les fonctions consistent à rétablir dans leurs dimensions primitives les galeries qui se sont affaissées : ils sont assistés par les *hercheurs à terre*.

A la surface se trouvent les *moulineurs*, placés à l'orifice des puits pour recevoir les tonnes venant du fond et en verser le contenu sur la *recette* ou margelle ; les *brouetteurs*, etc.

433. District de St.-Étienne, fendues et puits.

Le lecteur a vu (65), dans la description du bassin carbonifère de St.-Étienne, que les stratifications viennent, par leurs affleurements, se profiler sur les flancs des collines, sous lesquelles elles s'enfoncent ; cette disposition de gisement a donné naissance, dès l'origine de l'exploitation, à un mode particulier d'attaque des couches, consistant à pratiquer une *fendue* ou galerie partant de l'affleurement, et descendant, suivant l'inclinaison, jusqu'à une profondeur indéterminée. L'orifice de la fendue ne se creuse pas immédiatement sur l'affleurement, où les roches n'offrent pas assez de solidité, mais dans le mur, à 3 ou 4 mètres au-dessous de la stratification, qu'elle rejoint à peu de distance. Quelquefois aussi le mineur est forcé d'entreprendre la fendue dans les roches encaissantes, sur une étendue assez considérable; il lui imprime aussi une direction sinueuse, afin d'éviter la rencontre d'anciens travaux rapprochés de la surface, ou de lui donner une pente plus régulière et moins abrupte que celle de la couche.

Tel était, il y a 60 ans, le seul moyen de pénétrer dans les mines de ce district, d'en épuiser les eaux et d'en extraire la houille; cette dernière opération était d'ailleurs péniblement exécutée par des manœuvres (*sorteurs*) dont les fonctions consistaient à porter sur le dos une charge de houille contenue dans un sac de toile ajusté sur leur tête comme un capuchon. Actuellement, les fendues sont réservées à la conduite du courant d'air, à l'entrée et à la sortie des ouvriers; sous ce dernier rapport, elles sont fort commodes, si l'on a le soin d'entretenir les rampes ou les escaliers dans un état convenable.

Les puits dont on se sert actuellement ont une section circulaire; leur diamètre varie entre 2.40 et 3 mètres. Ils ne sont pas creusés à de grandes profondeurs, puisque l'un de ceux de la concession de Méon, qui n'a que 210 mètres, passe pour le plus profond du district. La solidité du roc est telle que ces excavations n'exigent aucun revêtement, excepté à leur partie supérieure, où quelquefois on exécute un boisage, et le plus souvent un muraillement destiné à prévenir l'éboulement des terres végétales et des stratifications supérieures. Jamais ils ne sont divisés en compartiments; mais quelquefois on augmente leur diamètre au point où les deux vases d'extraction se rencontrent.

454. *Travaux du puits Neyron, bassin de Bérard.*
(Pl. XXXII.)

La figure 2 représente les travaux exécutés par le puits Neyron, dans la cinquième couche, dont la puissance varie de 1.20 à 1.50 mètre et l'inclinaison de 8 à 10 degrés. La figure 1re. est une section verticale exprimant la disposition des couches de cette concession.

Après avoir établi un courant ventilateur, en mettant en communication le puits Neyron *A*, servant à l'appel de l'air, et un puits voisin par lequel il afflue, et avoir ouvert, suivant la direction, la voie principale *a' a' a'*, on divise le *massif*, ou champ d'exploitation, par un système de voies *a a*, *a'' a''* parallèles à l'allongement, combiné avec un autre système de galeries *b, b, b* percées suivant l'inclinaison et comprenant entre elles des piliers de houille de 20 à 25 mètres de côté. Les premières, appelées *fonds*, sont de véritables tailles auxquelles on donne une largeur de 4 à 6 mètres. Les autres, désignées sous le nom de *pointes* ou de *descentes*, s'établissent partout où elles peuvent faciliter l'aérage des travaux et le transport des produits. Le sol des galeries horizontales est excavé du côté d'aval, de manière à former un petit canal destiné à favoriser l'écoulement des eaux vers le puisard ; ce canal est recouvert de madriers sur lesquels s'exécute le roulage.

Dans l'état actuel du développement de la mine, l'air frais entre par le point *a*, s'engage dans des coffres qui le conduisent au fond de la descente *c* ; puis, remontant en *d*, il se divise en deux branches et ventile tous les travaux, dans lesquels il suit la marche indiquée par les flèches.

Comme la couche n'a que 1.50 mètre de puissance, on l'arrache en totalité et d'une seule fois en soutenant son toit à l'aide de *buttes*, étais de pin ou de sapin que les montagnes voisines fournissent en abondance. Chaque galerie est occupée par deux ouvriers exclusivement chargés de l'entaillement et de l'abattage; ils pratiquent vers le mur une échancrure assez haute pour pouvoir y introduire la partie supérieure du corps et les deux bras; ils avancent, dans leur journée, de 3 à 3.50 mètres, et n'ont aucun égard au clivage.

La préparation du massif se prolonge, dans le sens de l'inclinaison, jusqu'aux affleurements ou aux vieux travaux supérieurs; ils sont limités dans le sens de la direction par un étranglement (*couffée*) de quelque importance que l'on ne juge pas à propos de franchir, ou par une trop grande longueur de transport. Après avoir ainsi divisé le champ d'exploitation en piliers ou parallélipipèdes rectangulaires, le mineur revient sur ses pas et enlève la totalité ou seulement une partie de chaque pilier, en commençant par le plus élevé et le plus éloigné du puits.

On remarque, dans ce mode d'exploitation par *piliers et galeries* ou par *massifs courts*, deux opérations distinctes : *la préparation* des travaux, c'est-à-dire le percement des galeries, et *le dépilage*, ou l'enlèvement des piliers. On analysera, dans les paragraphes suivants, les différentes modifications de détail résultant de l'inclinaison de la couche, de sa puissance, de sa composition et de la nature de son toit.

435. *Travaux de préparation.*

Autrefois les galeries d'une très-grande largeur com-
prenaient des piliers fort minces ; cet usage tendait à la
dislocation de ceux-ci par suite de la faible résistance
qu'ils opposaient à la pression du faîte et compromettait
la sûreté des ouvriers. Actuellement, les piliers de 10 à
50 mètres sont compris entre des galeries dont la largeur
varie de 5 à 7 mètres, suivant la solidité du toit, la dureté
de la houille et la puissance de la couche.

Lorsque cette dernière n'excède pas 5 mètres, le mineur
excave ses galeries de toute la hauteur comprise entre les
salbandes. Si elle fournit des remblais provenant d'un faux
toit, ou des intercalations schisteuses (*gores*), il les met à
profit pour en former des murs secs le long des voies
horizontales et contre la paroi formée par les massifs inférieurs. Ces murs diminuent la portée du faîte et sont d'autant plus épais que les remblais sont plus abondants. Si ces
derniers sont en petite quantité, le mineur se contente d'en
former des piliers, qu'il dispose principalement au-dessous
des points peu solides de la roche.

Les couches plus puissantes (de 5 à 5 mètres) sont entaillées vers le milieu de leur épaisseur; le mineur en abandonne au mur quelques stratifications qu'il reprend lors
du dépilage, ou fait coïncider le sol de la voie et le mur de
la couche en laissant une assez forte épaisseur de houille
vers le toit; il augmente ainsi la solidité de ce dernier et se
dispense de le soutenir avec des étais. Enfin, il perce la
galerie au milieu de la couche, en laissant intacts au toit
et sur le mur des bancs de houille qu'il arrache en partie
lors du dépilage.

Quand la puissance de la couche excède 5 mètres, ou
qu'elle est divisée par des matières stériles de 2 à 5 mètres

d'épaisseur (*nerf*), il pratique deux étages de travaux : les bancs supérieurs sont l'objet du premier arrachement ; il laisse au terrain le temps de s'affaisser, puis, quand le toit est arrivé au contact des bancs de houille voisins du mur, il procède à leur exploitation.

Lorsque l'inclinaison des couches est assez considérable, les produits de l'arrachement de l'amont-pendage parviennent aux puits en suivant un plan automoteur établi sur la ligne de plus grande pente ; ceux de la partie située en aval sont remorqués le long d'un plan incliné, descendant à l'aide d'une machine à molettes (*vargue*), ou de la machine à vapeur établie à la surface.

L'étendue des champs d'exploitation est ordinairement fort restreinte, soit par suite de la nécessité où le mineur se trouve de limiter l'affluence des eaux et de la mettre en rapport avec les moyens d'exhaure dont il dispose, soit par suite de l'habitude contractée anciennement, lorsque les moyens de transport n'étaient pas perfectionnés, de peu s'écarter des puits. Il est rare, en effet, que les galeries d'allongement aient une longueur totale de 1,000 mètres, c'est-à-dire 500 mètres de chaque côté de la chambre d'accrochage. Dans tous les cas, la préparation d'une surface trop étendue est fort désavantageuse en ce qu'il s'écoule un laps de temps trop considérable jusqu'au moment du dépilage ; alors les houilles des piliers, soumises aux influences atmosphériques, s'altèrent, les stratifications se délitent, s'éboulent, et le mineur ne recueille que des charbons menus, si toutefois il peut le faire au-dessous d'un toit menaçant.

436. *Du dépilage.*

Le dépilage a lieu en commençant par le pilier le plus éloigné du puits. Pendant que l'on attaque le 3°. pilier de la première ligne, on procède à l'arrachement du 1er. pilier de la seconde, et ainsi de suite en marchant de haut en bas et faisant en sorte que le dépilage d'une rangée soit toujours en avance sur l'arrachement de la ligne inférieure.

Le dépilage est total ou partiel : total, lorsque l'exploitation se fait à une assez grande profondeur, que les stratifications sont consistantes, peu fissurées et fort sèches; partiel, si les remblais font défaut; si le combustible a peu de valeur; si le mineur peut craindre la propagation des éboulements au jour, et, par suite, la dégradation des propriétés bâties; s'il a à redouter l'élargissement des fissures naturelles ou la formation de crevasses livrant passage aux eaux de la surface. Quelquefois aussi des considérations d'un tout autre ordre engagent l'extracteur à n'enlever qu'une partie de la houille : c'est lorsque, lié par d'anciens contrats avec les possesseurs du sol, il a été stipulé que ces derniers jouiront d'une redevance fort élevée dans le cas où un dépilage complet peut avoir lieu; alors, dans le but de se soustraire à cette condition onéreuse, il ne l'opère que partiellement. Dans l'emploi de ce dernier mode, on peut établir des piliers dont l'épaisseur soit strictement nécessaire au soutien du toit pendant l'arrachement, puis abandonner définitivement le massif, ou les réserver plus solides et les recouper ultérieurement en quatre parties par deux galeries dirigées à angle droit, ou enfin les amincir en les attaquant sur leurs quatre faces si l'opération offre plus de facilité. Dans le dépilage total, le mineur pratique une série de tailles contiguës, au moyen desquelles il enlève tout le pilier, la houille abandonnée au faîte des galeries, celle qui est restée sur le sol, et enfin tout ce qu'il est possible d'arracher en protégeant les ouvriers contre les éboulements. Dans ce but, il installe des étais sous les parties défectueuses de la roche; si la couche offre des bancs stériles ou un faux toit, il construit des murs continus ou des buttes en nombre proportionnel à l'abondance des remblais. Au moyen de ces diverses opérations il peut entrer en possession du tiers, de la moitié et quelquefois de la totalité de la couche.

437. *Exploitation par remblais d'une couche fort puissante de la mine de Montrambert.*
(Fig. 16 et 17, pl. XXXII.)

C'est en grande partie à M. l'ingénieur Delseriès que l'on doit la tentative faite au puits Marseille d'enlever, en remblayant, la totalité d'une couche dont la puissance varie entre 14 et 16.50 mètres, et l'inclinaison de 45 à 50 degrés.

La tranche à exploiter est limitée par deux galeries à travers bancs a, a'; celles-ci donnent lieu à des galeries d'allongement ouvertes au toit de la couche et séparées par un massif de 10 à 12 mètres mesurés verticalement; celle de dessus sert au transport des remblais, et celle de dessous à l'évacuation des produits de l'arrachement. Des cheminées b, b, b inclinées de 60 à 70 degrés, espacées de 20 à 25 mètres d'axe en axe, et des percements transversaux c, c mettent ces deux voies en communication. La couche étant ainsi préparée, on établit des chantiers g, g', de 7 mètres de largeur, dirigés suivant l'allongement. C'est au moyen de ces tailles qu'on enlève une tranche horizontale d'une épaisseur de 2.50 à 3 mètres, à laquelle on substitue, au fur et à mesure de l'arrachement, des remblais provenant de la surface et formés d'argiles extraites à une faible distance du puits; celles-ci descendent dans des tonnes et, arrivées dans la chambre d'accrochage supérieure, elles sont chargées dans des voitures, puis précipitées dans les cheminées, à la

base desquelles on les recueille pour les entasser dans les excavations. La première tranche étant enlevée sur toute
l'étendue du champ d'exploitation, on passe à la seconde, que
l'on entame de la même manière et sur la même épaisseur,
en commençant par le percement de la galerie d'allongement, pendant lequel la galerie inférieure sert au transport
des houilles; après quoi celle-ci est remblayée jusqu'au
niveau de la deuxième tranche, en disposant du côté du
puits les remblais en un talus, qui se prolonge à mesure
que l'exploitation se porte sur des tranches plus élevées.
Un chemin de fer établi dans cette galerie inclinée forme
un plan automoteur sur lequel descendent les produits de
la partie supérieure du massif. Les tailles sont alors attaquées
puis remblayées comme ci-dessus.

458. *Exploitation de Rive-de-Gier.*

Les circonstances caractéristiques de cette localité sont :
les étreintes qui affectent fréquemment la grande masse ;
les failles qui rejettent les deux fragments du terrain à des
niveaux différents ; la profondeur des puits, beaucoup
plus grande que dans le district de St.-Étienne ; l'abondance des eaux, et surtout le désordre introduit par les
anciens modes d'exploitation, dont les suites ont si gravement compromis l'avenir des mines de Rive-de-Gier.

C'est aux nombreuses excavations pratiquées autrefois
vers les affleurements, aux infiltrations qui ont été la
conséquence des fissures produites par un mode vicieux
d'exploitation ; c'est à la disposition des roches gisant à
peu près parallèlement à la courbure du bassin formé par
la vallée dans laquelle coule le Gier, que l'on doit attribuer
la grande affluence des eaux dans les mines de cette loca-

lité : affluence telle que l'interruption de l'épuisement dans l'une des concessions d'un district se fait immédiatement sentir dans tous les puits voisins, et que, depuis longtemps, il a fallu avoir recours, pour l'assèchement des travaux, à de puissantes machines d'exhaure.

Les puits sont verticaux, leur section est circulaire et leur diamètre varie de 2.50 à 3 mètres; le plus profond de cette localité est le puits Vellerut (concession du Collenon), qui a atteint le schiste mécacé à une profondeur de 411 mètres. De même qu'à St.-Étienne, on ne les muraille qu'à leur partie supérieure, aux approches de la terre végétale; au-dessous des stratifications de la surface, les parois se soutiennent d'elles-mêmes. Les roches peu solides rencontrées accidentellement sont étayées par des cadres octogones; mais il n'y a aucun puits qui soit revêtu de boisages sur toute sa hauteur.

Il n'existe pas à Rive-de-Gier de puits spécialement destiné au retour du courant d'air; les Sociétés qui n'en possèdent qu'un seul prennent des arrangements avec la concession voisine, et les deux mines sont liées de manière à satisfaire à toutes les exigences de la ventilation. Si la circulation de l'air doit être déterminée par un puits isolé, celui-ci est divisé en deux compartiments, dont l'un, la *gaine d'aérage*, est égal au tiers de la section totale.

Les galeries pratiquées dans les roches encaissantes (*repercées*) ont pour objet d'atteindre la couche, de franchir un dérangement ou de faciliter l'écoulement des eaux.

Les procédés d'exploitation varient suivant la puissance des stratifications : les grandes tailles remblayées sont ordinairement appliquées aux couches minces, et les piliers et galeries, avec dépilage par remblais rapportés, aux couches épaisses.

439. *Système vicieux appliqué à l'exploitation de la Grande-Masse.*

Dans ce district, les fissures naturelles de la houille (le *git du charbon*) sont ordinairement fort rapprochées les unes des autres et à peu près perpendiculaires aux plans de stratification ; elles n'ont aucun rapport avec l'inclinaison ou la direction de la couche, qu'elles recoupent sous tous les angles possibles. Le mineur de Rive-de-Gier les étudie attentivement, afin de les attaquer d'une manière convenable et de faciliter la division de la masse et sa réduction en gros blocs ; autrement, la houille offrirait par sa dureté une grande résistance aux efforts de l'ouvrier, et tomberait presqu'entièrement en menu. Mais il paraît qu'autrefois on faisait jouer au clivage un rôle beaucoup trop important ; on lui sacrifiait toutes les autres considérations, et l'on faisait dépendre le percement des galeries, leur direction et même les procédés d'entaillement de sa disposition variable dans le gîte. Quoi qu'il en soit, voici le système appliqué autrefois à l'exploitation de la *Grande-Masse* de Rive-de-Gier (63). et qui, pour les détails, peut être considéré comme subsistant encore actuellement.

Lorsque le mineur, après avoir chassé à droite et à gauche du puits, dans les bancs inférieurs de la couche (le *raffaud*), une galerie horizontale dite *de coursière*, avait reconnu le sens dans lequel la houille se détache le plus aisément, il était fixé sur la direction la plus favorable à donner aux voies destinées à diviser le champ d'exploitation en piliers. Ces voies étaient de deux espèces : les premières (*tays*), partant de la coursière et auxquelles il donnait une largeur de 4 à 6 mètres, étaient de véritables chantiers d'exploitation ; il les dirigeait perpendiculairement aux plans des fissures, qui, fort inconstantes, leur imprimaient une direction sinueuse. Les massifs qui les séparaient, également irréguliers, étaient recoupés par d'autres galeries (*pointes*) perpendiculaires aux premières, mais seulement lorsque les besoins de la ventilation, de l'écoulement des eaux ou du transport exigeaient impérieusement leur percement, car elles sont difficiles et coûteuses à creuser et produisent beaucoup de menu. Le raffaud étant ainsi préparé, il procédait au dépilage au moyen de tailles ouvertes dans les massifs et dirigées perpendiculairement au gît du charbon.

Pendant ce temps, et en d'autres parties de la mine antérieurement abandonnées après leur dépilage, se déclarait un phénomène sur lequel on avait compté pour reprendre les bancs superposés au nerf blanc, ou la partie de la couche appelée *la maréchale* : c'est la propriété dont jouit le mur de la Grande-Masse de se désagréger, de foisonner et de tendre à se rapprocher de son toit. Lors donc que le mineur voyait les galeries entièrement bouchées par suite du soulèvement des assises inférieures, et lorsqu'il ne restait plus entre elles et la maréchale qu'un intervalle représentant le havage, il procédait à l'exploitation du deuxième étage en employant le même mode de préparation et de dépilage que ci-dessus. Mais, ne rencontrant alors qu'un gite broyé par les mouvements du terrain, l'exploitant devait multiplier les boisages, se résoudre à un transport des plus difficiles sur un sol accidenté par l'irrégularité des gonflements du mur, et s'exposer aux écrasées d'un toit disloqué et aux incendies si fréquents dans ces mines, pour ne retirer de cette couche que les trois quarts, le tiers et quelquefois même la moitié de la houille qu'elle contient.

Ces difficultés, inhérentes au mode d'exploitation, étaient

encore aggravées par une pratique vicieuse introduite par certains entrepreneurs du travail souterrain, afin de diminuer le prix de la main-d'œuvre appliquée à l'arrachement. Ceux-ci, non contents d'utiliser les éboulements spontanés provenant de la rupture des piliers trop minces qui cédaient sous le poids des assises supérieures, cherchaient à en provoquer d'autres plus considérables au milieu de la masse et dans les parties les plus riches de la mine, pour en recueillir les produits accumulés sur le sol. Les éboulements de la couche étaient promptement suivis de ceux du toit ; puis le mouvement, se propageant dans les roches superposées qu'il fissurait, se faisait sentir jusqu'à la superficie du sol. C'est en grande partie à cette pratique désastreuse que sont dues les inondations si fréquentes dans les mines de Rive-de-Gier.

440. *Nouveau mode d'exploitation par remblais rapportés.*

La crainte de voir les eaux envahir les mines de Rive-de-Gier, celle d'être contraint à payer des indemnités considérables relatives aux dommages causés à la surface du sol, tant aux chemins de fer qu'aux routes et au canal, ont engagé les exploitants à adopter le système des remblais rapportés, que prescrivait d'ailleurs l'administration des mines du bassin de la Loire.

La description suivante a pour objet les travaux du puits du Château, situé à un kilomètre à l'ouest de Rive-de-Gier et dépendant de la concession du Sardon, l'une des plus riches du bassin. C'est dans cette mine que le système dit *en travers avec remblais et par tranches successives de haut en bas* a pris naissance, et que la possibilité d'enlever la totalité des bancs a été prouvée. Dans cette nouvelle méthode, la couche, divisée en trois tranches à peu près de même épaisseur et parallèlement aux plans de stratification, donne lieu à trois champs de travaux superposés, attaqués successivement de bas en haut, et auxquels on substitue des remblais au fur et à mesure de l'arrachement de la houille. Chaque tranche, exploitée comme le serait une couche unique de médiocre puissance, est d'ailleurs divisée, comme ci-dessus, par deux systèmes de galeries comprenant des piliers d'assez grandes dimensions.

C'est pendant le dépilage que l'extraction est la plus forte et la moins coûteuse; aussi, pour que cette dernière n'éprouve pas de trop grandes variations, doit-on disposer une partie de la mine en dépilage, pendant que, dans l'autre partie, on perce des galeries de préparation.

La figure 3 (pl. XXXII) donne un exemple de cette disposition, dans laquelle l'étreinte ou *couffée Z Y* a été franchie sur plusieurs points par des *repercées* ayant pour but de créer un nouveau champ d'exploitation. Les lignes ponctuées indiquent la série des ateliers de dépilage ouverts simultanément dans plusieurs massifs; ils sont parallèles entre eux et perpendiculaires aux plans de clivage; leur hauteur égale l'épaisseur de la tranche, et leur largeur, dépendant de la solidité de la houille, varie de deux à cinq mètres. On les remblaie au fur et à mesure que l'excavation avance dans le gite. La direction de la Grande-Masse est indiquée par les lignes 20, 21 et 22, résultant de son intersection avec des plans horizontaux situés à 200, 210 et 220 mètres au-dessous de l'orifice du puits Bourret *A*. Celui-ci est exclusivement consacré à l'introduction du courant d'air dans la mine, tandis que le puits du Château *B* sert à l'extraction de la houille et à l'épuisement des eaux. Tous deux, dès l'origine, ont été mis en communication et leurs travaux ont été coordonnés dans un but de ventilation réciproque. La marche du courant d'air, dans cette mine sujette aux dégagements de gaz inflammable, est réglée avec le plus grand soin. Arrivé à la base du puits Bourret, il se divise en deux branches : l'une parcourt les travaux du nord et de l'est, s'engage dans la galerie *x*, et vient déboucher au jour par le puits Maniquet (Compagnie des Flaches), situé à peu de distance vers le sud ; l'autre sert à la ventilation de la partie d'aval et sort par le puits du Château. La marche des courants est indiquée par des flèches, et les lettres *p*, *p* font connaître la position des portes d'aérage.

La figure 5 est une section par un plan vertical d'une partie de ces travaux ; *b* est la *recette d'accrochage* ; *k, l, m* les trois tranches d'exploitation ; la première est en partie enlevée, et *b n* en exprime le sol entaillé dans la houille ; la seconde est en préparation, son sol artificiel *b o* est formé de remblais ; *r* sont les boisages, et *e, e* sont les orifices des galeries perpendiculaires à la direction (*pointes*).

La figure 6 est un plan théorique de dépilage ; *d d* est la galerie principale aboutissant au puits d'extraction ; *e, e'*, *e e'* les pointes ; *a, a, c, c* les galeries *de production*, les premières déjà remblayées et les secondes en activité. Les lettres *m m* indiquent celles qui seront ultérieurement formées.

441. *Opérations de détail.*

Les galeries de production (*viailles*) sont dirigées perpendiculairement aux plans de clivage, et, autant que possible, d'aval en amont, pour faciliter l'abattage de la houille et le placement des remblais. Le creusement s'effectue à l'aide d'échancrures latérales (*coupes*) et d'une entaille horizontale (*déchambage*) poussée jusqu'à 0.75 mètre de profondeur, en soutenant le bloc par des étais de faibles dimensions. Le parallélipipède, ainsi cerné sur trois faces, détaché à sa partie postérieure par le plan des fissures et sollicité par son propre poids, s'affaisse spontanément lorsqu'on arrache les bois de soutenement. Si le charbon reste adhérent au faîte, on opère la tombée à l'aide de quelques coups de mine. Le boisage des galeries se compose d'un chapeau (*chapiteau*) et de deux montants (*bras*), derrière lesquels on insère quelquefois des *écoins* ou palplanches.

Le premier atelier percé dans le massif réclame la construction, sur chacune de ses parois, d'un mur formé des échantillons de remblai les plus gros et les plus solides; l'intervalle qui demeure entre eux est comblé en même temps de matières stériles quelconques. Le but de ces murs étant d'empêcher la chute des débris étrangers et de préserver la houille de tout mélange tendant à altérer sa pureté, il suffit, dans ce percement des ateliers contigus, d'en élever un seulement du côté du massif.

Lorsque la houille, sortant des ateliers de la première tranche, a été remplacée par des matières stériles, on procède à l'arrachement du second étage. On n'attend pas, pour combler les galeries qui circonscrivent les piliers, que toute la tranche, soit enlevée, mais on procède de manière que ces excavations se suppléent mutuellement. Ainsi, pendant que les remblais s'entassent dans l'une des voies principales, les autres voies servent à compléter l'enlèvement de la tranche; et réciproquement, pendant que celles-ci se préparent à leur tour et s'installent dans la seconde tranche, la première galerie qui s'y trouve déjà installée sert de dégagement aux produits. Les galeries primitives étant ainsi déplacées dans le sens vertical seulement, les nouvelles voies correspondent exactement à celles de la première tranche.

Le second étage est l'objet de travaux analogues, après lesquels on poursuit l'arrachement du troisième, dont les chantiers sont remblayés partiellement ou en totalité, suivant les circonstances locales; en totalité, si l'on peut craindre la propagation des mouvements du terrain à la surface du sol; partiellement, dans le cas contraire et surtout si les assises superposées offrent de la solidité. Dans ce cas, des murs de pierres sèches ou des piliers de dimensions variables sont construits à de certaines distances; le faite est, en outre, soutenu par des *quadrillages* ou *trouillées*, massifs carrés, d'environ trois mètres de côté, composés de vieux bois rompus, croisés les uns sur les autres et disposés comme des bûchers. Ce procédé de soutenement est regardé comme très-convenable en ce que les quadrillages, après avoir cédé sous la pression, s'opposent à l'éboulement des grandes masses et que la chute des stratifications non soutenues ne peut s'étendre que sur de petites surfaces.

Le mineur, pour se procurer une grande abondance de matières stériles, établit des chantiers de remblai dans l'intérieur même des travaux. Les *chambres d'éboulement* N (fig. 4, pl. XXXII) sont ouvertes sur l'amont-pendage, dans les failles, les crains ou d'autres accidents, auprès desquels sont ménagées, pour y pénétrer, de petites galeries *i* soigneusement boisées. Évidemment ces écrasées ne peuvent avoir lieu impunément que dans les points de la mine correspondant à des parties du sol où les mouvements du terrain ne peuvent avoir de suites fâcheuses. Si les percements ont pour objet d'anciens massifs autrefois traités par éboulement, le mineur enlève sur son passage la houille et les matières stériles, qu'il sépare pour en former des remblais.

On arrête la propagation des incendies spontanés, très-fréquents dans cette localité, par l'isolement de la partie embrasée. Les barrages (*corrois*), employés dans ces circonstances, sont formés des boues recueillies dans les galeries, fortement tassées et accumulées sur une épaisseur de 1.80 mètre. Au premier abord, ces matériaux, renfermant du menu charbon en abondance, semblent peu convenables ; cependant une longue pratique ne permet de conserver aucun doute sur l'efficacité d'un semblable barrage.

442. *Personnel employé dans les mines de St.-Etienne et de Rive-de-Gier.*

A la tête du personnel se trouve un chef, auquel on donne le nom de *gouverneur*. Tous les jours il visite l'intérieur de la mine; il indique au commis le nombre des journées et assiste à la paie des ouvriers. Les gouverneurs, tirés de la classe de ces derniers, ont généralement peu d'instruction ; mais ce sont des praticiens que leurs connaissances de la localité rendent fort utiles pour la surveillance et pour la détermination des prix affectés aux divers travaux. Dans les mines où l'on extrait du minerai de fer, ils reçoivent une gratification établie sur chaque quintal métrique de ce produit. Le gouverneur a sous ses ordres un ou deux sous-gouverneurs, selon l'étendue des travaux et le nombre des puits.

Les *piqueurs* entaillent et abattent la houille, sans s'occuper en aucune manière du boisage ou des remblais. Lorsqu'ils travaillent *en massif*, c'est-à-dire lorsqu'ils percent les galeries, chaque mineur occupe 2 mètres de largeur : ainsi, les chantiers de 4 mètres sont excavés par deux ouvriers. Au *dépilage*, lorsqu'on enlève la houille des piliers, l'un d'eux occupe, pour le même avancement, un espace de 5 mètres, le nombre des entailles étant moins grand et l'abattage plus facile qu'en galerie. Les *boiseurs* sont des ouvriers spéciaux dont le travail est déterminé par le nombre de portes (*paires de buttes*), composées de deux étais (*bras*) et d'un chapeau (*joue*), qu'ils doivent placer dans une journée.

Les *sorteurs* employés autrefois à St.-Étienne devaient, dans leur journée, monter un nombre déterminé de *faix*, dont le poids était en rapport avec la profondeur de la mine. Ils étaient nu-pieds, tenant à la main un bâton dont ils se servaient pour aider leur marche et soutenir le fardeau dans les haltes. Cette fonction, non-seulement pénible, mais encore dangereuse à cause du mauvais état des escaliers et des rampes, a été presque généralement supprimée. Actuellement, les houilles sont transportées des tailles à la galerie principale par de jeunes *traineurs*, au moyen de bennes portées sur des traîneaux et sur la galerie principale jusqu'au puits d'extraction, par la réunion de plusieurs bennes sur une voiture que tirent des chevaux conduits par des *toucheurs* ou de forts *traineurs* aidés par des enfants (*pousseurs*).

Les *remplisseurs* chargent les tonnes au pied du puits; les *receveurs* les recueillent lorsqu'elles parviennent à leur orifice. Pour chaque centaine de bennes d'extraction, on emploie un receveur, qui doit conduire le charbon au point de déversement; si la distance est grande, il lui est accordé un aide. Les *réparationnaires* sont chargés de l'entretien des galeries en activité de service, quant au boisage et au muraillement. Les *cantonniers* réparent les chemins de fer.

On compte encore, tant au jour qu'au fond, les *palefreniers*, les *garnisseurs de lampes*, les *tireurs d'eau*, lorsque l'épuisement se fait par tonneaux; les *pompiers*, qui, ainsi que leur nom l'indique, s'occupent des appareils d'épuisement; les *trieurs de pierres*, jeunes gens de 10 à 14 ans, dont le salaire est proportionnel au volume des débris de roches extraites; les *machinistes*, les *chauffeurs*, et enfin le *forgeur-bennier*, qui refait le tranchant des outils, les bennes et les chariots.

443. *Exploitation de la couche puissante du Creusot (Saône-et-Loire).*

Les difficultés inhérentes à une grande puissance et à une forte inclinaison sont encore compliquées par la nature inconsistante de la houille et par sa tendance aux éboulements; celle-ci est telle qu'on a vu un pilier d'une hauteur considérable s'écouler, pour ainsi dire, dans une galerie pratiquée au milieu de la couche et fournir à un chargement dont la durée fut de plus d'un mois.

Les anciens travaux consistaient en galeries d'environ 2 mètres de hauteur, disposées à angle droit et comprenant entre elles des massifs de 3 mètres de côté formant échiquier. L'étage exploité, on descendait de 5 mètres pour établir un semblable champ, aménagé de la même manière, en sorte qu'il restait entre deux étages successifs (*plafonds*) un massif horizontal, ou *estau*, de 5 mètres d'épaisseur, et l'on continuait ainsi à s'enfoncer dans la profondeur. C'est à peine si un quart de la couche était enlevé par ce procédé, dont les excavations multipliées engendraient des éboulements; ceux-ci, se propageant jusqu'à la surface du sol, faisaient affluer les eaux dans la mine et y déterminaient de fréquents incendies souterrains. Cet état de choses se prolongea jusqu'en 1825, c'est-à-dire pendant tout le temps que les propriétaires de la mine ne sentirent pas la nécessité de ménager la richesse minérale, et malgré les efforts que fit M. Baillet pour changer cet état de choses déplorable. C'est à M. Quetel qu'est due l'application du mode, désigné sous le nom d'*ouvrages en traverses* ou *par étages successifs en remontant*, suivi en Hongrie pour l'exploitation des filons puissants de cuivre schisteux (1).

Les travaux, hérissés de difficultés, sont généralement sans régularité, ce que l'on doit attribuer aux accidents du gite, au défaut de remblais, et surtout au désordre introduit dans la mine par les fréquents changements de système et par la violation des principes d'exploitation les plus simples. Cependant, ils ont été tout récemment beaucoup simplifiés et centralisés, en limitant leur profondeur; l'arrachement s'effectue entre deux étages situés à 80 et 120 mètres du sol, dans les parties regardées autrefois comme inexploitables. Toutefois, cette limite dans la profondeur des travaux ne peut être considérée comme une décision spontanée, mais comme provenant de l'insuffisance des moyens d'épuisement.

L'exploitation a pour objet l'enlèvement de massifs intacts et plus souvent celui de piliers (*estaux*) anciennement abandonnés entre deux étages successifs.

444. Des puits.

Ils sont foncés dans les stratifications encaissantes et jamais dans la couche, où il serait impossible de les

---

(1) Depuis longtemps MM. les ingénieurs Baillet, Duhamel, Laverrière et Blavier, avaient indiqué ce système comme entièrement applicable aux couches puissantes. — *Journal des Mines*, cahier 45, tome 8.

maintenir ouverts, de les préserver des éboulements et
de les soustraire aux chances si fréquentes d'incendie. Les
fonçages se font ordinairement dans le toit, parce que les
stratifications schisteuses, quoique tendres, sont assez
solides, et que, dans le mur, on s'exposerait à rencontrer les roches granitiques, dont le percement serait impraticable. Les puits, à section circulaire, ont un diamètre
de 2.60 mètres. Ils sont revêtus d'un muraillement et
placés de manière à ne rencontrer la couche qu'à la profondeur déterminée; celle-ci (fig. 7) est attaquée au moyen de
galeries à travers bancs $a\,b$, $a'\,b'$ creusées à une distance
verticale de 20 à 30 mètres les unes des autres ; ces
repercées limitent un certain nombre de massifs ou *stocks,*
dont l'arrachement s'effectue par tranches horizontales de
bas en haut.

445. *Arrachement des massifs complètement intacts.* (Fig. 7 et 8, pl. XXXII.)

Un stock de 20 mètres de hauteur verticale, placé
au-dessous d'un étage exploité, est enlevé en dix tranches
de deux mètres d'épaisseur ; l'opération étant identique
pour chaque tranche, ce que l'on dira de l'une d'elles
s'appliquera à toutes les autres. La *repercée* $a\,b$, ayant
atteint la couche, est prolongée jusqu'au mur ; une cheminée, revêtue d'un muraillement en briques, s'élève à
travers le massif de houille, et lorsqu'elle débouche dans
les travaux de l'étage supérieur, où l'on a eu le soin
d'entretenir quelques galeries ouvertes, la circulation de
l'air est établie dans le nouveau champ d'exploitation.

Les galeries d'allongement c, c, c et c', c', c' (*mères-
galeries*) ouvertes sur le toit et sur le mur, dont elles

suivent toutes les sinuosités, servent au transport des produits de la première tranche ; leur hauteur est comprise entre 2 et 2.30 mètres ; la largeur est de 2 à 2.30 et 3 mètres au maximum, suivant la nature plus ou moins ébouleuse de la couche. Quelquefois, dans un but de stabilité, elles sont en partie excavées dans les roches schisteuses ; quelquefois aussi, lorsque les parois sont trop irrégulières, elles sont percées en totalité dans la masse encaissante. A une certaine distance de la repercée, on réunit les deux mères-galeries par des *recoupes d*, *d*, *d*, galeries transversales comprenant entre elles des piliers de 10 à 12 mètres de largeur. Il est indifférent que ces récoupes partent du toit ou du mur ; mais on doit, dès qu'elles sont achevées, les combler de débris stériles fortement tassés, et enlever à mesure les étais, si la solidité du faîte le permet. Arrivé à la limite du champ d'exploitation, le mineur se retire vers le puits, en perçant successivement d'autres recoupes contiguës, immédiatement remblayées. Il procède ainsi jusqu'à l'enlèvement total de la première tranche, à laquelle il substitue un même volume de remblais.

La figure 6 représente un quartier *M* presque entièrement dépilé ; un autre *N* en dépilage, pendant que le troisième *O* est encore en préparation.

La majeure partie des remblais provient de la surface du sol : ce sont des terres argileuses et du fraisil (scories des grilles et des hauts-fourneaux) ; ces matériaux sont versés dans un compartiment du puits d'extraction, et plus souvent dans un puits spécial appelé *cheminée*, ou *puits à remblais*, établissant une communication entre le jour et l'une des galeries de l'étage supérieur. De là, ils sont transportés à l'orifice d'une autre cheminée *b*, à la base de laquelle ils sont repris et conduits à la brouette dans les tailles.

Pendant l'exécution des premières voies, et lorsqu'elles sont assez avancées, on prépare l'exploitation de la tranche supérieure. Pour cela, un poste de mineurs perce une seconde galerie d'allongement immédiatement au-dessus de la première, en la maintenant constamment en arrière, afin d'arriver à la limite seulement après le remblaiement complet de la première taille transversale. Ils ouvrent une repercée immédiatement au-dessus de celle-ci, en marchant sur les remblais, la comblent, puis en attaquent successivement d'autres, et se retirent vers le puits en remblayant. C'est ce qu'on appelle *prendre un montage*. Les étais des galeries d'allongement portent sur des semelles, si le premier boisage a été enlevé ; dans le cas contraire, ils reposent immédiatement sur les chapeaux des cadres inférieurs. La houille provenant des divers montages est conduite à la brouette jusqu'à l'orifice d'une cheminée ménagée dans les remblais des montages exploités ; versée dans cette excavation, elle tombe dans la mère-galerie inférieure située vers le toit, où, chargée sur des voitures, elle est conduite à la chambre d'accrochage. A mesure que l'exploitation s'écarte du puits, la longueur de la distance du roulage à la brouette est diminuée par l'installation de nouvelles cheminées. On s'élève ainsi de montage en montage jusqu'à ce que l'on ait enlevé tout le massif.

La ventilation n'offre pas de grandes difficultés, l'exploitation ayant lieu à de petites profondeurs et des puits nombreux établissant des communications multipliées entre la mine et l'atmosphère ; cependant, comme la couche dégage assez de gaz inflammable, on apporte beaucoup de soins à cette opération. La direction du courant d'air est, d'ailleurs, fort simple : pénétrant par le puits d'extraction et la galerie à travers bancs, il parcourt la galerie d'allongement du toit, s'engage dans une recoupe, revient par la mère-galerie du mur, s'élève dans la cheminée, puis, traversant quelques galeries de l'étage supérieur entretenues en bon état, il s'échappe par l'un des nombreux puits percés anciennement dans la couche ou dans les roches encaissantes.

446. *Modifications apportées au système précédent.*

Dans le cas, beaucoup plus fréquent, où l'exploitation a pour objet, non un massif vierge, mais des estaux abandonnés anciennement entre deux étages consécutifs ou des parties de couche limitées par d'anciens travaux, le mineur éprouve les plus grandes difficultés, non-seulement à maintenir ses galeries ouvertes, mais encore à se soustraire au danger des embrasements spontanés, favorisés par la dislocation de la houille et des roches encaissantes. Les cheminées destinées au transport des déblais et du charbon deviennent alors impraticables, puisqu'elles devraient traverser des tranches embrasées, où l'introduction de l'air augmente l'intensité de l'incendie. Les chemins de fer ne peuvent être construits dans les galeries d'allongement parce que, chassé par le feu, le mineur s'exposerait à perdre un matériel d'une assez grande valeur (1). Enfin, si l'incendie venait à se déclarer sur plusieurs points simultanément, les ouvriers, ne pouvant trouver immédiatement une galerie incombustible pour s'y réfugier et un courant

---

(1) Lorsque le feu se déclare dans le massif, le seul moyen de l'éteindre est d'établir un barrage dans chaque mère-galerie, afin d'empêcher le courant d'air de l'alimenter ; mais, de cette manière, toute la partie comprise entre la limite du champ d'exploitation et les barrages est perdue.

d'air frais à respirer, seraient immédiatement asphyxiés par les fumées et le grand dégagement d'acide carbonique.

Ces graves inconvénients ont engagé récemment à introduire, dans ces circonstances, une modification consistant à préserver les puits de décharge *e* de tout accident, en les établissant dans le toit de la couche, à les mettre en communication avec cette dernière au moyen de galeries à travers bancs, et à percer, dans ces mêmes stratifications, une galerie de roulage *h h h* parallèle aux galeries d'allongement. L'exploitation des tranches se fait, du reste, comme ci-dessus, par le prolongement de la repercée et de deux mères-galeries. L'exécution de la galerie du toit commence dès qu'il est possible d'en loger les produits stériles dans les recoupes ; elle se maintient à une distance de 10 à 15 mètres de la couche ; plus rapprochée, sa solidité serait compromise et son entretien coûteux ; plus éloignée, on abandonnerait les stratifications tendres et faciles à attaquer, et les repercées deviendraient trop longues. Elle reste toujours en arrière de la mère-galerie, d'où partent de place en place des bouts de voie à travers bancs destinés à établir une communication et à raccourcir l'espace que doivent parcourir les déblais. Elle s'exécute, du reste, par tronçons séparés *k* et suit une marche régulière en évitant les ondulations du toit, si saillantes dans cette localité ; les déblais qui en proviennent servent à combler les recoupes et sont complétés par les produits des *chambres à remblais* établies dans les roches encaissantes les plus tendres.

Les cheminées destinées au transport de la houille et des remblais débouchent par leur base au faite de la galerie percée dans le toit ; c'est la disposition la plus convenable ; mais les circonstances locales ne permettent pas toujours de l'employer. Pour remblayer la seconde tranche, on établit, à partir du pied de la cheminée, une galerie

inclinée o o', sur le sol de laquelle les remblais sont transportés à la brouette ; une troisième tranche se remblaie
également par le prolongement de la rampe, et ainsi de
suite ; mais comme, à partir de la 4e. ou 5e. tranche, le
transport, en remontant, devient trop coûteux, le mineur fait communiquer la cheminée et la couche par une
galerie percée à une distance verticale de 6 à 8 mètres
de la première ; les remblais sont retenus à ce niveau, où
il installe une nouvelle rampe.

Les cheminées destinées à l'évacuation de la houille communiquent également avec la couche par des galeries à
travers bancs distantes de 6 à 8 mètres les unes des autres.
Les produits des chantiers, précipités dans la galerie d'allongement creusée au niveau de la repercée immédiatement
inférieure, sont projetés dans les cheminées établies au toit,
puis chargés dans des voitures qui les conduisent au puits
d'extraction.

447. *Observations et opérations de détail.*

Le charbon des mines du Creuzot étant exclusivement
employé aux opérations métallurgiques et principalement à
la production du coke, on s'inquiète peu de le briser en
le projetant dans les cheminées ou en l'entaillant pour
l'abattre. Dans cette dernière opération, l'ouvrier, armé
d'un pic à deux pointes assez léger et semblable à celui
dont on se sert dans le nord de l'Angleterre, travaille en
vrai piocheur de terre. Lorsque la houille a quelque consistance, il pratique, non des entailles, mais des excavations
perpendiculaires au front de taille (*rouillures* ou *coches*).
Dans les parties ébouleuses, le boisage et surtout l'abattage sont des opérations dangereuses et difficiles, que les
mineurs du Creuzot exécutent avec hardiesse et habileté.

Chaque galerie est occupée par deux ouvriers piqueurs. Les boisages établis sur la couche sont composés de deux montants et d'un chapeau ; s'ils portent sur les remblais et que ceux-ci ne soient pas suffisamment tassés, le cadre est complété par l'addition d'une semelle. Lorsque les stratifications supérieures sont disloquées, les étais cèdent, se brisent ou s'enfoncent dans les remblais ; dans ce dernier cas, on est obligé de les *reprendre*, c'est-à-dire de leur en substituer d'autres, après avoir exhaussé les galeries par l'arrachement des bancs de houille du couronnement.

La voie d'allongement percée dans le mur, devant servir au roulage, est conservée pendant tout le temps de l'arrachement du stock ; elle est boisée si la longueur du champ d'exploitation et le nombre des montages n'est pas trop considérable, et revêtue d'un muraillement lorsqu'elle doit rester ouverte plus de dix-huit mois. Il convient, avant de remblayer les chantiers, d'en retirer autant de bois qu'il est possible de le faire ; cette opération est facile dans les parties intactes de la couche ; mais si d'anciens travaux ont produit des mouvements dans le terrain, elle ne peut être que partielle, et souvent il faut les abandonner tous.

L'usine du Creuzot fournit aux mines les crasses, les cendres et les fraisils provenant des fourneaux ; ces matériaux forment un remblai facile à charger et à transporter ; mais il se tasse considérablement et ne s'oppose pas aux progrès des incendies souterrains, puisqu'il les alimente lui-même. La terre végétale, sous ce dernier rapport, est d'un excellent usage ; mais elle offre des difficultés dans le chargement, surtout lorsque, empreinte d'humidité, elle a été précipitée d'une grande hauteur à travers les puits et les cheminées. Pour éviter les inconvénients inhérents aux deux substances, il suffit de verser alternativement une voiture de terre et deux de débris provenant de l'usine, mélange facile à charger, à transporter, et qui forme obstacle aux incendies.

Le transport de la houille et des remblais ayant lieu sur les mêmes voies, les travaux sont disposés de telle façon que ces deux opérations ne se contrarient pas mutuellement ; il en est de même lorsque les cheminées servent alternativement aux deux usages. Dans ce cas, l'extraction du combustible s'effectue pendant le jour, et environ huit heures de la nuit sont employées à l'introduction des remblais dans les divers chantiers.

Les mineurs, au nombre de 560 à 600, sont divisés en postes de trente hommes, commandés par un *marqueur*. Il y a ainsi vingt marqueurs, à la tête desquels est le maître-mineur, qui doit chaque jour visiter la moitié des puits ; celui-ci, de même que les deux ingénieurs, est autorisé à descendre sur les *bennes* ou vases d'extraction, tandis que les ouvriers emploient les échelles verticales pour pénétrer dans la mine et pour en sortir.

448. *Travaux d'Epinac, près d'Autun, département de Saône-et-Loire.*

L'exploitation n'a pour but que deux couches, dont l'une a une puissance de 2.50 mètres et celle de dessous 5 à 7 mètres ; elles se réunissent sur une partie de leur étendue et n'en forment qu'une seule de 10 mètres de puissance. L'arrachement des deux stratifications, lorsqu'elles sont séparées, se rapporte au système par piliers et par galeries, généralement usité dans les départements du Centre et du Midi de la France. Celle de 10 mètres forme une exception et exige un mode d'arrachement tout-à-fait spécial.

Deux observations générales se rattachent à l'exploitation de ce bassin houiller :

1°. Les roches porphyriques et granitiques sur lesquelles il a été stratifié, ne sont séparées de la couche inférieure que par une épaisseur de schistes de 5 mètres, en sorte que les cavités des terrains primordiaux n'ont pas été bien remplies et leurs aspérités bien nivelées; la couche s'est déposée par ondulations et jamais d'une manière plane; d'où il résulte que les galeries horizontales ne sont jamais droites, mais au contraire très-sinueuses.

2°. Les éboulements du toit peuvent seuls remplacer les remblais, qui manquent absolument à Epinac, vu l'absence d'intercalations schisteuses, ou s'il en existe une, elle devient complètement inutile, à cause de sa faible épaisseur, comparativement à la capacité des vides que produit l'arrachement.

449. *Exploitation des couches de* 2.30 *mètres et de* 5 *à* 7 *mètres de puissance.*

La tranche à exploiter, à laquelle on donne ordinairement une hauteur de 100 mètres suivant l'inclinaison, et 300 à 400 mètres dans le sens de la direction, est divisée en piliers par deux espèces de galeries. Les premières a, b, c et $a'b'c'$, parallèles à la voie d'allongement, sont séparées par des massifs de 15 mètres d'épaisseur; les autres, e, d et e', d', ouvertes sur l'inclinaison, sont espacées de 20 à 25 mètres d'axe en axe, et servent à faciliter la ventilation. Deux plans automoteurs fg et $f'g'$, établis de chaque côté du puits, reçoivent les produits et les amènent à l'accrochage. Ces voies inclinées sont disposées diagonalement; leur pente serait trop rapide si elles étaient placées dans la ligne de plus grande pente (45 degrés).

Une partie ou la totalité du champ d'exploitation ayant été ainsi divisée en massifs offrant une surface de 300 à 375 mètres carrés, on procède au dépilage. Cette opération commence, comme d'ordinaire, par le massif supérieur le plus éloigné du puits. Le charbon qui en provient glisse naturellement dans la galerie de roulage immédiatement inférieure, où il est recueilli et transporté au plan automoteur. Pendant le dépilage d'un massif, le mineur a dû se garantir des éboulements partiels du toit par un léger boisage; après l'arrachement du parallélipipède de houille, il retire les étais et fait tous ses efforts pour déterminer l'éboulement en masse du toit, afin de remplir complètement la cavité et d'éviter la formation de fissures, par lesquelles les eaux s'infiltrent dans les travaux.

Les différences que l'on observe dans le dépilage de la couche de 5 à 7 mètres de puissance dérivent de sa plus grande épaisseur et d'un banc de terre quartzeuse, mélangée de cristaux de fer sulfuré, intercalé à quatre mètres au-dessus du mur. L'enlèvement d'un pilier s'effectue par reprises de 105 à 120 mètres carrés, c'est-à-dire en prenant un parallélogramme de 7 à 8 mètres de longueur dans le sens de la direction, sur une largeur égale à la hauteur du massif (15 mètres). On arrache d'abord le banc inférieur, en boisant solidement, et en laissant, au-dessous de l'intercalation quartzeuse, un lit de houille de 30 à 50 centimètres d'épaisseur, afin de former à l'excavation un faîte qui prévienne l'éboulement total ou partiel des matières stériles; ce charbon, qui, lors de l'abattage du banc supérieur, se trouve placé au-dessous des écrasées de la roche quartzeuse, est naturellement perdu pour toujours. L'une des

subdivisions du massif étant ainsi excavée, les étais de soutenement sont retirés, et l'on cherche à déterminer l'éboulement du nerf intercalé et du banc de houille gisant au-
dessus, ce qui, vu le peu d'adhérence de la houille et du
toit, se fait assez facilement. Les blocs glissent alors suivant
l'inclinaison de la couche et se rendent dans la galerie de
roulage, où ils se trouvent à portée des voitures de transport.

450. *Procédé d'exploitation usité pour la couche de 10 mètres de puissance.*

Les modifications successivement introduites dans l'arrachement des deux couches réunies d'Épinac ont conduit
aux deux procédés suivants.

Les piliers (fig. 14, pl. XXXII) sont déterminés par
quatre galeries transversales; deux d'entre elles $k' k'$ sont
excavées dans la stratification inférieure, et deux autres $k k$
ont pour faîte le toit de la couche. Le pilier ainsi cerné
peut être considéré comme un parallélipipède de quinze
mètres de longueur, dix de hauteur et autant de largeur,
incliné dans sa longueur, de manière à former un angle
de 45 degrés avec l'horizon et dont les quatre arêtes latérales seraient abattues pour former les galeries suivant
l'inclinaison. Alors, les mineurs, entaillant en m, arrachent
le banc de houille en contact avec le mur, et produisent
une cavité d'environ 1.50 mètre de hauteur, dans laquelle
ils placent quelques étais pour prévenir les éboulements
spontanés. L'entaille achevée, ils se retirent en enlevant
les bois, puis provoquent par tous les moyens possibles la
chute des stratifications supérieures, entre autres par l'exécution, de haut en bas, de coupures verticales v, v, et par
des coups de mine placés au-dessous du toit.

Le mode précédent a le désavantage d'exiger le creusement d'un assez grand nombre de galeries, opération
beaucoup plus dispendieuse que le dépilage, et qui affecte
sensiblement les prix de revient. On a cherché à y remédier
de la manière suivante (fig. 15).

Les piliers ayant même dimension que ci-dessus, le
mineur se borne à ouvrir deux galeries transversales, l'une
au toit, l'autre au mur; il les dispose diagonalement aux
deux côtés opposés du pilier; puis il pratique une coupure *s*
suivant un plan passant par l'axe des deux galeries.
Quelques coups de mine suffisent alors pour abattre le
prisme supérieur; il en est de même du prisme inférieur,
dont les produits tombent en partie sur la galerie horizontale, en partie sur celles d'inclinaison, d'où on les conduit
aux plans automoteurs.

Tel est le mode remarquable d'exploitation de cette
couche puissante, de laquelle on arrache toute la houille,
sauf les cas accidentels d'éboulements subits et imprévus,
qui, recouvrant les stratifications abattues, s'opposent à
leur enlèvement (1).

451. *Exploitation par éboulement des mines de Blanzy (Saône-et-Loire).*

Le mode d'exploitation par éboulement de haut en bas
et par tranches successives, introduit dans les mines de
Montceau (concession de Blanzy) par M. Harmet, ingénieur
civil, est une heureuse imitation du procédé employé
depuis longtemps en Silésie.

Les figures 9, 10, 11 et 12 de la planche XXXII re-

(1) Ces renseignements sont dus à M. Bodson, ancien directeur
des mines d'Épinac.

présentent l'exploitation de la couche de Lucie (64) par
le puits n°. 2 de la mine de même nom. Les galeries à
travers bancs (fig. 9) servent d'accrochage; séparées les
unes des autres par un massif de rocher de 10 mètres
d'épaisseur, elles déterminent divers étages d'exploitation,
dont la hauteur moyenne est de 50 mètres mesurés suivant
l'inclinaison; la longueur en direction est limitée par un
dérangement que l'on ne veut pas traverser ou par la distance maximum du mode de transport adopté.

La partie de la couche comprise dans l'un de ces
champs d'exploitation peut être considérée comme étant
divisée en trois tranches parallèles aux plans de stratification. Les barres stériles, convenablement espacées,
forment naturellement cette division, la plus avantageuse
pour l'abattage, le triage de la houille et la direction des
entailles; autrement elle s'effectue en partie par des plans
imaginaires, sans avoir égard aux intercalations schisteuses.
Ainsi, dans l'exemple donné, le banc le plus rapproché
du toit, ayant 4.50 mètres, formera une première tranche
déterminée par la nature; mais la barre inférieure, située à
1.50 mètre de la première, ne pouvant être utilisée, on
fera passer, à 5 ou 6 mètres au-dessus du mur, un plan ima-
ginaire qui divise en deux parties les stratifications inférieures. Regardant dès lors chacune de ces divisions comme
autant de couches isolées, on procède à l'exploitation
successive de chacune d'elles en marchant de haut en bas.

La figure 10 indique la disposition théorique des travaux
préparatoires exécutés dans la partie de la tranche supérieure. Le champ d'exploitation est partagé en quatre massifs 1, 2, 3 et 4 de 10 mètres de hauteur par des galeries
$a\,a$, $a'\,a'$, $a''\,a''$ ouvertes suivant la direction; celles-ci
ont 5 mètres de largeur; leur hauteur étant de 2 mètres,
il reste au faîte une épaisseur de houille de 2.50 mètres.

Les massifs sont recoupés par des galeries transversales $t\,t$, espacées de 50 à 100 mètres les unes des autres et destinées à faciliter la circulation de l'air. On les multiplie peu, afin de laisser aux piliers la plus grande longueur possible. La galerie de direction inférieure est la voie principale de roulage, et l'une de ces galeries transversales, disposée en plan automoteur, reçoit tous les produits des ateliers.

452. *Travaux de dépilage.*

Le dépilage complet de la première tranche (fig. 11) exige de la prudence, des soins et quelque habitude; elle commence, comme d'ordinaire, par l'angle du champ de travail le plus éloigné du puits. Un certain nombre de mineurs, installés dans l'excavation G, abattent le pilier par une série de sections rectangulaires parallèles à l'inclinaison; l'avancement journalier est de deux mètres sur une hauteur égale à celle des galeries.

Pendant ce temps, d'autres mineurs, placés en H à 4 ou 5 mètres en arrière du front de taille et montés sur des chevalets, exécutent le *rabattage*, c'est-à-dire déterminent, à l'aide de coups de mine, la chute de la houille S restée au faîte de la taille; ces coups de mine, dirigés obliquement, ont 1.50 à 2 mètres de profondeur et sont chargés de 1/2 kilog. de poudre.

La partie du couronnement comprise entre le point où s'exécute le rabattage et celui où s'excave le pilier est préservée de toute chute par deux lignes d'étais incessamment retirés et portés en avant à mesure que l'excavation se poursuit. Dans cet espace est installée la voie de roulage, qui se déplace et s'avance au fur et à mesure de l'abattage du pilier; là se tiennent aussi les divers ouvriers occupés à l'arrachement du massif. Quand l'écrasée des

bancs supérieurs a lieu, les houilles glissent sur le sol ;
les rouleurs les ramassent facilement sans abandonner
le plafond solide, quoique factice, qui les met à l'abri
des éboulements du toit. Lorsque celui-ci est découvert
sur une surface assez étendue, il s'affaisse, se brise et remblaie les vides. Mais il ne tombe pas toujours quand le
mineur le désire ; alors il accélère sa chute en augmentant la grandeur de l'espace dépourvu de soutenement.
L'arrachement du premier massif (fig. 10) étant assez
avancé, il attaque le second, puis le troisième, jusqu'à ce
qu'enfin tous se trouvent simultanément en exploitation,
ainsi que cela est exprimé en $m\,m'$. Après un certain laps
de temps dépendant de la quotité d'extraction et de l'épaisseur des stratifications, mais qui est toujours au moins
de 5 à 6 ans, il arrive au dépouillement complet de
toute la première tranche. Dès qu'un pilier est enlevé,
il ferme le montage contigu par un barrage w formé des
débris des éboulements du toit ; ces murs, qui empêchent
les matières stériles de se répandre dans les galeries inférieures et de les obstruer, sont soigneusement revêtus
d'une couche d'argile, dans le but d'isoler la partie dépilée
des travaux en activité, et de prévenir l'embrasement
des menus charbons abandonnés dans l'excavation.

Quand les remblais provenant de la chute du toit se
sont tassés et serrés de manière à former une masse solide,
compacte et sur la stabilité de laquelle le mineur puisse
compter lors de la préparation de la seconde tranche, il
entreprend cette partie du travail. Au premier abord,
on pourrait regarder l'arrachement de ce nouveau champ
d'exploitation comme impraticable, ou tout au moins comme
fort difficile ; mais l'expérience acquise à Blanzy prouve la
possibilité de parvenir à un dépouillement complet ; quelquefois même il est plus facile, en ce que l'éboulement

du faîte ne se fait pas attendre aussi longtemps. L'opération s'exécute comme ci-dessus, sauf la division en piliers, qui ne peut se faire de prime abord, mais seulement au fur et à mesure du dépilage. Le côté droit de la figure 10 représente une deuxième tranche placée au-dessous d'une autre complètement dépouillée. La partie supérieure d'une galerie ascendante est l'origine de deux voies parallèles a' et a'' qui, parvenues à la limite, déterminent entre elles, et avec la voie a''', deux piliers (4) et (5) à l'arrachement desquels le mineur procède immédiatement. Lorsque le dépilage de ces deux massifs est suffisamment avancé, il ouvre la galerie a, de façon que le troisième (2) soit préparé au moment où l'arrachement du second est achevé.

La figure 12 exprime cette seconde phase du travail, supposé avoir pour objet le dépilage simultané des deux tranches inférieures. Les gradins s, t et u, se suivant à une distance horizontale d'environ 4 mètres, il est facile d'atteindre les *rabattages*.

Les incendies sont rares pendant l'exploitation de la première tranche; ils sont plus fréquents lors du dépilage de la seconde; dans tous les cas, on y porte remède de la manière suivante : si le feu se déclare en un point tel que x (fig. 10), le mineur se hâte de construire, dans les voies montantes, les barrages 1, 2, 3 et 4; il les revêt d'argile et vide le chantier de tous les bois et du charbon qu'il contient; il ouvre une nouvelle taille séparée de l'ancienne par de petits massifs, auxquels l'expérience prouve qu'une épaisseur de 2 mètres est suffisante; puis lorsque le foyer de l'incendie est ainsi isolé et cerné, que le feu est étouffé, il reprend l'arrachement momentanément interrompu.

Quelques inconvénients sont inhérents à cette méthode : les éboulements successifs se propagent à la surface du sol, qu'ils bouleversent et rendent quelquefois improductif pen-

dant plusieurs années ; elle facilite l'accès de la mine aux
eaux d'infiltration, circonstance peu grave à Blanzy, où
nulle excavation n'est pratiquée au-dessous d'amas d'eau
de quelque importance. Enfin, on lui reproche les fréquents
incendies auxquels elle donne lieu ; mais c'est un inconvénient dont on peut diminuer la gravité par un dépouillement complet et en ne laissant suspendue qu'une surface
du toit fort restreinte, et par conséquent en provoquant de
prompts éboulements (1).

(1) *Notice sur l'exploitation par éboulement des mines de Blanzy*,
par M. Harmet. *Annales des Mines*, 4e. série, tome VI, p. 271.

SECTION IVe.

SYSTÈMES D'EXPLOITATION USITÉS EN ALLEMAGNE.

453. *Observations générales.*

Les mineurs allemands ont adopté pour règle générale d'établir des galeries de démergement et d'exploitation, partout où elles sont compatibles avec la nature accidentée du sol, et de réserver les puits pour les plaines où les premières deviennent impraticables et inutiles. Les puits, auxquels ils donnent une grande section, sont toujours carrés ou rectangulaires, même lorsqu'ils en soutiennent les parois à l'aide de maçonneries. Il est probable que l'habitude contractée de leur donner cette forme a pour origine l'emploi immémorial des revêtements en bois, applicables seulement aux sections rectangulaires.

Le système d'exploitation le plus généralement admis se rapporte à la méthode dite *par piliers et galeries.* Dans ces circonstances, les Allemands signalent trois périodes dans les travaux d'exploitation :

1°. La reconnaissance (*Ausrichtung*), opération au moyen de laquelle ils mettent les couches en évidence ;

2°. La préparation des travaux (*Vorrichtung*), ou la division du champ de travail en piliers ;

3°. Le dépilage, ou l'exploitation (*Abbau*).

Et, dans les couches puissantes, une quatrième opération (*das Rauben*), consistant à reprendre les bancs de houille primitivement abandonnés au toit (1).

454. *Bassin d'Eschweiler*.

Les puits d'extraction creusés dans la concession d'Eschweiler ont une section rectangulaire. Leurs dimensions varient de 3.50 à 4 mètres de longueur et de 2 à 2.50 mètres de largeur.

La figure 2 de la planche XXXIII est une coupe par un plan vertical du puits Wilhelmina de la mine dite *Centrum*. *a b* est le niveau d'une galerie d'écoulement (*Stollen sohle*) régnant sur toute l'étendue du sol, à une profondeur de 55 à 60 mètres. *c d* indique la partie inférieure des anciens travaux (*Herrenkunst sohle*) qu'assèchent des appareils mus par des roues hydrauliques. Au-dessous de cette ligne se trouve le massif de sûreté (*reserve*), que le mineur d'Eschweiler laisse entre les anciens travaux et la partie supérieure de l'exploitation qu'il entreprend. La figure 1 est le plan horizontal des travaux exécutés dans la couche dite *Schlemrich*, dont l'inclinaison varie de 30 à 40 degrés et la puissance de 1.10 à 1.20 mètre.

Les moyens employés pour atteindre la couche consistent à percer une série de galeries à travers bancs (*Querschlag*), qui déterminent un certain nombre d'étages d'exploitation (*Sohle*), et comprennent des tranches ou massifs dont la largeur, aussi uniforme que possible, doit être comprise entre 20 et 25 mètres, en sorte que la distance verticale qui sépare deux galeries successives

(1) Le vocabulaire des termes techniques employés dans les mines de houille est le même dans tous les districts de l'Allemagne.

dépend de l'inclinaison de la couche. Les étages n^{os}. I, II, III, IV, ainsi formés au fur et à mesure de l'approfondissement du puits, sont l'origine d'un nombre égal de galeries d'allongement. Celles-ci, dont la largeur moyenne est de 5 mètres, déterminent des massifs recoupés en piliers par des traverses c, c, c (*Abhaue*) toutes les fois que les besoins de la ventilation l'exigent.

Les chantiers, disposés ainsi que l'indique l'une des figures 4 ou 5, ont leurs voies de roulage situées à la partie supérieure de l'excavation. Vers le massif inférieur, des pièces de bois, disposées transversalement et recouvertes des produits de l'arrachement du mur, forment un canal destiné à l'écoulement des eaux et à la ventilation du front de taille, pendant que le percement s'effectue au-delà de la dernière galerie transversale. Dans ce cas, le courant d'air s'engage dans le conduit, rase la taille et revient par la galerie de roulage. La situation de la voie à la partie supérieure de l'excavation est désavantageuse, pendant la préparation, en ce que les produits de l'arrachement doivent être relevés du fond de la taille sur la voie de transport ; mais, ceux-ci, beaucoup plus abondants lors du dépilage, tombent directement dans cette voie, en sorte que le désavantage primitif est plus que compensé.

Lorsque la galerie qui détermine le massif est arrivée à la limite du champ d'exploitation, le mineur, après avoir ouvert une traverse, revient sur le puits en dépilant au moyen d'une taille dont la hauteur est égale à l'épaisseur du pilier.

Dans la figure, on voit les trois premiers massifs complètement exploités ; le dépilage, presque achevé dans le troisième, est en voie d'exécution dans le quatrième ; le cinquième et le sixième sont en préparation.

L'inclinaison de la partie de la couche comprise par

les massifs nᵒ. V et nᵒ. VI ayant considérablement diminué, la hauteur du pilier s'est également accrue ; le dépilage en serait fort difficile si on ne les recoupait longitudinalement par des galeries intermédiaires *a a a* et *b b b* (*Mittlere strecke*), ouvertes diagonalement, de manière à conserver une pente douce et convenable pour le roulage ; lorsque cette voie atteint le milieu du pilier, on poursuit la chasse en se dirigeant de niveau.

La conduite du courant ventilateur dans les excavations est facile. L'air venant de la galerie à travers bancs inférieure pénètre à droite et à gauche dans les canaux d'aérage des deux galeries d'exploitation, revient au-dessus par la voie de roulage, s'engage dans une traverse et s'élève au jour dans un autre compartiment du puits, après avoir traversé la galerie à travers bancs supérieure. On s'avance, de cette manière, à des distances considérables. Lorsque l'aérage devient pénible, on recoupe le pilier par une traverse, et l'on raccourcit le parcours du courant, qui, dès lors, reprend toute sa vivacité.

Lorsque le mineur rencontre un rejettement (*Sprung*, *Rucken*), il le perce, arrive sur la paroi opposée de la fissure, puis, marchant en pied ou en tête suivant que la couche est rejetée à un niveau supérieur ou inférieur, il côtoie la paroi du dérangement et se maintient dans son voisinage, vu la facilité des entaillements pratiqués dans l'argile tendre. Dans l'exemple choisi, la couche rejetée du haut en bas par la faille *m n* a nécessité le percement de diverses galeries dirigées du côté de l'affleurement de la couche. Les voies telles que *o p*, percées en sens contraire, ont rencontré des stratifications supérieures. Pendant le passage des failles et des crains, le mineur ne prend aucune disposition spéciale pour l'aérage ; mais aussitôt qu'il a recoupé la couche, il cherche à se mettre en communication avec la galerie d'exploitation supérieure, soit au moyen d'une traverse, soit, si le rejettement n'est pas considérable, par un percement direct tel que *s*.

455. District de Bardenberg ou de la Wurm.

Dans ce district, voisin d'Eschweiler, l'exploitation a lieu d'une manière analogue; cependant, au lieu d'établir autant d'étages que de massifs, on se contente d'ouvrir une ou deux galeries à travers bancs pour donner issue aux produits du champ d'exploitation, dont l'étendue, suivant l'inclinaison, est considérable. On se dispense quelquefois aussi de creuser de semblables galeries, ainsi qu'on le voit dans l'exemple suivant (fig. 9 et 10, pl. XXXIII).

La couche Ath ou Gros Langenberg, de la concession d'Ath à Bardenberg, a une puissance moyenne de 1.57 mètre et une inclinaison de 45 degrés; elle est formée d'un seul bloc d'une houille fort dure, dont les plans de clivage sont très-rapprochés les uns des autres. Le puits d'extraction (*Foerderschacht*) a recoupé cette stratification à peu de distance du sommet de la selle, ainsi que l'expriment les figures.

Lorsque le fonçage du puits fut arrivé à ce point, les exploitants, voulant se procurer des produits immédiats, résolurent d'employer le système des vallées, malgré ses graves inconvénients. Une galerie descendante *A B* (*Laufschacht*), percée au pied du puits suivant le plan de la couche, fut l'origine d'une série de galeries ou tailles horizontales (*Schwebende strecke*) comprenant entre elles des massifs recoupés par des traverses. Le puits d'exhaure (*Kunstschacht*), seul prolongé au-dessous du plan de la couche, donna lieu au percement d'une galerie à travers bancs *C D*, destinée à conduire les eaux sur la machine d'exhaure. Ce puits servait en outre à l'introduction dans la mine du courant ventilateur, qui, après avoir circulé, ainsi que l'indiquent les flèches, remontait au jour par le puits d'extraction.

La figure 6 indique les dispositions employées dans la vallée, sur les côtés de laquelle sont déposés les déblais. Les galeries ou tailles horizontales (fig. 7 et 8) ont 6 mètres de hauteur ; un tiers de cet espace est affecté à la voie de retour de l'air ; le second tiers est occupé par les remblais, et le troisième forme la voie de roulage. Lors du dépilage, il suffit d'effectuer quelques percements à travers ces remblais pour faire tomber la houille sur la voie de roulage.

Les plans de clivage, très-bien déterminés dans les couches de ces districts et assez rapprochés des uns des autres, jouent un grand rôle dans l'arrachement. Ces plans, ordinairement obliques relativement à l'axe des galeries, forcent à donner la même direction aux fronts de taille toujours précédés du coupement de la voie. Le havage est peu ou point usité, soit parce qu'il est inutile, soit par la crainte du danger qui menacerait les ouvriers si les blocs, déjà détachés par derrière, l'étaient encore vers le mur de la couche. Le dépilage a lieu par tranches rectangulaires, en marchant de bas en haut et perpendiculairement aux plans des fissures.

Quant au transport des produits dans la vallée, l'un des deux câbles d'extraction mus par une machine à vapeur sert exclusivement à remonter les vases dans le puits ; l'autre câble, plus long, remorque les voitures sur le plan incliné. Lorsque l'extrémité du premier câble se trouve à l'orifice du puits, on y suspend un vase vide ; la machine reçoit un mouvement qui en opère la descente, et l'extrémité du câble qui se trouve au fond de la vallée remorque les vases pleins sur le plan incliné ; ceux-ci arrivant au bas du puits en même temps que les wagons

venant du jour, on substitue les vides aux pleins, et réciproquement; puis la machine, changeant de mouvement,
relève au jour les wagons pleins, tandis que les vides
roulent jusqu'au bas du plan incliné.

Les désavantages de ce mode, employé d'une manière
toute accidentelle, sont l'usure très-prompte des câbles et la
réduction de l'extraction à la moitié de ce qu'elle peut être
lorsqu'on tire à deux cordes. Toutefois cet exemple fait
connaitre au lecteur un procédé ingénieux, quoique défectueux, tout en lui permettant de prendre une idée suffisamment exacte des travaux du district de la Wurm,
idée qu'il rectifiera d'ailleurs, en supposant le puits suffisamment approfondi, la galerie à travers bancs percée
jusqu'à la couche et la vallée transformée en un plan
automoteur (*Bremsschacht*).

456. Bassin de la Ruhr (*Westphalie et Prusse rhénane*).

Partout où le sol est fortement accidenté, le mineur
s'enfonce dans le sein de la terre au moyen de galeries
(*Fœrderstollen*) percées dans les roches encaissantes et
quelquefois dans le gîte lui-même. Ces galeries, dont
on rencontre de nombreux exemples sur les rives de la
Ruhr, entre Werden et Steele, sont avantageuses : les
produits des mines parviennent sans transbordement des
tailles aux magasins situés sur les bords de la rivière;
l'exploitant se soustrait à l'établissement de voies de transport, fort coûteuses sur un terrain d'un prix assez élevé ;
enfin, les galeries ne sont soumises à aucune redevance
envers le propriétaire de la surface du sol, tandis que
les puits doivent payer de 1/150e. à 1/65e. du produit brut.
Sur les plateaux et dans les plaines, on atteint les couches

par puits généralement peu profonds, c'est-à-dire de 125 mètres en moyenne. Cependant quelques mines, telles que Gewalt, sur la Ruhr, dont l'exploitation est assez ancienne, ont une profondeur de 300 à 350 mètres.

La section des puits est rectangulaire; leurs dimensions, assez grandes, se trouvent comprises dans des limites fort écartées. Ainsi, le puits de Schœllerpad a 2.20 sur 2.82 mètres; celui de la mine dite Neuwesel forme un rectangle de 4.71 sur 1.83 mètre; enfin, dans la concession de Zollverein, la section de l'un des puits est un carré de 6.58 mètres de côté; celle de l'autre, un octogone dont le diamètre est de 7.20 mètres. Le retour de l'air a quelquefois lieu par des excavations creusées à la sonde; la mine Mathias en possède deux de 0.78 mètre de diamètre.

Ces divers percements n'offrent aucune difficulté lorsqu'ils s'exécutent dans la partie méridionale du bassin, où le terrain houiller se trouve immédiatement au-dessous de la terre végétale. Il n'en est pas de même dans la partie septentrionale, où les recouvrements de marnes exigent l'emploi de travaux d'art. Mais ces terrains ne sont pas aussi difficiles à traverser que ceux du Couchant de Mons, relativement à l'abondance des eaux; la quantité maximum rencontrée jusqu'à ce jour, n'ayant été que de 3 mètres cubes par minute, peut être facilement dominée par une machine d'épuisement de force moyenne. C'est à cette heureuse circonstance que l'on doit d'avoir pu percer des épaisseurs de marne de plus de 125 mètres.

L'inclinaison des couches de houille de ce district parcourt tous les degrés du quart de cercle. Leur puissance, lorsqu'elles sont considérées comme exploitables, est comprise entre 0.40 et 2.60 mètres; quelques-unes dépassent 3 mètres.

457. *Exploitation des couches plates par piliers et diagonales.*

La mine de Saelzer et Neuack (fig. 3, pl. XXXIII) est située à un et demi kilomètre à l'ouest de la ville d'Essen. Les puits *A* et *B* servent, l'un à l'assèchement des travaux; l'autre, à l'extraction des produits. Ce sont les premiers du district par lesquels on ait tenté le passage des marnes; ces stratifications, épaisses d'environ 37 mètres, n'ont donné lieu, lors du fonçage, qu'à de faibles venues d'eau. A l'ouest des précédents se trouve le puits aux échelles et d'autres excavations à petite section, servant au retour du courant ventilateur dans l'atmosphère.

La couche Dreckbank a une puissance de 1.40 mètre, y compris un houage de 0.50 à 0.55 mètre d'épaisseur. Le champ d'exploitation, établi au niveau de 44 mètres, comprend deux tranches distinctes: l'une, située au-dessus de la galerie d'allongement *a b c*; l'autre, au-dessous, formée par la galerie à travers bancs *e f*. Le procédé de déhouillement des deux tranches étant identique, il suffit d'examiner ce qui a été fait dans la tranche supérieure, la première enlevée.

La galerie d'allongement *a b c* (*Grand strecke*), ou voie de fond, est accompagnée d'une galerie *d g h* (*Sumf strecke*) ayant pour objet de recueillir les eaux d'infiltration et de les conduire directement au puisard. Sur la galerie d'allongement sont établies des diagonales qui, telles que *i k*, *l m*, s'éloignent en s'élevant au-dessus du point de leur origine; leur pente ne devant jamais dépasser 5 degrés, elles forment, avec la voie de fond, des angles plus ou moins aigus, suivant l'inclinaison de la couche. Les galeries d'exploitation *r*, *r*, *r* (*Oerter* ou

Abban strecke) sont, quant à la moitié de leur largeur,
affectées au roulage, tandis que leur partie d'aval reçoit en
dépôt les produits stériles de la couche. Chaque taille
occupe deux ouvriers. La largeur des galeries horizontales
et diagonales dépend de la nature plus ou moins solide
du toit; dans la couche Dreckbank, cette largeur n'est
que de 2.82 mètres; dans Fünffusbank, où le toit est
ébouleux, les tailles n'ont que 2.20 mètres et les diagonales 1.88 mètre au plus. Quand la couche produit
beaucoup de remblais, les galeries qui doivent les contenir
atteignent quelquefois une largeur de 4.18 mètres.

Les piliers, compris entre deux galeries d'exploitation
successives, ont une hauteur de 8 à 10 mètres; ils sont
recoupés par des traverses (*Ueberhaue*) de 2.20 mètres.
Les intervalles compris entre les diagonales sont fort
irréguliers; la difficulté du roulage et l'entretien des voies
est la seule règle observée à ce sujet.

On voit, dans la figure, la première tranche de la partie
du champ d'exploitation située à gauche du puits complètement dépilée; la tranche inférieure en voie de dépilage et
la partie de droite en préparation. La série des flèches
indique suffisamment la direction du courant d'air, qui, descendant par les puits d'extraction et d'exhaure, trouve pour
sortir une ou deux excavations situées au sud, vers les
affleurements des couches. Ordinairement le dépilage respecte les massifs inférieurs jusqu'au complet enlèvement
de la rangée supérieure. Cependant, si une forte extraction
est nécessaire, on attaque simultanément plusieurs rangées
de piliers en disposant le travail de telle façon que les tailles
supérieures précèdent celles de dessous, de manière à prévenir les accidents. L'arrachement s'effectue par ateliers
dont le front est perpendiculaire à l'allongement. et plus
fréquemment en s'avançant de bas en haut. Si une galerie

diagonale, telle que *i k*, doit rester ouverte après le dépilage, on ménage sur ses parois un cordon de houille de 6 1/2 à 7 mètres d'épaisseur, qui la préserve de sa destruction.

La tête des couches ayant été jusqu'à présent le seul objet de l'exploitation, il a fallu songer, lorsque la partie à dépiler se rapprochait trop de la surface du sol, à introduire des modifications dans le mode d'arrachement, afin d'éviter les suites des éboulements, qui, se propageant au jour, détruisent les propriétés ou font affluer dans la mine les eaux des marnes. Ces modifications consistent à sacrifier une partie des massifs en se bornant à enlever certains quadrilatères de la couche séparés entre eux par d'autres quadrilatères qui restent intacts, en sorte que le dessin (fig. 3, pl. **XXXIV**) représentant ces travaux a quelque analogie avec les cases alternativement noires et blanches d'un échiquier, d'où leur vient le nom de dépilage en échiquier (*Schachbretfœrmig abbau*). Quant à la dimension des cases, si le toit est solide, les excavations et les piliers qui les séparent ont 6.50 mètres de largeur ; s'il est ébouleux, les premières conservant la même épaisseur, les seconds sont réduits à 8.50 mètres ; enfin, lorsque la pression du toit est considérable, le massif est traversé par des galeries de 5.15 mètres que séparent des piliers de 6.50. Dans les terrains disloqués, le dépilage partiel est irrégulier : les piliers fort larges abandonnés pour soutenir les parties défectueuses du toit sont compensés par les petites dimensions de ceux qu'on réserve au-dessous des parties solides.

458. *Emploi des galeries d'exploitation* (*Erbstollen*).

Les figures 1 et 2 de la planche **XXXIV** indiquent la manière employée pour atteindre les couches gisant dans

le sein des collines qui bordent la Ruhr; elles ont pour
objet la mine de Langenbrahm, située à quatre kilomètres au nord-est de la ville de Werden.

La galerie d'exploitation a 1.70 mètre de hauteur et
de largeur; elle est revêtue à son orifice d'un muraillement en grès, produits du percement. L'excavation, dirigée
d'abord à travers bancs sur une longueur de 790 mètres,
a rencontré en q la couche dite Hitzberg, dans laquelle
elle s'est portée et maintenue jusqu'en n, point où elle
a repris sa première allure. Quelques parties de son
parcours donnent lieu à un boisage, mais, en général, ses
parois, fort solides, sont livrées à elles-mêmes.

Après avoir exploité la tête des nombreuses couches
rencontrées, c'est-à-dire la partie gisant au-dessus du
plan de l'écoulement naturel des eaux, le mineur s'est
porté en pied et les a attaquées au moyen d'un plan
remorqueur a b (*Tonlaegigeschacht*), incliné de 30 degrés
et installé dans la couche dite Morgenstern, sur une
longueur de 156 mètres. Cette voie est divisée en cinq
compartiments; ceux qui longent les parois ont leur
mur entaillé en gradins et sont affectés à la descente et à
l'ascension des ouvriers; un autre contient des pompes
couchées sur le sol et destinées à assécher les travaux
d'aval-pendage; les deux derniers servent à l'extraction de
la houille au moyen de wagons remorqués par une machine à vapeur de la force de huit chevaux. Celle-ci est
installée dans une chambre a, à côté d'un autre moteur
appliqué à l'appareil d'épuisement. Des galeries à travers
bancs, percées à la base b et à la partie moyenne c
de l'excavation, mettent en évidence toutes les stratifications adjacentes. Les points de rencontre de ces galeries et des couches sont désignés par les mêmes lettres
dans les deux figures. Les diverses tranches résultant de

ces percements sont exploitées par le procédé des diagonales usité à la mine de Saelzer et Neuack, en sorte qu'il n'y a rien à ajouter à ce qui a été dit à ce sujet, si ce n'est que le toit, beaucoup plus solide à Langenbrahn, permet d'ouvrir des galeries de 4.18 à 8.36 mètres, et même de 10.45 mètres de hauteur, comprenant des piliers de 8 à 10 mètres d'épaisseur.

459. *Travaux de reconnaissance de la mine de Graf-Beust.*

La mine de Graf-Beust, située à 1.5 kilomètre de la ville d'Essen, a pour objet, de même que la précédente, l'exploitation de couches fort grasses propres à la fabrication du coke.

La figure 12 (pl. XXXIV) est une coupe horizontale d'une partie de cette mine faisant connaître les relations qui existent entre les puits et les galeries principales.

La figure 13 est une projection sur un plan vertical, dirigé à peu près du sud au nord, des nombreuses stratifications de houille rencontrées par les galeries à travers bancs AB et CD. Les terrains crétacés sont exprimés par O et P. Les produits de l'arrachement sont amenés au jour par un puits rectangulaire de 4.02 sur 3.32 mètres, divisé en quatre compartiments par deux cloisons disposées à angle droit; deux d'entre eux sont destinés à l'extraction; un autre contient les échelles; le dernier n'a reçu jusqu'à présent aucune destination. Les pompes sont installées dans un puits voisin primitivement creusé pour l'extraction des produits; mais comme celui-ci était grevé d'une redevance de 1/65, au profit du propriétaire de la surface du sol, les exploitants résolurent de se soustraire à cette dépense par le fonçage du

précédent sur un terrain appartenant à la Société , en con-
sacrant exclusivement l'ancien à l'assèchement de la mine.

La galerie inférieure (*Hauptquerschlag*) , destinée au
transport de la houille et à l'introduction de l'air dans les
travaux , est à double voie; à son sol (fig. 6) est pratiquée une entaille recouverte d'une voûte en maçonnerie ,
ce qui forme un petit canal (*Wasserseige*) pour l'écoulement des eaux dans le puisard. Cette galerie a recoupé 20 couches dont la puissance varie de 0,50 à 0,80
mètres; cinq ont plus d'un mètre , et l'une d'elles, Mathias,
excède 5 mètres. Leur inclinaison diminue en s'avançant
vers le nord. La galerie supérieure (*Wetterquerschlag*) ,
par laquelle s'effectue le retour de l'air (fig. 4) , com-
prenait entre elle et la précédente une tranche de
33 mètres mesurés verticalement; mais les éboulements
de la couche Hugo ayant provoqué l'introduction dans la
mine des eaux appartenant aux stratifications de recouvrement, on se décida à réduire la hauteur de la tranche
d'exploitation à 20 mètres, afin de laisser au-dessus de la
tête du mineur un massif de sûreté suffisant. Ces galeries
s'ouvrent d'une couche à la suivante , au fur et à mesure
des besoins de l'exploitation.

460. *Application des diagonales aux couches fortement inclinées.*

L'exploitation par piliers et diagonales est appliquée aux
couches fort inclinées , quelle qu'en soit la puissance ;
mais la grande épaisseur des roches stériles qu'il faut
arracher si la couche , objet de l'exploitation , est mince
et fortement inclinée , rend ce mode fort coûteux et
force l'exploitant à substituer aux diagonales des cheminées (*Rollœcher*) établies dans le plan de la couche.

Ces divers procédés sont employés dans la mine de Graf-Beust, et les couches Hugo, Mathias et Carl en fourniront des exemples.

La figure 11 est le plan d'exploitation de Hugo, dont l'inclinaison est de 56 degrés et la puissance de 1.46. Les galeries d'allongement AB (*Grundstrecke*) ont pour premier objet la reconnaissance de l'allure de la couche; elles précèdent toutes les autres et portent le n°. 1 avec la désignation du point de l'horizon vers lequel elles se dirigent. Les galeries d'exploitation (*Abbaustrecke*) sont également désignées par un n°. d'ordre; elles comprennent entre elles des piliers de 8 à 10 mètres d'épaisseur recoupés par des traverses (*Ueberhaue*). Enfin, les diagonales $A\,D$ ont une inclinaison de 5 à 6 degrés. Cette pente étant un maximum, la diagonale percée dans une couche fortement inclinée n'atteindra la partie supérieure d'un massif élevé qu'à une distance fort éloignée de son point de départ, et les produits de l'exploitation devront parcourir des distances trop considérables. Ce grave inconvénient cesse d'exister si, ainsi que l'indique la figure, la tranche est divisée en deux parties, dont l'une, celle de dessus, est desservie par un plan automoteur cc. Alors les produits des tailles n°. 2 à l'est et à l'ouest, traversant les premières diagonales AD, AD, parviennent dans la voie de fond; ceux du n°. 4 arrivent de la même manière dans le n°. 3 où, réunis aux produits de ce chantier, ils descendent le long du plan automoteur. Les charbons provenant de la galerie d'aérage n°. 5 (*Wetterstrecke*) tombent dans la diagonale par des cheminées. mn est une galerie (*Fahrueberhaue*) dans laquelle des échelles livrent aux ouvriers l'accès des tailles supérieures. Les galeries d'exploitation ont une hauteur de 3.13 mètres; à leur partie inférieure (fig. 5) est ménagé un conduit prismatique v recouvert d'un plancher formé de madriers de 0.04 mètre d'épaisseur. Au-dessus des remblais s'établit une voie perfectionnée en bois ou en fer u sur laquelle circulent les wagons.

L'arrachement s'effectue à plusieurs reprises. L'ouvrier have d'abord dans la première intercalation o (fig. 7) ; il enlève le banc inférieur p, s'introduit dans l'excavation, qu'il boise, puis pratique un second et un troisième havage, qui lui permettent d'avancer ainsi de 3 mètres, et même davantage, avant d'abattre le lit q en contact avec le toit.

Le courant ventilateur venant de la galerie principale se divise en deux branches ; celles-ci s'engagent dans les galeries d'allongement et prennent la marche indiquée par les flèches.

Lorsque la préparation est terminée sur une partie du champ d'exploitation, on procède à l'arrachement des piliers en battant en retraite sur la galerie d'allongement. Mais le dépilage n'est pas complet, le mineur devant réserver, vu la puissance de la couche et le peu de solidité de son toit, un cordon de houille en amont de la voie de roulage et disposer le dernier massif en échiquier.

La couche Mathias (fig. 9), si remarquable par sa puissance, s'exploite comme la précédente, sauf quelques détails d'arrachement assez intéressants. Cette stratification, inclinée de 45 degrés, comprend, à partir du toit, les stratifications suivantes :

a 1ᵉʳ. lit de houille	Mètre	1.88
e Schistes	»	0.34
b 2ᵉ. lit	»	0.55
f Schistes	»	0.08
c 5ᵉ. lit	»	0.23
	Mètres	3.08

Les galeries d'exploitation, de même que les diago-

nales, ont 3.13 mètres de hauteur. Comme un boisage
égal à toute la hauteur de la couche serait trop coûteux,
on se contente d'abattre les bancs compris entre le mur
et une fissure dd qui coïncide avec le plan de stratification,
en réservant au faîte une planche de houille assez solide
pour protéger la voie contre les éboulements d'un toit
défectueux. Le havage s'exécute dans l'intercalation e;
l'excavation étant bien nettoyée, on procède à l'enlèvement
successif du lit b, des schistes f et du dernier banc c; puis
on provoque la chute de la partie de la stratification supérieure que limite la fissure dd. Le boisage, les remblais
et la voie de roulage se disposent ainsi que l'indique la
figure. Dans l'arrachement des piliers, comme la chute du
toit est une circonstance moins inquiétante que dans l'ouverture des galeries, l'opération est modifiée : le mineur
enlève les stratifications supérieures et abandonne, au contraire, le lit le plus rapproché du mur, constamment
souillé par les intercalations schisteuses.

La hauteur de la tranche d'exploitation de la couche
Mathias est de 23 à 25 mètres, mesurés suivant l'inclinaison de la stratification; elle donne lieu à la création
de deux piliers dont l'exploitation est totale, sauf un cordon
de houille réservé le long des voies. Mais, pour retirer
du massif abandonné entre la galerie supérieure et le
plan de contact des morts-terrains tout ce qui est compatible avec la sûreté de la mine, on affecte au dépilage en
échiquier (fig. 8) une hauteur de 8.36 mètres, excavée
partiellement et sans pratiquer au-dessus aucune galerie
horizontale. La ventilation par diffusion est suffisante dans
ces cavités peu profondes, et la liaison des piliers avec
le massif réservé est avantageuse en ce que les premiers
conservent une plus grande solidité pour résister à la pression du faîte.

Lorsque l'inclinaison de la couche dépasse une certaine limite, il est dangereux de placer dans la ligne de plus grande pente le plan automoteur destiné à porter sur la galerie d'allongement les produits de la tranche supérieure; il est alors installé suivant une ligne diagonale et prend le nom de *diagonale automotrice* (*Brems diagonale*). C'est ainsi que sont disposés les travaux de la couche Carl (fig. 10), dont l'inclinaison est de 55° et la puissance de 0.70 mètre. La taille n°. 2 est, comme ci-dessus, liée par une diagonale CD avec la voie d'allongement. Les chantiers n°. 3 et n°. 4 sont réunis de la même manière par une galerie $C'D'$, et les produits de ces deux étages traversent la diagonale automotrice $C'K$ pour arriver sur la voie de fond.

461. *Emploi des cheminées dans l'exploitation des couches droites et peu puissantes.*

Les plans automoteurs et les diagonales sont applicables aux couches dont la puissance excède un mètre; au-dessous de cette limite, l'entaillement, assez coûteux, des roches encaissantes devenant indispensable chaque fois qu'une diagonale rencontre une galerie horizontale, le mineur de la Ruhr a cru devoir modifier son système d'exploitation en substituant aux diagonales des cheminées, ou puits de dégagement dans lesquels se déversent les produits des tailles. Leur hauteur ne dépasse jamais 30 à 40 mètres, autrement elles s'obstruent facilement, et les houilles inférieures souffrent considérablement de la pression qu'elles supportent. Ces excavations, peu coûteuses quant à l'établissement et au transport des produits, ont une section carrée; souvent elles sont dépourvues de revêtement; quelquefois on les boise à la manière des puits, et si leurs parois sont ébouleuses, on les revêt de madriers jointifs, destinés à faciliter la descente des houilles et à prévenir le mélange de ces dernières avec les débris de schistes. La conservation des cheminées exige l'abandon temporaire de massifs de houille, qui sont enlevés après le dépilage. Pour éviter le bris des produits de l'arrachement, on les tient constamment pleines de houille; celle-ci, au lieu d'être précipitée isolément, s'affaisse en masse et se conserve intacte. A leur base est installée une trémie ou caisse en bois servant au déversement des produits; leur orifice est recouvert de quelques madriers, sur lesquels roulent les voitures des galeries supérieures.

La figure 4 de la planche **XXXV** représente les travaux de la couche Albert, dont la puissance est de 0.78 mètres. *A* et *B* sont les galeries à travers bancs destinées respectivement au roulage et au retour du courant d'air. *C C* est la galerie d'allongement, *D*, *D'*, *D*, les cheminées (*Rollœcher*), et *M N*, un puits incliné (*Fahrschacht*) muni d'échelles servant aux ouvriers à atteindre les différents étages d'exploitation.

La couche Albert, de même que toutes les couches minces, est complètement dépilée, les éboulements ne pouvant se propager jusqu'aux marnes. Cette opération s'effectue au moyen de tailles droites et diagonales, sur le front desquelles les houilles glissent dans les galeries, ou d'ateliers composés de 3 à 5 gradins renversés. Le mineur, rejetant les débris stériles sous ses pieds, s'en sert pour atteindre le haut du chantier; lorsqu'ils sont insuffisants, il établit des échafaudages (*Bühne*). Il réserve au-dessus de la galerie d'allongement un cordon de houille qui empêche les déblais de l'encombrer pendant la période où elle doit être en activité de service.

462. *Exploitation des couches peu inclinées par tailles remblayées* (fig. 1 , 2 et 3, pl. XXXV).

Ce mode d'exploitation, désigné sous le nom de *Strebbau*, a pour objet des couches fort minces, auxquelles ne peut s'appliquer le mode par piliers et galeries.

La mine dite Duvenkamsbanck, située au nord-est de la ville de Werden, renferme trois couches fort rapprochées les unes des autres, auxquelles on a donné le nom générique de *Girendelles*. La coupe suivante fera connaître la disposition de ces diverses stratifications :

Girendelle supérieure (*obere*) . . . Mètre 0.39
Intercalations schisteuses. . . . . . .   2.10 mètres.
                                               { 0.34 charbon.
Girendelle intermédiaire (*mittelere*) . . . 0.45{ 0.03 schistes.
                                               { 0.08 charbon.
Intercalations de schistes sablonneux . . .   1.88
Girendelle inférieure (*untere*) 0.31

Les Girendelles et les couches qui les accompagnent forment une selle (fig. 3), ou bassin convexe, dont les stratifications , coupées par les érosions de la Ruhr , viennent se profiler sur les escarpements des collines riveraines. Le mineur pénètre dans le sein de la terre en attaquant les affleurements et en ouvrant des galeries (*Tagestrecke*) dans le plan de la couche.

La figure 1ʳᵉ. se rapporte à l'exploitation de la Girendelle supérieure dans le versant (*Flügel*) du sud. Le champ d'exploitation est une tranche comprise entre la galerie d'allongement actuelle *F F* et une autre voie, percée antérieurement à un niveau plus élevé. Le mineur , partant de l'orifice *F* (*Mundloch*), s'avance suivant l'allongement de la couche avec une taille de 10 à 12

mètres de hauteur. Cette taille *G G*, base de tout le travail, précède les autres ouvrages, afin de reconnaître
l'allure de la couche, et d'avoir le temps de pourvoir
aux besoins de l'extraction en cas de rencontre d'une faille
ou de tout autre dérangement. Les tailles diagonales, dont
la largeur est de 10 à 15 mètres, sont désignées par
des numéros d'ordre, et dirigées de telle façon que leur
pente n'excède pas 4 à 5 degrés ; elles sont l'origine de
chantiers horizontaux *H*, *H*, *H* (*Strebbe*), également désignés par des numéros d'ordre ; leur hauteur est de 15
à 18 mètres ; accolés les uns aux autres, ils forment une
grande taille à gradins couchés. Toutes les voies sont
établies au milieu des remblais. Les débris très-solides de
l'entaillement du mur, servant à former latéralement des
murailles sèches, dispensent de l'emploi de revêtements
en bois. Les ateliers seuls sont munis de quelques étais
placés dans les points où le toit ne donne pas toute
garantie de solidité.

Le courant d'air entre par la galerie d'allongement,
s'avance jusqu'aux fronts, parcourt successivement tous
les gradins de la diagonale la plus avancée, et retourne
dans l'atmosphère par la voie supérieure. Dans l'exploitation des Girendelles intermédiaire et inférieure, il suffit
de pratiquer de place en place des percements (*Durch-
brüche*) au toit, pour diriger le courant dans les excavations de la couche supérieure, d'où il s'évade facilement dans l'atmosphère.

463. *Application aux couches droites des grandes tailles à gradins renversés* (*Strossbau*).

Les travaux exécutés par le puits n°. 3 de la mine de
Hardenberg offrent un exemple analogue au mode d'ex-

ploitation usité dans les droits du Couchant de Mons (fig. 5, 6, 7, 8, 9 et 13, pl. XXXV).

La couche n°. 12 de ce puits est inclinée au nord de 85 degrés ; sa puissance est de 2.30 mètres ; elle est composée comme suit à partir du toit (fig. 7) :

a	0.86 mètre		charbon dur, se débitant en blocs.
b	0.34	»	lit d'argile ferrugineuse fort dure.
c	0.13	»	charbon schisteux et malpropre.
d	0.97	»	charbon tendre, donnant beaucoup de menu.

2.30 mètres.

Le havage (*Schram*) et l'entaille (*Schlitz*) s'exécutent dans le petit lit de houille c, dont les produits, de mauvaise qualité, sont confondus avec les remblais.

La galerie à travers bancs *A* (fig. 5) ayant rencontré la couche, les travaux d'exploitation s'élèvent successivement, en s'étendant à l'est et à l'ouest. La tranche à exploiter se divise alors en quatre chantiers 1, 2, 3, 4 (*Ortstœsse*), auxquels on attribue un numéro d'ordre en partant de la galerie d'allongement (*Sohlenort*). Ces tailles, subdivisées elles-mêmes en deux parties, forment une série de huit gradins renversés, dont l'un est représenté, avec son échafaudage (*Bühne*), dans la figure 13.

La taille n°. 1 est occupée par trois ouvriers, dont deux, appliqués aux gradins, en arrachent la houille, pendant que le troisième s'occupe à boiser et à relever les déblais. Le havage achevé et la couche dépouillée de son intercalation, ils abattent la houille, en commençant par le banc tendre inférieur, dont les produits s'accumulent sur les échafaudages et sur le sol des galeries, afin que les blocs du banc supérieur ne se brisent pas dans leur chute. Le travail est le même dans les chantiers n°s. 2, 3 et 4, qui cependant, vu leur moindre hauteur, n'occupent que deux mineurs.

C, C, C sont des galeries de roulage aboutissant à des cheminées D, D évasées à leur partie supérieure et à l'orifice desquelles sont versés les produits des tailles n°s. 1 et 2. La ligne ponctuée $m\,n$ exprime la direction d'une voie diagonale masquée par les remblais; elle servira ultérieurement à l'évacuation des houilles provenant des ateliers supérieurs. En attendant le moment où, arrivée à terme, elle sera mise en activité de service, on emploie une espèce de couloir $g\,g$ disposé pour faire parvenir provisoirement les houilles en D. Enfin, $o\,o$ est un puits aux échelles ménagé dans les remblais pour la circulation des ouvriers.

La figure 9 représente, sur une plus grande échelle, ces dispositions, indiquées par les mêmes lettres.

Les galeries n'occupent qu'une partie de la distance comprise entre les deux parois de la couche. Le boisage des voies d'allongement (fig. 7) consiste en chapeaux i, en montants k et en contre-fiches l encastrées dans le mur. Les voies de transport intermédiaires sont revêtues (fig. 6) d'une semelle p capable d'empêcher le montant de s'enfoncer dans les remblais. Le boisage du point de rencontre des diagonales et des voies horizontales (fig. 8) se compose d'une traverse q encastrée dans le roc par ses deux extrémités et de deux étais à peu près verticaux; le premier r porte sur une semelle s et forme une des parois de la galerie horizontale; l'autre r', recouvert d'un chapeau t, appartient à la diagonale. A mesure que la pente s'accroît, la longueur du montant augmente jusqu'au point où, les boisages se séparant, les deux voies reprennent leurs formes et leurs dimensions primitives. Des chemins de fer sont établis sur les remblais.

Le charbon, arrivé à la base de la cheminée, est déversé dans les voitures au moyen d'une trémie qui permet d'en charger deux simultanément. Le fond de cette trémie, formé

de madriers cloués sur quatre étais verticaux *J*, *J*, (fig. 9),
se trouve placé à une hauteur telle que les voitures puissent
facilement passer au-dessous. Deux ouvertures, faisant face
aux deux directions opposées de la galerie d'allongement,
sont fermées par des planches mobiles engagées derrière
les sommiers triangulaires. Le traineur monte sur la maçonnerie, enlève la planche, provoque, à l'aide d'une pelle,
la chute du charbon dans la voiture, et referme l'orifice
lorsque le vase est rempli.

**464. *Exploitation des couches fortement inclinées
par tailles contiguës et successives, en marchant
de bas en haut.***

Ce système (fig. 11 et 12), désigné comme le précédent
sous le nom de *Strossbau*, s'applique aux couches dont les
intercalations, un faux toit ou un faux mur produisent une
quantité suffisante de déblais.

Les deux galeries à travers bancs sont réunies par deux
puits ou cheminées *K L*, *K¹ L¹* creusées dans le plan du gîte.
Ces puits, carrés ou rectangulaires, servent, l'un, à la descente des produits de l'exploitation, l'autre, à la circulation
des ouvriers. Le mineur, partant de la base de ces cheminées,
ouvre une galerie *O* qui, après un percement de 4 à 5
mètres, se convertit en une taille de 4.20 à 6.30 mètres
de hauteur. Des madriers disposés horizontalement forment
un canal à section triangulaire *s* destiné à l'écoulement des
eaux et à la conduite du courant d'air; au-dessus de ce
plancher tombent et s'accumulent les déblais du chantier
qui remplissent l'excavation, sauf un espace réservé au faîte,
dans lequel s'effectue le roulage. Si les débris schisteux sont

trop abondants, il faut, dans cette première partie de l'opération, en extraire une partie, afin de se ménager l'espace nécessaire à la galerie de transport. La taille étant arrêtée à la limite du champ d'exploitation, les ouvriers s'établissent sur les remblais, reviennent vers la cheminée, arrachent la deuxième tranche et accumulent sous leurs pieds les produits stériles de la couche; parvenus à une distance de 4 ou 5 mètres du puits, ils s'arrêtent et réservent autour de ce dernier un massif de sûreté enlevé ultérieurement. Alors, perçant une nouvelle galerie O' au-dessus de la première, ils ouvrent de nouvelles tailles 3, 4 de même hauteur que les précédentes, et marchent alternativement en avant et en arrière, jusqu'à ce que la distance P comprise entre le faîte et les remblais soit devenue trop grande pour qu'il soit possible de continuer l'arrachement. Cette circonstance détermine l'abandon de la première excavation; et le mineur, après avoir réservé en Q un pilier dont la hauteur est en raison inverse de la solidité de la houille et en raison directe de la masse de remblais qu'il doit supporter, reprend l'exploitation par une série de tailles 1', 2' ouvertes au-dessus du massif.

Cette méthode est bonne pour obtenir le dépouillement complet des couches à salbandes ébouleuses, pourvu qu'elles fournissent suffisamment de remblais; la surface des roches encaissantes mises à nu est réduite au minimum, en sorte que les bois de soutenement employés ne sont qu'en petit nombre; les débris des intercalations schisteuses se mettent immédiatement en place, et les houilles sont moins exposées à se briser que dans les autres modes appliqués à l'arrachement des couches droites. Mais de semblables dispositions ne peuvent être employées dans les mines qui doivent fournir à une extraction notable.

465. *Bassin de Saarbrucken (Prusse rhénane).*

La grande étendue occupée par ce terrain carbonifère, dans lequel on a constaté l'existence de plus de trois cent couches; la puissance de celles-ci, comprise entre 0.50 et 3.30 mètres ; un sol accidenté par des collines, dont les sommets s'élèvent à d'assez grandes hauteurs ; l'époque assez récente d'une exploitation régulière, sont autant de causes qui ont maintenu jusqu'à présent les travaux assez rapprochés de la surface du sol. Aussi la plupart des mines de ce district n'ont-elles actuellement pour objet que la tête des couches, dans la partie comprise entre les crêtes des éminences et divers plans horizontaux passant par leur base. De grandes galeries d'extraction (*Stollen*), creusées perpendiculairement à la direction des stratifications et débouchant dans le fond des vallées ou sur le flanc des collines, servent à faire parvenir au jour les produits de la mine. On les utilise également pour l'écoulement des eaux en pratiquant à leur sol une rigole latérale, à laquelle on donne une pente d'environ 0.002 mètre par mètre. Ces excavations, appliquées au service des mines de quelque importance, sont à double voie, afin que le transport par chevaux se fasse avec rapidité et sans encombrement ; elles ont ordinairement une largeur et une hauteur de 1.56 mètre lorsque le transport doit s'effectuer à bras d'hommes, et 3.10 mètres de largeur sur 2.30 de hauteur si l'on emploie des chevaux ; elles sont muraillées à leur orifice, à la rencontre des couches et partout où la nature du terrain réclame cette opération.

Le principe d'après lequel le mineur s'astreint à arracher d'abord les parties des couches situées au-dessus du niveau de l'exhaure naturel est avantageux sous le rapport de l'asséchement des travaux futurs. Les puits d'extraction sont en partie supprimés, au moins pour l'époque actuelle, et les excavations de cette nature, rencontrées vers les affleurements, ne servent qu'à faciliter la sortie du courant d'air.

Le lecteur se fera une idée de l'extension donnée aux galeries d'exploitation de ce district, par la circonstance suivante. En 1847, on ne comptait que trois machines à vapeur d'épuisement, quatre d'extraction et deux qui remplissaient cette double fonction; la force réunie de ces neuf moteurs ne s'élevait qu'à 300 chevaux et n'était utilisée qu'en partie, tandis que le développement des chemins de fer établis dans les galeries à travers bancs comportait, à la même époque, une longueur de 67 à 68 kilomètres.

466. Exploitation par tailles diagonales.

Les figures 3 et 4 (pl. XXXVI) se rapportent aux travaux de la couche Heinrich, dont l'inclinaison est de 11 à 12 degrés, et la puissance de 1.87 mètre, travaux effectués par la galerie d'exploitation dite *Gerhard stollen*, près de Grosswald.

M N est la galerie d'extraction à travers bancs. *A B* la galerie d'allongement ou voie de fond (*Grundsteecke*), dont la durée doit être égale au temps employé à l'enlèvement du massif compris entre elle et les travaux supérieurs. Comme elle doit servir à la reconnaissance de la couche, elle précède les autres travaux et s'étend à des distances considérables : 1,300 ou 2,000 mètres de chaque côté de la galerie à travers bancs; elle conduit l'air avec elle au moyen de la disposition indiquée dans la figure 8. *A c* est une voie d'aérage ouverte à une petite distance du point d'in-

tersection de la galerie à travers bancs et de la voie de
fond. *c, c*, *c c* galeries horizontales (*Theilungstrecke*), déterminant des tranches de 60 à 75 mètres. Après avoir ainsi
divisé le champ d'exploitation en massifs longs, on procède
à leur préparation en commençant par le plus élevé. Cette
opération, la même pour toutes les tranches, consiste à
ouvrir une série de chantiers (*Abbaustrecke*) désignés par
les numéros d'ordre 1, 2, 3, etc.

Lorsque l'inclinaison de la couche est faible, ces excavations sont à peu près perpendiculaires à la voie
horizontale; elles deviennent de plus en plus obliques à
mesure que la pente s'accroît, car leur sol ne doit jamais former avec l'horizon un angle qui excède 4 degrés.
Si la solidité du terrain le permet (fig. 4), ces chantiers ont une largeur comprise entre 6.27 mètres et
8.36 mètres, et sont séparés par des piliers de 8.36
à 10.45 mètres. Les débris du havage sont rejetés contre
la paroi d'aval. A leur origine et sur une longueur de
six à huit mètres, leur largeur est de 2 mètres, en
sorte que, le long de la voie de niveau, règne un pilier
de sûreté tendant à la conserver intacte pendant la durée
de l'exploitation du massif, et dispense en partie d'en
soutenir le faîte à l'aide d'étais. Si le toit n'offre pas une
consistance suffisante (fig. 5), on se borne à ouvrir de
simples galeries *o, o, o* de 3 à 4 mètres de largeur,
en augmentant l'épaisseur des piliers. Ceux-ci sont percés
de place en place par des traverses *p, p*, chaque fois
que se fait sentir le besoin de ventiler les tailles.

La préparation de la première tranche est suivie de son
dépilage, pendant lequel est préparé le massif immédiatement inférieur; l'opération se poursuit et l'arrachement du
champ de travail s'effectue en marchant de haut en bas.

Le transport des produits ayant été reconnu possible, dans la plupart des circonstances, jusqu'à des distances de 2000 mètres de chaque côté de la galerie d'extraction (*stollen*), on forme, à la suite les uns des autres, un certain nombre de champs d'exploitation analogues à celui qui vient d'être décrit, et dont la longueur, suivant la direction, est de 400 à 500 mètres ; chacun d'eux est pourvu d'une galerie spéciale d'aérage, ouverte suivant la ligne de plus grande pente. L'exploitation de chacune de ces surfaces a lieu successivement, en s'éloignant de la galerie à travers bancs ; mais, de telle façon qu'un champ soit en dépilage, pendant que le suivant est en préparation, afin que la quantité d'extraction soit constante.

La conduite du courant d'air est simple et facile dans des travaux aussi rapprochés de la surface du sol, et qui, par les affleurements, ont des communications si nombreuses avec l'atmosphère. La direction des flèches en indique, dans l'une des deux figures, la marche pendant la préparation, et, dans l'autre, pendant le dépilage.

467. *Arrachement et dépilage.*

La dureté de la couche Heinrich étant fort grande, le mineur facilite son arrachement en agissant comme suit. Un premier havage de 0.75 à 1 mètre de profondeur s'effectue au milieu de la taille, sur une largeur de 1.50 mètre et dans le mur de la couche, plus tendre que la couche elle-même. La houille stratifiée au-dessus est abattue au moyen d'un coup de mine de même profondeur que le havage ; si ce premier coup ne suffit pas, il en donne un second, plus rapproché du mur. La couche ainsi entamée, il se tourne à angle droit, poursuit le havage sur les deux côtés du chantier, et en abat les strates au moyen d'une série de petits coups de mine, jusqu'à ce que la taille ait acquis la largeur qu'elle doit avoir. C'est ainsi qu'il se dispense de toute entaille latérale dans une houille extrêmement dure et compacte. Les fig. 5 et 6 sont l'expression de cet entaillement; *A* et *B* représentent les cavités produites par les deux coups de mine. Une planche de houille de 0.30 à 0.35 mètres d'épaisseur reste attachée au faîte, dont les stratifications sont moins dures que le combustible; l'abandon de ce lit, qui d'ailleurs sera repris ultérieurement, permet de réduire considérablement le nombre et la longueur des bois de soutenement.

Dans le dépilage qui constitue la partie la plus avantageuse de l'exploitation, le mineur attaque la partie supérieure de chaque pilier par une taille de 6.27 à 8.45 mètres de hauteur, dirigée perpendiculairement à l'axe des galeries; à cette taille en succède une autre, placée au-dessous, puis une troisième, et ainsi de suite, jusqu'à ce qu'il arrive au cordon de houille *r, r* de la galerie horizontale inférieure, qu'il respecte pendant tout le temps où la voie servira au retour de l'air de la tranche immédiatement inférieure. Dans cette opération, il laisse également au contact du toit une planche de houille, au-dessous de laquelle il établit un léger boisage. Au moment de se retirer, il enlève successivement les étais; la houille tombe avant le toit; et les manœuvres se hâtent d'enlever les gros blocs, et tout ce qu'il est possible de retirer des plus petits, sans s'exposer à un danger trop imminent.

Lorsque les besoins de l'extraction l'exigent, il n'y a aucun inconvénient à exploiter simultanément plusieurs piliers d'un même massif et même plusieurs massifs à la fois, en ayant l'attention de disposer le travail de telle façon que l'ensemble des tailles, formant une série de gradins droits, le dépilage des parties les plus éloignées soit toujours en avance sur celui des massifs les plus rapprochés de la galerie d'extraction. De cette manière, l'arrachement ne produit pas de trop vastes excavations; les affaissements du toit sont terminés lors de l'attaque du pilier voisin, et, enfin, les ouvriers ne sont pas exposés aux dangers des éboulements.

Le cordon de houille réservé le long des galeries horizontales s'enlève ordinairement pendant le dépilage; mais cette opération n'est pas toujours possible; fréquemment il importe de sacrifier ce cordon, afin d'arrêter les effets des incendies spontanés auxquelles sont sujettes les menues houilles de cette localité. Si un accident de ce genre se manifeste au milieu des éboulements des travaux supérieurs, les ouvriers se hâtent d'intercepter toute communication entre ceux-ci et les tailles en activité; le pilier de sûreté reste en place, et ils obstruent chacune des galeries dont il est percé, par un barrage (fig. 9) formé de deux murs en briques a, a, entre lesquels on tasse des lits successifs de sable ou d'argile.

468. Nouvelle méthode par galeries et tailles diagonales croisées.

On s'apercevait depuis longtemps des graves inconvénients du système précédent, dès que l'inclinaison de la couche devenait sensible; car les tailles diagonales et les galeries horizontales forment alors, à leur point d'intersection, un angle solide, qui s'éboule avec d'autant plus de facilité qu'il était plus aigu et que la couche est plus

puissante. De là l'écrasement des cordons de houille et
la dislocation des voies horizontales.

Dans le courant de l'année 1843, on imagina de disposer les galeries ainsi que l'indique la fig. 10, qui se
rapporte à l'exploitation de la même couche, dans la
même mine. CD est la voie d'aérage et ACB la galerie d'allongement, percées comme dans le premier
système ; EF, des galeries diagonales prolongées jusqu'aux affleurements ou aux anciens travaux ; leur inclinaison est de 3 ou 4 degrés ; elles comprennent
entre elles des massifs obliques de 60 à 70 mètres.
Les chantiers de préparation, également diagonaux,
sont dirigés dans un sens opposé. Les piliers intercalés
sont recoupés pour les besoins de l'aérage par des traverses m, m isolant complètement le cordon de sûreté.
Celui-ci, percé perpendiculairement à son axe par les ga-
ries d'exploitation, donne lieu à des angles à peu près
droits, plus résistants que les angles aigus, et le pilier de
sûreté se conserve plus longtemps intact. Le dépilage a
lieu de bas en haut, contrairement au principe exposé
ci-dessus ; il suit la préparation d'assez près pour que les
piliers n'aient pas le temps d'être écrasés La conduite de
l'air est suffisamment exprimée par la série des flèches
que contient la figure.

469. *Exploitation des couches par plans automoteurs.*

Lorsque l'inclinaison des couches dépasse 14 degrés,
l'emploi des diagonales n'étant plus possible, on leur substitue les plans inclinés automoteurs. La figure 1 de la
planche XXXVI est un exemple de ce mode de travail
tiré de la mine de Sultzbach, à Duttweiler. La couche
Jagow, la dix-neuvième stratification recoupée par la ga-

lerie Caroline, est inclinée de 59 à 40 degrés, et a une
puissance de 0.86 mètres.

M N représente la galerie à travers bancs ; *A B* la voie
de fond ; *C D* est, d'abord, une voie d'aérage qui,
plus tard, sert à la circulation des ouvriers ; elle constitue
alors un puits incliné dont le sol est recouvert d'échelles ou
entaillé en forme d'escalier. Le plan automoteur *E F* a une
largeur d'environ 4.20 mètres, et une longueur égale à
la hauteur du massif à exploiter, qui, toutefois, dépasse
rarement 160 mètres ; la direction doit en être rectiligne,
et la pente aussi uniforme que possible. La hauteur de l'excavation devant être assez considérable, on arrache celle
des lisières de la couche qui offre le moins de solidité.
Les deux galeries *C D* et *E F* étant liées entre elles par
des traverses *s s* espacées d'axe en axe d'environ 15.60
mètres, on ouvre, au niveau de ces dernières, des chantiers
d'exploitation auxquels on donne une hauteur 5.18 mètres,
et on les sépare par des piliers de 10.42 mètres d'épaisseur. Ces chantiers n'ont, à leur origine, qu'une largeur
de 1.50 mètre à 2 mètres, afin de ménager le long du
plan automoteur et de sa galerie latérale des massifs
qui contribuent à leur stabilité. Les piliers sont recoupés
par des traverses *m, m* chaque fois que la ventilation
l'exige. Lorsque les galeries d'exploitation sont parvenues
à la limite, les ouvriers procèdent au dépilage en attaquant les massifs de front, comme si c'était une taille
droite. L'arrachement du premier pilier est suivi de celui
du second, puis du troisième et ainsi de suite, en formant
une série de tailles, dont l'ensemble offre quelque analogie
avec des gradins renversés. Le dépouillement complet d'un
champ de travail est précédé de la préparation d'un autre
par l'établissement d'un second plan automoteur, ouvert
sur le prolongement de la voie de fond, à une distance

moyenne de 420 à 500 mètres du premier. Après son épuisement, on en prépare un troisième et ainsi de suite.

La marche du courant ventilateur est simple : il débouche de la galerie d'allongement, se divise en deux branches qui pénètrent à droite et à gauche dans les canaux des deux premières galeries d'exploitation , rase le front de taille , revient par la voie de roulage, passe dans le chantier immédiatement supérieur en traversant le second pilier, parcourt toutes les tailles de la même manière ; puis, l'une des branches sort par un puits percé vers l'affleurement, et l'autre par l'orifice de la galerie qui établit une communication entre les divers étages (1).

La mine de Sultzbach offre un travail assez remarquable, qui est une règle dans la localité, et dont le lecteur a déjà eu l'occasion d'observer l'analogue , lors de la description de la mine de Wandre, près de Liége. Cette disposition consiste à employer le même plan automoteur pour faire parvenir dans la galerie d'extraction les produits d'un faisceau de couches telles que a, b, c, d (fig. 1 et 2, pl. XXXVI), peu distantes les unes des autres. La voie automotrice est établie dans la couche puissante du faisceau, afin de ne pas entailler trop profondément la roche encaissante ; on a aussi égard à la qualité du toit, à la consistance de la couche et aux autres circonstances accessoires , qui tendent à la conservation de l'excavation. La couche Jagow, n°. 19, réunissant toutes les conditions désirables sous ce rapport, a été choisie pour recevoir le plan incliné. Elle a été l'objet de la première exploitation , pendant laquelle on a ouvert

(1) Ce mode d'exploitation a été appliqué à certaines couches de moyenne inclinaison du district de la Wurm. La mine de Guley, entre autres, offre divers exemples fort remarquables de cette disposition.

de petites galeries à travers bancs, *e, f, g, h, i, k* dirigées sur les couches voisines (*Nebenflœtze*) et qui , toutes, sont destinées à mettre en communication les futurs chantiers et le plan automoteur. Le nombre des galeries égale celui des étages du champ de travail , si la puissance de la couche à exploiter est notable et surtout si elle est assez rapprochée du plan incliné; mais si elle est mince, ou située à une assez grande distance de celui-ci, le nombre des galeries à travers bancs *f*, *h*, *k*, n'est plus que sous double , et la tranche est divisée en piliers d'une hauteur également double. Ainsi la couche Horn (n°. 18), dont la puissance est de 0.85 mètre, a été recoupée par sept galeries à travers bancs d'une très-petite longueur, tandis que les couches n°. 17 et n°. 16, plus éloignées et dont les épaisseurs sont respectivement 0.55 et 0.70 mètre, n'ont été l'objet que de trois percements.

Les avantages de cette disposition sont d'éviter les frais considérables nécessités par l'établissement d'un nombre de plans automoteurs égal à celui des couches à exploiter, et l'abandon de massifs protecteurs de ces voies, massifs ordinairement perdus, puisque, après un certain laps de temps, ils s'écrasent et ne produisent que de la menue houille.

L'arrachement de la couche n . 10, exploitée à Duttweiler, offre quelques particularités dont on ne peut se dispenser de faire mention ici. Elle est composée (fig. 7) de quatre bancs séparés par des schistes intercalés; sa puissance totale est de 2.45 mètres, dont 1.95 mètre de houille. Dans le cours des travaux préparatoires, le mineur n'exploite que les deux bancs 1 et 2 les plus rapprochés du sol; il en est de même lors du dépilage, pendant lequel il soutient les bancs du faîte 3 et 4 au moyen de quelques lignes d'étais. Lorsque, par suite d'abattages successifs, le dépilage s'est avancé de 4 à 5 mètres, il procède à l'arrachement du rang d'étais le plus éloigné du front de taille et provoque ainsi la chute des bancs supérieurs; ceux-ci tombent, les manœuvres se hâtent d'enlever les blocs de houille, mais ils abandonnent le menu, dont la valeur est trop minime pour qu'ils s'exposent au moindre danger. Ce travail en retraite est désigné dans la localité sous le nom de *Ruckbau*.

470. *Bassin silésien.*

Les couches du principal bassin de la Silésie ont une puissance comprise entre 0.40 mètre et 8.36 mètres; elles sont horizontales ou n'ont qu'une inclinaison de 3 à 4 degrés, qui, jamais, d'ailleurs, ne dépasse 10 degrés.

L'exploitation des richesses immenses de ce terrain carbonifère date d'une époque trop récente pour que les travaux aient été portés à de grandes profondeurs. Le mineur silésien pénètre dans le sein de la terre à l'aide de galeries à travers bancs (*Stollen*), ou de puits dont la profondeur moyenne est de 50 à 60 mètres; un fort petit nombre d'entre eux atteignent 100 ou 110 mètres. Leur section rectangulaire a une longueur comprise entre 2.60 et 5.40 mètres, et une largeur de 1.40 mètre. On les revêt d'un muraillement et plus ordinairement d'un boisage, et on les divise en trois compartiments : deux pour l'extraction (*Fœrder trümmer*) et un autre (*Fahrschacht*) destiné à l'entrée et à la sortie des ouvriers. Les exploitants silésiens ont construit, à l'imitation des Anglais, quelques galeries navigables, entre autres celles de la reine Louise, à Zabrze dans la Haute-Silésie, et celle de Fuchsgrube, près de Waldenburg, en Basse-Silésie, dans lesquelles circulent des bateaux destinés au transport des produits de la mine.

Les affleurements de certaines couches sont quelquefois

l'objet d'excavations à ciel ouvert. Si la carrière doit s'ouvrir sur les flancs d'un colline inculte, les déblais sont confusément projetés sur la déclivité de cette dernière. Si le sol, peu accidenté, est livré à la culture, le mineur enlève d'abord la terre végétale, attaque les roches qui recouvrent la houille et en rejette les fragments derrière lui ; puis il procède à l'arrachement des strates, en prenant un front fort étendu et en employant des moyens analogues à ceux dont il se sert dans les travaux souterrains. Lorsque l'excavation est comblée sur une certaine surface, il rejette sur les remblais la terre végétale mise en réserve, et quelques années après, le sol peut être rendu à la culture. Tel est le procédé usité dans quelques parties des affleurements de la couche Fanny, puissante de 7.80 mètres et recouverte de schiste d'une épaisseur moyenne de 3.75 mètres. On l'exploite suivant la direction et sur un front d'autant plus large que l'inclinaison des stratifications est plus faible.

Lorsque l'épaisseur des terrains de recouvrement n'est pas beaucoup plus grande que la puissance de la couche, on trouve ce procédé plus avantageux que l'exploitation souterraine ; qui, dans les parties trop rapprochées de la superficie, entraîne des dépenses considérables, une grande perte de houille et des difficultés nombreuses, pour l'entretien des galeries percées au milieu d'un terrain ordinairement peu solide ; enfin l'on évite les embrasements spontanés, si fréquents en Silésie pendant l'arrachement des couches puissantes (1).

(1) Des procédés analogues ont été appliqués à plusieurs gîtes du midi de la France pour l'arrachement de la tête des couches. C'est ainsi que l'on exploite celle du Treuil à Tirminy (Loire), celle de Commentry (Allier) et celle de Decazeville, dont la puissance excède 20 mètres et qui n'est recouverte que par des schistes de 10 à 12 mètres d'épaisseur.

471. *Systèmes d'exploitation et d'arrachement usités dans ces districts.*

Les couches minces s'exploitent par grandes tailles (*breiten Blick*) ; mais les produits stériles de la couche et de l'entaillement des roches encaissantes doivent suffire à combler les vides résultant de l'arrachement, et le toit, assez solide, doit aussi permettre l'ouverture, au-devant du front de taille, d'une excavation de 50 à 80 mètres ; car telle est la largeur attribuée aux chantiers d'exploitation. Ce mode offre la plus grande analogie avec le système du Staffordshire, objet d'une description ultérieure, surtout quant à la disposition des galeries. Le front de taille (*Kohlenwand*), devant toujours être parallèle au plan des fissures naturelles, est conduit suivant la direction, l'inclinaison ou la diagonale.

Les couches dont la puissance excède un mètre et qui ne produisent que peu ou point de remblais, sont l'objet d'un arrachement par piliers et galeries. Tout ce qui a été dit ci-dessus relativement à la disposition des voies dans l'exploitation par plans automoteurs de Saarbrücken, et par diagonales dans les districts de la Ruhr, s'applique, sauf quelques modifications de détail, aux travaux de la Silésie.

Les couches dont la puissance n'excède pas 4 mètres peuvent être excavées au mur ; au-delà de cette limite, cette opération est dangereuse pour le haveur, sans cesse menacé par un massif de houille dont nul étai ne peut prévenir les éboulements.

Dans les stratifications de plus de 5 à 6 mètres d'épaisseur, le havage s'effectue vers le milieu de la hauteur, l'abattage des bancs supérieurs est suivi d'un nouveau havage, et l'on marche ainsi en avant, en soutenant le toit à l'aide d'étais qui s'appuient sur la partie inférieure de la couche restée en place. Alors, revenant en arrière, les bancs inférieurs sont arrachés en substituant aux premiers bois des étais en rapport avec la hauteur de l'excavation.

Souvent des bancs de houille, momentanément abandonnés au toit, sont l'objet d'un abattage ultérieur aussi dangereux que difficile. La couche dite *Gerhard*, puissante de 5.75 mètres, donne lieu à un travail de ce genre. La tranche enlevée par l'ouverture des galeries est de 4.20 mètres ; il reste donc au couronnement une planche de 1.50 à 1.60 mètre d'épaisseur ; il en est de même pour le dépilage, pendant lequel les bancs supérieurs sont soutenus par des étais dispersés dans l'excavation ; ceux-ci reposent simplement sur le sol et sont maintenus en état de tension à l'aide de coins insérés vers le faîte. Chaque fois que le dépilage s'est avancé de 5 à 6 mètres, une rangée d'étais est installée en contact avec le front de taille ; ces bois, liés entre eux par des arcs-boutants et des étrésillons, qui en préviennent la flexion, constituent un barrage (*orgel*, ou *versetzung*). Les ouvriers provoquent alors la chute de la houille du faîte en enlevant d'abord le barrage établi précédemment et en arrachant les étais dispersés dans l'excavation ; ils s'arment pour ce travail d'un crochet fixé à l'extrémité d'une longue perche et saisissent la partie supérieure des bois, tandis que d'autres ouvriers, frappant à leur base, les font glisser sur le mur. Ils n'arrachent d'abord que deux ou trois étais et attendent pour savoir comment se comporteront les bancs du couronnement. Si, après un certain laps de temps, la pression ne se fait pas sentir sur les bois voisins, ils enlèvent quelques-uns de ces derniers et surveillent les résultats de cette manœuvre. Si la chute se fait encore

attendre, et si des écrasements et des fractures se pro-
noncent sur les étais les plus rapprochés, ils hachent et
abattent à coup de bélier ceux qui, ayant pénétré par leur
tète dans la houille du faîte, s'opposent à l'éboulement.
Alors le toit s'écrase, la houille tombe et les ouvriers
se hâtent de transporter les blocs dans la galerie inférieure,
en attendant le moment de provoquer une nouvelle écrasée.
Telle est la marche de l'opération désignée par les ouvriers silésiens sous le nom de *rapine* (*Das Rauben*),
probablement parce que, à l'imitation des voleurs, ils
doivent agir avec prudence et célérité.

Dans plusieurs cas, une couche puissante, divisée en deux
parties par une intercalation assez solide, est considérée
comme formant deux couches distinctes. L'attaque commence
par les bancs supérieurs, qui sont enlevés en totalité par
le procédé des piliers et des galeries; puis quelques
années après, le toit s'étant affaissé, ayant comblé les
cavités et pris son assiette, il est possible de procéder à
l'exploitation complète des bancs du mur. Ce mode, dont
l'expérience a prouvé les avantages, a été imité par
M. Harmet pour l'exploitation de la couche Lucie.

472. *Nomenclature des employés et des ouvriers attachés aux mines allemandes.*

Le maître-mineur (*Steiger*) et les sous-maîtres-mineurs
(*Untersteiger*) sont des praticiens qui ont reçu une instruction théorique suffisante pour être en état de diriger les
détails d'exploitation d'une mine. Avant d'être appelés à
remplir ces fonctions, ils doivent justifier de leurs connaissances par un examen subi devant des délégués du
gouvernement. Chaque mine de quelque importance com-

prend un *steiger* et deux *untersteiger*. Les ouvriers d'une mine (*Bergleute*) se divisent en quatre catégories :

1°. Les mineurs proprement dits (*Gesteinhaeuer*), chargés des percements dans les roches encaissantes. Ils travaillent 8 heures et reçoivent une somme convenue à l'avance pour chaque unité linéaire d'avancement.

2°. Les haveurs (*Haeuer*), dans les mines de la Wurm et d'Eschweiler, sont suivis des abatteurs (*Abkohler*), des étançonneurs (*Stempelsetzer*) et des ouvriers occupés à l'exhaussement des galeries (*Nachreiser*); tandis que, dans le bassin de la Ruhr, les mêmes travailleurs excavent, abattent, boisent et font l'avancement des voies perfectionnées. A Saarbrücken et en Silésie, ils prennent à leur compte tous les frais de main-d'œuvre de la taille et se chargent même d'une partie du transport. C'est dans ces deux derniers districts que se trouvent les haveurs d'épreuve (*Probehaeuer*), ouvriers de confiance qui remplacent pendant une journée les mineurs en réclamation sur les prix alloués et dont le travail sert à vérifier si les plaintes ont quelque fondement. Enfin, les boiseurs (*Zimmerlinge* ou *Zimmermaenner*), travaillent aux réparations des galeries. L'arrachement de la houille et les travaux accessoires sont des opérations désignées par le terme générique de *Kohlengewinnung*.

3°. Les ouvriers occupés au transport intérieur (*Foerderleute*) sont : Les traineurs (*Schlepper*), dont le salaire est basé sur la quantité de houille transportée et la distance parcourue ; la plupart du temps, ils sont astreints à charger eux-mêmes les vases de transport ; lorsque ces ouvriers doivent pousser les voitures, ils portent le nom de *Wagenstœsser*. Les chargeurs (*Füller*), employés quelquefois dans le transport à bras d'hommes, deviennent indispensables pour les voitures trainées par des chevaux.

Les ouvriers attachés aux freins des plans automoteurs
(*Bremser*). Les chargeurs au puits (*Anschlaeger*) et les
décrocheurs au jour (*Ausstürzer*). Le palefrenier-conducteur
(*Pferdeknecht*) effectue un certain nombre de voyages par
jour; il est à la solde de la mine. A Saarbrücken et en
Silésie, il dépend de l'entrepreneur du transport sur les
grandes voies.

4°. Les ouvriers occupés au jour sont : Les mesureurs
de charbons (*Kohlenmesser*), dont la désignation indique
suffisamment les fonctions. Les tireurs (*Zieher*), qui
mettent en mouvement les treuils dont on se sert pour
extraire les produits des mines peu profondes. Les surveillants (*Waerter*) des machines à vapeurs appliquées
à l'extraction et à l'épuisement, leurs aides (*Waertergehilfe*),
et un ou deux chauffeurs (*Schuerer*), occupés à entretenir
le feu sous les générateurs. Et enfin, le forgeron (*Berg-
schmidt*), employé à différents ouvrages de mine,
entre autres, à refaire les pointes des outils; il est payé,
tantôt à la journée, tantôt à la pièce, d'après un tarif
comprenant la nomenclature des travaux de cette catégorie
relatifs à une mine de houille.

SECTION V^e.

DE L'EXPLOITATION EN ANGLETERRE.

473. *Observations générales.*

Les circonstances inhérentes au gisement de la houille en Angleterre sont loin d'entraîner les difficultés d'exploitation qu'offrent les terrains carbonifères du continent. Les stratifications se trouvant dans une position assez rapprochée de celles qu'elles occupaient après leur dépôt, sont, par conséquent, plus régulières que partout ailleurs. Les galeries d'allongement s'étendant quelquefois sur une longueur considérable, sans rencontrer un dérangement de quelque importance, les travaux se portent sans difficulté sur une immense étendue, et présentent simultanément une multitude de points d'attaque concentrés sur la même couche. Les rejettements, qui apportent de si grands obstacles à l'exploitation continentale, se rencontrent, il est vrai, dans les bassins carbonifères de l'Angleterre ; mais ils sont en général assez éloignés les uns des autres ; il est inutile, la plupart du temps, de les percer, et ils peuvent être considérés comme les limites naturelles du champ d'exploitation. Ces dérangements favorisent même l'arrachement, en ce que, formés la plupart du temps d'une argile imperméable, il est possible d'exploiter des fragments du terrain sans être inquiété par les eaux des stratifications gisant de l'autre côté de l'accident.

La richesse minérale des divers bassins est généralement assez grande pour qu'on ne soit pas forcé d'attaquer les couches dont l'épaisseur est au-dessous de 0.50 et même 0.75 mètre, à moins qu'il ne s'agisse d'enlever simultanément une stratification voisine d'argile réfractaire ou de minerai de fer, ou que leurs produits exceptionnels (le *cannel coal*, par exemple) ne soient fort recherchés.

Le mineur anglais n'est pas forcé, comme celui du continent, de percer de puissantes stratifications aquifères, causes de difficultés et de dépenses considérables, mais seulement des sables mouvants ou des bancs de gravier incomparablement moins épais et plus faciles à traverser. Enfin, l'habileté des ouvriers anglais et les puissants moyens dont l'exploitant dispose expliquent la cause de la grande quantité de houille produite par un seul puits de certains districts.

Les principales considérations qui guident le mineur anglais consistent à restreindre l'emploi des bois par tous les moyens possibles, et à rejeter les eaux au dehors du champ d'exploitation, sans s'inquiéter si les travaux limitrophes en souffrent et si la houille de la propriété voisine en reçoit quelque atteinte. L'importance attachée à une sévère économie dans les bois s'explique par cette circonstance que les sapins dont on se sert, provenant des montagnes d'Écosse ou des forêts de la Norwège, sont d'un prix tel (1) qu'une consommation analogue à celle des mines de la Belgique ou de l'Allemagne entraînerait des dépenses à peu près équivalentes à la valeur vénale de la houille. Mais la solidité des roches encais-

---

(1) Les parties de galeries qui, dans le pays de Galles, doivent être boisées, coûtent pour les matériaux seulement 13 fr. le yard courant (0.9, mètre). Voir *Thomas Smith's Miners guide*, page 220.

santes est telle que le faîte des galeries se soutient de lui-même, excepté dans un petit nombre de points où se placent quelques étançons arrachés ensuite pour les employer plus loin. Dans certains districts, un ouvrier se croirait déshonoré s'il abandonnait dans la mine les bois qu'il a de la peine à retirer ; il les hache et les met en pièces plutôt que de les laisser debout. Jamais on ne voit en Angleterre, comme sur le continent, de ces grandes lignes d'étais si rapprochés les uns des autres qu'ils rappellent à la mémoire les tuyaux d'un jeu d'orgue.

474. Bassin du sud du pays de Galles.

Ce bassin carbonifère, qui, sous plusieurs rapports, offre la plus grande analogie avec la formation franco-belge-rhénane, court de l'est à l'ouest. Il est composé de deux versants principaux, dont les couches plongent en sens inverse, et se raccordent à peu près vers les 3/5 de sa largeur. L'inclinaison des stratifications du versant du nord, qui est le plus large, varie entre 5 et 12 degrés ; dans le versant du sud, la pente, généralement plus grande, atteint 45 à 46 degrés vers les relèvements méridionaux du bassin. La figure 9 est la projection horizontale d'une partie de ce terrain houiller comprise entre les rivières de Sirhowy et d'Ebbw, dans le Monmouthshire, vers les extrêmes limites du nord. Les lignes pleines sont la trace horizontale des couches de houille ; les stratifications de minerai sont représentées par des lignes ponctuées. La figure 10 est une section du même district par un plan vertical $A B$ dirigé à peu près du nord au sud.

Les richesses de ce bassin sont immenses : on y trouve 25 à 27 couches de houille, dont la puissance est com-

prise entre 0.40 et 2.25 mètres ; quelques-unes d'entre
elles atteignent 2.40 mètres et 2.75 mètres. Le minerai
de fer carbonaté lithoïde, sous forme de rognons ou de
plaques, est stratifié par lits de 0.07 à 0.08 mètre d'épaisseur dans certains bancs d'argile schisteuse alternant
avec les couches de houille ; mais les stratifications les
plus riches et les plus importantes de ce minerai se trouvent dans les assises inférieures de la formation. On rencontre également dans ces contrées l'argile réfractaire (*Fire-
clay*) propre à la fabrication des briques des hauts-fourneaux. Le calcaire carbonifère (*Limestone*), sur lequel
repose le terrain houiller, est employé comme fondant
(*castine*) dans le traitement des minerais de fer.

La surface du sol est coupée par de profondes vallées courant du nord au sud, et par d'autres perpendiculaires aux
premières, dont, par conséquent, l'axe coïncide avec la
direction des couches. Les affleurements, situés à un niveau fort élevé au-dessus des cours d'eau, ont donné lieu
au percement, sur la déclivité et à la base des collines,
de galeries appliquées à l'exploitation et à l'assèchement
de la houille, du minerai et de l'argile réfractaire. L'attaque a lieu de deux manières : si la vallée coupe les
stratifications perpendiculairement à leur direction, le mineur, apercevant les affleurements sur l'escarpement du
rocher, pénètre immédiatement dans les couches et s'avance
en ouvrant une galerie horizontale (*Level*). Mais plus fréquemment il perce des galeries à travers bancs (*Drifts* ou
Adits), et recoupe les couches perpendiculairement à
leur direction. Ces galeries (fig. 8, pl. XXXVII) sont
revêtues d'un muraillement composé de pieds droits construits avec les matériaux provenant de l'excavation elle-
même, et d'une voûte en briques liée avec du mortier.
Le sol reçoit un chemin de fer *a*, et latéralement est creusé

un petit canal c (*Trough* ou *Chaunel*) par lequel s'écoulent les eaux de la mine.

La partie des couches gisant au-dessus d'un cours d'eau est l'objet d'une exploitation en montant que le mineur gallois désigne par l'expression de *up hill;* la partie inférieure est ensuite reprise au moyen de puits à section ovale. Cette seconde période de l'arrachement n'aurait aucune conséquence fâcheuse, si l'exploitant avait eu le soin de réserver au-dessous du plan horizontal passant par la galerie inférieure des massifs qui empêchassent les eaux des travaux d'amont de s'écouler sur ceux d'aval. Malheureusement il n'en a pas été ainsi, et les puits d'exhaure sont devenus une nécessité. Les ouvriers du pays de Galles, de même que ceux du reste de l'Angleterre, n'étant jamais appelés à pénétrer dans les mines ou à en sortir au moyen d'échelles, il n'existe nulle part d'excavation destinée à cet objet.

Vers la limite nord du bassin se trouvent de nombreuses carrières qui ont pour objet l'exploitation à ciel ouvert du calcaire carbonifère et du minerai de fer des riches assises inférieures. Le même procédé s'applique avec avantage, en différents points de la surface, à l'arrachement de la tête des couches de houille, quelque faible qu'en soit la puissance ; les ouvriers enlèvent simultanément les stratifications de minerai et d'argile réfractaire intercalées, opération singulièrement facilitée par les escarpements des collines où se fait l'attaque et au bas desquelles ils projettent les matières stériles. C'est ainsi que, sur les crêtes des collines qui dominent la vallée de l'*Ebbw* (fig. 10), sont exploités à ciel ouvert les affleurements du minerai dit *black pins* et simultanément trois petites couches de houille stratifiées au-dessus.

475. *Piliers compris entre deux systèmes de galeries horizontales et diagonales.*

La figure 4 de la planche XXXVII indique les travaux exécutés dans une couche de 1.50 à 1.60 mètre gisant dans la vallée de la Towey, à 7 1/2 kilomètres au-dessus de Swansea. La galerie d'allongement (*Level*) *A*, *A* a son orifice sur le flanc de la colline; les galeries d'exploitation (*Stalls*) *B*, *B*, de 5.40 à 5.50 mètres de largeur, sont dirigées diagonalement, de manière que leur pente n'excède pas 2 ou 2 1/2 degrés. Les piliers (*Ribs*) *C C* ont 9 mètres d'épaisseur et sont recoupés à distances égales par des galeries transversales. Une nouvelle galerie horizontale *A' A'*, ouverte à une distance de 36 à 54 mètres au-dessus de la première, est la base d'un second étage, suivi d'un troisième, et ainsi de suite jusqu'à ce que l'exploitation atteigne l'affleurement situé sur la crête de la colline. Les débris stériles sont accumulés contre les parois des piliers. Les principales voies sont revêtues de maçonneries consistant en une voûte en briques reposant sur des pieds droits; souvent la voûte est supprimée et les murs latéraux seuls subsistent. Quelquefois encore, lorsque le toit est assez solide pour se soutenir sans revêtement, on se contente de placer des étais au-dessous des parties les plus menaçantes. Les points où les galeries doivent être obstruées par des remblais, le placement des portes d'aérage et la marche du courant ventilateur, n'exigent aucune explication particulière. Un coup d'œil jeté sur la figure suffit à cet effet.

Le champ d'exploitation étant ainsi préparé, les galeries comprennent un peu plus des deux tiers de la surface totale; c'est alors que l'exploitant procède au dépilage; mais l'expérience lui enseigne combien peu il doit compter sur cette partie de l'exploitation; aussi n'attend-il pas ce moment pour arracher une partie de la houille des piliers (1).

476. Galeries diagonales ou dirigées suivant la ligne de plus grande pente, et tailles horizontales.

L'exploitation des couches puissantes recouvertes de stratifications ébouleuses a lieu par larges galeries comprenant des piliers d'une épaisseur strictement nécessaire au soutenement du toit et qui restent dans la mine. C'est la méthode par piliers et galeries (*Pillar and stalls*). Lorsque l'exploitation a pour objet des stratifications de minerai de fer ou des couches minces pourvues d'un bon toit, les piliers ont au contraire une dimension plus forte que ne le réclame la pression des bancs supérieurs, et sont exploités ultérieurement en totalité ou en partie. Ce procédé, simple modification du premier, porte le nom de *Long work* (2).

La figure 1ʳᵉ. de la planche XXXVII est le plan horizontal d'une mine située près de Merthyr-Tydvill, dans la vallée de la Taafe (Glamorganshire). Ces travaux ont pour objet la couche dite *Mendow vein coal*, d'une

(1) Oeynhausen und van Dechen, *Ueber Steinkohlenbergbau in England. Archiv von Karsten*, tome 6, deuxième série.

(2) Le travail dit *Long work*, ainsi désigné parce que les galeries atteignent une longueur plus grande que dans le premier système, est aussi en usage dans les districts du Shropshire et du Staffordshire. Il ne faut pas le confondre avec l'exploitation par grandes tailles (*Long wall* ou *Long way*), objet d'une description ultérieure.

puissance de 2.28 mètres, et dont le toit, peu consistant, est sujet aux éboulements.

Les produits de l'étage supérieur (*Upper level*) sortent
de la mine par une galerie d'écoulement *A B;* ceux de
l'étage inférieur (*Lower level*) s'élèvent par le puits d'extraction *C* (*Engine pit*). Le puits d'exhaure *D* (*Pumping
engine pit*) est lié par une galerie à travers bancs *a*
(*Stone drift*), avec un réservoir *b b* dans lequel se
réunissent les eaux de la mine.

Le travail est identique dans les deux étages. Sur les
galeries d'allongement *e, f* (*Level*) sont ouvertes des galeries montantes (*Headings*); elles suivent la ligne de
plus grande pente, si l'inclinaison de la couche le permet,
ou marchent diagonalement lorsque cette dernière dépasse
5 à 6 degrés. La largeur de ces deux espèces de galeries est de 2.50 mètres. Les ateliers *i, i, i* (*Stalls*), qui
ont 1.80 mètre de largeur à leur origine, s'agrandissent
peu à peu et acquièrent une hauteur normale de 5.50
mètres. Les piliers (*Ribs*) ont 4.50 mètres, et sont
percés, pour les besoins de l'aérage, par de petites
galeries transversales (*Thirlings*). Une faille telle que
M N, dont le rejettement n'est pas trop considérable,
n'a d'autre résultat que de contraindre le mineur à pousser les chantiers jusqu'au dérangement, sans changer
en rien les relations des voies montantes entre elles. Les
galeries et les ateliers percés dans les couches puissantes
n'ont pas une hauteur égale à toute l'épaisseur de la
stratification, mais seulement 1.80 mètre, ou celle qui
est strictement nécessaire à la circulation des petits
poneys, chevaux employés au transport. La planche
de houille réservée au faite contribue à maintenir les
voies ouvertes pendant l'exploitation. Lorsque les ateliers
ont atteint une longueur de 45 à 50 mètres, le mi-

neur, revenant en arrière, amincit les piliers, en enlève le plus de charbon possible, puis il abat les étais,
et provoque la chute des bancs du faîte, dont il ramasse
les blocs. L'enlèvement de la houille doit se faire, dans
chaque compartiment, avec assez de promptitude pour
que la pression des bancs supérieurs n'ait pas le temps
de soulever le mur et que les galeries ne soient pas obstruées par les *creeps*. (14)

Le courant ventilateur descend par le puits d'extraction,
se divise en deux branches qui, se dirigeant aux deux
extrémités de la galerie d'allongement, parcourent les tailles,
viennent se réunir dans un puits de sortie, percé aux
abords des affleurements et au fond duquel est établi un
foyer d'appel.

Le système désigné sous le nom de *Long work* (fig. 2)
n'offre au premier abord que de faibles différences avec
le précédent; il s'applique aux couches minces dont le
toit est solide et aux minerais de fer.

Les montées g, g sont séparées par des intervalles de
110 mètres; l'épaisseur des piliers est égale à la hauteur
des ateliers, c'est-à-dire de 7 à 9 mètres. Ceux-ci marchant dans une direction opposée à celle des tailles ouvertes
sur la voie montante voisine, se rencontrent deux à deux
au milieu du massif, à une distance de 55 mètres de
leur origine; les piliers sont alors attaqués en retraite, et
toute la houille en est enlevée, sauf de faibles murs de
charbon w, w (*Stump*) abandonnés le long des galeries
ascendantes pour les protéger jusqu'à l'achèvement du
dépilage du compartiment; au moment de leur arrachement, le toit s'éboule, et cette partie de la mine devient
inaccessible. La ventilation exige quelquefois le percement
de voies k k parallèles aux galeries d'allongement; les piliers
qui les séparent sont recoupés par des traverses r r,

lorsque les voies montantes sont trop écartées les unes des autres. Souvent aussi (fig. 3), ces voies parallèles sont remplacées par les tailles les plus rapprochées *g g* et les voies ascendantes sont dirigées suivant la diagonale.

477. *Exploitation par tailles montantes diagonales ou dirigées suivant la ligne de plus grande pente.*

Ce procédé, autrefois assez répandu, est encore employé lorsque la tranche déterminée par la galerie d'exploitation est trop petite pour comporter deux étages, ou trop grande pour n'en établir qu'un seul. La figure 6 de la planche XXXVII se rapporte à l'exploitation de la couche dite *Big vein* par l'une des anciennes galeries d'écoulement de la mine d'*Ebbw vales*. La figure 7 représente la coupe des stratifications.

La couche, dont la puissance est de 1,50 mètre, possède un toit très-solide d'argile schisteuse. *A B* est la galerie à travers bancs débouchant sur l'escarpement de la colline; elle se dirige sensiblement de l'ouest à l'est, en recoupant les diverses stratifications de houille et de minerai de fer. *C, D* sont des puits foncés lors du creusement pour provoquer la circulation de l'air; le dernier sert actuellement à rejeter dans l'atmosphère le courant ventilateur qui a parcouru les travaux. *E E* désigne la galerie d'allongement sur laquelle s'ouvre une série de tailles *G, G* d'une largeur de 5.40 mètres; celles-ci, prolongées jusqu'à l'affleurement, sont séparées par des piliers d'une épaisseur de 3.50 à 4 mètres. Ces piliers, recoupés, pour les besoins de l'aérage, par des traverses *o, o, o*, sont enlevés partiellement ou en totalité lorsque les tailles sont parvenues à leurs extrêmes limites. Dans l'intérêt de la conservation de la galerie d'allongement, un massif de houille *H H* (*Stump* ou *pilar*) de 6 à 7 mètres d'épaisseur est réservé latéralement et sur toute sa longueur ; ce massif est percé, pour le dégagement des produits de chaque taille, d'une petite voie *i i* (*Gate roads*). La figure indique la moitié de la couche en préparation, et l'autre moitié en dépilage. Il est rare que les deux côtés d'une galerie d'écoulement soient attaqués simultanément ; il est plus ordinaire de les arracher l'un après l'autre, en préparant le second champ de travail, lorsque le premier est sur le point d'être entièrement épuisé.

Le courant d'air pénètre dans la mine par la galerie principale ; il parcourt la galerie d'allongement, s'introduit dans la dernière taille, traverse les coupures *o,o,o* (*Air heads*) pratiquées dans les massifs, et débouche dans la voie de retour de l'air *p p* (*Principal air heads*), percée au milieu du massif réservé pour la conservation de la galerie d'extraction ; puis il se répand dans l'atmosphère par le puits d'appel *D*.

478. *Supériorité de position et de gisement des mines du pays de Galles sur les autres mines de l'Angleterre.*

Le pays de Galles est l'un des plus favorisés de tous les districts de la Grande-Bretagne, soit sous le rapport de la richesse minérale et de la facilité des travaux d'exploitation, soit relativement aux moyens de transport et aux débouchés. En effet, l'exploitation d'une houille excellente et de qualité fort variée est presque toujours liée avec celle du fer carbonaté et de l'argile réfractaire ; en sorte que tous les éléments de la fabrication du fer se trouvent réunis dans le voisinage des usines.

L'extraction des produits et l'écoulement des eaux ont

lieu, la plupart du temps, par galeries horizontales. Si la première opération s'effectue à l'aide de puits verticaux, les chutes d'eau si multipliées de cette localité permettent souvent l'établissement de balances hydrostatiques. Ces appareils simples, et peu coûteux, remplacent avantageusement les machines à vapeur, qui, relativement à la quotité de charbon extrait, sont beaucoup plus rares dans le pays de Galles que dans tout autre district de l'Angleterre.

La surface du terrain est des plus accidentées. Sur une longueur de 15 myriamètres, on ne compte pas moins de 12 vallées transversales et une grande quantité de vallées latérales, qui, loin d'intercepter les communications, les favorisent au contraire; car cinq d'entre elles ont des cours d'eau navigables jusqu'à la limite du terrain carbonifère, et les sept autres ont été l'objet de canaux et de chemins de fer qui relient entre eux tous les points de la surface, et permettent de transporter à peu de frais les produits des mines et des usines aux divers ports du littoral.

Les débris stériles des excavations projetés sur la déclivité des collines forment des terrasses auxquelles sont adossés les hauts-fourneaux; la houille et les minerais, arrivant ainsi au niveau des gueulards, trouvent une plate-forme où ils subissent toutes les préparations nécessaires.

La fabrication du fer, dont les produits sont évalués à plus du tiers de la production totale de l'Angleterre, et la réduction des minerais de cuivre et d'étain ne laissent que peu de chose à l'exportation de la houille. Les débouchés de ce combustible se bornent à l'alimentation des puissantes machines des districts métallifères du Cornwall, à la consommation des côtes méridionales de l'Angleterre et de l'Irlande, et à quelques expéditions de charbons secs provenant de l'extrémité occidentale du bassin, charbons qui, ne produisant pas de fumée, sont recherchés par les brasseurs et les distillateurs de Londres.

479. *Mines des comtés de Stafford et de Shrops.*

Le bassin du sud du Staffordshire est principalement remarquable par l'existence de cette couche, appelée *Ten yard coal*, gisant à la partie méridionale du bassin (68). Les stratifications inférieures offrent la plus grande analogie avec celles du Shropshire; les deux districts sont également traversés par de nombreuses failles porphyriques et basaltiques accompagnées d'une multitude de ruptures. Les couches du Shropshire ont, il est vrai, une puissance généralement moindre que celles du comté de Stafford, puisque, excepté le *double coal*, dont le nom indique l'importance comparative, aucune de celles-ci n'excède 1.50 mètre. Malgré cette différence, rachetée d'ailleurs par la similitude de gisement, les mineurs de ces deux districts voisins ont été naturellement conduits à adopter, dans l'exploitation des couches minces, des méthodes tellement identiques, que les exemples concernant le comté de Stafford se rapporteront à celui de Shrops, et réciproquement.

Les puits (*Pit* ou *Shaft*), de même section dans les deux bassins, sont disposés de la même manière; ils sont toujours circulaires, leur diamètre étant compris entre 1.80 mètre et 2.75 mètres; accouplés deux à deux, ou plutôt séparés par un massif de roc de 4.50 à 9 mètres, ils peuvent être considérés comme les compartiments d'une même excavation. A la mine de Eltonhead, trois puits ont été foncés dans une relation telle qu'une machine à vapeur (*Gin* ou *Whimsey*) à triple tambour les dessert simultanément; l'extraction se faisant à des étages différents, le dia-

mètre de l'enroulement des cordes a été calculé de manière qu'un même nombre de tours corresponde à des
profondeurs inégales. Les parois des puits sont soutenues
par des murs en briques, excepté dans les parties où
la solidité des roches rend tout revêtement inutile. On
emploie des tubages en fer de fonte pour traverser les
sables désagrégés et aquifères stratifiés sur quelques points
du bassin.

Les parties de couches recherchées pour l'exploitation
gisant à de petites profondeurs, les creusements sont peu
coûteux ; aussi sont-ils multipliés et les champs de
travail ordinairement fort restreints. La couche de
Dix-Yards, vu sa grande richesse, se poursuit à toute
profondeur. Si, dans certaines parties du bassin, elle s'exploite à la méthode des carrières; si, dans les environs
de la ville de Dudley, les puits n'ont, la plupart du
temps, que 90 ou 100 mètres, et un peu plus loin
150 ou 200 mètres, il n'en est pas de même sur les
bords du bassin, où le mineur doit traverser les grès
bigarrés (*New red sandstone*) et s'enfoncer jusqu'à plus de
500 mètres pour atteindre cette stratification remarquable.

On opère l'assèchement des travaux en donnant aux
machines d'extraction un excédant de force destiné à
faire fonctionner de petites pompes. Lorsqu'une affluence
d'eau plus considérable réclame l'emploi d'appareils d'é-
puisement plus puissants, on creuse un troisième puits
(*Jack pit*) destiné à les recevoir. Enfin, si les exploitants reconnaissent qu'une seule machine peut suffire
à l'assèchement de plusieurs mines, ils font cette dépense en commun; le puits d'exhaure est alors l'origine d'une galerie qui s'étend au-dessous de toutes les
mines associées, avec laquelle chacune d'elles se met en
communication.

480. *Exploitation de la couche de Dix-Yards.*

Autrefois les mineurs se contentaient de pratiquer dans la couche une excavation conique, assez semblable à une quille, dont le rayon ne dépassait pas 16 à 18 mètres. Dès qu'ils pouvaient craindre un embrasement spontané, ou des éboulements trop multipliés, ils se portaient sur un point voisin, où un nouveau puits était l'objet d'une exploitation semblable. L'orifice de chaque puits était ensuite recouvert d'une voûte ou d'une muraille conique destinée à prévenir les chutes accidentelles et à empêcher l'air atmosphérique de produire l'embrasement des menus charbons abandonnés dans la mine. Les excavations anciennement creusées au nord de la ville de Dudley sont tellement multipliées qu'elles présentent l'aspect d'un champ recouvert d'une multitude de fourmilières dont les proportions seraient exagérées. Plus tard, le mineur, s'écartant des affleurements, creusa des puits plus profonds, et parvint, par des améliorations successives, au travail par *compartiments* ou par *chambres* (*Square work*), objet des descriptions suivantes.

La figure 1re. de la planche XXXVIII est le plan horizontal de la mine de Blakemoor, située entre Congreaves et Dudley, où s'exploitent simultanément la houille et le minerai de fer (1). Une machine à vapeur extrait alternativement de deux puits *A* et *B*, le charbon de la couche de *Dix-Yards* gisant à une profondeur de 164.50 mètres et le minerai des argiles stratifiées à 12.80 mètres au-dessous du combustible.

(1) La figure 2 est une section verticale d'une partie de la galerie principale *A C*.

La galerie principale *A C* (*Gate roads*) est ouverte sur le mur de la couche. Sa largeur est de 2.70 à 3 mètres et sa hauteur de 3.60 à 4 mètres. La rencontre des petits rejettements (*Ribs*), tels que *M* et *N* (fig. 1 et 2), n'altérant pas la rectitude de la voie, on se contente d'arracher les aspérités et de combler les dépressions, en compensant les déblais par les remblais ; le sol est ainsi formé d'une série de plans inclinés raccordés par des pentes douces et sans jarrets.

Pendant l'établissement de cette galerie, le mineur se fait suivre du courant ventilateur par le percement parallèle des bancs situés à 2.80 ou 3 mètres au-dessus du mur de la couche. Ces voies d'aérage *a a a* (*Air head*), dont la section est d'environ 1 mètre carré, sont mises en communication avec le puits d'entrée de l'air ; tous les 18 à 20 mètres, le massif qui sépare les deux voies est percé de canaux *c, c, c* (*Spouts*) par lesquels débouche l'air frais. Si dans ce travail l'ouvrier rencontre un rejettement, il ne continue pas l'excavation en ligne droite ; il s'arrête, creuse, en montant ou en descendant, un petit puits (*Stump*) d'une hauteur égale à celle de l'obstacle ; puis il reprend le percement horizontal en se plaçant à la même distance du sol où il se trouvait avant le dérangement. Les lignes ponctuées de la figure 2 indiquent suffisamment cette disposition. Si la voie de roulage se croise avec celle d'aérage, on installe au faîte de la première une caisse ou coffre en bois, qui rétablit la continuité de la seconde. Lorsque la galerie principale est parvenue à la limite extrême du champ de travail, le directeur de la mine, se basant sur les circonstances locales, détermine les points où doivent être établis les compartiments nᵒˢ. I, II, III, etc. (*Side of work*), leur ordre de succession et les dimensions que la nature du toit permet de leur donner. Ces chambres,

liées avec la galerie principale par de petites excavations
S, S, S (*Bolt hole*), peuvent être assimilées, après l'arrachement du charbon, à une halle de 8 à 9 mètres de hauteur, entourée de murs d'enceinte E, E (*Ribs*), et dont
le plafond est soutenu par des colonnes F, F (*Pillars*)
assez régulièrement espacées. Dans la mine de Blakemoore,
un premier compartiment n°. 1 a été formé à l'extrémité
de la galerie principale; une dérivation de celle-ci a permis
d'ouvrir le n°. II. Les n°ˢ. III, IV, V et VI ont été établis
à droite et à gauche de la galerie; puis enfin le n°. VII,
qui est sur le point d'être achevé et dans lequel on remarque l'existence d'une double issue, provenant de ce
qu'une seconde galerie a été embranchée sur la première,
dans le but de préparer un chantier n°. VIII, circonstance
qui contribue à donner de l'activité au transport. Ultérieurement, d'autres seront installés en IX et X; et, pour
ne pas se trouver pris au dépourvu, des mineurs sont
déjà occupés à creuser la galerie $H H'$ destinée à l'exploitation de la partie de la couche située au sud-ouest des
puits d'extraction. Les stratifications du faîte, pouvant rester
assez longtemps sans soutien avant de s'ébouler, permettent
de prendre des chambres de 50 à 60 mètres sur 30
à 40. Il suffit de laisser un petit nombre de piliers de
8 à 10 mètres de côté et quelques autres de 4 à 6 mètres
pour maintenir le toit jusqu'à l'achèvement du travail. Les
ateliers ont une largeur moyenne de 12 mètres, et les
murs d'enceinte, 5 à 7 mètres d'épaisseur.

Quoique la couche de *Dix-Yards* soit fort sujette aux
dégagements de gaz hydrogène protocarboné (*Fire damp*),
il est rare que l'exploitant fasse tout ce qui est nécessaire
pour obtenir une ventilation convenable, et il est impossible
d'y parvenir avec des conduites dont les sections offrent
une si grande divergence. Le courant descend par le puits B,

qui, dans cette circonstance, prend le nom de *Down cast shaft*, parcourt les travaux exécutés dans la stratification de minerai de fer, remonte dans la couche de houille, traverse la galerie parallèle à la voie principale, puis celle qui longe la chambre en exploitation, dans laquelle il débouche par l'un des petits canaux *c'* *c'*. L'air, se dispersant dans l'espace, absorbe les gaz nuisibles, les entraîne avec lui à travers la voie principale, puis il remonte par le puits *A* qualifié de *Up cast shaft*. Quelquefois la ventilation suit une marche inverse : l'air pénètre par la galerie de roulage et retourne dans l'atmosphère par la voie supérieure d'aérage. Si ce procédé est plus conforme à la règle qui prescrit de donner au courant une direction ascensionnelle, il offre le grand désavantage de forcer l'air provenant d'une galerie à grande section, dont le volume est encore augmenté par la dilatation et par le mélange des gaz provenant de la houille, à s'engager dans une série de conduites fort étroites et, par conséquent, à ralentir considérablement sa course.

481. *Arrachement successif des divers bancs de houille.*

Le percement des galeries (*Gate roads*) s'effectuant dans les stratifications inférieures, n'embrasse qu'une partie du travail exécuté dans les compartiments ; on peut donc n'avoir égard qu'à ce dernier et supposer que le mineur, arrivé à l'extrémité de la galerie dite *Bolt hole*, va procéder à l'excavation d'un compartiment, par exemple, de celui qui, dans la figure 1ʳᵉ., porte le nᵒ. III.

Le premier travail a exclusivement pour objet le banc inférieur *Humphrey* nᵒ. 13, que deux mineurs arrachent dans le prolongement de la galerie d'entrée *S*. Lorsqu'ils sont suffisamment avancés, deux autres ouvriers agrandissent la taille (*Stall* ou *Opening*), dont la largeur est alors de 8 à 9 mètres et qui se trouve composée de deux ou de quatre gradins. Si la solidité de la couche le permet, deux nouveaux mineurs portent la largeur de l'excavation à 12 mètres et s'avancent ainsi en longeant le mur d'enceinte. Le gradin le plus avancé contient le meilleur ouvrier, qui imprime au chantier la direction convenable. Les éboulements des bancs supérieurs sont prévenus à l'aide d'étais (*Props*), combinés avec des buttes (*Cogs*) formées des débris schisteux les plus résistants. Ce travail, effectué par des mineurs couchés dans un espace privé d'air et tellement restreint dans sa hauteur qu'ils ne peuvent relever la tête, est cependant recherché par eux comme plus facile qu'aucune des opérations qui lui succèdent.

Quant aux bancs supérieurs, c'est par des coupures latérales, successives, dirigées de bas en haut, et en utilisant leurs joints de séparation, que le mineur parvient à les détacher et à en déterminer la chute par plaques plus ou moins épaisses. Aussi, dès que le banc dit *Humphrey* a été enlevé sur une surface suffisamment étendue, il pratique (fig. 4), dans *Slipper* et *Savyer*, n°s. 12 et 11, une entaille verticale autour des piliers et le long du mur d'enceinte, afin d'isoler la masse qu'il se propose d'abattre. Cette échancrure doit être assez large en dessous pour qu'en y introduisant la tête et les épaules, il puisse la pousser au joint de séparation des bancs n°s. 11 et 10. Comme une entaille continue n'offrirait pas assez de sécurité pour les ouvriers, sans cesse menacés d'un éboulement subit de la houille, ceux-ci réservent, à des distances d'environ deux mètres

les uns des autres, de petits massifs ou prismes de
charbon (*Spurns*) de 0.30 mètre d'épaisseur qui, semblables aux encorbellements destinés à supporter les poutres
dans l'architecture gothique, établissent une liaison temporaire entre la masse à abattre et les parties qui doivent
rester en place. Les coupures perpendiculaires étant
achevées, les ouvriers se retirent vers la principale
galerie en faisant disparaître les petits massifs, dispersent
les buttes et enlèvent tous les bois. Le charbon, sollicité par son propre poids, se détache dans le sens des
joints horizontaux et tombe en masses de 40 à 80 tonnes,
suivant la largeur de la taille et la hauteur des coupures.
Le nombre d'ouvriers occupés à l'abattage est fort restreint ; ils travaillent pendant la nuit, afin de ne pas
exposer inutilement les autres aux effets des éboulements.
Il serait trop dangereux d'employer le pic ordinaire à
court manche pour enlever les prismes de charbon ;
aussi les ouvriers, dans cette opération, sont-ils armés
d'une *gaffe* ou *croc de marin* (*Pricker*), perche de 4 à
5 mètres de longueur, à l'extrémité de laquelle est attachée une pointe acérée munie latéralement d'un crochet (fig. 8). Les mineurs, se tenant à une grande
distance du point où se porte leur action, entaillent les
petits massifs ; ils portent la pointe de l'outil sur leur
surface antérieure, et le crochet sur les faces postérieures ;
ils se tiennent constamment sur leurs gardes, prêts à
sauter précipitamment en arrière au moindre craquement
et à la moindre apparence d'ébranlement dans la masse ;
car le banc de houille tombe quelquefois avant que l'ouvrage soit achevé.

Pendant ces opérations, d'autres mineurs continuent
l'excavation du banc nº. 1, en établissant des tailles
transversales (*Cross opening*), perpendiculaires aux pre-

mières, jusqu'à ce que la surface totale du compartiment soit déterminée. Les bancs stratifiés au-dessous de *John coal*, étant ainsi enlevés, les débris stériles de la couche et la menue houille (*Slack*) provenant des premières excavations forment un terrassement sur lequel les haveurs montent, pour effectuer de nouvelles échancrures; c'est ainsi qu'ils abattent tous les bancs supérieurs les uns après les autres; *Benches* et *Tow coal*, considérés comme un seul banc, sont coupés simultanément. L'entaille, dans cette seconde partie de l'arrachement ne se fait plus en commençant par la partie voisine de la galerie de roulage, mais par l'extrémité la plus éloignée du compartiment. Lorsque les déblais entassés sous les pieds du mineur, sont insuffisants pour atteindre les points où se font les coupures perpendiculaires, il élève des échafaudages, dresse des échelles et utilise tous les moyens à sa disposition. Il est rare qu'il provoque la chute du *Roof Floor* n°. 1, qui, étant fort dur, reste au couronnement pour maintenir les schistes du toit; il se contente de recueillir les blocs qui s'en détachent spontanément. Quelquefois le banc tombe tout entier; d'autres fois sa chute est accompagnée d'immenses blocs du toit, d'une épaisseur telle que l'emploi de la poudre est indispensable pour dégager le charbon gisant au-dessous de l'éboulement.

Les figures 3 et 4, sections réciproquement perpendiculaires d'un même chantier, suffisent à l'éclaircissement de ce qui précède. La première, contenant la réunion des diverses phases du travail exécuté à des époques successives et sur différents points de la mine, indique, en outre, l'emploi des étais et des piliers en pierres sèches. La seconde est la section transversale d'une taille représentant la disposition des coupures exécutées dans la houille. *J* est la conduite longeant le compartiment ; *O*, le canal par lequel l'air afflue dans ce dernier ; *P*, le mur d'enceinte, et *Q*, le pilier principal.

Outre les buttes formées avec tous les blocs de schiste, le mineur cherche à prévenir les éboulements des bancs supérieurs, découverts sur une trop grande étendue, au moyen de piliers accessoires *K* (fig. 4) (*Man of war pillars*), ménagés dans les tailles de grande largeur et dans les points où deux excavations, se rencontrant, forment un espace vide d'une grande étendue. Ces piliers, de forme carrée, ont 2.70 à 3.60 mètres de côté et diminuent d'épaisseur à mesure qu'ils s'élèvent vers les strates supérieures. Autrefois on les formait immédiatement sur le mur de la couche dès l'arrachement du premier banc, en réservant des massifs prismatiques partout où le besoin semblait devoir se faire sentir plus tard ; mais, comme ils interrompaient le travail des tailles et cédaient trop facilement sous la pression des stratifications du faîte, l'exploitant a jugé plus convenable d'enlever complètement le *Humphrey*, même dans les points où le pilier accessoire doit être ménagé, et de remplacer la houille par des prismes de remblais *L*, dont la section excède de quelques décimètres la surface du pilier qu'il doit ménager dans la couche. Lorsque l'espace compris entre les remblais et le banc de charbon n'est plus que de cinq ou six centimètres, il le remplit de planches ou de petits tasseaux en bois, introduits sans trop de frottement. Dans une semblable disposition, les remblais, et le bois par sa flexibilité, cèdent à la première pression un peu forte ; le pilier, qui a fait son mouvement, reste désormais intact et rend alors de grands services, jusqu'au moment où il est détruit pour provoquer la chute des bancs supérieurs.

Les diverses stratifications de la couche de *Dix-Yards*, ne contenant pas les mêmes qualités de houille, doivent être transportées et extraites séparément. Ainsi, le charbon appelé *houille blanche* (*White coal*), produit des n°s. 2, 3 et 4, étant des meilleurs pour les foyers domestiques, est soigneusement séparé de celui qui provient des n°s. 11 et 12, classé comme étant de moindre valeur. De même, on se garde de confondre les produits des n°s. 5 et 6, propres à la fabrication du coke (*Kaking coal*), avec ceux du n°. 7, qui, fort pyriteux, ne peuvent servir qu'à la cuisson des briques et de la pierre calcaire. La presque totalité du banc n°. 1, tombant en menu sous le pic du haveur, fournit peu de chose à l'extraction. Les charbons de cette nature, n'ayant aucune valeur, ne s'extraient pas de la mine, mais s'entassent contre les parois des compartiments et se disséminent sur toute la surface de la chambre, où ils forment un lit tendre qui empêche les blocs de houille de trop se briser dans leur chute.

Lorsque la houille du compartiment est enlevée et tous les piliers accessoires abattus, l'exploitant se hâte, si la nature du toit le lui permet, de recouper les murs d'enceinte par des tailles transversales v, v (fig. 1re), d'amincir les piliers, et, enfin, de détacher des blocs de houille partout où cela est possible, sans provoquer des éboulements trop dangereux. Mais cette circonstance est rare; il se considère comme heureux, la plupart du temps, s'il parvient à vider entièrement la chambre, sauf les grands piliers, qui, perdus pour toujours, ont reçu le qualificatif de *eternal pillars* (massifs éternels).

Lorsque les mineurs se retirent définitivement, ils bouchent hermétiquement la galerie d'entrée S en y élevant une digue (*Dam*) composée d'une muraille en briques, contre laquelle ils entassent du sable sur une épaisseur moyenne de 3.50 à 4 mètres. C'est une précaution qu'il serait dangereux de négliger, car le contact de l'air et des menus charbons abandonnés dans l'excavation, ne manquerait pas de produire un embrasement dont les conséquences pourraient être fort graves.

482. *Inconvénients et pertes de charbon résultant de ce mode d'exploitation.*

La condition des ouvriers appliqués à l'arrachement de cette couche est des plus fâcheuses. Dans l'excavation du banc *Humphrey*, couchés sur le côté, ils occupent un espace privé d'air et tellement bas qu'ils ne peuvent se retourner. Dans les bancs supérieurs, le travail est plus pénible encore, plus difficile et plus dangereux ; car, devant arracher la houille au-dessus de leur tête, n'ayant de place que pour déployer leurs bras, en équilibre sur un léger échafaudage ou suspendus aux derniers rayons d'une échelle, ils doivent se livrer à un exercice violent, dans un espace exigu où la circulation de l'air est interrompue, et où l'atmosphère est tellement chaude que, malgré leur état de complète nudité, la transpiration ruisselle sur leurs corps. Mais ce qui effraie le plus, ce sont les nombreuses victimes de ce genre de travail. Constamment exposés à l'éboulement des bancs supérieurs, ces malheureux ouvriers s'estiment heureux s'ils s'en retirent avec quelques contusions ou même avec un membre rompu ; car, ordinairement, c'est la vie qu'ils perdent, écrasés comme ils le sont par ces masses énormes de houille, dont ils ne cessent de provoquer la chute, et qui, parfois, se détachent en plaques plus volumineuses qu'ils n'avaient pu le prévoir.

Ce système est encore vicieux sous le rapport de la difficulté du travail, de la grande dépense de main-d'œuvre et des dégâts résultant de la propagation des éboulements à la surface du sol et qui donnent lieu à des indemnités quelquefois considérables. La grande perte de houille diminue singulièrement les avantages inhérents à un dépôt d'une aussi grande richesse. En effet, abstraction faite des produits retirés après coup des piliers et des murs d'enceinte, ce qui, du reste, est fort minime et quelquefois complètement nul, la surface exploitée se réduit, dans les circonstances les plus favorables, aux trois quarts et même aux deux tiers de la totalité de la couche; et cependant telle n'est pas la quantité proportionnelle de houille enlevée, car de nouvelles pertes résultent encore de la réduction en menu du gros charbon, dont on ne fait aucun usage dans cette localité, en sorte que la moitié des produits peut être considérée comme perdue pour toujours.

483. *Personnel employé dans les mines objet de la couche de Dix-Yards.*

Le directeur des travaux (*ground bailif*) a sous ses ordres autant de chefs d'atelier (*Doggy* ou *Foremen*) que de puits en exploitation; ces chefs mesurent l'ouvrage des haveurs, veillent à ce que le chargement des voitures se fasse d'une manière convenable, et s'assurent, avant la descente des ouvriers dans la mine, de l'état des excavations, tant sous le rapport de la solidité du couronnement, que sous celui de la présence du gaz inflammable.

Les haveurs (*Holers* ou *Pikemen*) entaillent et abattent les divers bancs de la couche; chacun d'eux doit excaver une surface donnée, dont le prix varie suivant la position des bancs attaqués, c'est-à-dire suivant la difficulté et le danger du travail.

Les ouvriers employés aux travaux accessoires de l'intérieur sont désignés sous le nom générique de *Bandsmen*.

Cette classe, dont les fonctions sont fort variées, comprend tous les ouvriers qui ne savent pas se servir du pic, ou qui ne trouvent pas de l'occupation comme haveurs. Parmi ceux-ci, les dépiéceurs (*Turners ont*) attaquent les grandes masses provenant de l'abattage des bancs, les débitent en blocs faciles à soulever et à transporter. Les chargeurs (*Loaders*) entassent le charbon sur des voitures ou des traineaux (*Skips*); cette opération réclame autant d'adresse que de vigueur. Les *Dirt carriers* sont de vigoureux jeunes gens chargés de nettoyer l'excavation (*Gob*), située derrière les ateliers, des menus charbons produits du havage. Des corbeilles ou des bacs en tôle servent à les transporter sur des points où les mineurs les reprennent pour s'exhausser pendant l'entaillement des stratifications supérieures. Les *Clanser* ou *Cleanser* arrachent les lits de schistes adhérents à la houille, et recueillent les remblais avec lesquels ils bâtissent des buttes aux endroits désignés par le doggy. Les voituriers (*Horse drivers*) conduisent les chevaux traînant les skips; ceux-ci, arrivés au bas des puits, sont attachés par les accrocheurs (*Hanger on*) à l'extrémité des câbles d'extraction.

Tous les ouvriers occupés à l'exploitation de cette couche ont un salaire assez élevé, à cause des dangers qui les menacent. Lorsqu'ils ne sont pas à la tâche, leur travail a une durée de 12 heures, et ils sont payés par semaine.

Le personnel du jour se compose :

Du *Banksman*, ouvrier qui reçoit les voitures chargées à l'orifice du puits, et fait descendre dans la mine tous les matériaux nécessaires; des manœuvres (*Labourers*); des machinistes (*Enginer* ou *Whimsey men*), et des *Trolliers*, occupés au transport des produits de l'orifice du puits aux magasins et aux lieux d'embarquement.

Une tonne de charbon (1015 kilogrammes) est allouée chaque mois à tout mineur (*Collier*) et à tout ouvrier dont le travail se rapporte directement à l'extraction de la houille.

484. *Exploitation du minerai de fer.*

La stratification dite *White ironstone*, exploitée par le puits de Blakemoore (fig. 1re), à 12.50 mètres au-dessous de la couche de houille, est l'objet d'un travail par grandes tailles (*Long wall*). Cette méthode, qui, du reste, s'applique à toutes les couches de minerai du Staffordshire, est fort simple : elle consiste à ouvrir, en partant du puits *B*, deux galeries (*Gate roads*) *B G* d'une hauteur de 1.40 à 1.50, c'est-à-dire rigoureusement suffisante à la circulation des *ponies* (chevaux de petite taille). Parvenues à la limite du massif que l'on doit ménager autour du puits, ces galeries, réunies par une traverse demi-circulaire, forment le premier front de taille (*Face of work*); celui-ci est représenté sur le dessin par une courbe ponctuée. D'autres voies *H J* s'embranchent sur les premières et s'élèvent plus ou moins diagonalement suivant l'inclinaison de la stratification; elles sont prolongées à mesure que la taille s'avance dans la couche, et comme, en raison de leur direction divergente, elles comprennent un front qui s'agrandit sans cesse, on ouvre de nouvelles galeries intermédiaires *K* chaque fois que la nécessité s'en fait sentir. L'ensemble des voies est disposé en éventail, et leur nombre est d'autant moindre que les excavations fournissent moins de place pour loger les remblais; leur multiplication, dans le cas contraire, tend à faciliter le transport des produits. Le champ d'exploi-

tation du puits de Blakemoore offre la plus grande surface dont, jusqu'à présent, on ait entrepris le dépouillement;
sa contenance est, en effet, de plus de 25 hectares, lorsque
partout ailleurs on se contente de 1 1/2 à 2 1/2 hectares.
Le minerai objet de l'exploitation appartient à la variété désignée sous le nom de minerai blanc (*White
ironstone*). Le lit *a* (fig. 6), dont l'épaisseur est de 12 à
15 centimètres, est stratifié dans une argile schisteuse fort
tendre, dont la puissance est de 1.20 mètre. Au-dessous
se trouve une petite couche de houille *b* de 0.25 mètre,
appelée *Stinking coal*, dont la qualité sulfureuse en restreint
l'emploi à la cuisson des briques ; mais son exploitation offre l'avantage d'agrandir l'espace destiné à loger
les remblais.

Les travaux d'arrachement se succèdent comme suit.
D'abord les haveurs, le dos tourné vers le puits et
placés à distances égales, enlèvent au pic l'argile tendre
interposée entre le minerai et la houille. Lorsqu'ils ont
excavé une surface déterminée, ils font place aux abat-
teurs-remblayeurs (*Builders up*) ; ceux-ci, armés d'une
espèce de pic (*Dresser*) dont l'une des extrémités porte
une pointe et l'autre un marteau, arrachent le charbon
du mur et abattent le minerai au-dessous duquel a été
exécuté le havage; puis ils rejettent en arrière les débris
stériles, les disposent en remblais, préparent les voies et
placent quelques étais dans les parties dangereuses de l'excavation. Pendant qu'ils exécutent ces dernières opérations,
les *Pitchers*, enfants de 6 à 10 ans, recherchent les petites géodes de minerai, et les chargeurs (*Loaders*) placent
les plus grosses sur les skips ; ces derniers enlèvent aussi
les rails du chemin de fer pour les rapprocher du front
de taille. Quand la pression du toit diminue la hauteur
des galeries, les remblayeurs en arrachent le mur ; les

produits de cet entaillement, consistant en argile réfractaire, sont utilisés.

L'objet le plus embarrassant pour le mineur qui exploite une couche de minerai isolée, est la difficulté de loger les matières stériles, dont le foisonnement augmente le volume, tandis que l'enlèvement du minerai ne le réduit que de bien peu de chose. Si les remblais sont en excès, il les transporte dans les excavations de la couche de *Dix-Yards*, où ils sont toujours insuffisants ; à défaut de cet expédient, il se résout à les renvoyer au jour. Mais, avant d'entreprendre cette opération coûteuse, il recherche les minerais juxtaposés aux couches de houille, et trouve quelquefois les moyens de lier l'exploitation de deux strates, même séparées par des bancs plus ou moins épais de schistes. Voici un exemple d'un mode de travail de cette espèce fort répandu dans le Staffordshire ; il a pour objet un lit de minerai noir appelé *Gubbin*, l'un des plus estimés de toute la série par la richesse de ses produits ; il n'est séparé de la couche puissante que par un banc de 1.45 mètre d'épaisseur ; aussi n'est-il exploité qu'après l'enlèvement total de celle-ci.

Les divers bancs (fig. 5) se succèdent comme suit :

c Banc d'argile qui enveloppe le minerai . . 0.90 mètre.
d Deux bancs de schistes . . . . 1.95   »
e Couche dite *Heathen coal* . . . . . . 1.00   »

        Puissance totale. . . . . 5.85 mètres.

Les chantiers appliqués à l'arrachement simultané des deux couches sont toujours en concordance ; mais le front de taille du minerai de fer reste en arrière de celui de la houille de 4 à 4.50 mètres. L'excavation supérieure est entièrement remblayée, et il ne s'y trouve aucune voie de communication. Les schistes intermédiaires *d*, assez tendres,

donnent lieu au percement d'un certain nombre de cheminées de dégagement f par lesquelles tombent le minerai
et l'excédant des matières stériles, dont on se sert pour
remblayer la taille inférieure. Ces trous servent aussi de
voies de communication pour les ouvriers.

Un grand nombre de mineurs attachés à l'exploitation des
minerais de fer sont affectés d'asthmes, maladie évidemment
due à l'état imparfait des mines sous le rapport de l'aérage;
mais, d'un autre côté, leur travail est infiniment moins dangereux que celui des ouvriers appliqués à la couche de houille.

485. *Exploitation des couches minces du Shropshire et du Staffordshire.*

On distingue deux procédés principaux consistant : l'un,
à enlever, à partir du puits, tout le charbon rencontré
sur une étendue considérable, en remblayant plus ou moins
complètement l'excavation; l'autre, à ouvrir d'étroites galeries au moyen desquelles le mineur atteint la limite du
champ d'exploitation, et à revenir en arrière sur les puits
avec une taille de largeur modérée, mais de grande longueur. Le premier (*Long wall* ou *long way*) peut être
désigné sous le nom de travail par *grandes tailles en avant;*
le second, sous celui de *tailles en retraite* (*Long work
homewards*).

Les travaux de la mine de Hinkshay (Shropshire),
choisis comme exemple de *grandes tailles*, sont desservis
par deux puits (fig. 9, pl. XXXVIII), foncés vers les affleurements d'une faille (*Fault*) FG qui rejette les couches
de 45 mètres. Comme l'inclinaison de cette dernière est
au sud, les deux excavations atteignent les couches dans le
fragment situé au nord du dérangement. Le puits de sortie
de l'air A a pour objet l'extraction de *Upper flint coal*,

couche de houille de 1.20 à 1.50 mètre de puissance,
inclinée de dix degrés. Le puits d'entrée (1) amène au jour
les produits d'une stratification de minerai de fer, gisant
au-dessous de la couche de houille.

La première partie du champ d'exploitation est comprise
entre deux failles ab, cd, dont les hauteurs de rejettement
sont respectivement de 3.60 et de 5.40 mètres. La seconde
a pour objet le massif situé à l'est de cd. L'espace compris
entre les puits et l'accident ab, devant être réservé comme
massif de sûreté (*Pit bottom pillars*), n'est percé que par
la voie de direction c, c, base de tout le système. La hauteur de cette galerie (*Main road*) est égale à l'épaisseur
de la couche, plus celle des bancs du mur ou du toit,
quelquefois arrachés. Sa largeur primitive (2.70 mètres)
est souvent réduite de moitié par suite de la pression
qu'exercent les stratifications supérieures. Sur cette galerie
s'embranchent d'autres voies DD de même section, ménagées au milieu des éboulis et par lesquelles se dégagent les produits des chantiers mm', nn', dont la
largeur dépend de la solidité du toit. Les lignes q et s
expriment les positions occupées antérieurement par les
fronts de taille (*Wall-faces*), dont la direction dépend de
la position des plans de clivage et de l'inclinaison de la
couche, le mineur cherchant autant que possible à les
établir parallèlement aux fissures, en ayant égard, toutefois,
à la pente des galeries. Le courant ventilateur descend par
l'excavation située au midi du puits A, parcourt les grandes
tailles établies pour l'exploitation du minerai de fer, remonte par un puits intérieur B, se répand dans les travaux
de *Upper flint coal*, en suivant la note indiquée par les

(1) Ce puits, percé à 10 mètres au sud du point A, n'est pas indiqué dans le plan.

flèches, et retourne dans l'atmosphère en s'élevant dans le puits de sortie.

L'exploitation par *longues tailles en retraite sur les puits* offre quelque analogie avec les dispositions adoptées dans l'exploitation de la couche de *Dix-Yards*. La mine de D***, près de Coseley (Staffordshire), fournit un exemple de ce procédé appliqué à la couche de 2 mètres dite *Bottom coal*. Dans plusieurs ateliers (fig. 10) dirigés sur l'allongement, le travail a cessé ; l'un d'eux, encore en pleine activité, servira pour indiquer la marche de l'opération.

Deux galeries parallèles *a b*, *c d* (*Gate roads*), que séparent un mince pilier recoupé de distance en distance par des traverses (*Thirls*), divisent la partie à exploiter en deux sections *o* et *o'*, *côtés de l'ouvrage* (*Sides of work*). Parvenu à une faille *G* ou à l'extrémité du massif à exploiter, le mineur se retourne d'équerre à droite et à gauche, en continuant le percement de la double galerie, jusqu'à ce qu'il ait déterminé l'emplacement de la taille sur un espace *n n*, dont la largeur se règle d'après la nature des roches encaissantes et les besoins de l'extraction. En cet instant, le travail de préparation, étant achevé, offre quelque analogie avec la lettre capitale *T*, et l'exploitation commence. Un certain nombre de mineurs répartis sur la ligne pratiquent l'excavation et remblaient en marchant en retraite vers les puits. Ils construisent des murs de pierres sèches le long des voies ménagées pour le passage du courant ventilateur, réservent des massifs pour séparer la taille en activité des excavations voisines, et abandonnent les massifs de houilles compris entre les deux voies de roulage, s'ils n'ont à leur disposition qu'une quantité insuffisante de remblais ; cette disposition est indispensable pour éviter la déperdition du courant ventilateur et le forcer à se porter alternativement sur les deux fronts de taille. Mais si les schistes et les autres matières stériles sont assez abondants pour combler entièrement les excavations, ils suppriment les massifs et arrachent les piliers des deux voies de roulage, parce qu'alors les remblais fortement tassés des tailles voisines et ceux du chantier en exploitation peuvent les remplacer avantageusement.

Le courant d'air se divise en autant de branches que la mine comprend de compartiments en exploitation. Chaque branche s'engage dans l'une des galeries parallèles, débouche dans la première moitié de la taille, longe la galerie comprise entre le mur d'enceinte et les remblais, pénètre dans la voie de retour de l'air (*Air head*), revient sur la seconde partie de la taille et se rend au puits de sortie. Ce système semble très-convenable et mérite d'être imité. Le nombre des galeries à entretenir est réduit au minimum; les éboulements ne peuvent compromettre les travaux, et l'exploitation n'est jamais interrompue par la rencontre d'une faille ou de tout autre dérangement, puisque la reconnaissance de la couche précède l'exploitation.

486. *Détails relatifs aux deux modes précédents* (1).

Les ouvriers, en nombre proportionné à la largeur des chantiers, sont divisés en trois classes : les haveurs (*Holers*) pratiquent une excavation parallèle aux stratifications (*Holeing*) aussi étroite que possible. La taille est ordinairement divisée en sections de 6.80 mètres de largeur par des échancrures perpendiculaires (*Cutting*). La pression qui s'opère sur la couche pouvant déterminer la chute

_____

(1) L'auteur croit utile de présenter ici le détail complet des diverses opérations auxquelles donnent lieu les grandes tailles de l'Angleterre, afin que le lecteur puisse les comparer avec le mode usité en Belgique.

spontanée de la houille, les ouvriers pourvoient à leur sécurité en interrompant le havage par de petits massifs de charbon (*Spurns* ou *Staples*) et en soutenant la houille par des arcs-boutants (*Gibbs*). Les contre-maîtres mesurent la profondeur de l'entaille au moyen d'un instrument en fer (*Jack*) assez semblable à une équerre ; l'une des branches, étant introduite dans l'excavation, doit en toucher la partie postérieure, tandis que l'autre branche, maintenue verticalement, s'applique contre la paroi de la houille. Lorsque les divers parallélipipèdes sont détachés, au-dessous, par le havage, et, sur les côtés, par les échancrures, les abatteurs (*Getters* ou *Brushers*) succèdent aux haveurs, ils enlèvent les arcs-boutants, coupent les massifs réservés, et détachent la couche en introduisant des coins vers le toit et quelquefois en faisant jouer la mine ; ils réduisent en morceaux les blocs trop volumineux, qu'ils transportent le long de la taille jusqu'à l'extrémité des galeries, où les chargeurs (*Loaders*) les placent sur des voitures. Les travaux qui précèdent sont compris sous la désignation de *Brushing*.

Les remblayeurs (*Coggers* ou *Buttymen*) viennent ensuite ; ils construisent les murailles de pierres sèches, répartissent les remblais, placent les étais, entaillent les salbandes, lorsque cette opération est nécessaire ; ils débarrassent la taille de tout encombrement et la disposent de manière que rien ne fasse obstacle au travail des haveurs, lorsque le lendemain ils viennent reprendre l'entaillement. Si la couche produit assez de matériaux stériles (*Gobbin*), les mineurs remblaient tout l'espace excavé (*Gob* ou *Waste*) ; s'ils sont rares, ils ne cherchent pas à s'en procurer en plus grande abondance, en les amenant d'autres points de la mine, ainsi que cela a lieu sur le continent ; mais ils se contentent de ce qu'ils trouvent sur place, pensant qu'il suffit d'empêcher les éboulements immédiats dans les points où travaillent et circulent les ouvriers, c'est-à-dire vers les fronts de taille et dans les galeries principales. Celles-ci sont protégées contre l'affaissement des stratifications supérieures (*Crush*) par des murailles sèches exécutées avec le plus grand soin le long de leurs parois, et en employant comme matériaux les schistes les plus résistants et les plus solides.

Lorsque, par l'effet de la pression, le faîte des galeries s'est abaissé, ils entaillent de nouveau les roches encaissantes, afin de leur restituer leur hauteur primitive; la masse ayant pris son assiette, on peut circuler dans les voies avec autant de sécurité que si elles eussent été récemment percées.

Les ateliers d'arrachement sont également préservés des éboulements par des murs en pierres sèches construits parallèlement aux fronts de taille, et par l'installation de trois ou quatre rangées d'étais; à chaque avancement, la rangée postérieure, portée en avant, fait place aux schistes et aux menus charbons. Ces étais ont pour objet, non d'empêcher la masse des stratifications de s'affaisser, mais de prévenir les chutes partielles du toit. Leur nombre et leur rapprochement dépendent naturellement de la nature de ce dernier. Les déblais, composés en grande partie de menu charbon, trop friables pour pouvoir former des murs, sont disposés en buttes ou monceaux coniques dont la base a 3 à 4 mètres de diamètre. A mesure que la pression du toit se fait sentir, ces buttes s'écrasent, l'espace vide se rétrécit et l'affaissement du toit s'opère lentement et sans trop de ruptures. Une insuffisance de remblais plus grande encore détermine l'emploi de buttes moins élevées, en laissant des bois dans le vide; le mur brise ces derniers et finit par reposer sur les déblais. Quand, enfin, il est

impossible de se procurer des remblais d'aucune nature,
soit parce que la couche n'a pas d'intercalations, soit parce
que, fort puissante, elle ne réclame pas l'entaillement des
roches encaissantes trop dures, l'exploitant se résout à
construire avec de la houille les piliers de sûreté qui
doivent régner le long des voies ; il ne leur donne qu'une
épaisseur de 0.50 mètre et soutient le faîte des chantiers
avec des étançons plus multipliés. Dans ces circonstances,
il n'extrait souvent que les plus gros morceaux ; le menu
reste en totalité dans les remblais, de même qu'une partie
des blocs employés à former les piliers de sûreté. Il est
beaucoup plus avantageux de rencontrer un faux toit ou
un mur facile à entailler ; aussi, lorsque le mineur trouve
en contact avec la couche, ou quelques décimètres au-
dessous d'elle, un banc d'argile tendre, il en profite pour
haver, et recueille avec soin les schistes, qui le mettent à
même d'éviter les pertes de charbon.

Si le toit offre une grande solidité, l'excavation s'avance
de plusieurs mètres sans crainte d'éboulement ; mais lorsque
les écrasées commencent, ce dont on est prévenu par les cra-
quements de la pierre, les plus grandes précautions sont
exigées pour éviter la rupture du toit au front de taille
et sa chute dans le chantier où le travail s'effectue. Lorsque
cet effet se produit, circonstance que les ouvriers de la
localité désignent en disant que *la taille va dedans* (1),
on est obligé de procéder à la réouverture de l'atelier en
côtoyant la ligne de rupture, travail qui interrompt
l'exploitation.

Des roches encaissantes solides ne permettant pas de
serrer trop fortement les étais entre les salbandes, il est

(1) *The coming in of the wall.* Les mineurs du Centre du
Hainaut emploient la même expression dans les mêmes circonstances.

préférable de placer au-dessous du toit un morceau de schiste ou un fragment de planche ; les bois, cédant alors graduellement sous la pression des stratifications supé-rieures, peuvent être retirés lorsque le toit porte sur les remblais. Si, au contraire, ils étaient trop fortement serrés, ils résisteraient à la poussée pendant un certain laps de temps, puis seraient brisés, et leur rupture serait immédiate-ment suivie de celle du rocher.

Dans quelques mines du comté de Shrops, où la fonte de fer est si abondante, on a substitué des espèces de tuyaux de ce métal (*Casting iron props*) aux étais en bois vulgairement usités. Ils durent longtemps, et, lorsqu'ils se cassent, il est possible de les refondre sans trop grande perte ; leur emploi est considéré comme tout-à-fait avantageux, si la mine est annexée à un établissement de hauts-fourneaux (1). Les supports en fonte trop fortement engagés entre les salbandes sont retirés à l'aide d'une chaîne munie de deux crochets ; l'un de ceux-ci saisit l'étançon, tandis que l'autre, accroché à l'un des maillons, forme une bride, dans laquelle est introduit un levier en fer ou en bois ; l'extrémité de ce levier étant appuyée contre un point fixe, il suffit d'agir sur l'autre extrémité pour dégager l'étai du milieu des éboulis.

487. *Travaux d'arrachement par longs massifs (Long work).*

Les mines du pays de Galles ont déjà fourni un exemple de ce mode actuellement en usage dans plusieurs autres bassins de la Grande-Bretagne.

---

(1) *Edinburgh Encyclopædia*, tome XIV, 2ᵉ. partie, page 552.

Les puits *a* et *b* (fig. 11), percés à une petite distance l'un de l'autre, rencontrent la couche en aval du champ d'exploitation, et les galeries principales s'élèvent suivant l'inclinaison (*up the crop*) : *bc* est la voie de roulage dite *Gate road* ; *ad* celle de retour de l'air ; *bi* est la galerie d'allongement destinée au transport des produits de l'arrachement, et *dg* une autre galerie parallèle déterminant l'aérage des travaux et recueillant les eaux de la tranche d'amont pour les faire écouler sur le réservoir installé au fond du puits *a*; *f,f,f* sont les ateliers d'arrachement (*Stalls*), auxquels on attribue une largeur d'environ 5.50 mètres et dont le nombre est en raison de l'étendue du champ de travail : ils sont séparés par des massifs (*Ribs*) de 3.60 mètres, recoupés par des traverses (*Opening*) chaque fois que la ventilation l'exige. Lorsque les circonstances de gisement engagent l'exploitant à diriger les tailles suivant la direction, la préparation est la même et les excavations sont disposées ainsi que l'indique la figure 12. Les percements s'effectuent en commençant par la partie supérieure du massif, et leurs produits se rendent sur la voie de roulage à travers les coupures *c* et *k*.

Dans les deux systèmes, les tailles partent des deux extrémités du massif, marchent à la rencontre les unes des autres et se réunissent vers son milieu. La longueur des percements est fort grande, et ce travail, qui mérite en cela le nom de *Long work*, diffère du mode usité dans le pays de Galles, où les ateliers s'étendent au plus à des distances de 50 à 60 mètres de leur origine. Si le toit n'offre pas de solidité, les chantiers sont boisés et les étais restent dans l'excavation jusqu'au moment où les mineurs, revenant en arrière, arrachent des piliers tout ce qui est compatible avec leur propre sûreté, et reprennent les bois en laissant le faîte s'ébouler.

488. Districts de Manchester et de Liverpool (comté de Lancastre).

La partie centrale du bassin du Lancashire est remarquable par son étendue et sa richesse. On y a reconnu 50 couches exploitables, dont la puissance varie de 0.60 à 1.80 mètre. Un très-petit nombre d'entre elles atteint l'épaisseur de 2.70 mètres. Cette contrée offre en abondance les couches de *Cannel coal* (charbon-chandelle) si recherché pour la production du gaz d'éclairage.

Le peu de profondeur du gîte et les facilités que le mineur rencontre dans le creusement des puits l'engagent à multiplier ces derniers, dans le but de raccourcir le transport et de déterminer la circulation du courant ventilateur; les travaux sont alors peu développés et les champs d'exploitation très-circonscrits. Les puits, ordinairement divisés par une cloison en deux compartiments, ont un diamètre d'environ 2.45 mètres seulement; le puits dit *Patricroft* est regardé dans la localité comme ayant une section fort grande, et il n'a que 3.66 mètres. Les machines d'extraction sont généralement mal construites et très-disloquées. L'épuisement a lieu à l'aide de puits spéciaux.

Dans le district du Centre se trouvent les remarquables canaux du duc de Bridgewater, qui permettent de conduire les houilles sans transbordement de l'intérieur de la mine à la mer d'Irlande. La voie navigable souterraine débouche, au milieu du village de Worsley, dans un bassin accolé au canal de la surface.

Le système d'exploitation généralement adopté dans le Lancashire est celui par piliers et galeries, fréquemment modifié suivant les circonstances locales. Ainsi, les massifs qui séparent les galeries sont conservés intacts sur toute

leur longueur, ou sont recoupés à distance par des galeries transversales; tantôt on les arrache en totalité, tantôt
on les abandonne dans la mine, afin de se dispenser de
l'emploi des bois d'étaiement.

489. *Exploitation par piliers abandonnés dans la mine.*

La figure 15 de la planche XXXVIII est un plan théorique
des travaux exécutés à la mine de *Haigh-Hall*, près de
Vigan, dans une couche de cannel coal de 0.60 à 0.90
mètre, recoupée à une profondeur de 94 mètres. La
galerie d'allongement *C C*, dont la largeur est de 1.80
à 2.70 mètres, et d'autres voies *D D*, *D' D'*, conduites également suivant la direction, divisent le champ d'exploitation en tranches de 50 à 70 mètres de hauteur. Des
diagonales *E E* ou des plans automoteurs *E' E'* sont
installés pour le dégagement du charbon provenant de
la partie supérieure du champ de travail. Les tailles *H H*,
ouvertes diagonalement ou suivant la ligne de plus grande
pente, ont 4 mètres de largeur; elles s'étendent sur toute
la hauteur des massifs. Les piliers, de 1.35 mètre d'épaisseur, qui les séparent ne peuvent être l'objet d'aucun
dépilage ultérieur.

La couche, enlevée jusqu'à une distance de 270 mètres
de chaque côté des puits, ne donne lieu qu'à une perte
du quart de la surface totale, quantité minime comparativement à celle qui résulte du système des piliers et
des galeries en d'autres districts de l'Angleterre. Toutefois, cette proportion avantageuse ne dérive pas du mode
d'exploitation employé, mais de la petite puissance de la
stratification et de la solidité du charbon qu'elle renferme.
Des piliers aussi minces s'opposent aux éboulements par-

tiels pendant le travail d'excavation , et tendent à diminuer la consommation des bois de soutenement ; mais
ils sont insuffisants pour s'opposer longtemps à la pression
des stratifications supérieures ; aussi le toit, au lieu de
s'affaisser en masse, comme il le ferait si l'enlèvement
de la houille était complet, cède , au contraire , à une
pression irrégulière , se brise par parcelles, et détermine
dans le terrain des fissures livrant passage aux eaux
de la surface (1).

490. Modes d'exploitation dans lesquels les piliers sont complètement enlevés.

L'un des puits de la mine de *Elton-Head*, près de Sutton,
entre Prescot et Warrington (fig. 5 , pl. XXXVII), a
pour objet l'exploitation d'une couche de 1.80 mètre ,
dont le banc inférieur est composé de cannel coal ; l'inclinaison varie de 6 à 10 degrés. On voit , dans la partie du
plan théorique de ces travaux située à la droite du lecteur ,
la manière de conduire les voies lorsque la couche est à
son maximum d'inclinaison, et, à sa gauche, le procédé employé lorsqu'elle se rapproche davantage d'un plan de
niveau. Le champ d'exploitation est divisé par des galeries
horizontales en tranches, dont la hauteur est proportionnée
à la nature du toit, afin que le dépilage ait lieu sans de
trop grandes difficultés.

Deux voies *CC* et *DD* , dirigées suivant l'allongement
(*Wagon roads*) et servant, l'une au transport, l'autre à
l'écoulement des eaux , ont leur origine aux puits d'extraction *A* et d'épuisement *B*. Une série de galeries

---

(1) Von Oeynhausen und von Dechen. *Ueber Steinkohlenberghau
in England.* Archiv. von Karsten, 2ᵉ. série, tome VI.

(*Common ends*), telles que b', b' ou b, b, sont ouvertes suivant l'inclinaison de la couche. Ces galeries, dont la largeur est de 1.50 à 1.80 mètre, sont séparées par des massifs de 27 à 30 mètres d'épaisseur ; ceux-ci sont recoupés par des voies horizontales c, c, c (*Narrow boys*) de 1.50 mètre de largeur et comprenant entre elles des piliers de 4.50 à 6.40 d'épaisseur. Dès qu'une partie de la tranche est ainsi préparée, on procède à son dépilage. L'arrachement commence, à la partie supérieure du massif, par l'attaque simultanée de deux ou de trois rangées de piliers ; ceux-ci sont l'objet de tailles marchant dans le sens de l'inclinaison et dont l'ensemble forme un atelier à gradins droits. La conservation des galeries principales exige le maintien de leurs parois jusqu'au moment où ces voies de communication, devenant inutiles, peuvent être envahies par les éboulements.

La circulation du courant d'air, indiquée par les flèches, ne présente aucune difficulté, vu les nombreuses excavations au moyen desquelles l'intérieur est mis en communication avec le jour. La surface fort restreinte sur laquelle le mineur opère, le peu de longueur des galeries et leur petite largeur comparativement à l'épaisseur des piliers, permettent un dépilage très-prompt et présentent des avantages analogues à ceux qu'il aurait obtenu s'il eût divisé la couche en petits compartiments. Aussi, quoique l'emploi des bois de soutenement soit presque nul, la perte en houille n'est-elle que de 6 à 7 p. c. de toute la surface, et moindre, par conséquent, que dans tout autre district de l'Angleterre.

491. *Bassins du nord de l'Angleterre.*

Les couches exploitées dans ces districts ont de 1.50 à 2 mètres ; elles atteignent quelquefois 3 mètres.

Leur inclinaison est peu sensible, et souvent entièrement nulle. Les fissures naturelles du charbon (*Cleavages*) jouent un rôle important dans le percement des galeries; celles-ci sont dirigées, autant que possible, perpendiculairement au plan de clivage, excepté dans l'exécution des voies d'allongement et de celles qui, ayant une direction déterminée, ne peuvent s'astreindre à subir cette disposition. Les fissures, généralement considérées comme facilitant beaucoup l'abattage des charbons durs, n'ont pas le même caractère d'utilité quant aux houilles tendres, et sont alors sacrifiées dans le but d'ouvrir des galeries en ligne droite.

Le soulèvement du mur des galeries (*Creep*) est un phénomène fréquent dans ces contrées. Cet accident, même lorsqu'il ne se fait pas sentir dans toute sa violence, obstrue les galeries, interrompt le transport, suspend ou ralentit considérablement la marche du courant ventilateur. Comme il s'étend promptement dans les diverses parties de la mine, il en détruit toute l'économie, et contraint quelquefois à rétablir les voies, travail aussi dangereux que coûteux. Les éboulements du toit (*Crush*) offrent aussi de grandes difficultés, auxquelles il n'est pas toujours possible de porter remède, vu le haut prix des bois de soutenement.

Quoique, en plusieurs parties de ces districts, le terrain houiller soit situé à un niveau assez élevé au-dessus des vallées adjacentes ou des côtes de la mer, et qu'il soit par conséquent facile de percer des galeries d'écoulement (*Drifts, adits* ou *Day levels*), on n'attache que peu d'importance à ce moyen d'exhaure; et jamais l'extraction de la houille ne se fait par ce moyen, ainsi que cela se pratique en Allemagne et dans le sud du pays de Galles.

Les puits, généralement revêtus de maçonnerie, ont une

section circulaire, cette forme étant la plus avantageuse pour résister à la poussée des terrains stratifiés horizontalement. Si le point où ils doivent recouper la couche exploitable est situé à une petite profondeur, leur diamètre est de 3.04 mètres ; mais une autre excavation, foncée à quelque distance de la première, sert au retour du courant d'air dans l'atmosphère. Dans ces circonstances, le puits à l'orifice duquel sont placés les appareils d'extraction et d'épuisement porte le nom d'*Engine pit*; celui qui se trouve dans le voisinage s'appelle *Bie pit*. Lorsque les puits doivent parvenir à de grandes profondeurs, des raisons d'économie engagent l'exploitant à n'en creuser qu'un seul, auquel il donne un diamètre de 4.27 à 4.57 mètres; cette excavation est partagée en trois compartiments : deux servent à l'extraction et le troisième à l'épuisement. Il existe encore des puits d'une plus grande section, divisés en quatre compartiments et desservis par deux machines; mais cette circonstance s'offre assez rarement. Le prix excessif des puits verticaux et profonds (1) justifie la réunion de plusieurs d'entre eux dans la même enceinte; mais cette disposition est fort dangereuse en cas d'explosion du gaz hydrogène protocarboné.

L'exploitation de la partie de la couche située en aval du puits n'est jamais l'objet de galeries à travers bancs,

(1) D'après M. Buddle, un seul puits du Northumberland coûte, en certaines circonstances, au-delà de 70,000 livres sterlings (1,767,500 fr.) avant de fournir des produits, en comprenant dans cette somme les machines à vapeur et autres appareils. Il cite le puits de Monkwearmouth, qui, foncé à travers les calcaires magnésiens, a coûté plus de 80,000 livres lorsqu'il n'était encore qu'à la profondeur de 483 mètres. (*History and description of fossil fuel the Collieres*, by M. Holland, page 186.)

parce que, l'inclinaison étant ordinairement très-petite, le mineur trouve plus avantageux d'exploiter la tranche inférieure au moyen de voies descendantes percées dans le gîte.

492. Modifications introduites successivement dans l'ancienne exploitation des mines du Northumberland, de Durham, etc.

La méthode des piliers et des galeries dont on s'est servi dès l'origine s'est propagée jusqu'à ce jour; mais elle a subi des modifications fort importantes dans les districts du nord de l'Angleterre.

Les travaux du siècle dernier offraient, quant à leur ensemble général et aux désignations des diverses excavations, la plus grande analogie avec les travaux actuels. A cette époque comme aujourd'hui (fig. 5, pl. XXXIX), le mineur, partant du puits, s'avançait dans le gîte en ouvrant deux galeries parallèles *aa* (*Winnings headway*) dont la direction était subordonnée aux plans de clivage. Les massifs de charbon qui les séparaient étaient repercés par des traverses *ss* (*Stentings*). A droite et à gauche de cette double excavation s'ouvraient les tailles *bb* (*Boards*) ou galeries d'exploitation, suivant une direction perpendiculaire aux plans des fissures naturelles du charbon. Les piliers *mm* (*Walls* ou *Pillars*), à base rectangulaire ou carrée, interposés entre les boards, étaient recoupés par des galeries plus petites *nn* (*Rooms* ou *Narrows*). Mais le mineur, ne croyant pas que le dépilage fût une opération praticable, se contentait de combiner la largeur des galeries et l'épaisseur des piliers de telle façon que la surface exploitée de la couche fût la plus grande possible, eu égard à la nature des roches encaissantes et à la sûreté des hommes et des travaux.

A cette époque, les mines étaient ventilées par un courant unique ; celui-ci, circulant seulement dans les tailles en activité, laissait en dehors de son parcours les excavations de la partie centrale, où l'air n'était pas renouvelé. Le gaz inflammable qui se dégageait des anciens piliers s'élançait à la moindre distension barométrique et se répandait dans les parties habitées de la mine, où il produisait fréquemment les plus graves accidents. Enfin, dans les travaux développés, le courant était vicié avant d'atteindre les dernières tailles, et, lorsqu'il passait sur le foyer, il était fortement chargé de gaz inflammable. Cette disposition vicieuse, cause de plusieurs explosions désastreuses, fut modifiée en 1760 par M. James Spedding, de Whitehaven, qui imagina, ainsi que l'indiquent les figures 4 et 4bis, le moyen de faire circuler l'air dans toutes les excavations en lui faisant quelquefois traverser simultanément plusieurs galeries, afin de diminuer la longueur de son parcours. Deux ou trois boards, tels que ab, cd, dans lesquels le courant s'éloigne de la galerie principale, réunis à deux autres ef, gh, qu'il parcourt pour revenir dans le voisinage du point de départ, forment un groupe désigné sous le nom de *Sheth;* les premières galeries sont appelées *Up go boards* et les dernières *Down go;* les cloisons s, s en maçonnerie construites entre les piliers pour déterminer la circulation de l'air sont des *Sheth stopping;* enfin, le système lui-même est désigné par l'expression de *Shething and Cursing.* Le perfectionnement fut grand, mais incomplet; car, si l'auteur supprima la première cause de danger, il laissa subsister la seconde relativement à la grande longueur du parcours de l'air.

A cette époque, l'exploitation de la couche par l'ancien

procédé donnait, d'après M. Buddle, une moyenne de 39 pour cent de la surface excavée, et, dans les circonstances les plus favorables, 42 1/2 pour cent était considéré comme le maximum des produits à obtenir.

En 1795, M. Thomas Barnes, directeur de la mine de *Walker*, près de Newcastle, voyant la couche qu'il exploitait tirer à sa fin, rechercha les moyens d'écarter autant que possible l'époque de son entier épuisement. Il commença par diviser la partie antérieurement préparée en quartiers isolés les uns des autres, par la construction, dans les galeries de traverse, de massifs artificiels (*Stopping*), ou murailles en briques assez épaisses pour empêcher le gonflement du mur de se propager sur toute la surface. L'étendue de ces quartiers était calculée de manière qu'un dépilage partiel pût avoir lieu avant la formation du creep dans l'espace circonscrit. C'est alors que M. Barnes fit enlever (fig. 4) la moitié des piliers contenus dans les rangées paires, en les attaquant dans le sens de leur longueur et par leurs deux extrémités. L'application de ce procédé à la mine de *Walsend* fit voir que la couche *High main*, qui, dans le percement des galeries, ne donnait que 13/33 de la surface, pouvait s'accroître jusqu'à 18/33, c'est-à-dire de 39 à 54 p. c.

En 1810 fut essayé à la mine de *Piercy main* un nouveau mode de dépilage (fig. 4 bis), consistant à enlever tous les piliers des rangées paires et la moitié de ceux que renfermaient les rangées impaires ; dans les cas favorables, les produits obtenus s'élevèrent à 80 et même 90 p. c. de la couche en exploitation ; cependant, si le mur se soulevait, les parties de la couche qu'il fallait abandonner pour circonscrire et limiter l'accident entraînaient de grandes pertes de combustible.

Mais déjà, en 1807, M. Buddle avait mis en usage son

système de ventilation composée (*Compound ventilation*), consistant à diviser le courant d'air en plusieurs branches dirigées dans les divers quartiers d'une mine et réunies ensuite au pied du puits de sortie. Deux ans après, il essayait, dans la mine de *Wallsend*, de diviser le champ d'exploitation en districts ou quartiers (*pannels*) isolés les uns des autres par des massifs de houille. Cette admirable disposition, appelée *Pannel work*, fut promptement adoptée et rendit les plus grands services ; toutefois, l'ancien mode d'exploitation ne fut pas et n'est pas entièrement abandonné ; des motifs plus ou moins plausibles engagent encore quelques exploitants à s'en servir, par exemple, lorsque le champ d'exploitation, interrompu par de nombreuses ruptures, s'oppose à cette disposition et forme par lui-même de véritables compartiments, dont le dépilage peut s'opérer promptement et sans trop de difficultés (1).

493. *Ancien mode d'exploitation actuellement encore en usage.*

La figure 1ʳᵉ. de la planche XXXIX se rapporte à l'exploitation, par une mine du district de Tanfield, de la couche *Hutton*, dont la puissance est de 2 mètres. Les dérangements figurés à la gauche du plan sont des ruptures rejetant la couche de 1 à 1.80 mètre. *M N* est une faille abaissant de 10 mètres les stratifications comprises dans le fragment situé à l'ouest. A droite sont des dykes entre lesquels les couches conservent à peu près leur niveau

---

(1) Les détails contenus dans ce paragraphe sont extraits d'un *Mémoire* inséré par M. Buddle dans le 2ᵉ. volume des *Transactions de la Société d'histoire naturelle du Northumberland*, etc., et des documents publiés à la suite de l'enquête ordonnée par la Chambre des Communes.

primitif. Dans un terrain aussi troublé, l'inclinaison prend des directions fort variées et passe par divers angles; cependant elle peut être considérée d'une manière générale comme marchant du nord-ouest au sud-est, ainsi que l'indique la flèche *O*, et comme ne s'élevant guère au-dessus de 3 à 4 degrés.

Le puits *A* dit *Willey pit* et le puits *B*, par lequel se fait le retour de l'air (*Bye pit*), ont 4.50 mètres de diamètre et servent tous deux à l'extraction. Ils sont mis en communication par une diagonale *A B* de 2 mètres de largeur, base des galeries d'exploitation; rien ne doit interrompre la direction rectiligne de cette voie, pas même la rencontre de la faille, que franchit en ligne droite un plan incliné automoteur; aussi ce percement doit-il se faire par les meilleurs ouvriers, qui lui donnent une pente uniforme sans avoir égard au clivage. Les travaux ultérieurs consistent à ouvrir, en partant des puits, deux systèmes de galeries parallèles entre elles, se recoupant réciproquement à angles droits et déterminant des piliers rectangulaires dont les dimensions soient plus que suffisantes pour maintenir les roches encaissantes jusqu'au moment du complet dépilage. La largeur des tailles *b*, *b* (*Boards*) est de 3.50 à 4 mètres, et celle des galeries transversales *c*, *c* (*Rooms*), qui, la plupart du temps, se confondent avec les galeries principales (*Head way*), est de 2 à 3 mètres. L'épaisseur moyenne des piliers est de 10 mètres; leur longueur, de 40 à 44 mètres, se réduit souvent à 20 et même à 16 mètres.

Le champ d'exploitation, divisé par des failles et des dykes, offre des compartiments naturels dans lesquels on peut faire suivre presque immédiatement la préparation du dépilage, sans qu'un intervalle de temps trop considérable donne lieu aux écrasées du toit ou au soulèvement du mur. Il est facile de reconnaître sur le plan les parties de la mine en préparation (*Working the wohle mine*) et celles dans lesquelles on s'occupe du dépilage (*Working the broken*), que les circonstances du gisement permettent d'effectuer en totalité. L'ouvrier se garantit des éboulements en plaçant sous les stratifications défectueuses des étais de sapin d'Écosse, qu'il enlève après l'arrachement d'une rangée de piliers pour s'en servir à la suivante. Les Anglais abandonnent rarement des bois dans la mine, quelque danger qu'ils puissent courir en les retirant; ils se croiraient déshonorés en agissant autrement. Ils emploient aussi, comme moyen de soutenement, les schistes intercalés dans la couche, ou les morceaux qui se détachent du toit, dont ils construisent des murs ou des piliers coniques.

Le mode de ventilation employé dans la mine objet de la figure, dérive de la combinaison des procédés dus à MM. Spedding et Buddle. Le courant d'air descend par le puits Willey et se divise en deux branches distinctes, qui, après avoir circulé dans toutes les galeries, viennent se réunir au pied du puits *B*. Des portes très-solides (*Main doors*) maintiennent l'isolement des deux courants. Les galeries de traverse (*Rooms*), devant servir au transport des produits, reçoivent des portes plus légères (*Sheth doors*) qui forcent l'air à se porter dans toutes les excavations. On amène aussi ce dernier sur le front des galeries en creusement au moyen de cloisons temporaires formées de planches de sapin clouées sur des étais verticaux (fig. 6). Ces cloisons *u, u*, construites de manière à pouvoir s'enlever pour s'ajuster ensuite plus loin, sont munies de portes *t, t* partout où le réclament les besoins de la circulation des ouvriers et des voitures de transport.

494. *Artifice employé à la mine de Killingworth, près de Newcastle, pour le dépilage d'anciens travaux devenus inaccessibles.*

La préparation de *High main seam* avait exigé quinze années d'un travail consécutif. Cette couche, primitivement si solide qu'on avait dû l'abattre à coups de mine, n'offrait plus alors que des piliers fissurés, rompus ou déformés par la chute de nombreux blocs de houille. Rétablir toutes les anciennes galeries était impraticable dans une localité où la première considération consiste à restreindre l'emploi des boisages; il fallut donc rechercher les moyens d'atteindre la houille, autant que possible, à l'aide de nouvelles voies. En conséquence, le champ d'exploitation fut considéré comme composé de deux tranches *a b c d* et *c d e f*, au-dessous de chacune desquelles il fut résolu de déblayer et d'étayer les anciennes galeries *a b*, *d c* et *e f*, qui furent mises en communication avec deux nouvelles voies parallèles *g h* et *i k* percées dans le milieu des massifs et destinées au dégagement des produits.

Les tranches étant ainsi préparées, si la pression des stratifications supérieures ne se faisait pas sentir trop énergiquement sur la houille, les mineurs s'introduisaient dans chaque pilier en perçant une voie de 5.65 mètres de largeur, qu'ils boisaient en s'avançant; puis, arrivés à son extrémité supérieure, ils procédaient à l'arrachement du charbon contenu au milieu du pilier, en abandonnant celui des bords, qui, détérioré et ne produisant que du menu de mauvaise qualité, était peu regrettable.

Le lecteur peut voir dans la figure les différentes phases du travail ; c'est-à-dire des piliers *n, n* traversés par la galerie de préparation ; d'autres *o, o,* où l'arrachement commence ; d'autres, enfin *p, p,* où il est complètement achevé. Les parties, trop fortement écrasées par la pression du toit, ne donnèrent lieu qu'à l'ouverture d'étroites galeries, sur les parois desquelles les ouvriers arrachèrent autant de houille que possible, sans trop multiplier les étais et sans s'exposer à des éboulements dangereux. Mais, quoi qu'ils eussent fait, la perte de bois fut toujours assez considérable, et le dépilage, qui aurait été fort avantageux s'il eût été effectué peu après le percement des galeries, fut quelquefois si peu lucratif, que souvent il eut été plus convenable d'abandonner totalement les anciens massifs.

495. *Exploitation par compartiments* (*Pannel work*).

M. Buddle, après avoir appliqué la division du courant d'air, chercha à développer son idée, et fut conduit à partager le champ d'exploitation en un certain nombre de quartiers ou compartiments (*Pannels*), exploités par piliers et galeries ; ces quartiers, isolés les uns des autres par des massifs de sûreté (*Barriers*) ou murs de charbon, sont percés du nombre de galeries strictement nécessaire au transport et à la conduite de l'air.

Les travaux exécutés à la mine de M***, près de Newcastle (fig. 2, pl. XXXIX), donneront au lecteur une idée complète de ce remarquable système d'exploitation. Les puits *A* et *B* sont l'origine de deux voies parallèles *c c* et *d d*, servant au transport des produits et donnant accès aux divers compartiments; la première est la *Mothergaite*, et toutes deux sont désignées sous le nom de galeries de reconnaissance (*Exploring drifts*).

Un compartiment, ou district de la mine tel que *M*, *M'*, occupe une surface de 3 à 5 hectares; il est divisé en piliers par des tailles (*Boards*) de 4 mètres de largeur et des galeries transversales, ou *Rooms*, plus étroites. Les piliers, dont la longueur est ordinairement double de l'épaisseur, ont une surface d'autant plus grande que l'époque de leur arrachement est plus éloignée. Dans l'exemple mis sous les yeux du lecteur, le toit de la couche étant solide, les rooms sont aussi larges que les boards, et les piliers, de 18 à 20 mètres de longueur, ont de 11 à 12 mètres d'épaisseur. Chaque compartiment, lié avec les galeries principales par deux voies accouplées *S T*, porte un nom de ville ou de contrée, tel que Londres, Édimbourg, Dublin, etc., afin de faciliter aux mineurs la désignation exacte des diverses parties de la mine.

L'importance des murs de sûreté *G G* (*Barriers*) qui séparent les districts entre eux est très-grande, non-seulement sous le rapport de l'aérage, mais encore en ce qu'ils empêchent les éboulements ou les creeps survenant dans l'un des compartiments de se propager dans le reste de la mine, et qu'ils diminuent la pression du toit sur les piliers intérieurs. Leur épaisseur dépend de la solidité de la couche et de celle des roches encaissantes. On a établi comme règle qu'elle devait être comprise entre 36 et 45 mètres, afin de procéder ultérieurement à leur exploitation sans trop de difficulté, ce qui ne serait guère possible s'ils étaient de trop faibles dimensions; cependant rien n'est constant à ce sujet, et ces limites sont fréquemment dépassées en dessus, et surtout en dessous.

Les mineurs, pour procéder au dépilage (*Working the goaf*) d'un district, se placent au point même où la préparation s'est arrêtée ; ils attaquent le pilier situé à l'un des angles opposés aux galeries d'entrée au moyen d'un certain nombre de tailles parallèles aux galeries d'exploitation, c'est-à-dire dirigées dans le sens où le charbon se détache le plus facilement ; ils boisent avec des étais dont l'écartement est en raison de la nature plus ou moins ébouleuse du toit ; puis ils passent aux piliers suivants, et, lorsque l'excavation ainsi formée occupe une surface de 800 à 1000 mètres carrés correspondante à quatre piliers, des ouvriers spéciaux (*Deputy overman*) arrachent successivement les étais, en commençant par les plus éloignés. Pendant cette opération, les premiers bancs du toit tombent par larges plaques dans l'excavation (*goaf*) ; mais les mineurs continuent, sans s'effrayer, jusqu'à ce que tous les bois soient enlevés, excepté ceux qui forment les lignes destinées à protéger les massifs intacts. Alors ils cherchent un refuge entre les étais ; l'éboulement continue ; les bancs supérieurs se plient et se brisent au milieu de l'excavation, puis s'affaissent et viennent reposer sur les débris du toit. Mais les écrasées, quelque considérables qu'elles soient, n'ont aucune influence sur les districts voisins, que garantissent les murs d'enceinte. Le travail, très-difficile et dangereux, qui consiste à retirer les étançons et à provoquer les éboulements n'est confié qu'à des ouvriers de choix, alertes et hardis. L'arrachement des piliers continue ainsi jusqu'à ce qu'il n'en reste dans le compartiment qu'un fort petit nombre gisant au-dessous des parties les plus menaçantes du toit. Alors les mineurs interceptent toute communication entre l'excavation et les galeries principales en bouchant les voies qui y donnent accès ; ils emploient pour cela des barrages (*Stoppings*) formés de remblais, de maçonneries en briques ou même de charpente, dont les joints, garnis d'étoupes, sont rendus imperméables à l'air.

Le dépilage, une fois commencé, est poursuivi activement. Il doit être entrepris avant qu'aucun mouvement se fasse sentir dans les roches encaissantes ; autrement l'emploi de bois deviendrait considérable, la couche produirait du charbon menu en grande proportion, et peut-être les voies s'obstrueraient-elles. Si toutefois, par suite de l'impossibilité de faire suivre la préparation d'un dépilage assez prompt, la pression du toit a trop fait souffrir les surfaces extérieures des piliers, le mineur se borne à les traverser dans leur longueur avec une galerie d'exploitation, sur les parois de laquelle il enlève tout ce qu'il lui est possible d'arracher sans danger.

Après le dépilage des deux districts voisins et le complet affaissement du faîte, les murs d'enceinte sont exploités d'une manière analogue. La perte de charbon est d'autant plus forte que les massifs sont moins épais. Quelquefois aussi leur abandon partiel ou total n'est pas l'objet de trop de regrets s'ils ont rempli leur mission et si la nature du toit a permis de ne leur donner qu'une faible épaisseur. Pendant le dépilage des premiers compartiments les plus rapprochés des puits, les prolongements des voies principales $c\,c$, $d\,d$ et $S\,T$ jusqu'aux limites de la mine donnent lieu à la formation successive de nouveaux districts. La première partie du champ d'exploitation étant ainsi absorbée, celle qui est située au-dessous de la mothergaite est enlevée de la même manière, après l'ouverture d'une troisième galerie parallèle à $d\,d$ et destinée à la remplacer.

Dans le système de M. Buddle, le courant ventilateur se divise en autant de branches que la mine contient de compartiments. La direction des flèches tracées dans la figure indique suffisamment la marche de ces diverses branches, leurs subdivisions et la manière dont elles se réunissent après avoir parcouru les travaux. Les moyens employés pour forcer l'air à circuler dans une direction déterminée sont, comme dans l'ancien mode, des barrages en déblais (*Stopping*), en charpente et plus souvent en briques; des portes sont substituées aux barrages dans les points où la circulation des ouvriers ne peut être interrompue. Si, comme on le voit en r,r, deux galeries doivent se croiser, une disposition particulière est usitée pour isoler les courants d'air. Celle des deux voies (fig. 7 et 8) qui doit servir au transport est conduite sur le mur de la couche et surmontée, au point de jonction, d'une voûte en briques; la seconde, dont le but unique est de livrer passage à l'air, se porte vers le faîte, au-dessus du revêtement en maçonnerie. Les mineurs de Newcastle appellent cette disposition *Crossing*.

Le courant doit toujours traverser les galeries en creusement avant de parcourir les tailles en activité. C'est ainsi que, pénétrant dans le pannel M', il ne circule que dans un très-petit nombre de galeries avant d'arriver en O, point où il poursuit directement sa route au-delà du district pour aérer les deux galeries principales prolongées au nord. La division du courant d'air, si facile et si multiple dans le système de M. Buddle, est un objet d'une haute importance. Il est toujours facile de choisir, pour alimenter le foyer, celle des branches du courant ventilateur qui a conservé son entière pureté et d'en exclure les autres. Il suffit, pour cela, d'un certain nombre de portes a,b,c,d,e,f disposées d'une manière convenable. Si, par exemple, les deux compartiments M et M' remplissent toutes les conditions de salubrité quant au gaz inflammable, les portes e et f sont ouvertes, a,b,c,d sont fermées, et toutes les branches ventilatrices passent sur le foyer d'appel. L'un d'eux M' est-il infesté de grisou, la porte f est fermée, c et d sont ouvertes, et le courant insalubre, dirigé par une autre voie sur le puits de sortie, se trouve en dehors de l'atteinte des flammes. Les portes régulatrices (*Sham doors*), munies d'un guichet, permettent d'introduire dans chaque compartiment le volume d'air que réclament les circonstances; de n'en faire passer qu'une faible quantité dans les galeries principales en percement; d'augmenter ce volume à mesure que les travaux se développent, enfin, de lui donner une grande intensité lorsque le dépilage exige une ventilation fort énergique. Il est même possible d'intercepter quelques-unes des branches en circulation dans certains districts, pour les projeter dans celui où un trop violent dégagement de gaz pourrait compromettre la sécurité des travaux.

496. *Personnel employé dans les travaux du nord de l'Angleterre.*

Dans les grandes exploitations, chaque district est commandé par un *Overman*. Ainsi, à la mine de *Hetton*, le premier poste contient quatre chefs-mineurs qui descendent à 1 ou 2 heures du matin; un peu avant midi, ils sont relevés par d'autres, qui remontent après l'extraction, c'est-à-dire entre six et sept heures du soir. Les overmen de l'après-midi ne sont pas occupés aussi longtemps que les premiers, mais ils doivent tenir la liste des journées et consigner au bureau de l'établissement toutes les observations relatives à la marche de l'exploitation. Les fonctions de

ces employés, de même que celles de tous les maîtres-
mineurs du continent, consistent à surveiller l'exécution
des travaux et surtout à prendre les mesures nécessaires
à une bonne ventilation. Chaque overman a sous ses
ordres immédiats un certain nombre de *Deputy overmen*
(contre-maîtres), dont le nombre est proportionné à
la quotité d'extraction. C'est à ces ouvriers d'élite, adroits
et hardis, que sont confiées les opérations délicates
ou dangereuses; ainsi ils placent et retirent les étais lors
du dépilage, établissent les portes d'aérage et installent
les cloisons volantes; en général, ces hommes, choisis
parmi les ouvriers les plus intelligents, exécutent tous les
travaux qui exigent du discernement et quelque habileté.

Les haveurs (*Hewers*) sont chargés de tout ce qui concerne le creusement des galeries dans le gîte et de l'arrachement des piliers; ils entaillent la houille, l'abattent,
boisent la galerie lorsque cela est rigoureusement nécessaire, et disposent les remblais contre les parois de l'excavation. Un seul ouvrier est affecté aux galeries étroites;
si la largeur des chantiers le permet, on en place deux,
et, dans les dépilages, leur nombre est en raison de la
surface à excaver. Ils sont surveillés par l'overman, qui
donne au sous-inspecteur les éléments nécessaires à la détermination de la valeur de leur travail. Celle-ci a pour base le
poids de la houille abattue ou l'unité linéaire d'avancement.
Rarement les haveurs travaillent à la journée, et, dans
tous les cas, ils ne demeurent jamais plus de huit heures
consécutives dans la mine. Les *Shifters* entaillent les
roches encaissantes des couches minces, afin de donner
aux galeries une hauteur suffisante; ils sont chargés du
creusement des chambres d'accrochage, des gares d'évite-
ment et de toutes les excavations dans le rocher stérile.

Les ouvriers plus spécialement chargés de ce qui concerne l'aérage et des mesures de sûreté tendant à éviter les effets désastreux des explosions sont :

Les *Wastemen*, dont les fonctions consistent à parcourir les anciennes excavations (*Waste*), ou galeries en non-activité pour observer l'état de la ventilation et rechercher les points de la mine infestés de grisou. Ils examinent les portes d'aérage et s'assurent qu'elles ferment bien ; vérifient si les guichets ont une ouverture convenable, si les cloisons et barrages sont imperméables, si aucun éboulement du toit ou de la couche elle-même n'obstrue les galeries de retour de l'air, et portent un prompt remède à ces divers accidents. Le lampiste (*Davyman* ou *Davy-keeper*) se tient dans une partie de la mine inaccessible au gaz inflammable ; il distribue aux ouvriers les lampes allumées et fermées. Après la distribution, il attend dans son magasin qu'on lui rapporte les lampes éteintes pour les rallumer. Deux ou trois jeunes enfants (*Davyboys*) circulent constamment dans les travaux avec plusieurs lampes allumées ; ils les donnent aux ouvriers privés accidentellement de lumière. Les *Firemen* sont d'anciens haveurs devenus incapables de se livrer à l'arrachement de la houille, auxquels on confie la conduite des foyers d'appel. Enfin, les *Trappers* sont des vieillards ou des enfants de 10 à 12 ans chargés d'ouvrir et de fermer les portes dans les lieux où la circulation est active et où il y aurait du danger à ce que ces manœuvres ne s'exécutassent pas à propos.

Le transport de la houille exige les ouvriers suivants :

Les traîneurs (*Putters*), jeunes gens de 14 à 18 ans, transportent les produits des tailles aux galeries principales, où le roulage s'effectue à l'aide de chevaux. Ordinairement un seul ouvrier conduit le vase en le poussant devant lui ; mais, si la voie offre des difficultés, il doit tirer par devant, pendant qu'un traineur plus jeune lui vient en aide en poussant par derrière. Les *Cranemen*, placés sur les galeries principales à l'origine des boards, reçoivent les voitures que leur amènent les traineurs et les placent sur des trains conduits par les chevaux. Cette manœuvre se fait au moyen d'une grue (*Crane*). Ils sont aidés par des enfants nommés *Helpers up*. Ces fonctions ont été supprimées dans les nouveaux procédés de transport. Les *Brakemen* sont attachés au service des freins placés au sommet des plans inclinés. On emploie pour ce travail d'anciens haveurs qu'un accident a rendus incapables d'un travail plus pénible. Les voituriers (*Drivers*) sont des jeunes gens de 14 à 20 ans astreints à conduire les chevaux le long d'une galerie principale. Dans le nord de l'Angleterre, les chevaux, fort bien soignés, habitent des écuries spacieuses établies dans la partie de la mine la plus sèche et la mieux ventilée. Un palefrenier est exclusivement occupé à leur donner les soins nécessaires. Les chargeurs au puits (*Onsetter*) accrochent les vases d'extraction à l'extrémité de la corde. Les ouvriers occupés à l'entretien des voies en fer sont de deux espèces. Dans les galeries principales, où l'on emploie des rails saillants, ce sont des hommes faits, appelés *Rolley waymen*. Ils parcourent constamment les voies dont ils sont chargés et y effectuent toutes les opérations de réparation. Dans les galeries accessoires, des enfants de 12 à 14 ans, désignés par le nom de *Tramway clearer*, entretiennent les rails plats dans un état constant de propreté. Les *Banksmen* reçoivent les vases d'extraction sur la margelle du puits, les détachent de la corde et y substituent des vases vides. Ils sont aidés par des enfants lorsqu'ils doivent conduire le charbon à une certaine distance des puits.

Les ouvriers attachés à une mine portent indistincte-

ment le nom de *Colliers;* les deputy overmen, les wastemen, les davymen et quelques haveurs ont, sur les
autres mineurs, une supériorité fondée sur une intelligence
plus développée et sur un certain degré d'instruction.
Ce personnel constitue la classe des *Pitmen*, dans laquelle
on choisit les divers employés de la mine (1).

(1) Mémoire de M. Piot sur l'exploitation des mines de houille de
Newcastle, sur la Tyne. *Annales des Mines*, 4ᵉ. série, tome 1ᵉʳ., page 117.

SECTION VIe.

OBSERVATIONS GÉNÉRALES SUR L'EXPLOITATION DES MINES DE HOUILLE.

497. *Récapitulation et classification des divers systèmes.*

Il résulte de l'examen des nombreux exemples exposés ci-dessus que les divers systèmes appliqués aux couches minces et moyennes peuvent être classés en cinq catégories distinctes ; savoir :

1°. Le système dit *par piliers et galeries*, dans lequel on distingue la préparation du massif et l'exploitation proprement dite, la première opération consistant à diviser la couche en piliers rectangulaires, arrachés ensuite dans la seconde. Ce mode, exclusivement en usage dans les départements du Centre et du Midi de la France et fort répandu dans les divers districts houillers de l'Angleterre, présente la plus grande analogie avec le suivant.

2°. Le système *par galeries et massifs longs*, usité dans les bassins de la Wurm, de la Ruhr, à Saarbrücken, en Silésie et dans le pays de Galles, diffère du précédent, avec lequel cependant il est souvent confondu. Ainsi, dans ce dernier mode, les longs massifs ne sont recoupés qu'accidentellement et pour les besoins de l'aérage; dans le premier, ils le sont systématiquement, à distances régulières, et l'objet des voies transversales est aussi bien l'exploitation et le transport du charbon que le passage du courant d'air; dans le second, l'exploitation de la houille, pendant les travaux de préparation, est toujours sacrifiée à l'espoir d'obtenir d'abondants produits lors de l'arrachement des massifs; tandis que, dans le premier, on enlève quelquefois dès l'origine tout ce qu'il sera possible d'arracher à la couche.

3°. *Par longs massifs et tailles remblayées*. Tels sont les travaux, exécutés dans un assez grand nombre de mines des provinces de Liége et de Namur, qui consistent à chasser en différentes directions des tailles remblayées, parallèles entre elles et séparées par des massifs que l'on conserve intacts sans les recouper jusqu'au moment où se fait le dépilage partiel ou total.

4°. Le système *par grandes tailles*, si diversement modifié dans ses applications, au moyen duquel le charbon est enlevé sur une grande largeur, soit en partant du puits, soit en revenant sur lui. Le lecteur a vu des exemples de ce mode usité au Couchant de Mons, dans les districts de la Ruhr, en Silésie et en Angleterre.

5°. Enfin, un dernier système, qui semble tenir le milieu entre les deux précédents, est celui qui peut être désigné sous le nom de *procédé par tailles consécutives, en contact et parallèles,* en usage au Centre du Hainaut, à Charleroi, dans quelques mines de la province de Liége et pour quelques couches fortement inclinées, des districts de la Ruhr.

Quant aux stratifications très-puissantes, elles donnent lieu à la division suivante :

1°. L'ancienne méthode *par galeries*, *piliers et estaux*, généralement abandonnée à cause de son état d'imperfection;

2ⁿ. La méthode dite *en travers*, c'est-à-dire par tailles

transversales au gîte et marchant du toit au mur, et réciproquement (Creuzot, St.-Étienne, Montchanin, etc.);

3°. *Par étages horizontaux successifs pris en remontant*
(Rive-de-Gier, St.-Étienne, etc.);

4°. Système du Staffordshire *par compartiments* ou
chambres isolées et piliers abandonnés dans la couche;

5°. *Par étages successifs en descendant* ouverts à des
époques différentes, travail qui, jusqu'à présent, a eu pour
objet les couches très-puissantes de la Silésie et la couche
Lucie des mines de Blanzy;

6°. La méthode *par éboulements*, usitée à Epinac;

7°. Enfin, le procédé de Rive-de-Gier, actuellement
hors d'usage, dans lequel on profitait des mouvements du
mur pour exploiter la couche en deux tranches.

498. *Comparaison entre les divers systèmes.*

Les longs massifs semblent préférables aux piliers rectangulaires de petites longueurs; car les premiers offrent
une plus grande résistance à la pression des assises supérieures, et le charbon qu'ils renferment se maintient
plus longtemps intact et sans dislocation. La probabilité d'obtenir cet important résultat est d'autant plus
grande que les traverses pratiquées à travers les massifs sont moins rapprochées les unes des autres; sous
ce rapport, les dispositions adoptées dans la plupart
des mines d'Allemagne semblent fort convenables quand
il s'agit d'éviter l'affaiblissement des massifs. Les deux
systèmes s'appliquent à toutes les couches, quelle que
soit leur inclinaison; mais, lorsqu'elles sont minces, ils
semblent peu avantageux, et il convient de leur substituer
les grandes tailles.

Le principal inconvénient des massifs longs et des piliers rectangulaires, provient de leur écrasement sous la pression du toit, de leur destruction partielle lorsqu'il s'écoule un laps de temps trop considérable entre la préparation et le dépilage, en sorte que la houille, réduite en menu, est tout ce qu'on peut attendre de cette opération, si, toutefois, l'état du toit permet d'attaquer les massifs. Pour remédier à cet inconvénient, il suffit de déterminer l'étendue des champs d'exploitation, d'après la nature des roches encaissantes.

Les massifs longs et les tailles remblayées offrent plusieurs avantages; les premiers ne sont jamais recoupés pour les besoins de la ventilation; la préparation se faisant par chantiers d'une assez grande largeur, exige, proportionnellement, moins de main-d'œuvre que les galeries dont la section ne peut dépasser certaines limites; les tailles constituent d'ailleurs dès l'origine des travaux une véritable exploitation; mais ce mode de travail, par le seul fait qu'il donne des produits dès la première attaque de la couche, n'a rien qui sollicite l'exploitant à s'occuper du dépilage; dès lors, la préparation s'étend sur une étendue de plus en plus grande, et lorsqu'elle se trouve portée à des distances défavorables au transport, il songe seulement à reprendre les massifs réservés. Or, pendant ce long espace de temps, le toit disloqué, les piliers écrasés, les galeries encombrées ou le mur gonflé, le contraignent à se contenter du percement de quelques tailles transversales dans les piliers, ou à les abandonner entièrement. En outre, les galeries fort développées sont l'objet d'un entretien très-coûteux, et le courant d'air, soumis à un parcours très-considérable, se trouve vicié longtemps avant sa sortie de la mine. La division du champ d'exploitation en un certain nombre de sections d'une surface limitée, suffirait pour remédier à tous ces inconvénients ; mais les idées progressives qui se sont développées chez les exploitants de Liége ont eu pour tendance l'introduction de nouveaux systèmes, et non le perfectionnement de celui qui est en usage depuis tant de siècles.

L'exploitation par grandes tailles semble la plus convenable dans son application aux couches dont la puissance ne dépasse pas 1.80 mètre ; au-delà de cette limite maximum, le volume des remblais n'est plus en rapport avec la capacité des excavations. Dans tous les cas, le toit doit offrir quelque consistance, autrement ce mode devient impraticable, ainsi que l'ont démontré les essais tentés, à différentes reprises, dans les mines de houille du Centre du Hainaut.

Les grandes tailles usitées en Belgique se composent de plusieurs ateliers de petite hauteur, accolés les uns aux autres, et dont les fronts en retraite s'avancent simultanément dans le gîte. Il ne faudrait pas conclure de cette circonstance qu'elles exigent un plus grand nombre de coupures que les tailles anglaises et silésiennes dont le front, en ligne droite ou sinueuse, est fort développé. Car celui-ci est recoupé, en général, à distances assez rapprochées, d'entailles verticales qui facilitent l'abattage de la houille ; en sorte que, dans les deux circonstances, la main-d'œuvre est la même, et la quantité de gros blocs obtenus dépend, non du mode de travail, mais de la solidité de la couche. La disposition en gradins est d'ailleurs nécessitée, en Belgique, par une moindre consistance des assises du toit, qui ne peuvent rester dénudées sur un espace trop considérable.

Les grands chantiers sont très-avantageux ; le mineur ne perd aucune parcelle de charbon ; la direction du courant ventilateur est simple, le transport facile, etc.

Mais, parmi toutes les nombreuses modifications dont ce mode est susceptible, l'ouvrage en retraite semble offrir une disposition très-convenable dans les cas où son application est possible. En effet, le mineur prend connaissance de tous les accidents du terrain avant l'exploitation ; pouvant disposer ses chantiers à l'avance et de telle façon que l'extraction ne soit jamais interrompue, il n'est jamais pris au dépourvu ; les galeries, se raccourcissant à mesure que les tailles avancent, exigent moins de réparations ; le courant d'air est divisé en autant de branches que la mine contient d'ateliers d'arrachement ; enfin les éboulements ont peu d'importance, puisqu'il est indifférent que les points où ils se déclarent deviennent inaccessibles.

Si la mauvaise qualité des roches encaissantes ne permet pas l'ouverture de grandes tailles, l'exploitant peut avoir recours aux chantiers consécutifs et parallèles ; leur petite surface les préserve en partie des éboulements, et, par leur succession en retraite sur le puits, ils jouissent de plusieurs des avantages signalés ci-dessus. Ce système a cependant de graves inconvénients : la minime quotité de produits résultant de chantiers isolés et fort étroits, et la nécessité d'attaquer non-seulement une couche sur plusieurs points, mais encore plusieurs couches simultanément, afin de subvenir aux besoins de l'extraction, et d'ouvrir, par conséquent, beaucoup de voies d'un entretien coûteux.

Quant aux couches puissantes, le procédé par piliers, galeries et estaux, encore usité dans un petit nombre de mines d'Écosse, et celui par compartiments dont on se sert en Staffordshire, entraînent des pertes considérables de houille pour le soutien du toit et le maintien des galeries. L'exploitation par remblais rapportés semble indispensable dans les localités où des canaux, une rivière et de nombreux établissements ne permettent pas de troubler impunément la surface du sol ; mais la difficulté de se procurer des débris stériles en quantité suffisante est souvent très-grande et entraîne des manipulations fort coûteuses. Le système d'Epinac réunit des conditions favorables, quant à l'économie de main-d'œuvre et à l'enlèvement complet de la houille ; mais le toit doit être assez solide pour se soutenir seul pendant un certain laps de temps, se briser ensuite, s'affaisser sur le mur de la couche et combler les excavations. Le procédé par étages successifs en descendant, consacré par une longue expérience dans les mines de Silésie, et dont les essais tentés à Blanzy ont été suivis d'un grand succès, semble si convenable pour l'exploitation des couches puissantes, que M. Combes, se fondant sur les travaux d'exploitation du gîte d'anthracite de la Mure (département de l'Isère) (1), propose de l'appliquer non-seulement aux couches horizontales, mais encore aux stratifications fortement inclinées ou verticales.

499. *Choix d'un système d'exploitation.*

Les divers procédés d'arrachement n'ont pas été le résultat d'une invention, comme les autres opérations industrielles ; mais les premiers moyens, fort grossiers par eux-mêmes, se sont insensiblement perfectionnés et modifiés, suivant les circonstances locales, dont l'influence est si grande sur l'ensemble et les détails de l'opération. De là les innombrables divisions et subdivisions de systèmes dont

(1) La description de ces travaux est contenue dans les *Annales des Mines*, tome IX, 3ᵉ. série, page 427.

les plus divergents ont successivement passé sous les yeux du lecteur.

Il n'entrera jamais dans la pensée d'un exploitant instruit de préconiser tel ou tel procédé comme bon d'une manière absolue et à l'exclusion de tous les autres ; il s'exposerait à être démenti par les faits, puisque tel mode de travail, très-convenable dans une localité, peut être très-désavantageux dans une autre, et réciproquement. Comme, d'un autre côté, il serait impraticable d'en établir un spécial pour chaque cas qui peut se présenter dans la pratique, il est permis de dire, en général, que le meilleur système d'exploitation est de n'en pas avoir : en ce sens que le mineur intelligent n'en prendra pas un pour l'appliquer aveuglément dans ses moindres détails ; mais que, les connaissant tous, il choisira dans chacun d'eux ce qui lui semble le plus conforme au gisement, objet de son étude, et en formera un tout qui remplisse convenablement le but qu'il doit se proposer, c'est-à-dire d'*extraire d'une surface donnée le plus de houille possible, aux moindres frais, en ayant égard à la conservation des travaux et à la sécurité des travailleurs.*

Le choix d'un système applicable à une mine donnée ne peut être déterminé par le hasard ou par un simple caprice ; l'exploitant tient compte de toutes les circonstances locales, les coordonne entre elles, de manière à satisfaire à un grand nombre de conditions, ou tout au moins à celles qui tendent le plus à favoriser l'économie des travaux. Ainsi, la puissance du gîte d'abord, puis son inclinaison, étant les éléments les plus influens, attireront d'abord son attention ; il aura à considérer l'étendue du champ d'exploitation ; la possibilité d'un enlèvement total ou partiel ; la solidité des roches encaissantes, qui permettent de maintenir les exca-

vations ouvertes pendant un temps plus ou moins long ;
il aura égard aux inflexions des couches, aux dérangements
qui les interrompent, au dégagement de gaz, au volume
des remblais et à une multitude de circonstances dont
l'énumération serait trop longue. Il comparera le prix plus
ou moins élevé de la main d'œuvre et la valeur des matériaux de soutenement avec celle de la houille elle-même.
Enfin, procédant par exclusion et rejetant successivement
les systèmes en désharmonie trop complète avec les circonstances influentes, il finira par en trouver un qui, dans
ses caractères généraux, se concilie avec les plus importantes d'entre elles. S'il est familier avec les travaux exécutés
en diverses contrées, il modifiera le procédé dès son
application immédiate, puis, ensuite, chaque fois que l'expérience lui en fera sentir la nécessité, non d'une manière
définitive, mais pour être modifié de nouveau lorsque
les circonstances locales viendront à changer. S'il entreprend des travaux dans un bassin déjà exploité, son
choix sera singulièrement facilité : il adoptera, si possible,
le mode avec lequel les ouvriers sont déjà familiarisés et
n'y apportera des changements généraux que dans les cas
d'absolue nécessité ; car l'abandon des habitudes invétérées
des ouvriers est chose difficile à obtenir. Ces changements
ne devront pas se faire sans réflexion, un ancien procédé
étant ordinairement fondé sur des motifs graves qui, pour
pouvoir être appréciés, exigent une connaissance complète
des localités.

Si, comme le lecteur peut s'en apercevoir, il est impossible de prescrire des règles générales, quant au choix
d'un système, il n'en est pas de même des principes de
détail, dont l'exploitant ne s'écarte pas sans inconvénient,
et qu'il ne lui est, par conséquent, pas permis d'ignorer.

500. *Des puits et des galeries à travers bancs.*

Le mineur dispose le puits d'extraction de manière à diviser la ligne d'allongement en deux parties à peu près égales, afin que la moyenne des transports soit réduite au minimum. Quant à leur position sur l'inclinaison, la rencontre d'une couche plateure, dans sa partie d'aval, permet d'en diriger les produits en descendant vers les accrochages; mais une stratification fort inclinée ou pliée en zigzag exige l'installation des puits au centre du champ de travail et le percement de galeries à travers bancs vers les deux points opposés de l'horizon.

Une règle assez générale consiste à réserver autour des puits et, dans chaque couche, des massifs de houille destinés à préserver le terrain des éboulements. Cependant, quelques ingénieurs anglais blâment cette précaution, et, regardant comme préférable l'affaissement uniforme de la surface excavée, ils enlèvent la totalité de la couche; mais l'expérience ayant prouvé l'efficacité des supports naturels de ces excavations, quant à la dislocation des terrains avoisinants et à la rupture des revêtements, il est beaucoup plus prudent de se conformer à cet usage presque général. Des massifs de 20 à 50 mètres de rayon sont, d'ailleurs, considérés comme suffisants dans tous les cas.

Les galeries à travers bancs rectilignes permettent d'atteindre la couche par la ligne la plus courte; elles restreignent aussi la longueur du transport et de la circulation de l'air. Comme, en outre, ces percements sont fort coûteux, le mineur en diminue le nombre autant que possible, et cherche, par l'étude des allures des couches et de leurs rapports de position, à en recouper un grand nombre par une même galerie.

501. *Principes qui doivent présider à l'établissement des galeries percées dans le gîte.*

Le mineur obtient un incontestable avantage dans leur direction en ligne droite, ou suivant des courbes à grands rayons; mais cette considération est subordonnée, quant aux voies d'allongement, à l'importance de les maintenir sur un niveau constant; car, s'il s'écarte du plan horizontal, il se porte en amont ou en aval. Dans le premier cas, il restreint le champ d'exploitation donné; dans le second, les eaux ne s'écoulent plus librement vers le puisard, et le transport des produits est désavantageux. Cependant une pente vers les accrochages est indispensable, mais elle doit être fort modérée. Pour conduire ces voies dans un plan horizontal ou légèrement incliné, le mineur peut, à l'imitation des Anglais, utiliser les filets d'eau rencontrés accidentellement dans les couches, ou, à défaut de ces derniers, en amener quelques barriques provenant du puisard. Cette eau, réunie vers la paroi d'aval de la galerie, forme une petite flaque de 5 à 6 centimètres de profondeur qui ne lui laisse aucune indécision sur la direction à suivre; car, s'il effectue le percement de telle façon que l'eau vienne constamment mourir au front de taille, il acquiert la certitude de marcher sur un plan légèrement ascendant.

Les galeries rectilignes, exemptes de coudes et de contournements trop brusques, satisfont aux conditions requises pour la facilité des manœuvres souterraines. Quant à leur direction, tantôt elles sont conduites perpendiculairement aux plans de clivage dans le but de faciliter l'arrachement, antôt, cédant aux considérations de transport, elles sont percées suivant une ligne plus ou moins diagonale, afin de leur donner une pente convenable.

Les voies dont la houille intacte forme les parois se conservent bien ; celles qui sont pratiquées à travers les remblais doivent être revêtues latéralement de murs en pierres sèches , choisies parmi les échantillons les plus résistants ; la durée de l'excavation en est prolongée et le nombre des étais diminué. Les galeries à parois hétérogènes , dans lesquelles la compressibilité des murs de remblais est plus grande que celle de la houille en place, provoquent la rupture du toit. Enfin , les carrefours où le faîte reste à découvert sur une plus grande surface, exigent les moyens de soutenement les plus efficaces. Les revêtements en briques conviennent aux percements de longue durée effectués à travers des terrains ébouleux. Au premier abord, ils semblent fort coûteux, mais ils n'exigent pas d'entretien et offrent , en cela , une grande économie sur les boisages qui , sans cesse , doivent être renouvelés.

502 *Système d'exploitation par galeries et massifs longs ou courts.*

Les règles éparses dans les descriptions précédentes peuvent se résumer comme suit. Il faut proportionner la surface des piliers à celle des galeries, de façon que le faîte se maintienne en place, en attendant le dépilage. Si la couche et le toit étant solides, le mur est tendre, la base des piliers doit être assez grande pour prévenir leur pénétration dans les assises inférieures. Une couche tendre ou très-fissurée exige des massifs épais ; autrement, la pression du toit les écrase , des blocs de houille s'en détachent, leur volume diminue et leur destruction est suivie

de l'éboulement du toit. Enfin, si les assises supérieures n'ont qu'une faible consistance, des piliers d'une
grande surface sont circonscrits par des galeries étroites,
mais telles, cependant, qu'il soit possible d'accumuler sur
leurs parois toutes les matières stériles provenant de la
couche ou de ses lisières.

En général, les galeries larges fournissent dès l'abord
des produits abondants ; l'air y circule plus facilement ;
le parallélipipède de houille, moins coupé, fournit une
plus grande proportion de gros blocs, et les échancrures,
plus distantes, donnent lieu à une main-d'œuvre moins
coûteuse. Ces avantages compensent largement l'emploi
plus·considérable de bois. Le mineur, en dirigeant les
voies d'exploitation perpendiculairement au plan des
fissures principales, facilite l'abattage et détermine des
massifs qui, se conservant intacts, offrent, à surfaces
égales, le maximum de résistance à la pression des assises
supérieures.

Les pertes de combustible, résultant de l'abandon mo-
mentané des piliers sont fort grandes ; le contact de l'air
atmosphérique en altère la houille avec autant d'énergie
que si elle était exposée en tas à la surface du sol ;
les produits d'une couche brisée et délitée par l'action des
stratifications du couronnement, ont peu de valeur, car
l'abattage, malgré toutes les précautions usitées, ne livre
que du menu charbon, fréquemment souillé par des
fragments de schiste. Or, le seul moyen de remédier à
ces inconvénients étant de faire suivre la préparation de
l'arrachement immédiat des piliers, il convient que la
surface du champ d'exploitation soit fort limitée, ou
plutôt qu'elle soit divisée en districts indépendants, suivant la méthode de M. Buddle.

503. Des tailles remblayées.

La hauteur des ateliers d'arrachement et la largeur des galeries sont proportionnés au volume des remblais du gîte et de ses lisières; ainsi, dans l'exploitation des couches minces, ou abondantes en matières stériles, le mineur est obligé d'ouvrir de larges tailles, de restreindre le nombre des voies, et de ne leur donner qu'une section strictement suffisante aux besoins du transport et de l'aérage. Les couches d'une certaine puissance, dépourvues d'intercalations et dans lesquelles l'exhaussement des galeries n'exige l'entaillement ni du toit ni du mur, permettent l'installation de tailles étroites, accompagnées de galeries fort larges.

Si, d'un côté, le nombre des échancrures verticales est proportionnellement moindre dans les grandes tailles que dans les petites, d'un autre, les premières offrent l'inconvénient d'exiger beaucoup de main-d'œuvre pour le *boutage*, opération tendant, en outre, à briser les houilles friables et à les réduire à l'état de menu.

En Angleterre, le volume des remblais est par fois insuffisant; mais il est rare, en Belgique et dans le nord de la France, que les intercalations schisteuses ou l'arrachement des roches encaissantes n'en fournissent pas des quantités suffisantes pour combler les excavations. Dans tous les cas, un entaillement profond des salbandes procure au mineur des fragments de schistes solides et consistants; il en construit, le long des voies, des murs assez épais qui le dispensent de boisages trop compliqués et le font jouir de galeries à grande section, avantageuses sous le rapport du roulage et de la ventilation. Malheureusement, les matières stériles sont souvent en quantité tellement considérable que, malgré la grande hauteur attribuée aux tailles, la faible section et le petit nombre des galeries, elles ne peuvent être logées en totalité ; alors le mineur les serre fortement, remblaie les anciennes voies et toutes les excavations devenues inutiles, dispose, si possible, ses travaux de manière que l'exploitation se fasse simultanément sur plusieurs couches ; la rareté des roches stériles dans les unes compense l'abondance de remblais des autres, et certaines excavations reçoivent l'excédant des débris provenant des strates les mieux partagées du groupe en exploitation. Mais le mineur n'est pas toujours maître de se placer dans de semblables conditions ; il ne trouve pas toujours à sa portée des couches convenablement composées ; et, s'il les rencontre, il peut arriver que le transport des déblais à une grande distance, rende ce procédé fort coûteux et qu'il doive se résoudre à les élever au jour.

Lorsqu'une taille reste inactive pendant l'intervalle qui s'écoule entre deux postes d'ouvriers, la pression du toit et la dilatation des gaz font gonfler la houille, la délitent et tendent à produire un abattage en quelque sorte naturel. Si les combustibles sont durs, cette action peut être facilitée par l'ouverture de grands chantiers ; s'ils sont déliteux, les résultats de cette dilatation consistant exclusivement en menu charbon, on s'y oppose par tous les moyens possibles. Cet inconvénient est fréquent dans les mines de Charleroi, placées en général dans de fâcheuses conditions sous le rapport de la friabilité des produits.

Dans le cas où l'exploitant prévoit de l'irrégularité dans le gîte, il prend ses précautions pour ne pas s'exposer à voir l'extraction diminuer ou faire défaut dans le moment même où il lui importerait de livrer ses produits à la con-

sommation. Ces précautions consistent, chez les Allemands
et les Anglais, à pousser en avant la galerie principale,
c'est-à-dire à faire précéder l'arrachement par l'exploration
du gîte et à s'assurer, à l'avance, de la position des crains,
des failles ou autres dérangements. En Belgique, l'exploitation des versants méridionaux, si disloqués, donne lieu
à la préparation d'un plus grand nombre de chantiers que
ne l'exigent les besoins de l'extraction ; si quelques-uns
d'entre eux sont accidentellement frappés de stérilité, les
autres fournissent de la houille en attendant que le dérangement soit traversé ou que les tailles soient remises en
activité. Le procédé proposé pour les mines d'Anzin s'ap-
pliquerait à tous les systèmes par tailles remblayées ; il
serait probablement fort avantageux sous ce rapport, mais
il est à craindre que les exploitants ne se décident que
difficilement à le mettre en usage ; ils ont rarement le
temps d'attendre une exploration complète du gîte et sont,
ordinairement, forcés de retirer immédiatement le combustible du champ de travail.

On ne saurait trop insister sur l'importance de serrer
fortement les remblais dans les cavités situées en arrière
des chantiers ; car, non-seulement ils s'opposent à la dislocation des assises supérieures et conservent les galeries
plus longtemps intactes, mais encore ils préviennent les
déperditions d'air et forcent la totalité du courant ventilateur à se porter vers le fond de l'excavation. Si la couche
dégage du gaz inflammable, les remblais rapprochés du
front de taille ne laissent que l'espace strictement nécessaire pour le travail des ouvriers ; le courant, resserré,
augmente de vitesse et acquiert une force suffisante pour
entraîner avec lui le gaz destructeur.

504. *Concentration des chantiers d'exploitation.*

Des tailles dispersées sur différents points d'une couche, exigeant l'entretien de toutes les voies qui les desservent, sont fort coûteuses, surtout dans les terrains ébouleux et disloqués. Aussi, le mineur s'efforce-t-il de concentrer l'arrachement sur un espace limité ; non-seulement il réduit ainsi le nombre des galeries, mais encore le dépouillement de la partie en exploitation se fait avec plus de promptitude et diminue l'espace de temps pendant lequel il doit les maintenir ouvertes. En outre, l'entretien d'une voie étant d'autant plus considérable que son existence remonte à une époque plus ancienne, les économies réalisées de ce chef seront en raison inverse du temps pendant lequel ces voies seront en activité. La surveillance d'ateliers réunis sur un même point est aussi plus facile, et les eaux d'infiltration, ne s'introduisant dans la mine que successivement, laissent le temps de pourvoir à leur épuisement. C'est principalement dans un but de concentration que M. Buddle a imaginé son système de *Pannel work.* C'est l'application du même principe qui, dans le Flénu (Couchant de Mons), fait considérer comme une exception des travaux d'arrachements simultanés à l'est et à l'ouest des puits d'extraction ; ce principe engage aussi les exploitants à rechercher un prompt dépouillement des champs de travail, en restreignant la hauteur des tailles et en augmentant proportionnellement la quotité d'avancement, ou, ce qui revient au même en conservant aux chantiers leur largeur primitive et en y appliquant un nombre d'ouvriers plus considérable.

505. *Limite des champs d'exploitation.*

Jusqu'ici il a paru peu nécessaire de préciser ce qu'on entend par champ d'exploitation, parce que cette expression se définit pour ainsi dire d'elle-même; toutefois, on peut dire qu'elle sert à désigner la surface d'un terrain dont il est possible d'enlever la houille à l'aide d'un seul siège, ce qui se rapporte aussi bien à l'ensemble des couches qu'à une seule d'entre elles. Les nombreuses circonstances qui militent en faveur d'un champ fort étendu, ou qui, au contraire, en restreignent les limites, sont : les difficultés ou les facilités de creuser les puits, ce qui tend à diminuer le nombre ou permet de les multiplier sans une trop grande dépense ; la profondeur de ces excavations destinées à atteindre le gîte et les travaux d'art dont elles doivent être l'objet ; la nature des roches encaissantes : compactes et solides, elles permettent de chasser les galeries à de grandes distances, de les entretenir ouvertes à peu de frais et de leur donner une section telle que les chevaux puissent y circuler ; ébouleuses et disloquées, elles forcent le mineur à restreindre leur largeur, à ne leur donner qu'une section strictement suffisante pour le passage des voitures conduites à bras d'homme, et à réduire leur longueur dans la crainte des frais d'un entretien trop coûteux. Ces circonstances sont tellement influentes que l'étendue du champ d'exploitation, n'excède pas quelquefois 5 à 600 mètres, dans le sens de l'allongement; tandis que d'autres fois il atteint les limites de 2,000 à 2,500 mètres, soit 1000, 1200 et même 1500 mètres de chaque côté des puits d'extraction.

L'aménagement du gîte suivant l'inclinaison, par des galeries à travers bancs, détermine des tranches qui portent également le nom de champ d'exploitation. Leur longueur,

suivant l'allongement, résulte nécessairement des considérations précédentes ; mais leur hauteur varie suivant le
mode d'exploitation adopté. Ainsi, dans l'emploi des diagonales, cette hauteur est fort restreinte, tandis que l'usage
des plans automoteurs permet de subdiviser le champ en
deux ou trois zones et de faire parvenir aux puits les produits des points les plus élevés de la dernière tranche.
Le volume des gaz qui se dégagent de la couche sont
également pris en sérieuse considération, quelle que soit
l'inclinaison du gite, plateure ou droit; ce dégagement
étant d'autant plus considérable que les fronts de taille
sont plus développés, il existe à la partie supérieure
des chantiers un point au-delà duquel le courant ventilateur devient détonnant ou asphyxiant ; cette circonstance doit régler la hauteur du champ d'exploitation, et
il est dangereux de la dépasser. Cependant la mine de
l'Espérance (à Seraing, près de Liége) donne l'exemple
d'une tranche divisée en deux parties, objet de deux
arrachements successifs.

506. *Exploitation des couches rapprochées de la surface du sol.*

Les excavations provoquent les écrasées des stratifications supérieures et quelquefois cette dislocation se propage
d'assises en assises jusqu'à la surface du sol dont elle
change la configuration. Les éboulements proprement dits,
dans lesquels les bancs supérieurs se brisent en fragments,
sont généralement peu à craindre ; soit que le foisonnement
des stratifications suffise pour combler les vides, soit que
les blocs forment une voûte qui arrête les effets de l'écrasée
à une faible hauteur au-dessus du point où elle a pris

naissance. Mais il n'en est pas de même des terrains qui s'affaissent en masse suivant la verticale ou glissent sur les stratifications supérieures comme sur un plan incliné et dont les ruptures s'étendent bien au-delà des parties excavées. Telle est l'origine de ces mouvements du sol de la concession de Blanzy, où l'observateur peut suivre pas à pas les progrès des mineurs en consultant les dépressions qui se dénotent à la surface peu après l'arrachement du combustible. Il en est de même de cette partie du terrain carbonifère du Couchant de Mons appelée *la Boule du Flénu*, objet d'une exploitation si active, et dont la surface s'est abaissée de plusieurs mètres, car la grande tour de Mons, qui, autrefois, dit-on, était invisible du sommet des collines situées autour du village de Wasmes, s'aperçoit fort bien actuellement de quelques points de cette commune.

L'exploitation des couches ou des parties de couches rapprochées de la surface doit se faire avec beaucoup de circonspection, car elle est liée avec plusieurs circonstances capables d'entraîner la destruction totale de certaines mines, ou tout au moins de compromettre gravement leur avenir. Ainsi, le sol d'une concession peut être traversé par des rivières ou des canaux situés au-dessus des affleurements de certains bancs perméables ou naturellement fissurés. Si l'exploitation d'une couche gisant dans le voisinage de ces stratifications en détermine l'éboulement, elle met les travaux en communication avec le courant d'eau et favorise l'irruption de cette dernière dans la mine. Lorsqu'on exploitait la couche dite *Poignée-d'Or*, à *la Chartreuse* (près de Liége), la crainte de l'influence des grès houillers qui la recouvrent et viennent affleurer dans le lit de la Meuse avait déterminé l'abandon de forts massifs destinés à prévenir les éboulements du toit, qu'auraient peut-être suivi les eaux de cette rivière, dont aucune force n'eût été capable d'opérer l'épuisement. Les piliers de sûreté réservés dans la couche *Catharina*, de la mine *Victoria Mathias*, ont prévenu des éboulements, dont la conséquence probable aurait été l'asséchement des fontaines de la ville d'Essen, et une inondation des travaux qui les aurait anéantis. Les mêmes craintes ont inspiré des précautions analogues à *Kunstwerck*, lors du dépouillement de la couche dite *Sonnenschein*, dont le toit, formé de bancs alternatifs de schistes et de grès, menaçait, par sa rupture, d'établir des communications entre la mine et d'anciens travaux inondés par la Ruhr.

Si la formation carbonifère est recouverte de stratifications aquifères, l'exploitant, loin de porter les excavations sur des points trop rapprochés de la limite des deux formations, doit laisser un massif de sûreté entre la partie supérieure des travaux et la base du mort-terrain. L'inobservation de ce principe menaçait d'entraîner la ruine de plusieurs mines du Couchant de Mons, lorsque survint, entre les exploitants de cette localité et l'administration des mines, un compromis stipulant que des espontes de 50 mètres de hauteur verticale seraient désormais réservées au-dessous de la formation crétacée, afin de protéger les excavations souterraines. Dans les districts de la Ruhr, un arrêté royal du 18 juin 1846 prescrit de laisser au-dessous des marnes, quelles que soient la puissance et l'inclinaison des couches, des massifs dont l'épaisseur, mesurée verticalement, doit être de 41.80 mètres (20 Lachter).

De semblables craintes ne peuvent exister lorsque des bancs imperméables et plastiques forment la base des terrains aquifères. C'est ainsi que l'existence des dièves, stratifications argileuses et molles qui cèdent sans se

fissurer sous les affaissements, est une garantie contre
l'infiltration des eaux dans les mines d'Anzin, où l'exploitant n'hésite pas à porter ses travaux fort près du
tourtia ; cependant, quoique les éboulements de l'intérieur se fassent sentir à la surface, où les maisons se
lézardent et se fissurent, les eaux du mort terrain n'arrivent jamais dans la mine.

Le mineur fait entrer en ligne de compte l'éventualité
des dommages qui peuvent survenir aux propriétés, lorsqu'il se décide à l'arrachement d'une stratification assez rapprochée de la surface du sol. Dans le but de se soustraire
au paiment d'indemnités dont la valeur pourrait dépasser
les bénéfices de l'exploitation, il étudie, d'un côté, l'épaisseur et la consistance des assises supérieures, la puissance
de la couche et la quantité de remblais dont il pourra
disposer; d'un autre, il s'enquiert de l'état du sol et
de son degré de fertilité; il calcule la valeur des propriétés bâties, des jardins potagers ou d'agrément, des
routes et des chemins de fer; enfin, il recherche les
moyens d'éviter l'assèchement des fontaines, des puits et
des étangs.

507. De l'exploitation des couches en remontant ou en descendant.

Beaucoup de discussions ont eu lieu concernant la
convenance d'arracher successivement les couches à mesure
qu'elles sont recoupées par les puits, ou de la préférence
à accorder à un fonçage immédiat à une assez grande
profondeur, afin de procéder à l'exploitation en attaquant d'abord les couches inférieures pour remonter de
proche en proche aux stratifications avoisinant la surface
du sol. Beaucoup de raisons ont été données des deux

côtés en faveur de ces deux opinions ; voici les principales d'entre elles :

Les partisans de l'exploitation en descendant disent
avec raison que, si les roches interposées entre deux
couches successives n'ont pas une grande épaisseur ou
assez de consistance, l'arrachement de celle de dessous
détermine l'affaissement des stratifications superposées;
ces éboulements, se propageant jusqu'à la couche supérieure, en brisent le charbon et disloquent les roches encaissantes. Si l'exploitation de celle-ci est encore possible,
elle ne peut avoir lieu que par l'emploi de moyens de
soutenement fort coûteux, et ses produits ne consistent
qu'en houille menue. En d'autres circonstances, si l'arrachement a eu pour objet une couche puissante ou
une série de stratifications minces dont les excavations
ont été imparfaitement remblayées, les ruptures gagnent
de proche en proche et se font sentir dans tout le faisceau
des assises superposées.

L'exploitation des diverses couches en descendant entraîne naturellement avec elle l'enlèvement successif de
leurs tranches, en commençant par la partie supérieure.
En cas de dégagement subit de gaz inflammable, celui-ci,
obéissant aux lois de la pesanteur spécifique, se loge immédiatement dans les anciennes excavations, où il ne peut
inquiéter les ouvriers, tandis que, dans le système opposé,
l'arrachement des tranches s'effectuant de bas en haut, le
gaz sort de son lieu de refuge toutes les fois que la
pression atmosphérique est insuffisante pour le retenir, et
vient inonder les travaux en activité situés au-dessus.

Les partisans de ce système ajoutent encore :

Les dépenses de premier établissement d'un puits et de
ses accessoires sont si considérables, le temps de leur mise
en activité se fait attendre si longtemps, qu'il importe,

pour éviter l'emploi d'un capital trop considérable et pour avancer l'époque où il est possible d'obtenir quelques produits, d'extraire le charbon dès qu'on le rencontre; alors les enfoncements ultérieurs, dont les frais sont ainsi couverts, s'exécutent insensiblement, au fur et à mesure de l'épuisement des couches. En outre, si le capital social est entièrement dépensé dans le fonçage de puits portés à de grandes profondeurs, il ne sera plus possible de subvenir aux dépenses d'un accident imprévu et de parer aux nombreuses chances commerciales d'un avenir ignoré. Enfin, on a observé, dans le Hainaut et en Silésie, que les produits des parties supérieures des couches dont le pied est excavé par d'anciens travaux d'exploitation consistent en houilles de médiocre qualité qui, altérées par le desséchement, ont reçu des Silésiens le nom de *houilles sèches*.

Les partisans de l'exploitation de bas en haut exposent, de leur côté, d'autres raisons qui, pour certaines localités, ont aussi quelque valeur.

C'est le moyen d'acquérir, disent-ils, la connaissance en profondeur d'une grande partie du terrain houiller pour lequel il est dès lors possible d'établir un système convenable d'aménagement. Mais le percement de galeries à travers bancs, répondent leurs adversaires, remplace avantageusement, dans beaucoup de formations carbonifères, l'approfondissement d'un puits vertical.

Lorsque, malheureusement, survient une communication entre les travaux en activité et d'anciennes excavations inondées, les vides considérables créés dans les couches inférieures forment des réservoirs de grandes dimensions dans lesquels s'écoulent les eaux affluentes. Pendant qu'ils se remplissent, les ouvriers ont le temps de remonter au jour, ce qu'ils ne pourraient faire si les eaux, ne trou-

vant pas à se loger, envahissaient la mine à la manière
d'un torrent. La dislocation des terrains supérieurs ne
pouvant avoir lieu que lors de l'exploitation des dernières couches les plus rapprochées du jour, les chances
d'attirer les eaux dans la mine diminuent considérablement. Cet avantage réel est de quelque importance s'il
est possible de porter l'exploitation d'un seul coup aux
dernières limites de la formation houillère ; mais il est
tout-à-fait illusoire si, après avoir enlevé toutes les couches
en remontant à la surface du sol, on en laisse d'autres
au-dessous du point de départ qui devront être ultérieurement arrachées. Enfin, quelques personnes allèguent, en
faveur de cette dernière opinion, un prétendu avantage
dans la diminution successive de la profondeur où s'effectue
l'épuisement des eaux, qui s'élèvent au fur et à mesure
de l'exploitation des étages supérieurs ; mais ce motif est
sans fondement ; les trois premiers seuls ont quelque validité
dans certains cas exceptionnels.

Cette discussion est une nouvelle preuve des erreurs
engendrées par l'absolutisme en matière de mines ; car
les raisons données par les partisans de l'exploitation
de bas en haut, valables pour quelques localités, n'ont
rien de sérieux pour d'autres. Dans la province de Liége,
dans le district de Charleroi, et partout où les couches
supérieures ont été l'objet d'anciens travaux inondés, il
est quelquefois convenable de diriger l'arrachement de bas
en haut, eu égard à la sécurité des ouvriers et des travaux. Mais, dans ce cas même, il arrive fréquemment que
l'exploitant s'installe à une profondeur telle, qu'il reste
un massif de sûreté suffisant entre les anciens et les nouveaux travaux, et qu'il procède à l'arrachement des
couches en descendant. Ainsi, c'est faute d'avoir eu égard
aux circonstances locales que cette discussion s'est élevée.

SECTION VIIe.

RECHERCHE D'UNE COUCHE INTERROMPUE PAR UN DÉRANGEMENT QUELCONQUE.

508. *Reconnaître la nature de l'obstacle rencontré.*

Lorsque le mineur, poursuivant une taille ou une galerie dans le gîte, voit la couche s'amincir insensiblement ou s'anéantir tout d'un coup, la première chose dont il se préoccupe est de reconnaître la nature de l'accident, si les travaux antérieurs ne lui donnent pas de notions suffisantes à ce sujet ; car la connaissance complète d'un dérangement et sa définition exacte peuvent seules fournir les indices nécessaires à la recherche d'une stratification perdue. Il examine donc attentivement les roches encaissantes et recherche les motifs de l'interruption du gîte. Si la couche diminue de puissance et s'amincit par suite du rapprochement des salbandes ou par la dilatation des schistes intercalés, il saura qu'il a affaire à un *étranglement*, à une *étreinte*. Si elle forme, en s'amoindrissant, une inflexion ou une courbure et cesse d'exister au contact de roches fragmentaires et brouillées ; si, brusquement interrompue, le mineur voit se dresser devant lui une muraille de rocs stériles ; si surtout il remarque une solution de continuité prolongée dans les roches encaissantes, il acquiert la certitude qu'il est arrêté par le déplacement relatif des deux fragments du terrain. Examinant alors attentivement la

nature des stratifications qui se présentent devant lui,
reconnait-il immédiatement au-delà de la fissure les schistes
ou les grès de la formation houillère, avec quelque régularité dans leur stratification, il en déduira qu'il n'est arrêté
que par une rupture rejetant la couche au-dessus de sa tête
ou au-dessous de ses pieds; observe-t-il des roches étrangères, telles que des amas d'argiles, des sables, des roches
confusément entassées, ou des fragments de la formation
houillère brouillées et sans ordre de superposition, il
reconnait l'existence d'une faille. Un dyke se dénote par
des roches d'origine ignée, qui, telles que les trapps et
les porphyres, forment une masse compacte interposée
dans la fissure.

509. *Passage d'une étreinte.*

Pour franchir une étreinte et retrouver la couche perdue
sur le prolongement du plan de stratification, on suit les
traces du gîte, en se laissant guider par un mince feuillet
de houille fréquemment interposé entre le mur et le toit.
Pour peu que quelques lambeaux d'un lit charbonneux se
rencontrent sur le passage de l'excavation, la recherche est
facile et toujours couronnée de succès; lorsque cette trace
est entièrement effacée, les difficultés augmentent, mais
le mineur sait que l'exploration peut réussir s'il maintient
le percement dans le plan de jonction des salbandes. Cette
opération est facilitée par l'état caractéristique des deux
roches, par la différence de leur nature : si le toit, par
exemple, est un grès et le mur un schiste argileux; si
le premier contient un banc d'une matière quelconque,
mais distincte des autres roches; si les assises du premier
sont d'une épaisseur différente de celles que renferme le
second. Le point essentiel étant de se maintenir toujours

entre les deux lisières de la couche, l'énumération des circonstances tendant à établir une différence entre le toit et le mur est inutile ; elle est d'ailleurs suggérée au mineur par la vue des objets eux-mêmes. Lorsque, enfin, les deux salbandes cessent d'être distinctes, la recherche atteint le plus haut degré de difficulté et devient fort aventureuse, le mineur n'ayant plus pour se guider que des traces accidentelles et incertaines. C'est alors que l'expérience de la localité, le discernement et l'esprit d'observation sont appréciés dans l'explorateur.

510. *Déterminer le sens dans lequel doit être recherchée une couche interrompue par une faille ou par un crain.*

Le mineur placé en présence d'une faille ou d'un crain poursuit sa route en s'avançant perpendiculairement à la fente, jusqu'à ce qu'ayant traversé les matières confusément entassées, il atteigne des bancs réguliers. Quelquefois il retrouve la couche immédiatement après avoir percé les substances étrangères ; le dérangement consiste alors en une simple fissure de disjonction ; d'autres fois, la hauteur du rejettement est plus petite que la puissance de la couche, et le seul fait de l'enlèvement des terrains interposés suffit pour mettre cette dernière en évidence.

Les travaux d'exploration deviennent également nuls si l'exploitant s'est trouvé en position de construire à l'avance une coupe du terrain basée sur la reconnaissance des affleurements ou sur les données que fournissent des sondages, car il connaitra la succession des stratifications, leur ordre de superposition et, par conséquent, la hauteur des crains ou des failles. Il peut également percer directement sur la

couche, s'il a connaissance des travaux exécutés antérieurement au-delà de l'accident, ces travaux lui permettant de
déterminer la hauteur et le sens du rejet. Il atteint le même
but si, après avoir percé les matières qui remplissent la fissure, il rencontre une couche dont l'identité soit incontestable,
ou s'il possède les indications relatives au passage de la
même faille à un autre étage, car les conditions de la
rupture ne peuvent varier, et il est toujours facile de
déterminer la hauteur de l'accident par l'épaisseur des
stratifications intermédiaires.

Parvenu de l'autre côté du dérangement, le mineur,
qui ne possède aucune de ces données, cherche autour de
lui s'il n'existe pas des indices qui lui fassent reconnaître
la position relative des deux fragments. Ces précieux
indices, qu'il ne rencontre malheureusement pas toujours,
consistent en de légères inflexions existant au contact du
plan de rupture; ces inflexions se dirigent de haut en bas
sur le fragment gisant au niveau le plus élevé et de bas
en haut sur l'autre fragment, et sont quelquefois observées
dans un ou plusieurs lits de houille, dans les intercalations
ou dans les schistes des salbandes. Il s'attache aussi à
reconnaître l'existence des courbures à grand rayon qui,
se prononçant quelquefois dans les strates aux approches
des rejettements, en indiquent le sens.

Lorsqu'enfin il est privé de coupes, de documents
relatifs à la position des couches dans le terrain situé
au-delà du dérangement, et de tout indice provenant des
stratifications elles-mêmes, il ne lui reste d'autre ressource que de prendre pour guide la règle théorique de
Schmidt, au risque de tomber dans l'une des nombreuses exceptions auxquelles ce principe est sujet. Il
étudiera donc le plan de rupture sous le rapport de son
inclinaison et de sa direction relativement à l'allure des

stratifications carbonifères, et recherchera la couche comme si le fragment à explorer avait dû nécessairement glisser sur le mur de la fissure et suivant l'inclinaison de ce dernier.

511. *Recherches par sondages, puits et galeries.*

Les sondages employés pour apprécier l'intensité d'un rejettement s'exécutent naturellement au-delà de la fente et dans un terrain régulièrement stratifié ; leur direction doit être à peu près normale aux plans de stratification. Ainsi, dans les couches verticales ou fortement inclinées, ils sont dirigés horizontalement ; dans les plateures, le coup de sonde est vertical de haut en bas ou de bas en haut, suivant le sens où la règle de Schmidt fait présumer que doit se trouver la couche. Les débris, ramenés par l'outil sont des indications sur la nature des diverses assises, leur ordre de superposition et leur puissance à différentes hauteurs. Mais les puits et les galeries sont bien préférables, en ce qu'ils fournissent des indices plus précis sur la nature des roches, et que ces excavations, bien dirigées dès l'origine, offrent l'avantage de pouvoir être utilisées pour l'exploitation ultérieure du gite.

Les percements dans la fente, où la roche est ordinairement plus tendre, s'exécutent avec promptitude et facilité. Si l'accident objet du travail est un crain, le mineur conduit l'excavation de telle façon que la fente soit toujours comprise entre ses deux parois. Si c'est une faille, il s'attache, dans sa poursuite, à mettre constamment à nu les roches situées sur le côté de la fissure appartenant au fragment inexploré, afin que la couche ne puisse lui échapper. La direction de ces percements de recherche est horizontale, plus ou moins inclinée, et quelquefois verticale ; car, de même que dans un coup de sonde, elle est subordonnée à l'importance d'atteindre les couches par le chemin le plus court, et se trouve déterminée par l'inclinaison des stratifications. Ces principes ne s'appliquent évidemment qu'aux percements destinés exclusivement aux recherches, les nécessités du transport forçant quelquefois à les modifier lorsqu'il s'agit d'exploiter la couche retrouvée au-delà du dérangement.

Si le mineur a eu le soin, lors de l'enfoncement des puits et du percement des galeries, de recueillir des échantillons des diverses séries de bancs recoupés ; s'il a seulement composé une coupe indiquant la nature et l'apparence des assises qui encaissent la houille, leur disposition et leur succession ; s'il y a fait entrer jusqu'aux moindres couches et aux plus petits détails de stratification, il est probable que, parvenu à une certaine distance dans l'excavation de recherche dirigée perpendiculairement aux stratifications, il pourra reconnaître la partie de la coupe à laquelle correspondent les stratifications au milieu desquelles il se trouve (si toutefois le terrain a déjà été traversé antérieurement), et déterminer, par conséquent, le point et la distance où il se trouve de la stratification cherchée. C'est ainsi que l'on a procédé à la mine d'Yvoz, près de Liége (fig. 14, pl. Ire.), pour la recherche de Bijou, interrompue par un crain qui rejette de côté cette couche verticale. La galerie de recherche s'était avancée de quelques mètres vers le sud, lorsqu'elle recoupa successivement quatre petites couches de 5 à 30 centimètres intercalées dans des bancs de schistes, puis diverses assises d'un grès fort caractérisé et d'une puissance de 12.50 mètres. Or, la galerie à travers bancs qui s'avance vers le nord avait percé toutes ces stratifications en sens inverse ; il était donc certain que l'on marchait sur la couche Bijou, qui, en effet, fut retrouvée après un percement de 46 mètres de longueur.

Si la règle de Schmidt conduit le mineur dans une fausse voie, il s'arrête naturellement dès que la succession des assises lui en fournit la preuve ; il revient au point d'origine, et se porte sur le prolongement de l'axe du percement commencé, mais en marchant dans le sens opposé.

512. *Exécution définitive des percements destinés à mettre en communication deux fragments de terrain séparés par une faille.*

Ces travaux ont lieu après la réunion d'indices précis sur la situation de la couche cherchée; alors le mineur a égard aux exigences de l'exploitation future, sous le rapport de la facilité des transports et de la ventilation. Supposant que, par l'un des moyens indiqués ci-dessus, il ait apprécié l'intensité des rejets d'une couche de moyenne inclinaison, interrompue par des failles ou des crains dirigés suivant la direction ou la diagonale, il mettra le fragment du terrain en communication avec ses voisins au moyen de galeries horizontales à travers bancs, ouvertes en pied ou en tête, suivant que la couche se trouve relevée ou abaissée par l'accident. Si, outre la hauteur des rejets, il connaît l'inclinaison des stratifications à traverser, il sera facile de calculer la longueur de la galerie, c'est-à-dire la distance comprise entre son point de départ et

celui où elle atteint la couche. Sachant, par exemple, que
l'inclinaison des stratifications situées dans le fragment
opposé est telle que, tous les mètres, elle s'est relevée
de 20 centimètres ou d'un cinquième ; si la hauteur du rejettement (50) a été reconnue de 10 mètres, il en concluera
que cette longueur devra être 10 × 5 = 50 mètres.

Pour exprimer cette valeur d'une manière générale, on
peut désigner par *A* la longueur de la galerie, par *H* la
hauteur du rejettement, et par *a* l'angle d'inclinaison de
la couche ; le rapport de *A* à *H* étant le même que
celui de l'unité à la tangente de l'angle *a*, on a :

$$A = \frac{H}{\text{tang. } a}.$$

Si la couche est horizontale, tang. *a* devient *o*, et $A = \frac{H}{o}$
est une valeur infinie prouvant que la galerie, à quelque
distance qu'elle soit prolongée, ne peut atteindre la
couche. Si cependant la position de cette dernière est certaine, et si l'exploitant ne veut pas perdre de temps à reconnaître la hauteur du rejet, il effectue un percement
incliné dont il ignore la longueur, mais qu'il sait devoir
atteindre le but.

Les Anglais, dans la rencontre des rejettements de deux
à trois mètres de hauteur, interrompent rarement la direction rectiligne des galeries ; ils se contentent d'arracher
les parties saillantes du sol, d'en combler les dépressions,
et de former ainsi, sur un certain espace, une voie
dont la pente soit uniforme et peu sensible. Ils établissent
même, suivant l'allongement des plans inclinés, à l'aide
desquels ils franchissent des failles de plus grande hauteur, afin de ne pas faire dévier les voies de leur direction primitive. Ils réunissent aussi par le même moyen

les deux parties d'une couche séparées par des failles rencontrées en ouvrant des galeries montantes ou descendantes; mais ils n'emploient ces dispositions que dans le cas où la hauteur du rejet n'excède pas 10 à 15 mètres. Les failles générales qui portent les deux fragments d'une même couche à de grandes distances l'une de l'autre sont traversées, dans les terrains stratifiés en plateure, par des puits verticaux (*Staple pit*); mais ces opérations sont rares, les grands dérangements étant ordinairement respectés et réservés comme limites des champs d'exploitation.

Le passage des failles, quelque simple qu'en soit la description, est une opération souvent difficile et compliquée dans la pratique par une multitude de circonstances imprévues, telles que les brouillages et les dislocations qui affectent le terrain aux approches de l'accident. Quequefois le mineur, pénétrant au milieu de failles parallèles qui se succèdent à de faibles distances ou se recoupent sous divers angles, perd le fil conducteur et ne parvient à la couche objet de sa recherche qu'après une multitude de tâtonnements, de travaux et de dépenses.

FIN DU TOME SECOND.

TABLE DES MATIÈRES

CONTENUES DANS LE DEUXIÈME VOLUME.

———

CHAPITRE III.

AÉRAGE, ÉCLAIRAGE ET INCENDIES SOUTERRAINS.

Ire. SECTION.

GAZ QUI PRENNENT NAISSANCE DANS LES MINES DE HOUILLE.

IIᵉ. SECTION.

DES CAUSES DE LA CIRCULATION DE L'AIR DANS LES MINES.

Vᵉ. SECTION.

MOTEURS MÉCANIQUES DE L'AÉRAGE.

Pages

VIe. SECTION.

CONDUITE ET DISTRIBUTION DE L'AIR DANS LES EXCAVATIONS SOUTERRAINES.

VIIe. SECTION.

ÉCLAIRAGE DES MINES DE HOUILLE.

VIIIe. SECTION.

RÉSULTAT DE LA COMBUSTION DU GAZ DÉTONNANT.

CHAPITRE IV.

EXPLOITATION PROPREMENT DITE.

Ire. SECTION.

TRAVAUX D'ENTAILLEMENT ET D'ARRACHEMENT.

IIe. SECTION.

SYSTÈMES D'EXPLOITATION USITÉS EN BELGIQUE.

IIIᵉ. SECTION.

PROCÉDÉS D'EXPLOITATION EMPLOYÉS DANS LES PRINCIPAUX BASSINS
HOUILLERS DE LA FRANCE.

IVe. SECTION.

SYSTÈMES D'EXPLOITATION USITÉS EN ALLEMAGNE.

Vᵉ. SECTION.

DE L'EXPLOITATION EN ANGLETERRE.

VIᵉ. SECTION.

OBSERVATIONS GÉNÉRALES SUR L'EXPLOITATION DES MINES DE HOUILLE.

FIN DE LA TABLE.

ERRATA.

Page. Ligne.

48	6	en remontant,	*au lieu de* $(t - t')$, *lisez* $(t' - t)$.	
54	6	en descendant,	»	$\frac{h}{h'}$, *lisez* $\frac{h'}{h}$.
57	14	en remontant,	»	M. de Hennaut, *lisez* 4°. M. de Henaut.
112	13	en descendant,	»	*ascendante*, *lisez* *ascendant*.
141	3	en remontant,	»	300, *lisez* 302.
172	7	en descendant,	»	planche XXII, *lisez* planche XXII bis.
191	5	idem	»	puis, *lisez* et.
594	8	idem	»	diminuera, *lisez* diminue.
405	13	en remontant,	»	placées au-dessus les autres, *lisez* placées les unes au-dessus des autres.
436	12	idem	»	derniers, *lisez* derniers bouveaux.
Id.	11	idem	»	devront, *lisez* devra.
464	15	idem	»	ce percement, *lisez* le percement.
515	10	idem	»	on tasse, *lisez* ils tassent.
607	11	idem	»	à diminuer, *lisez* à en diminuer.

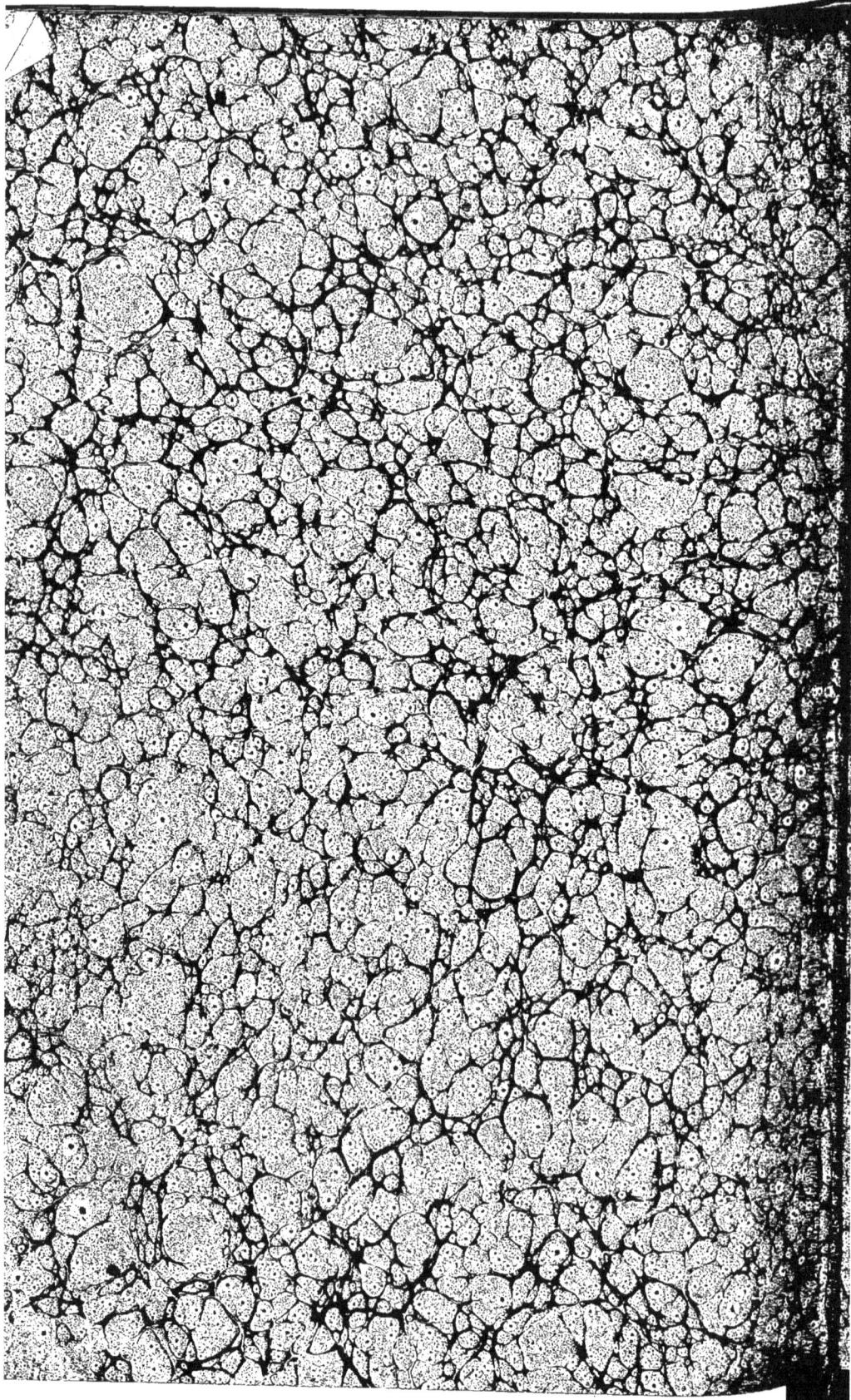

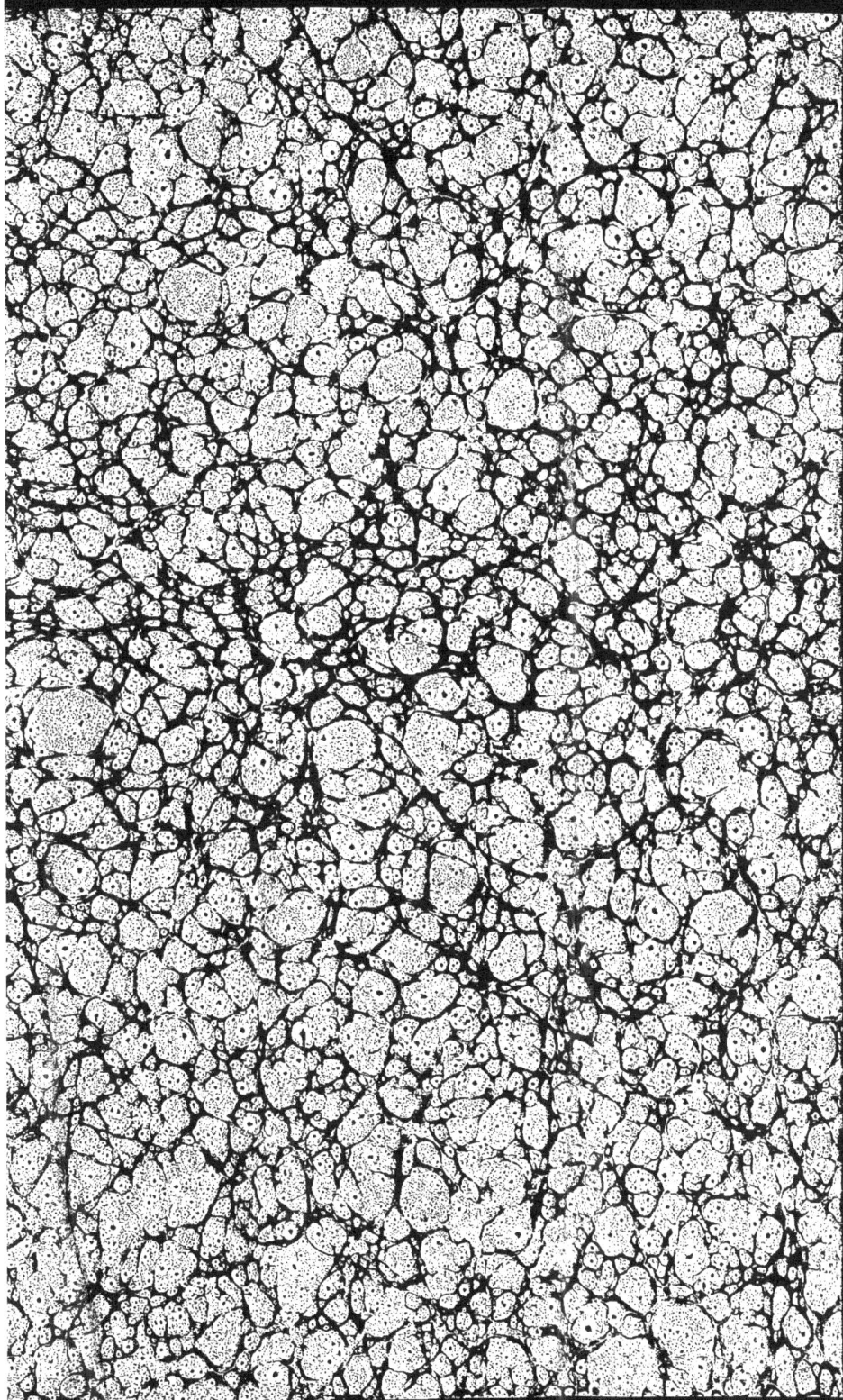

www.ingramcontent.com/pod-product-compliance
Lightning Source LLC
Chambersburg PA
CBHW060818220326
41599CB00017B/2218